普通高等院校“十二五”规划教材

机械制造装备及其设计

主编　张芙丽　张国强
主审　杨　晋

国防工業出版社
·北京·

内容简介

本书是机械制造及自动化专业的重要专业课程之一所用的教材。全书共分两篇八章内容。第一篇金属切削机床设计,分五章,主要介绍机床运动分析、机床主要技术参数的确定、机床主运动系统及进给运动系统的设计,并结合常用普通金属切削机床、典型数控机床介绍主运动系统及进给运动系统的传动系统设计及典型零部件结构。第二篇工艺装备及其设计,分三章,包括机床夹具设计的基本知识、常用机床夹具的结构特点及专用夹具的设计方法。

本书是高等学校机械制造及自动化专业的教学用书,亦可供研究生及从事机械制造的工程技术人员参考。

图书在版编目(CIP)数据

机械制造装备及其设计/张芙丽,张国强主编.—北京:国防工业出版社,2011.8
普通高等院校"十二五"规划教材
ISBN 978-7-118-07549-6

Ⅰ.①机… Ⅱ.①张… ②张… Ⅲ.①机械制造-工艺装备-设计-高等学校-教材 Ⅳ.①TH16

中国版本图书馆CIP数据核字(2011)第143177号

※

国防工业出版社出版发行
(北京市海淀区紫竹院南路23号 邮政编码100048)
北京奥鑫印刷厂印刷
新华书店经售

*

开本 787×1092 1/16 **印张** 19¾ **字数** 482千字
2011年8月第1版第1次印刷 **印数** 1—4000册 **定价** 35.00元

国防书店:(010)68428422 发行邮购:(010)68414474
发行传真:(010)68411535 发行业务:(010)68472764

前 言

近年来随着时代的发展和社会的需要,高校的各个专业不断调整,每门课程的授课内容也在不断地进行着调整和更新,为了适应调整后的机械制造及其自动化专业学科教材建设需要,特编写本书。本书对原有金属切削机床的教学大纲做了较大的变更。第一,继承原金属切削机床及其设计教材中的精华,如机床运动分析、机床主运动及进给运动系统设计、常用普通金属切削机床的主要结构、典型零部件、传动系统等重要内容,以确保本专业学生对机械制造装备及其设计有基本的了解;第二,突破原教材的局限,把本属机械制造装备范畴的机床夹具及其设计内容纳入本教材之中,使机械制造装备及其设计更趋完整和系统;第三,拓宽本教材的知识范围和知识结构,介绍了在现代机械制造装备中较为先进的数控机床及其典型的结构和工作原理。这对拓宽学生的知识面、充实本专业知识结构是十分必要的。

本书内容新颖、体系完整,保留原有金属切削机床的精华,并紧跟时代脉搏,对目前的数控加工设备进行了较为完整的介绍,适当反映了国内外机械制造装备的新发展、新成果和新动态。

本书由兰州交通大学张芙丽和武汉科技大学张国强主编。绪论、第 2 章、第 3 章第 4 节由张芙丽编写,第 4 章、第 5 章由张国强编写,第 1 章、第 3 章第 1 节至第 3 节及第 2 篇各章由兰州交通大学刘晓琴编写。

兰州交通大学杨晋教授在百忙之中审阅了全书,并对初稿提出了许多宝贵意见,在此谨表谢意。另外本书编写过程中得到了兰州交通大学机械制造自动化系各位老师的帮助和大力支持,在此表示衷心的感谢!

由于编者的水平有限,书中不妥之处,恳请读者提出宝贵意见。

编 者

目　录

第1篇　金属切削机床及其设计

第2篇 工艺装备及其设计

绪　论

0.1　机械制造装备类型

机械制造过程是一个十分复杂的生产过程,所使用装备的类型很多,总体上可划分为加工装备、工艺装备、储运装备和辅助装备四大类。机械制造装备的基本功能是保证加工工艺的实施,节能、降耗、优化工艺过程,并使被加工对象达到预期的功能和质量要求。

0.1.1　加工装备

加工装备是机械制造装备的主体和核心,是采用机械制造方法制作机器零件或毛坯的机器设备,又称为机床或工作母机。机床的类型很多,除了金属切削机床之外,还有锻压机床、冲压机床、注塑机、快速成型机、焊接设备、铸造设备等。

1. 金属切削机床

金属切削机床是采用切削、特种加工等方法,主要用于加工金属,使之获得所要求的几何形状、尺寸精度和表面质量的机器。机床可获得较高的精度和表面质量,完成40% ~60% 以上的加工工作量。

为了使设计、制造及管理部门对机床品种有计划地发展和管理,便于用户的订货和管理,需要规范机床型号,我国现行的《金属切削机床型号编制方法》,适用于各类通用、专门化及专用机床(组合机床另有规定)。机床型号是由类(12 类)代号、组系代号、主参数以及特性代号等组成。其中特性代号包括高精度(G)、精密(M)、自动(Z)、半自动(B)、数控(K)、加工中心(自动换刀 H)、仿形(F)、轻型(Q)、加重型(C)和简式(J)等。

数控机床是计算机技术、微电子技术、先进的机床设计与制造技术相结合的产物,适应产品的精密、复杂和小批量的特点,是一种高效高柔性的自动化机床,代表了金属切削机床的发展方向。加工中心又称自动换刀数控机床,它是具有刀库和自动换刀装置,能够自动更换刀具,对一次装夹的工件进行多工位、多工序加工的数控机床。

金属切削机床品种繁多,为了便于区别、使用和管理,需从不同角度对其进行分类。

1) 按机床工作原理和结构性能特点分类

我国把机床划分为车床、钻床、镗床、磨床、齿轮加工机床、螺纹加工机床、铣床、刨插床、拉床、特种加工机床、切断机床和其他机床等 12 大类。其中特种加工机床包括电加工机床、超声波加工机床、激光加工机床、电子束和离子束加工机床、水射流加工机床;电加工机床又包括电火花加工、电火花切割和电解加工机床。特种加工机床可解决用常规加工手段难以甚至无法解决的工艺难题,能够满足国防和高新科技领域的需要。

2) 按机床使用范围分类

(1) 通用机床(又称万能机床):可加工多种工件,完成多种工序,是使用范围较广的机床。如万能卧式车床、万能升降台铣床等。这类机床的通用程度较高,结构较复杂,主要用于单件、小批量生产。

(2) 专用机床:用于加工特定工件的特定工序的机床,如主轴箱的专用镗床。这类机床是根据特定工艺要求专门设计、制造与使用的,因此生产率很高,结构简单,适于大批量生产。组合机床是以通用部件为基础,配以少量专用部件组合而成的一种特殊形式的专用机床。

(3) 专门化机床(又称专业机床):用于加工形状相似尺寸不同工件的特定工序的机床。这类机床的特点介于通用机床与专用机床之间,既有加工尺寸的通用性,又有加工工序的专用性,如精密丝杠车床、凸轮轴车床等,生产率较高,适于成批生产。

3) 按机床精度分类

同一种机床按其精度和性能,又可分为普通机床、精密机床和高精度机床。

此外,按照机床质量(习惯称重量)大小又可分为仪表机床、中型机床、大型机床、重型机床和超重型机床等。

2. 锻压机床

锻压机床是利用金属塑性变形进行加工的一种无屑加工设备,主要包括锻造机、冲压机、挤压机和轧制机四大类。

锻造机是使坯料在工具的冲击力或静压力作用下成型,并使其性能和金相组织符合一定要求。按成型的方法可分为自由锻造、胎模锻造、模型锻造和特种锻造,按锻造温度不同可分为热锻、温锻和冷锻。

冲压机是借助模具对板料施加外力,迫使材料按模具形状、尺寸进行剪裁或变形。按加工时温度的不同,可分为冷冲压和热冲压。冲压工艺具有省工、省料和生产率高的突出优点。

挤压机是借助于凸模将放在凹模内的金属材料挤压成形,根据挤压时温度不同,可分为冷挤压、温挤压和热挤压。挤压成形有利于低塑性材料成形,与模锻相比,不仅生产率高,节省材料,而且可获得较高的精度。

轧制机是使金属材料在旋转轧辊的作用下变形,根据轧制温度可分为热轧和冷轧。轧制方式可分为纵轧、横轧和斜轧。

0.1.2 工艺装备

工艺装备是产品制造过程中所用各种工具的总称,包括刀具、夹具、模具、测量器具和辅具等。它们是贯彻工艺规程、保证产品质量和提高生产率等的重要技术手段。

1. 刀具

能从工件上切除多余材料或切断材料的带刃工具称为刀具,工件的成形是通过刀具与工件之间的相对运动实现的,因此,高效的机床必须同先进的刀具相配合才能充分发挥作用。切削加工技术的发展与刀具材料的改进以及刀具结构和参数的合理设计有着密切联系。刀具类型很多,每一种机床,都有其代表性的一类刀具,如车刀、钻头、镗刀、砂轮、铣刀、刨刀、拉刀、螺纹加工刀具、齿轮加工刀具等。刀具种类虽然繁多,但大体上可分为标准刀具和非标准刀具两大类。标准刀具是按国家或部门制定的有关“标准”或“规范”制造的刀具,由专业化的工具厂集中大批量生产,占所用刀具的绝大部分。非标准刀具是根据工件与具体加工的特殊要求设计制造的,也可将标准刀具加以改制而实现,过去我国的非标准刀具主要由用户厂自行生产,随着专业化生产的发展和服务水平的提高,所谓非标准刀具也应由专业厂根据用户要求提供,以利于提高质量,降低成本。

2. 夹具

夹具是机床上用以装夹工件以及引导刀具的装置。对于贯彻工艺规程、保证加工质量和提高生产率有着决定性的作用。夹具一般由定位机构、夹紧机构、导向机构和夹具体等部分构成,按照其应用机床的不同可分为车床夹具、铣床夹具、钻床夹具、刨床夹具、镗床夹具、磨床夹具等;按照其专用化程度又可分为通用夹具、专用夹具、成组夹具和组合夹具等。

通用夹具是已经规格化、标准化的夹具,主要用于单件小批量生产,如车床夹盘,铣床用分度头、台钳等;专用夹具是根据某一工件的特定工序专门设计制造的,主要用于有一定批量的生产中。

3. 测量器具

测量器具是以直接或间接方法测出被测对象量值的工具、仪器及仪表等,简称量具和量仪。可分为通用量具、专用量具和组合测量仪等。通用量具是标准化、系列化和商品化的量具,如千分尺、千分表,量块以及光学、气动和电动量仪等。专用量具是专门用于特定零件的特定尺寸而设计的,如量规、样板等,某些专用量规通常会在一定范围内具有通用性。组合测量仪可同时对多个尺寸测量,有时还能进行计算、比较和显示,一般用于专用量具,或在一定范围内通用。数控机床的应用大大简化了生产加工中的测量工作,减少了专用量具的设计、制造与使用;测试技术与计算机技术的发展,使得许多传统量具向数字化和智能化方向发展,适应了现代生产技术的发展。

4. 模具

模具是用以限定生产对象的形状和尺寸的装置。按填充方法和填充材料的不同,可分为粉末冶金模具、塑料模具、压铸模具、冲压模具、锻压模具等。数控技术和特种加工技术的发展,促进了模具制造技术的发展,促进了少切削、无切削技术在生产制造中的广泛应用。

0.1.3 储运装备

物料储运装备是生产系统必不可少的装备,对企业生产的布局、运行与管理等有着直接影响。物料储运装备主要包括物料运输装置、机床上下料装置、刀具输送设备以及各级仓库及其设备。

1. 物料运输装置

物料运输主要指坯料、半成品及成品在车间内各工作站(或单元)间的输送,以满足流水生产线或自动生产线的要求,主要有传送装置和自动运输小车两大类。

传送装置的类型很多,如由辊轴构成流动滑道,靠重力或人工实现物料输送;由刚性推杆推动工件做同步运动的步进式输送带;在两工位间输送工件的输送机械手;链式输送机带动工件或随行夹具做非同步输送等。用于自动线中的传送装置要求工作可靠、定位精度高、输送速度快、能方便地与自动线的工作协调等。

与传送装置相比,自动运输小车具有较大的柔性,通过计算机控制,可方便地改变输送路线及节拍，主要用于柔性制造系统中。可分为有轨和无轨两大类。前者载重量大，控制方便，定位精度高，但一般用于近距离直线输送；后者一般靠埋入地下的制导电缆等进行电磁制导，也采用激光制导等方式，输送线路控制灵活。

2. 机床上下料装置

将坯料送至机床的加工位置的装置称为上料装置，加工完毕后将工件从机床上取走的装置称为下料装置，它们能缩短上下料时间，减轻工人劳动强度。

机床上下料装置类型很多，有料仓式和料斗式上料装置、上下料机械手等。在柔性制造系统中，对于小型工件，常采用上下料机械手或机器人，大型复杂工件采用可交换工作台进行自动上下料。

1）刀具输送设备

在柔性制造系统中，必须有完备的刀具准备与输送系统，完成包括刀具准备、测量、输送及重磨刀具回收等工作，刀具输送常采用传输链、机械手等，也可采用自动运输小车对备用刀库等进行输送。

2）仓储装备

机械制造生产中离不开不同级别的仓库及其装备。仓库是用来存储原材料、外购器材、半成品、成品、工具、夹具等，分别进行厂级或车间级管理。现代化的仓储装备不仅要求布局合理，而且要求有较高的机械化程度，减轻劳动强度。采用计算机管理，能与企业生产管理信息系统进行数据交换，能控制合理的库存量等。

自动化立体仓库是一种现代化的仓储设备，具有布置灵活，占地面积小，方便计算机控制与管理等优点，具有良好的发展前景。

0.1.4 辅助装备

辅助装备包括清洗机、排屑设备和测量、包装设备等。

清洗机是用来对工件表面的尘屑油污等进行清洗的机械设备，能保证产品的装配质量和使用寿命，应该给予足够重视。可采用浸洗、喷洗、气相清洗和超声波清洗等方法，在自动装配中应能分步自动完成。

排屑装置用于自动机床、自动加工单元或自动线上，包括切屑清除装置和输送装置。清除装置常采用离心力、压缩空气、冷却液冲刷、电磁或真空清除等方法；输送装置有带式、螺旋式和刮板式等多种类型，保证将铁屑输送至机外或线外的集屑器中，并能与加工过程协调控制。

0.2 机械制造装备设计要求

机械制造装备设计工作是设计人员根据市场需求所进行的构思、计算、试验、选择方案、确定尺寸、绘制图样及编制设计文件等一系列创造性活动的总称。其目的是为新装备的生产、使用和维护提供完整的信息。设计工作是一切产品实现的前提，设计质量的优劣直接影响产品的质量、成本、生产周期及市场竞争能力，产品性能的差距首先是设计差距，据统计，产品成本的60%取决于设计。机械制造装备设计工作要适应科学技术的飞速发展及市场竞争的日趋激烈，要采用先进的设计技术，设计出质优价廉的产品。机械制造装备的类型很多,功能各异,但设计工作的总体要求是精密化、高效化、自动化、机电一体化、向成套设备与技术方向发展,不断增加品种、缩短供货周期,满足工业工程和绿色工程的要求等。

1. 精密化

随着科学技术的发展和市场竞争的加剧,对产品性能的要求越来越苛刻,对其制造精度的要求越来越高。为此,机械制造装备必须向精密化方向发展,全面采取提高精度的技术措施。一方面全面提高零件的加工精度,压缩零件的制造公差;另一方面要采用高精度的装置,如滚珠丝杠、滚动导轨等,同时还要采取各种误差补偿技术,以便提高其几何精度、传动精度、运动精度、定位精度。为了保证在高速、高负荷下保持加工精度,必须提高机械制造装备的刚度、抗振性,以及低温升和热稳定性。为了提高精度保持性和工作可靠性,还必须重视零件的选材和热处理,以便提高相对运动表面的硬度、减少磨损,同时还要优化运动部件间的间隙,合理润滑和密封,适应自动化和智能化控制的要求。

2. 高效化

不断提高生产效率,一直是机械制造装备设计所追求的目标。生产率通常是指在单位时间内机床、加工单元或生产线所能加工的工件数量,为此必须缩短加工一个工件的平均总时间,其中包括缩短切削加工时间、辅助时间以及分摊到每个工件上的准备时间和结束时间。为了提高切削速度、缩短切削时间,必须采用先进刀具,提高机床及有关装备的强度、刚度、高速运转平稳性、抗振性、切削稳定性等性能,适应高效化的要求;同时在自动化加工的前提下,提高空行程及调整运动速度、将加工时间与辅助时间相重合,采用自动测量技术和数字显示技术等,缩短辅助时间。此外,采用适应控制和智能控制也是提高高效化水平的有效措施。

3. 柔性自动化

机械制造装备实现自动化,可以减少加工过程的人工干预,可以保证加工质量及其稳定性,同时提高加工生产率和减轻工人劳动强度。机械加工自动化有全自动化和半自动化之分,全自动化是指能自动完成上料、卸料和加工循环的全过程,半自动化加工中的上下料需人工完成。

实现自动化控制和运行的方法,可分为刚性自动化和柔性自动化两类。刚性自动化是指传统的凸轮和挡块控制,工件发生改变时必须重新设计凸轮及调整挡块,调整困难,因此只能适合于传统的大批量生产,已逐渐被现代化的柔性自动化技术所代替。柔性自动化是由计算机控制的生产自动化,主要有可编程逻辑控制和计算机数字控制。可编程逻辑控制主要用于形状简单的零件加工控制和生产过程控制,计算机数字控制用于复杂形状零件的加工控制和复杂的生产过程控制。计算机数字控制与可编程逻辑控制相结合,实现了单件小批量生产的柔性自动化控制。如数控机床、加工中心、计算机直接数控(DNC)、柔性制造单元(FMC)和柔性制造系统(FMS)以及计算机集成制造(CIM),使柔性自动化技术不断向前发展,正在改变着机械制造行业生产自动化的面貌。

在计算机数字控制的基础上,生产自动化技术不断向着智能化方向发展。适应控制能在数控机床上根据实际工作条件(如切削力、变形、振动等)的变化,及时自动地改变切削用量(切削速度、背吃刀量和进给速度),使加工过程处于最佳状态,实现最优化加工精度控制或最优化生产率控制。

4. 机电一体化

为了实现机械制造装备的精密化、高效化和柔性自动化，其构成上必须是机电一体化，即实现机械技术，包括机械结构与传动、流体传动、电气传动同微电子技术和计算机技术等有机结合、整体优化，充分发挥各自的特点，组成一个最佳的技术系统，使得机械制造装备进一步减小体积、简化结构、节约原材料，提高传动效率，提高可靠性。

5. 结构模块化

为了适应机电产品更新换代周期加快的要求，机械制造装备也要加快更新换代周期，不断推出新产品，满足市场不断变化的需求，为此必须采用先进的设计技术，提高设计效率与质量。在众多先进设计技术中，模块化设计技术显得尤为重要。一方面，通过不同模块的组合，可以快速获得不同性能的众多产品，最大限度地增加产品类型、降低生产成本，缩短新产品设计与制造周期，满足市场需求；另一方面，可方便地对结构模块进行更新，加快机械制造装备的更新换代。实践表明，绝大多数成功的机械制造装备产品，大都采用模块化结构。

6. 装备与技术配套化

我国的机械制造装备的制造企业必须改变过去只注重提供单机的状况，应向提供配套装备与相关技术的方向发展，包括配套的机床与相关的工艺装备和物料储运装备，还应进一步提供包括生产组织、工艺方法及工艺参数在内的全套加工技术，真正在机械制造行业中起到“总工艺师”的作用。

7. 符合工业工程要求

工业工程是通过生产技术与管理的有机结合，对由人员、物料、设备、能源和信息所组成的系统进行设计、改善和实施的一门综合科学。现代工业工程充分应用计算机、运筹学和系统工程等先进技术，能采用定量分析方法，科学、准确地对大型生产系统进行设计与分析，对其工作效率和成本等进行全面优化。

产品设计要符合工业工程的要求，其内容包括在产品开发阶段，要充分考虑产品的结构工艺性、提高标准化和通用化水平；采用最佳工艺方案、选择合理的制造装备，尽可能地减少原材料及能源消耗；合理进行机械制造装备的总体布局，优化操作步骤和方法，提高工作效率，同时减轻体力劳动；对市场和消费者进行调查研究，保证产品正确的质量标准，减少因质量标准制定得过高而造成的不必要浪费等。

8. 符合绿色工程要求

绿色工程是一个注重环境保护、节约资源、保证可持续发展的工程。根据绿色工程要求，企业必须纠正过去那种不惜牺牲环境和消耗资源来增加产出的错误做法，使经济发展更多地与地球资源与承受能力达到有机协调。按绿色工程要求设计的产品称为绿色产品，绿色产品设计在充分考虑产品功能、质量、开发周期和成本的同时，优化各有关设计要素，使产品从设计、制造、包装、运输、使用到报废处理的整个生命周期中，对环境影响最小，资源利用效率最高。

绿色产品设计中应考虑的问题很多，如产品材料的选择应是无毒、无污染、易回收、易降解、可重用；产品制造过程应充分考虑对环境的保护、资源回收、废弃物的再生和处理、原材料的再循环、零部件的再利用等。原材料再循环的成本一般较高，应考虑经济上、结构上和工艺上的可行性。为了使零部件能再利用，应通过改变材料、结构布局以及零部件的连接方式等改善和实现产品拆卸的方便性和经济性。

0.3 机械制造装备设计方法

1. 机械制造装备产品设计类型

机械制造装备产品的设计工作可分为新产品设计和变型产品设计两大类

1）新产品设计

新开发的或在性能、结构、材质、原理等某一方面或几个方面具有重大变化的，以及技术上有突破创新的产品，称为新产品。新产品开发设计是指从市场调研到新产品定型投产的全过程。因此新产品设计一般需要较长的开发设计周期，投入较大的工程量。企业要在激烈的竞争环境中"生存、发展并扩大竞争优势"，必须要适时地推出具有竞争力的新产品，根据市场需求预测，采用知识创新和技术创新手段，开发设计具有高技术附加值的自主知识产权的新产品。

2）变型产品设计

在现有产品基本工作原理和总体结构不变的基础上，仅对部分结构、尺寸或性能参数加以改变的产品，称为变型产品。变型产品的开发设计周期较短，工作量和难度较小，设计效率和质量较高，可以对市场做出快速响应。变型设计的基础是现有产品，它应是工作可靠、技术成熟和性能先进的产品，将其作为"基型产品"，以较少规格和品种的变型产品来最大限度地满足市场的各种需求。

2. 机械制造装备新产品开发设计内容与步骤

机械制造装备新产品开发设计内容与步骤的基本程序包括决策、设计、试制和定型投产4个阶段。JB/T 5055—91 推荐了3种模式，第一种模式的工作程序比较全面完整，适用于精度较高或较复杂的、重要的或批量生产的新产品；其余两种模式的工作程序有所简化，适用于单件、小批量生产的产品，或一次性生产的大型产品及专项合同产品。可根据生产类型、产品复杂程度、产品设计类型等情况，适当调整工作程序和内容。

1）方案设计

（1）市场调研和预测。根据用户需求，收集市场和用户信息预测报告。

（2）技术调查。分析国内外同类产品的结构特征、性能指标、质量水平与发展趋势，对新产品的设想（包括使用条件、环境条件、性能指标、可靠性、外观、安装布局及应执行的标准或法规等），对新采用的原理、结构、材料、技术及工艺进行分析，确定需要的攻关项目和先行试验等，提出技术调查报告。

（3）可行性分析 。对新产品设计和生产的可行性进行分析，并提出可行性分析报告，包括产品的总体方案、主要技术参数、技术水平、经济寿命周期，企业生产能力、生产成本与利润预测等。

（4）开发决策。对上述报告组织评审，提出评审报告及开发项目建议书，供企业领导决策，批准立项。

2）设计阶段

该阶段要进行设计构思计算和必要的试验，完成全部产品图样和设计文件，又分为初步设计、技术设计和工作图设计三个阶段。

(1) 初步设计。初步设计是完成产品总体方案的设计,编制技术任务书(通用产品)或技术建议书(专用产品),确定产品的基本参数及主要技术性能指标,总体布局及主要部件结构,产品主要工作原理及各工作系统配置,标准化综合要求等。必要时进行试验研究,提出试验研究报告。

(2) 技术设计。技术设计是设计、计算产品及其组成部分的结构、参数并绘制产品总图及其主要零部件图样的工作。在试验研究、设计计算及技术经济分析的基础上修改总体设计方案,编制技术设计说明书,并对技术任务书中确定的设计方案、性能参数、结构原理等变更情况、原因与依据等予以说明。技术设计中的试验研究,是对主要零部件的结构、功能及可靠性进行试验,为零部件设计提供依据。在技术设计评审通过后,其产品技术设计说明书、总图、简图、主要零部件图等图样与文件,可作为施工图设计的依据。

(3) 施工图设计。施工图设计是绘制产品全部工作图样和编制必需的设计文件的工作,以供加工、装配、供销、生产管理及随机出厂使用。要严格贯彻执行各级各类标准,并进行标准化审查和产品结构工艺性审查,所以施工图设计又称为详细设计。

(4) 编制技术文件。整理机床有关部件与主要零件的设计及检验标准,编写机床说明书等技术文件。

(5) 对图纸进行工艺审查和标准化审查。

3) 样机试制和鉴定

如果所设计的新产品是成批生产的产品,在施工图设计完成后应进行样机试制以考验设计。对样机要进行试验和鉴定,合格后再进行小批试制以考验工艺。在试制、试验和鉴定的过程中,根据暴露出来的问题,对图纸进行修改直到产品达到使用要求为止。

在所设计的制造装备投入使用以后,其磨损、腐蚀、故障及断裂就会接踵而来,并暴露出设计和制造过程中存在的质量问题。一个好的机械制造装备除了要注重功能设计、外观设计和制造工艺外,还应经常收集与积累使用过程中零件失效的资料,据此反馈给制造、设计部门,以进一步提高产品的质量。这样做不仅能使产品获得良好的可靠性,而且还能以良好的信誉赢得市场。

第1篇 金属切削机床及其设计

第1章 金属切削机床设计总论

1.1 机床产品的评定指标及价值分析

1.1.1 评定指标

机床产品的优劣,在很大程度上取决于设计。因此,机床设计中,必须充分注意机床产品的评价指标以及用户的具体要求。用户对机床的要求是,造型美观、性能优良、价格便宜;而制造者的要求则是结构简单、工艺性能好、成本低。

机床产品的评定指标,又称技术—经济指标,至今未做统一规定,而且不同机床的要求也不尽相同,对机床技术经济效果做出适当的评价,不仅是设计部门的事,也是制造部门的事,影响技术、经济效果的因素很多,需要有一套科学、简明、实用的指标,把技术因素和经济因素相结合,当前效益和长远效益相结合,定量指标和定性指标相结合来进行综合评价。

为了获得一定的经济效益,对所设计机床,一般有以下主要评定指标:

1. 机床工艺范围

机床工艺范围是指机床适应不同生产要求的能力,一般包括机床上完成的工序种类、工件的类型、材料、尺寸范围以及毛坯种类等。根据机床的工艺范围,可将机床设计成为通用机床、专门化机床和专用机床3种不同类型。

机床工艺范围要根据市场需求及用户要求合理确定。不仅要考虑单个机床的工艺范围,还要考虑生产系统整体,合理配置不同机床以及确定各自工艺范围,以便追求系统优化效果。

数控机床是一种能进行自动化加工的通用机床,由于数字控制的优越性,常常使其工艺范围比普通机床更宽,更适用于机械制造业多品种小批量的要求。加工中心(自动换刀数控机床)由于具有刀库和自动换刀装置等,工件一次装夹能进行多面多工序加工,不仅工艺范围宽而且有利于提高加工效率和加工精度。

2. 机床精度和精度保持性

机床本身的误差和非机床(如工件、刀具、加工方法测量及操作等)引起的误差都影响工件的加工精度和表面粗糙度。机床精度能够反映机床本身误差的大小,它主要包括机床的几何精度、传动精度、运动精度、定位精度及工作精度等。

(1) 几何精度:指最终影响机床工作精度的那些零部件的精度,包括尺寸、形状、相互位置精度等,如平面度、垂直度,直线对直线或平面对平面以及直线与平面间的平行度、垂直度等,是在机床静止或低速运动条件下进行测量,可反映机床相关零部件的加工与装配质量。

(2) 传动精度:机床内联系传动链两末端件之间相对运动的准确性,反映传动系统设计的合理性以及有关零件的加工和装配质量,尤其是末端件(如母蜗轮或母丝杠)的加工。

(3) 运动精度:机床主要零部件在工作状态速度下无负载运转时的精度,包括回转精度(如主轴轴心漂移)和直线运动的不均匀性(如移动部件产生进给速度周期性波动)等,这对于加工精度要求较高的机床尤为重要,如在高速下运动的主轴或工作台的几何位置,随油膜的动压效应及滑动面的形位误差而变化,这种变化对于加工精度要求较高的磨床、坐标镗床等是不能忽视的,变化量越大,则运动精度越低。运动精度取决于机床传动链的设计、元件加工与装配质量、运动速度及其他特性的影响。

(4) 定位精度:机床有关部件在直线坐标和回转坐标中定位的准确性。即实际位置与要求位置之间误差的大小,主要反映机床的测量系统、进给系统和伺服系统的特性。

(5) 工作精度 :机床对规定试件或工件进行加工的精度,不仅能综合反映出上述各项精度,而且还反映机床的刚度、抗振性及热稳定性等特性。

机床的精度可分为普通级、精密级和高精度级 3 种精度等级。3 种精度等级的机床均有相应的精度标准,其允差若以普通精度级为 1,则其公差大致比例为 1:0.4:0.25。国家有关机床精度标准(参照 ISO 1708—79)对不同类型和等级机床的检验项目及允许误差都有比较明确的规定,在机床设计与制造中必须贯彻执行,并注意留出一定的精度储备量,如有的厂家将规定精度标准压缩 1/3 作为生产标准执行。

(6) 机床精度保持性:指机床在工作中能长期保持其原始精度的能力,一般由机床某些关键零件,如主轴、导轨、丝杠等的首次大修期所决定,对于中型机床首次大修期应保证在 8 年 ~10 年以上。为了提高机床的精度保持性,要特别注意关键零件的选材和热处理,尽量提高其耐磨性,同时还要采用合理的润滑和防护措施。

3. 机床生产率

机床的生产率通常是指单位时间内机床所能加工的工件数量,即

$$Q = \frac{1}{t} = \frac{1}{t_1 + t_2 + \frac{t_3}{n}} \tag{1-1}$$

式中 Q —— 机床生产率;

t —— 单个工件的平均加工时间;

t_1—— 单个工件的切削加工时间;

t_2—— 单个工件加工过程中的辅助时间;

t_3—— 加工一批工件的准备与结束工作的平均时间;

n—— 一批工件的数量。

由式(1-1)可见,要提高机床的生产率可以采用先进刀具提高切削速度,采用大切深、大进给、多刀多刃切削、多工件及多工位加工等缩短切削时间。采用空行程机动快移,

快速装卸刀具、工件,自动测量和数字显示等,缩短辅助时间。

机床自动化加工可以减少人对加工的干预,减少失误,保证加工质量;减轻劳动强度,改善劳动环境;减少辅助时间,有利于提高劳动生产率。机床的自动化可分为大批大量生产自动化和单件小批量生产自动化。大批大量生产的自动化,通常采用自动化单机(如自动机床、组合机床或经过改造的通用机床等)和由它们组成的自动生产线。对于单件小批量生产的自动化,则必须采用数控机床等柔性自动化设备,在数控机床及加工中心的基础上,配上计算机控制的物料输送和装卸装备,可构成柔性制造单元和柔性制造系统。

4. 机床性能

机床在加工过程中产生的各种静态力、动态力以及温度变化,会引起机床变形、振动、噪声等,给加工精度和生产率带来不利影响。机床性能就是指机床对上述现象的抵抗能力。由于影响因素很多,在机床性能方面,还难于像精度检验那样,制定出确切的检测方法和评价指标。

1) 传动效率

传动效率是衡量机床能否有效利用电动机输出功率的能力,即

$$\eta = \frac{N}{N_E} \times 100\% \tag{1-2}$$

式中 η——机床传动效率;

N——机床输出功率;

N_E——电动机输出功率;

机床的功率损失主要转化成摩擦热,会造成传动件的磨损和引起机床热变形,因此,传动效率是间接反映机床设计与制造质量的重要指标之一。对于普通机床,主轴最高转速时的空载功率不应超过主电动机功率的1/3。机床的传动效率与机床传动链的长短及传动件的速度有关,也受轴承预紧、传动件平衡和润滑状态等因素影响。

2) 刚度

又称静刚度,是机床整机或零部件在静载荷作用下抵抗弹性变形的能力。如果机床刚度不足、在切削力等载荷作用下,会使有关零部件产生较大变形,恶化这些零部件的工作条件、特别会引起刀具和工件间产生较大位移,影响加工精度。

机床是一个由众多零件组合而成的,为了提高机床刚度,要分析对刀具与工件间弹性位移影响较大约束部件,如主轴组件、刀体、支撑导轨等。同时要注意机床结构刚度的均衡与协调,防止出现薄弱环节。

3) 抗振能力

机床的抗振能力是指抵抗产生受迫振动和切削自激振动(切削颤震)的能力,习惯上称前者为抗振性,称后者为切削稳定性。机床的受迫振动是由内部或外部振源引起的;自激振动是指切削与摩擦自激振动,如果振源频率接近机床整机或某个重要零部件的固有频率时,会产生"共振",必须加以避免。切削颤震是机床—刀具—工件系统在切削加工中,由于内部具有某种反馈机制而产生的自激振动,其频率接近机床系统的某个固有频率。

机床零部件的振动会恶化其工作条件,加剧磨损、引起噪声;刀架与工件间的振动会间接影响加工质量、降低刀具耐用度,是限制机床生产率发挥的重要因素。

为了提高机床的抗振性能，应采取下列必要措施：

(1) 提高机床主要零部件及整机的刚度、提高其固有频率，使其远离机床内部或外部振源的频率。

(2) 改善机床的阻尼性能，特别注意机床零件结合面之间的接触刚度和阻尼，对滚动轴承、滑动轴承及滚动导轨作适当预紧等。

(3) 改善旋转零部件的动平衡状况，减少不平衡激振力，这一点对高速机床尤为重要。

4) 噪声

机床在工作中的振动还会产生噪声，这不仅是一种环境污染，而且能反映机床设计与制造的质量。随着现代机床切削速度的提高、功率的增大、自动化功能的增多，噪声污染问题也越来越严重，降低噪声是机床设计者的重要任务之一。根据有关规定，普通机床和精密机床不得超过85dB(A)，高精度机床不超过75dB(A)，对于要求严格的机床，前者应压缩到78dB(A)，后者应降低到70dB(A)。除以上要求，对噪声的品质也有严格要求，不能有尖叫声和冲击声，应达到所谓"悦耳"的要求。机床噪声源包含机械噪声、液压噪声、电磁噪声和空气动力噪声等不同成分。在机床设计中要提高传动质量，减少摩擦、振动和冲击以减少机械噪声。

5) 热变形

机床工作中由于受到内部热源和外部热源的影响，使机床各部分温度发生变化，引起热变形。机床热变形会破坏机床的原始精度，引起加工误差，还会破坏轴承、导轨等的调整间隙，加快运动件的磨损，甚至会影响正常运转。据统计，热变形引起的加工误差可达总误差70%以上，特别是对于精密机床、大型机床以及自动化机床，热变形的影响是不容忽视的。

机床的内部热源有电动机发热，液压系统发热，轴承、齿轮等摩擦传动发热以及切削热等；机床的外部热源主要是机床的环境温度变化和周围的辐射热源。机床开始工作时各部分温度较低，因此温升速度较快，随着温度升高，散热作用加强，温升速度减缓，如果热源在单位时间内发热量恒定，则经过一段时间，机床各部分的温升和热变形会基本保持稳定，处于热平衡状态。

机床设计中要求采取各种措施减少内部热源的发热量，改善散热条件，均衡热源温升和热变形；还可采用热变形补偿措施，减少热变形对加工精度的影响等。

5. 机床宜人性

机床宜人性是指为操作者提供舒适、安全、方便、省力等劳动条件的程度。机床设计要布局合理、操作方便、造型美观、色彩悦目，符合人机工程学原理和工程美学原理，使操作者有舒适感、轻松感，以便减少疲劳，避免事故，提高劳动生产率。机床的操作不仅要安全可靠，方便省力，还要有误动作防止、过强保护、极限位置保护、有关动作的联锁、切屑防护等安全措施，切实保护操作者和设备的安全。机床工作中要低噪声、低污染、无泄漏、清洁卫生，符合绿色工程要求等。应该指出，在当前激烈的市场竞争中，机床的宜人性具有先声夺人的效果，在产品设计中应该给予高度重视。

6. 机床产品的成本

机床产品的成本是指寿命周期成本，包括制造成本和使用成本，是评价机床产品的重要指标。一般说来，机床成本的60%左右在设计阶段就已经确定，为了尽可能地降低机床成本，机床设计工作应在满足用户需求的前提下，努力做到结构简单，工艺性好，方便制造，装配、检验与维护；机床产品结构要模块化，品种要系列化，尽量提高零部件的通用化和标准化水平。

1.1.2 价值分析

1. 价值的概念

产品设计就是为用户提供一个技术上完善，经济上合理，并符合美学要求的一种解决方案。设计方案或产品的优劣是用其价值的大小来衡量。产品所具有的价值(V)等于它的必要功能(F)与寿命周期成本(C)的比值，即

$$V = \frac{F}{C} \tag{1-3}$$

价值分析的核心是功能分析，产品功能(包括使用功能和美学功能)是指它的性能、质量、效用及满足用户的需要程度。机床产品的功能即如上述的工艺范围、精度、生产率、性能、宜人性以及质量等。在产品设计中，耗费最低的寿命周期成本是经济方面的目标，可靠地实现必要的功能是技术方面的目标。提高产品的价值，就需要依靠集体的智慧和有组织的活动，通过对产品进行功能分析，用更低的成本来实现用户要求的功能。

2. 提高产品价值的途径

由式(1-3)可知，提高产品价值的主要途径是：

(1) F 提高，C 降低。

(2) F 提高，C 不变。

(3) F 大为提高，C 小有增加。

(4) F 不变，C 降低。

在机床产品的全部设计过程中都可采用价值分析的方法。在初步设计阶段，能把技术上的优劣给出定量的概念，可从许多可行方案中选择最佳方案；在技术设计阶段，又能用以对产品结构进行评价，使方案具有最佳功能和最低成本；在工作图设计阶段，还可用来对零件进行优化设计等。

在产品设计文件中应有技术经济分析报告，这是运用价值分析方法来论证机床产品及其组成部分在技术经济上合理性文件。包括：研究确定对产品性能、质量及成本费用有重大影响的主要零、部件；同类型产品相应零、部件的技术经济分析比较；论证达到技术上先进、经济上合理的结构方案；预计达到的经济指标等。

1.2 机床初步设计

1.2.1 机床初步设计的主要内容

机床初步设计(或称总体方案拟定)是机床部件和零件设计的依据，在机床产品设计中占有重要地位，是一项全局性的设计工作，其任务是研究确定机床产品的最佳设计方案，为技术设计工作提供依据。初步设计工作的质量将影响机床产品的结构、性能、工艺

和成本，关系到产品的技术水平和市场竞争能力。机床初步设计主要包括拟定机床的工艺方案、运动方案，确定技术参数和机床总体布局等。

1. 机床工艺方案拟定

机床工艺方案的主要内容有：确定加工方法、刀具类型、工件的工艺基准及装夹方式等。工艺方法在很大程度上决定了机床的类型、规格、运动、技术参数、布局及生产率等。因此，对工件进行工艺分析，通过调查研究拟定出经济合理的工艺方案，是机床设计的重要基础。工艺方案的拟定，应正确处理加工质量、生产率和经济性这三者的关系。

工件是机床的加工对象，是机床设计的依据。不同的工件表面可采用不同的加工方法，但相同的工件表面也可采用不同的加工方法，如平面加工可采用铣、刨、拉、磨、车等；回转表面加工可采用车、钻、镗、磨、铣等。而且，工件的工艺基准、装夹方式及刀具类型等也是各式各样的。可见，一种工件的加工可采用多种工艺方案来实现，随之所设计的机床也不同。因此，机床是实现工艺方案的一种工具。新工艺方法的出现，必然会促进新型机床的发展。

通用机床在生产中已广泛应用，其工艺比较成熟。通用机床的工艺方案可参照已有的成熟工艺来设计，但有时必须根据市场需求，在传统工艺基础上，扩大工艺范围，以增加机床的功能和适应新工艺发展的需求。例如卧式车床增加仿形刀架附件，在完成传统车削工艺外，还可以进行仿形车削加工。又如立式车床增加磨头附件，还可对大型回转工件进行精加工等。数控加工中心由于采用了刀库和自动换刀装置，形成了可实现多种加工方法、工序高度集中的新型机床。

专用机床工艺方案的拟定，通常根据特定工件的具体加工要求，确定出多种工艺方案，通过方案比较加以确定，常需要绘制出加工示意图或刀具布置图等。

2. 机床运动方案拟定

机床运动方案拟定的主要内容有确定机床运动的类型、各运动的特点（功用、复杂程度、特殊要求及变速变向等）、运动的分配、传动联系（内联系与外联系）及传动方式（机械、液压、电气）等。

1）机床运动类型的确定

机床运动方案拟定中，首先要确定机床运动的类型。根据运动的功能，可将机床运动划分成表面成形运动和辅助运动两大类（有关机床的运动和传动联系详见1.3节内容）。根据是由工艺方法确定的表面成形运动，还只是工件与刀具间的相对运动，因此有不同的运动分配形式。机床运动的分配是由多种因素决定的，应由全面的经济技术分析加以确定。一般应注意下述问题：

（1）简化机床的传动和结构。一般把运动分配给重量小的执行件，如毛坯为棒料的自动车床，由工件旋转作为主运动；对于毛坯为卷料的车床，由于卷料不便于旋转，可由车刀旋转做主运动，形成套车加工。管螺纹加工机床也采用套车加工。

（2）提高加工精度。对于一般钻孔加工，主运动和进给运动都由钻头完成，但在深孔加工中，为了提高被加工孔中心线的直线度，由工件回转运动形成主运动。

（3）缩小占地面积。对于中小型外圆磨床，由于工件长度较小，多由工件移动完成进给运动，对于大型外圆磨床，为了缩短床身、减少占地面积，多采用砂轮架纵向移动实现进给运动。

2）机床传动形式选择

机床有机械、液压、电气、气动等多种传动形式，每种形式中又可采用不同类型的传动元件。为满足机床运动的功能要求，机床性能和经济要求，要对多种传动方案进行分析、对比，合理选择传动形式，并与机床的整体水平相适应。

3. 机床技术参数的确定

机床技术参数包括主参数和一般技术参数，一般技术参数又包括机床的尺寸参数、运动参数和动力参数。其具体内容见 1.4 节。

4. 机床总体布局的确定

合理确定机床的总体布局，是机床设计的重要工作，它对机床的设计、制造与使用都有很大影响。在机床的工艺方案、运动方案及主要技术参数确定之后，就可着手进行机床的总体布局。其主要内容是确定机床型式，机床具有的主要零部件及其相对位置关系等。

经过长期生产实践和客观效果的检验，通用机床和某些专门化机床的布局型式已基本定型（如车、钻、铣、刨床及齿轮、螺纹加工机床等），称为传统布局。专用机床则根据工件特定工艺方案和运动方案确定其布局，型式多种多样。不论是传统布局或是特定布局，并非一成不变，随着生产技术的发展和新的要求，机床布局也会相应改变。

机床的总体布局应注意下述问题：

1）工件特征

机床上被加工工件的形状、尺寸和重量等特征对机床总体布局有重要影响。如图 1－1所示，车削轴类或直径较小的盘类工件时应采用卧式车床布局（图(a)）。若车削直径较大但重量不大的盘类或环类工件时，可用落地式车床布局（图(b)）。若车削短而直径大、重量也大的工件时，最好采用立式车床布局，使机床主轴受力状态以及工件的装卸、调整等都得以改善，加工直径较小（$D \leqslant 1600$mm）可用单柱立式布局（图(c)），结构简单紧凑；加工直径较大（$D > 2000$mm）可采用双柱立式布局（图(d)）。同样，立式钻床与摇臂钻床，牛头刨床与龙门刨床等在机床总体布局的差异也与工件特征有关。

2）机床性能

对加工精度、表面粗糙度要求较高的机床，在总体布局上应采取相应措施，使之提高传动精度、刚度，减小振动、热变形等。例如，为了提高传动精度，确定传动部件时应尽量缩短传动链，合理布置传动丝杠以减少刀架的颠覆力矩。为了提高机床刚度，可采用框式支承件结构，如龙门刨床、龙门铣床、坐标镗床等。为了减少机床加工过程中的振动，可使电动机、齿轮变速箱等振动较大的部件与工作部件（如主轴箱）分离（即分离传动），中间采用带传动。为了减少机床热变形影响，液压传动的油箱应与支承件分开，或使回油通过床身底部再返回油箱，以补偿机床导轨与床身底部的温差，使床身得到均匀变形。

3）生产批量

用于单件小批生产的机床，其布局应能保证工艺范围广、调整方便，而生产率可低些。用于大批大量生产的机床，布局则应适于高生产率要求，而工艺范围和调整方便程度可低些。例如车削盘类工件，若为单件小批生产时，可采用卧式车床布局。若批量较大、形状复杂时，可用转塔式车床布局，在转塔上安装多组刀具，依次转位可进行多工序加工。若批量较大、形状较简单时，还可用多刀半自动车床布局，用几个刀架、多把刀具同时加工，并能实现加工过程的自动循环。若是大批大量生产且工件形状较复杂时，可采用立式多

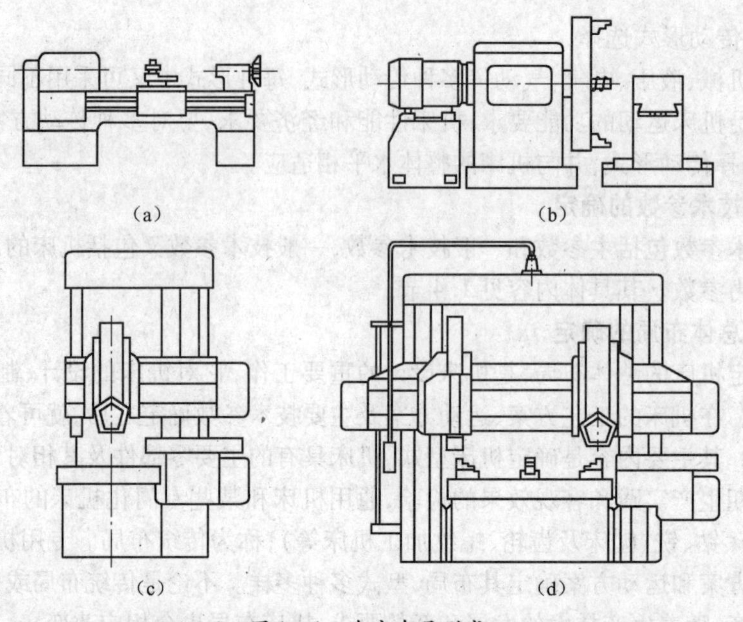

图 1-1　车床布局型式

(a) 卧式；(b) 落地式；(c) 单柱立式；(d) 双柱立式。

轴半自动车床布局，机床具有多工位（如 4、6、8、12 个工位），在各工作工位上都设有立刀架和水平刀架，对装夹在相应主轴的工件进行加工，主轴工作台能周期进行转位和定位，使工件顺次经过各工位的加工，由最后一个工位来卸、装工件。

加工中心（自动换刀数控机床）上的自动换刀装置布局，关键在于刀库相对机床的配置，应注意减少自动换刀各部件的运动次数及距离，换刀与加工时间要尽量重合，刀库中刀具的重量对加工精度影响要小，观察加工要方便安全，刀库所占附加面积要小等。

5. 机床原理图的拟定

机床原理图主要包括机床的传动原理图、传动系统图、液压原理图、电气原理图、自动或半自动循环框图以及润滑原理图等。它是机械、液压、电气装置结构设计的依据，也是机床协调动作或实现自动工作循环的重要保证。

6. 机床总体尺寸联系图的绘制

机床总体尺寸联系图（又称总联系尺寸图或总体尺寸关系图）能够表明机床的总体布局、主要组成部分的外形尺寸及其相互位置的联系尺寸，以保证工件与刀具之间、各部件之间所必需的相对位置及相对运动。它不仅是机床各部件设计的重要依据，也是机床调整、安装的依据。因此，设计新机床时，必须绘制机床的总体尺寸联系图。

在尺寸联系图上应反映出机床的尺寸参数、有关零部件（特别是支承件和运动部件）的外形尺寸及相互位置的联系尺寸（包括运动部件的最大行程），需要表达其纵向尺寸、横向尺寸及高度方向尺寸，对于中心对称式机床，使用横向尺寸来表达两个相关方向的尺寸（如立式多轴半自动车床的纵向、横向尺寸）。可根据使用要求，参考同类型机床的联系尺寸加以确定，一般情况要画出两个视图。但是，尺寸联系图是很难一次确定画出的，要由粗到细、由简到繁，需经多次修改补充逐步完善而成。当机床的每个部件设计完毕之后，可用机床总图代替尺寸联系图。因此，在机床产品图纸中，往往见不到这种单纯的尺寸联系图，可参阅机床总图来分析其联系尺寸。

7. 其他

在机床初步设计中,还有下述工作

(1) 试验研究。采用新材料、新工艺、新结构时,应提出必要的试验课题,得出满意的试验研究结果,才允许用于机床产品上。此外要注意试验研究成果的完善化和推广应用工作。

(2) 方案对比。对不同方案应进行价值分析,必要时还需绘出主要部件结构草图进行比较。还要对不同的造型与色彩方案进行对比。注意某些容易被忽略的问题,如操纵、润滑、冷却、排屑、防护,走“管”走“线”等。

机床初步设计工作应按次序进行,必要时也可交叉或平行。初步设计完成后也并非毫不改变,在部件设计过程中还可能修改或进一步完善。初步设计中要力求全面、认真地考虑问题,避免造成较大的返工。

1.2.2 机床宜人性设计

在机床的初步设计阶段就应进行宜人性设计,而且还要在技术设计阶段不断地加以完善。不仅使人对机床产品获得视觉上的美感,还要适合操作者的心理感受规律与生理特点,从中体验到宜人的舒适感。

1. 产品造型与色彩设计

产品造型与色彩设计是现代机械制造装备设计的重要内容,它是决定产品质量、价格和市场竞争力的主要因素之一。造型与色彩设计要贯穿至产品开发和研制全过程。在产品初步设计阶段,要提出造型和色彩方案,画出立体透视草图进行分析比较。技术设计时还要绘制产品的立体透视效果图,通过工整、细致地绘图,能够真实表现产品的造型和色彩,必要时还应制作外观模型等。产品造型与色彩设计的目标是获得产品的优美外观质量。原则是好用、经济、美观和创新,要求功能与型式、技术与艺术相协调,体现产品功能、结构和艺术的综合美感。

1) 产品造型设计

工业产品的各种零部件都是由若干几何形体所组成,这些形体又是由点、线、面构成。造型设计是将产品的结构和功能等物质技术与艺术性内容相结合,组成一个二维空间立体造型,必须符合美学原则,熟练运用形态构成原理,掌握形态的表现特征和相关形态的形成心理以及视觉误差,这是获得美观大方、款式新颖产品造型的重要手段。产品造型要比例协调,均衡稳定,以“统一”为主、“变化“为辅,线型要简洁大方,给人以舒适、协调和静中有动的感觉。

(1) 尺度与比例。尺度是指要使产品造型具有使用合理、与人的生理感觉和谐、与使用环境协调等特点。如操纵手柄和按钮等。不论何种产品,其基本尺寸应与人手相适应,符合人的尺度感。

产品造型的形体比例是指造型的整体与局部、局部与细部之间的大小对比关系,追求视觉的比率美。造型表面多为矩形,长宽比可选择黄金比率(1:1.618)、均方根比例($1:\sqrt{n}, n=2,3,4,\cdots$)。在产品造型设计中,各部分通常采用相等或相近的比例,容易得到协调效果,如图1-2所示。

(2) 对称与均衡。产品造型应具有良好的视觉平衡效果,给人以稳定的感觉。对称和均衡是取得良好视觉平衡的基本形式。

对称是自然界最常见的平衡方式,可给人以庄重、稳定和安全的感觉,大型机床如锻压机,一般采用对称造型。

均衡是对于不对称形体的处理方式,根据力学平衡原理,不对称形体以支点表现出形体的重量与到支点距离乘积相等的平衡感,达到均衡效果,同时还会具有静中有动、动中有静的条理美和动态美。此外,还可通过色彩、机理和表面装饰加强均衡效果。

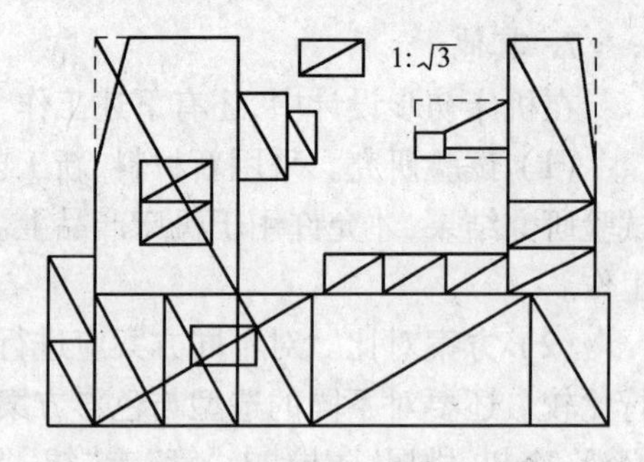

图1-2 滚齿机形体的比例关系

(3) 统一与变化。统一是指造型物群体之间或造型物各组成部分之间,在形状、线型、色彩、部位、姿态、质地和数量等方面的同一性、类似性、条理性与和谐性。变化是指上述诸方面间的差异性、对比性。完美的造型必须强调统一性。现代工业产品门类日益繁多,强调产品外观的规整化、单纯化、简洁化已成为发展趋势。为了使造型物形象各异,生动活泼,具有吸引力,可在统一、协调、完整的同一性中适当揉入差异性,加强彼此间的对比性,但变化要适当,不宜过分,避免庞杂、紊乱和离心。

(4) 节奏与韵律。在视觉艺术中,形体的几何构成要素有规律的连续分布构成节奏,节奏做有规律的渐变即获得韵律,韵律的获得可借助于形状的渐变、排列的渐变、色调的渐变、分量的渐变等形式。无论是节奏还是韵律,都具有一种超越人们意识的吸引力。在造型设计中灵活应用节奏和韵律,可以产生和谐、愉快或具有吸引力的视觉效果。

2) 产品色彩设计

产品色彩依附于形体,但比形体更富有吸引力,能先于形体来影响人的感官,对有效发挥产品功能、美化工作环境也会起到重要作用。色彩与产品类型、结构特点、使用环境、市场需求以及不同地区和民族的习俗爱好有关。

(1) 产品色彩设计要点。

① 环境与功能。色彩应充分表达产品的功能特征,并与使用环境相协调。如使用环境油污较大时,为了耐油污,通常用色宜深沉。机床的面板、显示部分用色要求明显醒目但不刺眼。警示部分色调要鲜艳以引起注意,隐蔽部分色调要沉静。

② 整体协调统一。大面积宜采用低纯度色彩为主体色,以明快、雅致、洁净的色彩统一全局,使主调明确。再用小面积高纯度的色彩进行点缀,使总体显得丰富、变化、有生气。整体色彩一般用单色或两套色,不宜多于三套色。

③ 突出工艺理化性能。产品色彩要充分利用各种材料的质地纹理和机械加工效果,具有机械制造产品的色彩意境。如加工中心刀库上的刀具、机床的手柄、工作台、导轨、防护罩等,在机床上具有恒定性,应将其作为重要色彩因素加以考虑,通过机械加工及电镀、氧化处理等理化工艺手段,产生特有的金属色彩效果,可起到调节、点缀和对比作用。

④ 注意创造性。色彩设计注意新颖性、创造性,使产品有活力而更具竞争性。

(2) 产品色彩设计的基本手法。

① 单色与套色。采用一种色为主体色时,给人以简洁、大方的感觉,整体效果好,以

冷色调为主；采用两套色时，可使色彩丰富，产生对比与统一的效果，可减弱形体笨重感、强调重点部位等。一般采用左右分色、上下分色、综合分色、中间色带及主次分色等多种手法；采用大面积的低纯度色为主调，局部再施以高纯度色进行对比，应用也较多。

② 色彩的冷暖感。要根据产品功能和使用环境来选择色彩的“冷暖”。如炎热地区宜选冷色，如蓝色、蓝紫色、蓝绿色等：寒冷地区宜选暖色，如红、橙、黄色。

③ 色彩的轻重。浅谈色、暖色显得轻而深，暗色和冷色显得重，故可用于处理产品形体的稳定与均衡。欲使产品外观稳定，则在产品下部实施深暗色，上部用浅色；欲使产品外观显得轻巧，则在产品下部用浅淡色。

④ 色彩的大小感。亮色、暖色因膨胀感而显大，暗色、冷色因收缩感而显小，故可用以调整产品的形体比例关系，获得整体比例协调。

⑤ 色彩的远近感。通常，暖色、鲜艳的色彩显得向前、凸出，而冷色、灰色显得后退、隐蔽，故可用于产品重点部位的强调，以及次要或繁琐部位的隐退，使之增加产品的空间层次、丰富立体造型的空间效果。

⑥ 色彩的软硬感。明亮色彩感觉软，深暗色彩感觉硬，故可用以表达产品的性能，创造宜人的色调。

此外色彩还有浓谈感、干湿感、动静感、朴素与华丽感等主观效果，在色彩设计中也应予以重视。

2. 产品人机工程设计

人机工程学是20世纪50年代发展起来的一门学科，是研究人机关系的一门学科，它的目标是根据人的生理与心理特征，设计出适宜人操作的机器，适宜人的工作范围和环境，使用方便的操纵器，醒目的显示与控制器，力求以较少付出，获取最高的人机效率。它不仅涉及工程技术理论，而且涉及生理学、人体解剖学、心理学和劳动卫生学等理论与方法，是一门综合性的边缘学科。

1）人体静态与动态形体尺寸

产品设计中应充分考虑与人体尺寸参数有关的问题。指导设计规范GB 10000—88中对人体静态尺寸参数进行了统计分析。人体静态尺寸随人种、地区和性别而异，我国的男性平均身高为170cm，女性比男性平均矮100mm～110mm 。

人体动态尺寸是指人在工作位置上的活动空间尺度，主要包括立姿、坐姿和综合姿势的四肢活动空间，如图1－3～图1－5所示。

图1－3所示为人站立操作时，躯干不动、手臂在正前方的活动范围，大圆弧为手臂的最大能及范围，小圆弧为前臂的正常活动范围，阴影区为最有利活动范围。若允许人的躯干运动，上肢活动范围还要宽得多。

图1－4给出坐姿时手与脚的最大、最佳操作空间，在此范围内可迅速、准确地操作，能够发挥出最大的操纵力。

单一的站姿或坐姿，各有特点，但都会有一部分肌肉长期受压而劳累，若条件允许可采用综合姿势（站—坐—坐靠）操作。其优点是，使疲乏受压的肌肉得到休息，操作者的身体和精力可保持正常状态。图1－5所示为中小型仪表车床采用综合姿势操作的空间尺度，使站姿、坐姿和坐靠姿势都达到上身挺直、头略低即可方便地观察加工过程，同时还在机床结构上采取措施，将水平设置的滑板倾斜一定角度α（通常为15°）。

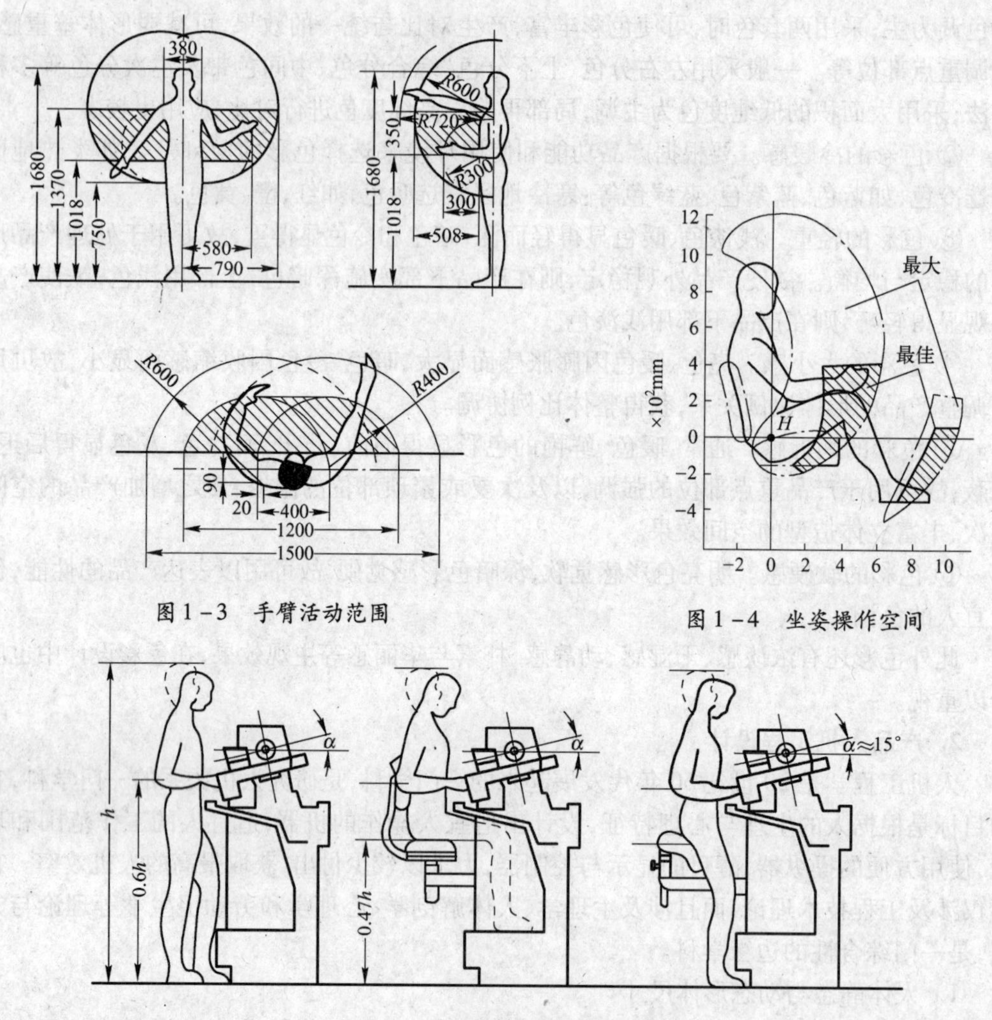

图 1-3　手臂活动范围

图 1-4　坐姿操作空间

图 1-5　综合姿势操作空间尺度

图 1-6 所示为操作时人手处于轻松状态的最好活动方向，单手动作为侧向 60°，双手动作为 30°，双手准确操纵的活动方向为 0°。

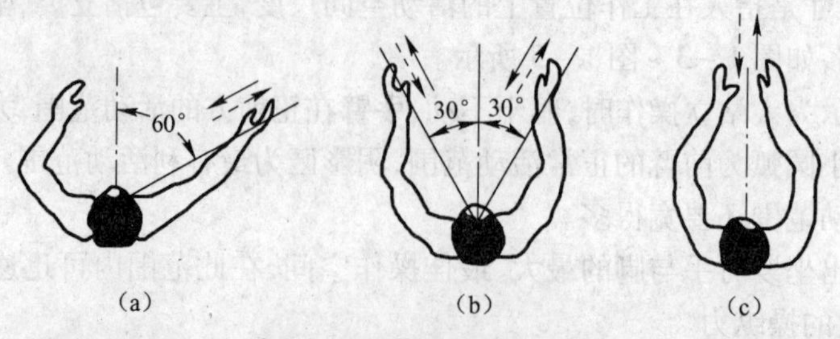

图 1-6　手的活动方向

2）肢体运动与操纵力

人在操作和使用机器时，上肢动作比下肢快，手的前后运动较左右运动快，上下运动比水平运动快，从上向下较从下往上运动快，右手从左向右较从右向左运动快，顺时针方向运动较逆时针方向快。手做离开身体运动比朝向身体的运动准确性高，逆时针转动比顺时针转动准确性高,较长距离运动误差比短距离的运动误差小;下肢操作力比上肢大,右手比左手有力,手前伸的力比收回的力大等。

机床操纵装置应避免使身体有关部分劳累,操纵力应适当,动作要自然,与身体的姿势、力的使用相协调。例如,操作者尽可能交替采用坐姿和站姿操作,操纵力要与操作者体力相适应,操纵力过大时应有辅助能源和增力机构,操作动作之间应保持良好平衡,操作动作的幅度、强度、速度和节拍应相互协调。

3）视觉特性

机床的操作活动不仅应与人体结构尺寸有关,而且与人的视觉特性有密切关系,以使操作方便、迅速和准确。

据统计,人感知信息的80%可能在人的视野和视距范围内,90%是由视觉器官接收的,因此设计产品时,信息源应尽可能在人的视距范围内。

视野是指人的头部和眼球固定不动情况下,眼睛自然可见的空间范围,如图1－7所示。视野可划分为4个区,最佳视区为最清晰区,良好视区是短时间内可辨认区,有效视区为集中注意力可辨认区,极限视区是模糊不清的视区。应把主要操作控制的指示器和操纵装置安装在有效视野区内,把重要的仪表放在最佳视觉区内。通常可把最常用的指示操纵装置安装在从人眼中心向下30°的范围内为宜。

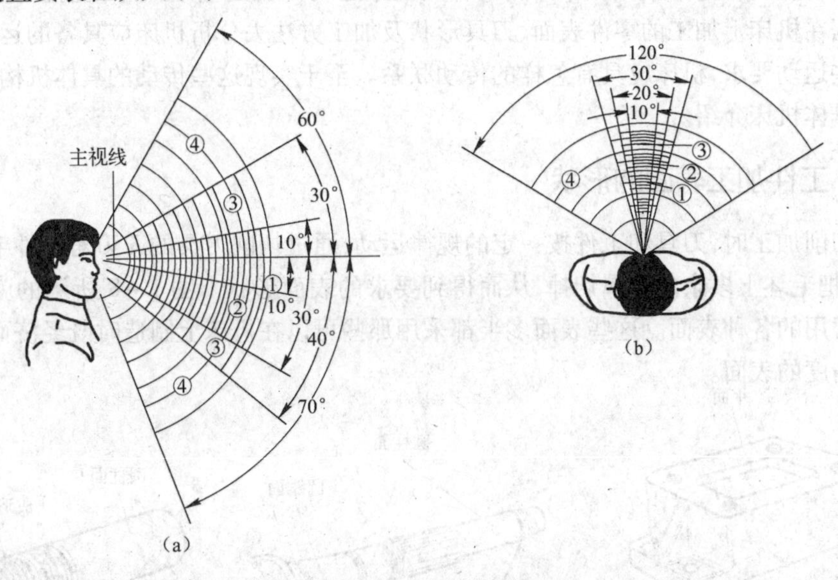

图1－7 人的视野

(a) 垂直方向的视野；(b) 水平方向的视野。

① 最佳视区；② 良好视区；③ 有效视区；④ 极限视区。

视距是指人在操作过程中正常的观察距离,一般为380mm～760mm,最佳视距为700mm。因此应根据工作要求的精确程度、性质和内容来确定最佳视区。

人眼的运动沿水平方向比垂直方向灵活、感觉水平尺寸的误差比垂直尺寸精确,且不易疲劳,因此视觉信号源应尽可能水平排列。人的视线习惯从左到右,从上到下按顺时针方向移动视线。当眼睛观察视区时,观察效果依次是右上、左上、左下和右下象限。人眼最易辨认的轮廓为直线轮廓。最易辨认的颜色依次为红、绿、黄、白;当两种颜色在一起时，最易辨认的顺序依次是黄底黑字、黑底白字、蓝底白字、白底黑字等。

4）听觉特性

人的听觉器官也是重要的信息接收器。人对听觉信息的反应比视觉信息快30ms～50ms；人耳可接受的声音为20Hz～2000Hz，可以听到的声强为0～120dB，超过110dB～130dB，人会感到不舒服。声音信号的设计应根据其作用不同可设计成连续音响、断续音响或音乐等，应有别于机器运转产生的声响。

1.3 机床的运动分析及传动原理图

机床的运动，是由机床上所要加工的工件表面形状及其形成方法所决定的。

认识和分析机床，首先根据在该机床上所要求加工的表面形状、使用的刀具类型和加工方法来分析机床的运动，即分析机床必须具备哪些运动？以及这些运动的性质。然后，在这个基础上，再进一步了解机床传动部分的组成，以及为实现机床所需运动的机构及结构，并掌握机床运动的调整。这个认识和分析机床的方法，其简要顺序为“表面—运动—传动—机构（结构）—调整”。

本节着重阐明这个认识机床方法中有关机床运动分析的基本概念，也就是重点讲述如何根据在机床上加工的零件表面、刀具形状及加工方法去分析机床应具备的运动；为了实现这些运动要求，机床应具有怎样的传动联系。至于实现这些传动的具体机构和结构，将结合具体机床介绍。

1.3.1 工件加工表面的形状

在切削加工时，刀具和工件按一定的规律运动，通过切削刀具的刀刃对工件毛坯的切削作用，把毛坯上多余的金属切掉，从而得到要求的表面形状。图1-8所示的就是机器零件上常用的各种表面。这些表面多半都采用那些可以在机床上制造时既经济而又能获得所需精度的表面。

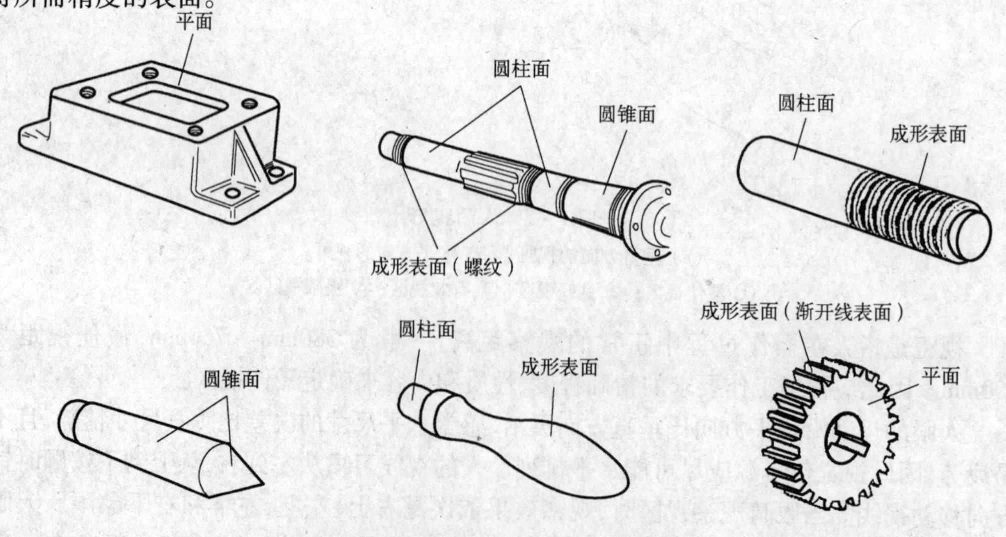

图1-8 机器零件上常用的各种表面

1.3.2 表面的形成方法及所需的成形运动

各类机床为进行切削加工,必须保证刀具和工件之间必要的相对运动。这些运动如果是用来形成被加工工件表面的,称为机床的成形运动。例如:当使用车刀车削圆柱表面时的工件旋转(B_2)及车刀直线移动(A_1)(图 1-9)就是机床上的成形运动。

1. 零件表面的成形

从几何学观点来看,零件上每个表面都可以看作是一条线(母线)沿着另一条线(导线)运动的轨迹。母线和导线统称为形成表面的发生线。在切削加工的过程中,这两条发生线是通过刀具的切削刃与毛坯的相对运动而体现的。通过它把零件的表面切削成要求的形状。

例 1 轴的外圆柱面成形(图 1-9)

外圆柱面是由直线 1(母线)沿圆 2(导线)运动形成的。外圆柱面就是成形表面,直线 1 和圆 2 就是它的两根发生线。

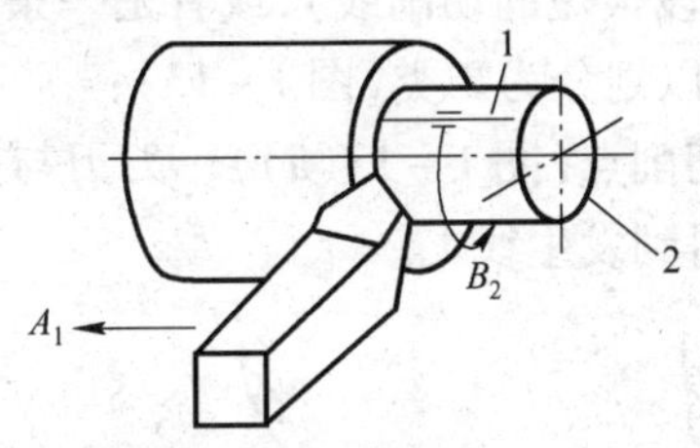

图 1-9 车削外圆柱表面时的成形运动及成形表面的两根发生线

例 2 普通螺纹的螺旋表面成形(图 1-10)

普通螺纹的螺旋表面是由"∧"形线 1 (母线)沿螺旋线 2(导线)运动形成的。螺纹的螺旋表面就是需要成形的成形表面。它的两根发生线就是"∧"形线 1 和空间螺旋线 2。

例 3 直齿圆柱齿轮齿面成形(图 1-11)

渐开线齿廓的直齿圆柱齿轮齿面是由渐开线 1 沿直线 2 运动而成形的。渐开线 1 和直线 2 就是成形表面(齿轮轮齿表面)的两根发生线——母线和导线。

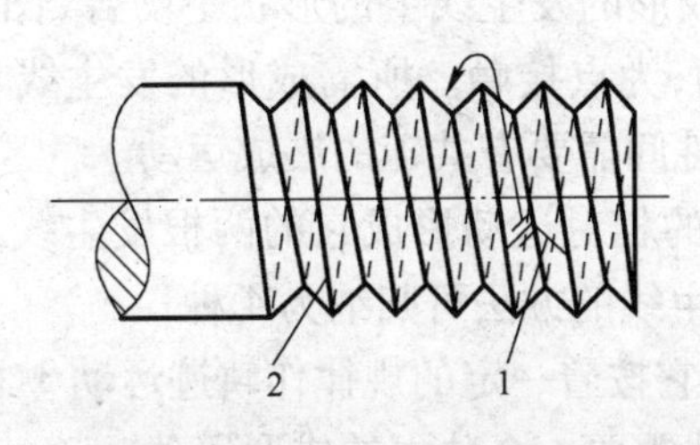

图 1-10 普通螺纹的螺旋表面的成形及成形表面的两根发生线

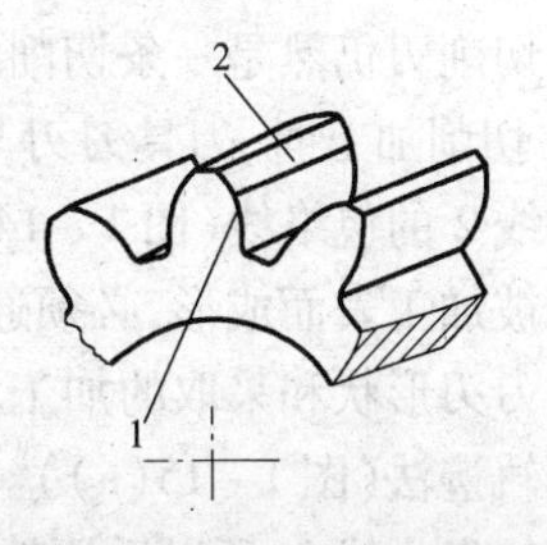

图 1-11 直齿圆柱齿轮齿面的成形及成形表面的两根发生线

但是还需要注意,加工时形成的表面形状不仅取决于刀刃的形状及表面成形方法而且还取决于发生线的原始位置。图 1-12 中的几种表面发生线都相同(母线都是直线 1,

导线都是绕轴心线 $O-O$ 旋转的圆 2),所需要的运动也相同,但由于母线相对于旋转轴线 $O-O$ 的原始位置不同,所产生的表面也就不同。

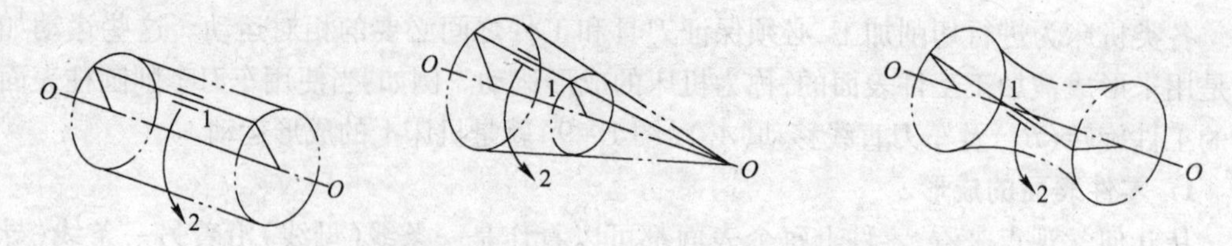

图 1-12　发生线的原始位置与成形表面的关系

2. 发生线的形成方法及所需运动

刀刃的形状与成形表面的成形方法有着极其密切的关系,这是因为发生线是通过刀具的切削刃和工件的相对运动得到的。

刀刃形状是指刀具切削刃与工件成形表面相接触部分的形状。从外观上看,它不外乎是一个切削点(实际上是一段很短的切削线),或者是一条切削线。根据刀刃形状和成形表面发生线之间的关系,可以划分为 3 类(图 1-13):

(1) 切削刃的形状为一切削点(图 1-13(a))。刀刃与被形成表面可以看成为点接触。刀具 2 沿轨迹 3 运动而得到发生线 1。

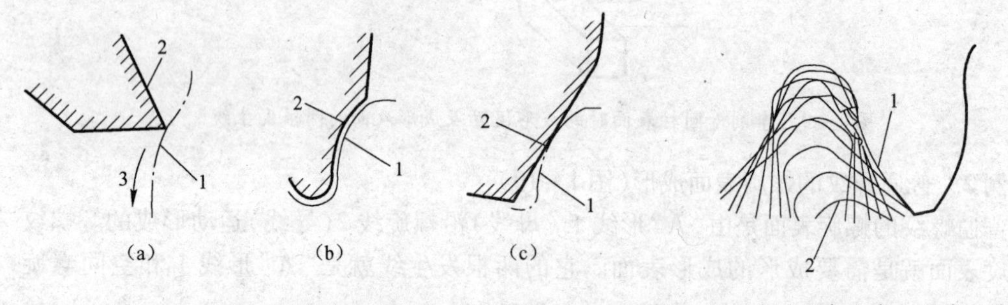

图 1-13　切削刃形状与发生线的三种关系　　　图 1-14　由刀刃包络成形的渐开线齿形

(2) 切削刃是一条切削线 2,它与要成形的发生线 1 完全吻合(图 1-13(b))。因此,在切削加工时,刀刃是与被成形的表面作线接触,刀具无需任何运动就可得到所需的发生线形状。

(3) 切削刃仍然是一条切削线 2,但它与需要成形的发生线 1 的形状不吻合(图 1-13(c))。切削加工时,刀具刀刃与被成形表面相切,为点接触。所需成形的发生线 1 是刀具切削线 2 的包络线(图 1-14),因此刀具与工件间需要有共轭的展成运动。

要使被加工表而成形,必须通过刀具和工件间的相对运动形成它的两根发生线。由于使用的刀刃形状和采取的加工方法不同,形成发生线的方法可归纳为 4 种:

(1) 轨迹法(图 1-15(a))。刀刃为切削点 1,它按着一定的规律作轨迹运动 3,而形成所需要的发生线 2,所以采用轨迹法来形成发生线需要 1 个独立的成形运动。

(2) 成形法(图 1-15(b))。刀刃为一条切削线 1,它的形状和长短与需要成形的发生线 2 一致,因此,用成形法来形成发生线,不需要成形运动。

(3) 相切法(图 1-15(c))。刀刃为切削点,由于采用的加工方法的需要,该点是旋转刀具刀刃上的点 1。切削时,刀具的旋转中心按一定规律做轨迹运动 3,切削点运动轨迹的相切线就形成了发生线2。所以，用相切法形成发生线需要两个独立的成形运动（其中包括刀具的旋转运动）。

（4）范成法（图1－15（d））。刀具的刀刃形状为一条切削线1，但它与需要成形的发生线2不相吻合。发生线2是切削线1的包络线。因此，要得到发生线2（图为渐开线）就需要图中的刀具移动运动A_{11}和工件旋转运动B_{12}。A_{11}和B_{12}可看成是齿轮毛坯在齿条刀具上滚动分解得到的。因此，用范成法形成发生线时需要一个独立的成形远动。这个运动称为范成运动3（即图中的$A_{11}+B_{12}$）。

在机床上，刀具和工件一般是分别安装在机床主轴、刀架或工作台等机床的执行部件上（简称为执行件）。执行件的运动形式以旋转运动和直线运动最易实现。如果一个独立的成形运动仅仅要求执行件作旋转或直线运动，这个成形运动就称为简单的成形运动，即只包含一个单元运动（旋转或直线运动）的成形运动称为简单的成形运动。如果一个独立的成形运动，在机床上实现它比较困难，但可以分解为几个简单运动，如图1－15（d）所示的范成运动3，即由两个或两个以上单元运动组成的独立运动，各个单元运动之间必须保持严格的速比关系，这种运动称为复合的成形运动。如图1－15（d）所示，当齿条刀具移过一个齿距时，工件必须转过一个齿。这个严格的相对运动关系由刀具至工件之间的传动链的传动比来保证。

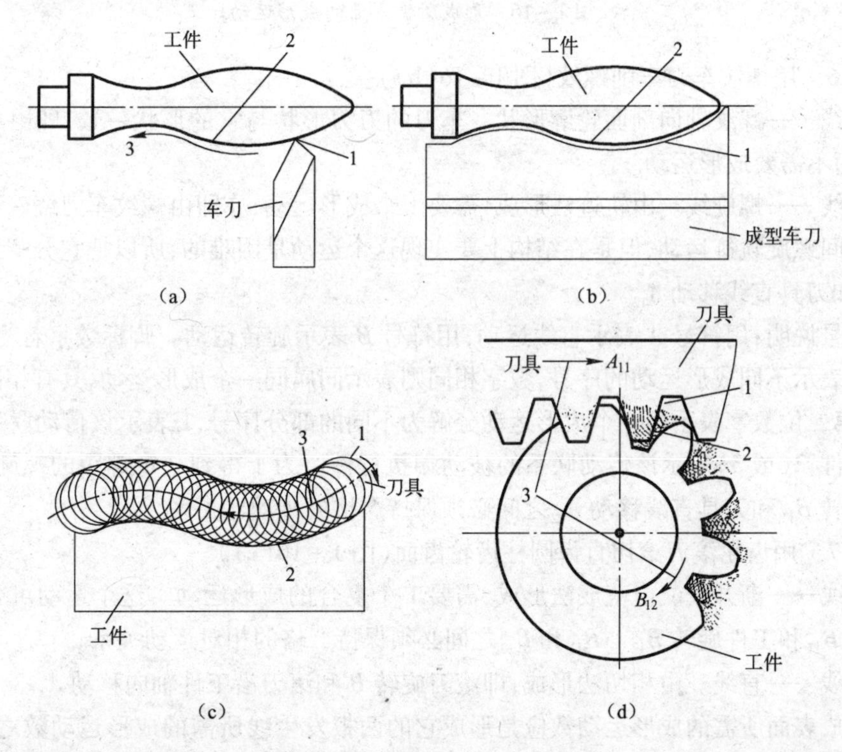

图1－15　形成发生线的4种方法

3. 零件表面成形所需的成形运动

由上所述，形成表面所需要的成形运动，就是形成其母线及导线所需要的成形运动的总和。切削加工时，机床必须具备所需的成形运动。

例 4　用普通车刀车削外圆(图 1-9)。

母线——直线。由轨迹法形成,需要 1 个成形运动 A_1。

导线——圆。由轨迹法形成,需要 1 个成形运动 B_2。

因此,形成外圆柱表面共需 2 个成形运动,即 A_1 和 B_2。角标 1 和 2 表示成形运动序号。

例 5　用成形车刀车削成形回转表面(图 1-16(a))。

母线——曲线。由成形法形成,不需要成形运动。

导线——圆。由轨迹法形成,需要 1 个成形运动 B_1。

因此形成表面的成形运动总数为 1 个(B_1)。

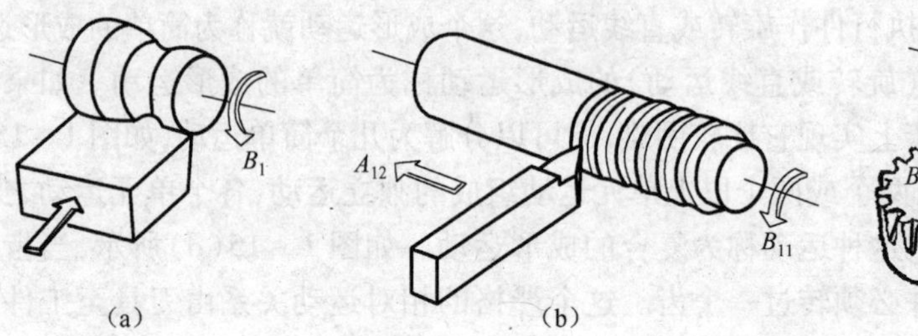

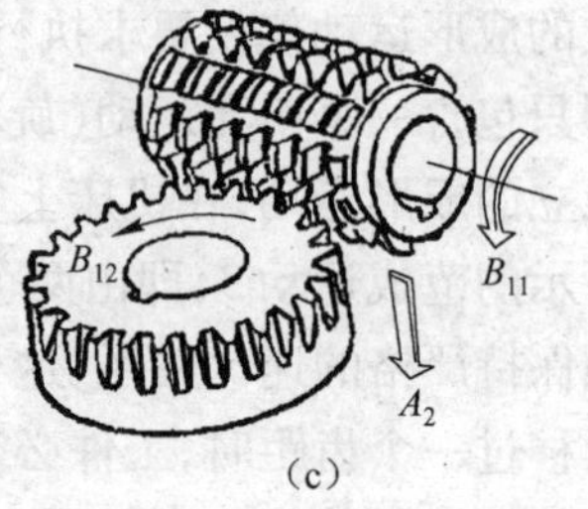

图 1-16　形成所需表面的成形运动

例 6　用螺纹车刀车削螺纹(图 1-16(b))。

母线——螺纹轴向剖面轮廓形状。车刀的刀刃形状与它的形状一致,即由成形法形成,因而不需要成形运动。

导线——螺旋线。由轨迹法形成,需要 1 个成形运动,亦即由螺纹车刀绕着不动的工件作空间螺旋轨迹运动,但是在结构上要实现这个运动是困难的,所以把它分解为工件旋转 B_{11} 和刀具直线移动 A_{12}。

符号说明:用符号 A 表示直线运动,用符号 B 表示旋转运动。脚标数字若为两位数,前一位表示不同成形运动的序号,数字相同则表示同属同一个成形运动,具有相同的传动联系;第二位数字表示同一个成形运动分解为不同的部分序号,1 表示该传动联系的主动端执行件,2(或 3)表示该传动联系的被动端执行件。为了得到一定螺距的螺旋线,要求工件旋转 B_{11} 和刀具直线移动 A_{12} 之间必须保持严格的传动比关系。

例 7　用齿轮滚刀滚切直齿圆柱齿轮齿面(图 1-16(c))。

母线——渐开线。由范成法形成,需要 1 个复合的成形运动。这个运动可分解为滚刀旋转 B_{11} 和工件旋转 B_{12}。B_{11} 和 B_{12} 之间必须保持严格的相对运动关系。

导线——直线。由相切法形成,即滚刀旋转 B 和滚刀沿工件轴向移动 A_2。

形成表面所需的成形运动数应是形成它的两根发生线所需的成形运动数之和,但是必须要注意到那些既在形成母线中起作用,又在形成导线中起作用的运动实际上是同一个运动。本例中的滚刀旋转 B_{11},它是范成运动的一部分,但是,只要滚刀旋转它就能满足由相切法形成导线对运动的要求,亦即在形成导线中的滚刀旋转 B 与 B_{11} 是同一个运动,即 B_{11} 就是 B。因此,用滚刀加工直齿圆柱齿轮齿面时,成形运动数只有 2 个,即范成运动($B_{11}+B_{12}$)和滚刀沿工件轴向移动 A_2。

1.3.3 非表面成形运动

机床上除成形运动外,一般还必须具备与形成发生线无关的其他非表面成形运动。

1. 分度运动

工件表面是由若干相同局部表面组成时,由一个局部表面过渡到另一个局部表面所作的运动称为分度运动。例如车双头螺纹时,在车完一条螺纹后,工件相对于刀具要回转180°,再车第二条螺纹。这个工件相对于刀具的旋转,就是分度运动。

2. 切入运动

保证被加工表面获得所需尺寸的运动。

3. 各种空行程运动

是指进给前后的快速运动和各种调位运动。例如,在装卸工件时,为避免碰伤操作者,刀具与工件应相对退离。在进给开始之前快速引进,使刀具与工件接近。进给结束后应快退。例如车床的刀架或铣床的工作台,在进给前后都有快进或快退运动。调位运动是在调整机床的过程中,把机床的有关部件移到要求的位置。例如摇臂钻床,为使钻头对准被加工孔的中心,可转动摇臂和使主轴箱在摇臂上移动。又如龙门机床,为适应工件的不同高度,可使横梁升降。这些都是调位运动。

4. 操纵及控制运动

接通或断开某个传动链的运动、操纵变速机构或换向机构的运动,称为控制运动。

5. 校正运动

在精密机床上为了消除传动误差的运动,称为校正运动。

1.3.4 机床的传动联系和传动原理图

1. 机床的传动链

在机床上,为了得到所需要的表面成形运动,需要通过一系列的传动件把执行件和动力源(例如电动机),或者在有关的执行件之间联结起来。这样,构成一个传动联系的一系列传动机构,称为传动链。根据传动联系的性质,传动链可以区分为两类,即"内联系"传动链和"外联系"传动链。"内联系"传动链联系复合运动之内的各单元运动,因而传动链所联系的执行件相互之间的相对速度(及相对位移量)有严格的要求。由此可知,在"内联系"传动链中各传动副的传动比必须准确,不允许有摩擦传动或是瞬时传动比变化的传动件(如链传动)。"外联系"传动链是机床动力源和运动执行机构之间的传动联系。举例来说,在普通车床上用螺纹车刀车螺纹时,联系主轴—刀架之间的螺纹传动链就是一条传动比有严格要求的"内联系"传动链,由它保证得到所需螺纹的螺距大小;而从电动机传到主轴的主运动传动链,则属于"外联系"传动链,它只决定车削螺纹的速度快慢,而不会影响螺纹表面的成形,即发生线的性质。

2. 机床传动原理图

1) 传动原理图的绘制

学习机床时,最常看到的是机床传动系统图。但是在研究表面的成形运动及其传动联系时,为了便于分析问题,常采用传动原理图。传动原理图常用一些简单的符号表示运动源与执行件或不同执行件之间的传动关系。图1-17所示为传动原理图常使用的一部分符号。表示执行件的符号,还没有统一的规定,一般习惯采用较直观的图形表示。

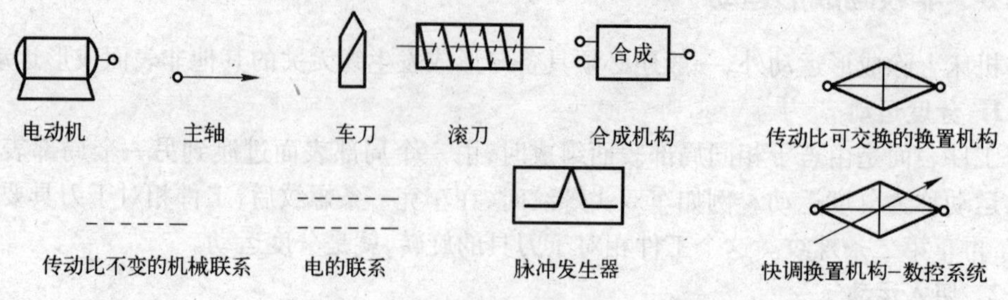

图 1 - 17　传动原理图常用的部分符号

为了帮助初学者对传动原理图有初步的了解,下面以普通车床为例说明传动原理图的画法:

(1) 先画出机床在切削加工过程中执行件的示意图和成形运动。

(2) 画出机床上变换运动性质的传动件(如丝杠螺母副等)示意图。

(3) 画出运动源示意图,如电动机等。

(4) 画出机床上的特殊机构,如置换机构,并标上该机构的传动比。

(5) 用虚线代表传动比不变的传动链,把它们之间关联的部分连接起来。

图 1 - 18 所示为普通车床用螺纹车刀车螺纹时的传动原理图。图中,在主轴至刀架之间的传动联系中,4 - 5、6 - 7 间的传动比是固定不变的;而 5 - 6 是一个传动比可以调整的换置机构,它的传动比 i_x 应满足所车削螺纹导程的要求。在电动机至主轴之间的传动联系中,1 - 2 及 3 - 4 间的传动比是固定的,2 - 3 间为传动比可调整的换置机构,变换传动比值 i_v 可改变主轴转速。在普通车床上车削圆柱体时,需要两个独立的、简单的成形运动。这两个成形运动,可以各自分别与单独电动机相连,但也可以共用同一动力源,与图 1 - 18 所示相同。但此时主轴和刀架之间没有严格的传动比要求,是“外联系”传动链,i_x 的调整要求不必很精确。

由于普通车床既要车削螺纹又要车削圆柱表面(除此之外,还需要加工其他表面),所以普通车床的传动原理图采用图 1 - 18 所示。

2) 传动原理图的方案比较

在传动设计中,由于换置机构在传动链中所处的位置不同,其相应的传动原理图是不一样的。因此,在传动方案设计时,可利用传动原理图来选择换置机构的数量和安排换置机构的位置进行分析比较。

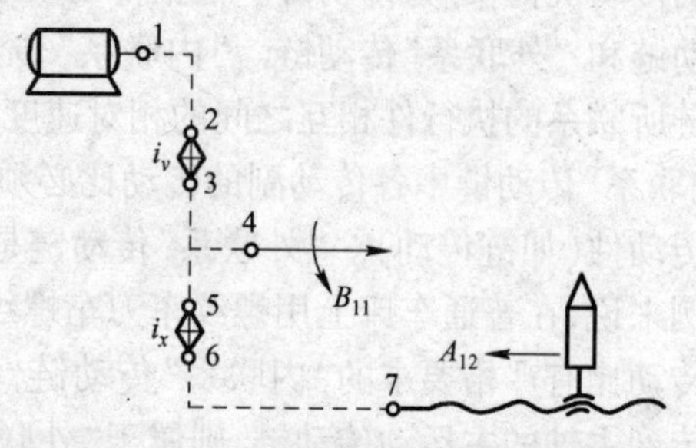

图 1 - 18　用螺纹车刀车削螺纹时的传动原理图

以卧式车床为例,车削螺纹时,有两条传动链:一条“内联系”传动链和一条“外联系”传动链。每条传动链都有一个换置机构。“内联系”传动链的换置机构 i_x 用于调整螺纹导程,“外联系”传动链的换置机构 i_v 用于调整主轴转速,从而调整切削螺纹的速度。i_x 和 i_v 的位置安排可有 3 种不同的设计方案,如图 1 - 19 所示。

在方案 I 中,欲改变螺纹的导程,必须改变“内联系”传动链换置机构的传动比 i_x,但

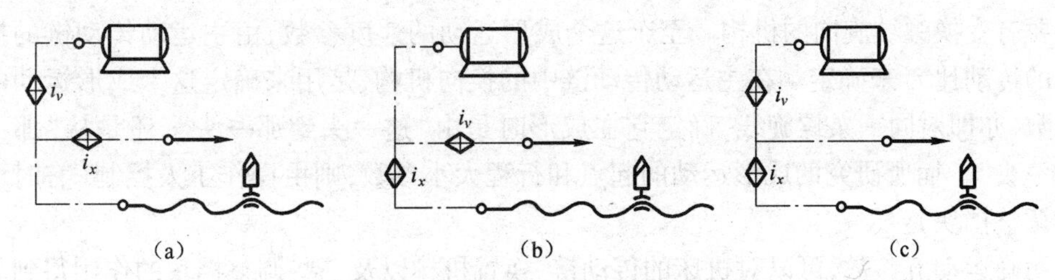

图 1－19 卧式车床换置机构的位置

(a)方案Ⅰ;(b)方案Ⅱ;(c)方案Ⅲ。

同时也改变了主轴的转速,即改变一个运动参数时,另一个运动参数也随之改变;在方案Ⅱ中,欲改变主轴的转速,必须调整“外联系”传动链换置机构的传动比 i_v,但同时也改变了被切螺纹的导程,即同时改变了另一个运动参数。在方案Ⅰ和方案Ⅱ中,要想只改变一个运动参数,就必须同时调整两个换置机构的传动比 i_v 和 i_x,这样是很不方便的。方案Ⅲ中 i_v 和 i_x 分别控制主轴转速和螺纹导程,二者各不相关,调整非常方便,这是典型的卧式车床的传动原理图。

3. 机床运动的调整计算

以图 1－18 所示卧式车床的螺纹链为例说明如下:

(1) 确定末端件,即这条传动链的两端是什么机件。

末端件:主轴—刀架。

(2) 列出计算位移,即列出两末端件的运动关系。

主轴转 1 转 $1\text{r}_{(\text{主轴})}$—刀架移动 s (mm)

(3) 对照传动原理图,列出运动平衡式。

$$1\text{r}_{(\text{主轴})} \cdot i_1 \cdot i_x \cdot i_2 \cdot t_1 = s$$

式中,i_1 和 i_2 是固定的传动比,相当于传动原理图中的点 4－5 和点 6－7 间的传动比;i_x 是换置机构的传动比;t_1 是车床丝杠的导程(mm);s 是被加工螺纹的导程(mm)。

(4) 计算换置公式为

$$i_x = \frac{S}{i_1 \cdot i_2 \cdot t_1}$$

以此就可确定进给箱中变速齿轮的传动比和挂轮架配换齿轮。

1.3.5 确定运动的 5 个参数

每一个独立的运动都需要 5 个参数来确定,即运动的轨迹、运动的速度、运动的方向、运动的起点(或终点)、运动的行程大小。

只有在这 5 个运动参数都得到肯定之后,一个独立的运动才能确定。因此,在使用机床时,必须使机床上所有独立运动的 5 个参数都是确定的。而机床调整工作,就是调整每个独立运动的 5 个参数。调整方法可以是换置挂轮、调整某些挡块等。但是有些参数是由机床本身的结构来保证的,例如,轨迹为圆或直线,通常是由轴承和导轨来确定。

例如,在普通车床上车削螺纹时只有 1 个成形运动,因此,要确定这个成形运动就必须对它的 5 个运动参数加以确定。对这个成形运动来说,它的轨迹参数就是螺纹线的导程大小和它的旋向。因此,在主轴—刀架的传动链中,要有确定导程大小的换置机构,而且还要有变换螺纹旋向的机构。至于这个成形运动的速度参数,由主运动传动链的换置机构的传动比 i_v 来确定。在主运动传动链中的换向机构,是用来确定这个成形运动的方向参数,亦即对同一条螺旋线,确定它在成形时是由“这一头到那一头”,还是从“那一头到这一头”。而所研究的成形运动的起点和行程大小参数,则由操作工人控制(有时可以使用调整挡块)。

明确运动五参数,可以对机床的传动链、换置机构以及一些调整挡块的作用得到更深入的理解,因为它们在机床运动中,都有它们各自的作用。

1.4 机床主要技术参数的确定

机床主要技术参数包括主参数和基本参数,基本参数又包括尺寸参数、运动参数和动力参数。

主参数(或称主要规格)是机床最重要的一个或两个技术参数,它表示机床的规格和最大工作能力。通用机床和专门化机床的主参数已有标准规定,并已形成系列。它们通常是机床加工最大工件的尺寸,如卧式车床是床身上最大的回转直径、铣床是工作台的宽度、钻床是最大钻孔直径等。也有例外,如拉床是指额定拉力。有些机床还有第二主参数,一般是指主轴数、最大跨距或最大加工长度等。专用机床的主参数一般以工件或被加工表面的尺寸参数来代表。

机床的尺寸参数是指机床的主要结构尺寸,特别包括与工件有关的尺寸和标准化工具或夹具的安装面尺寸,前者如卧式车床刀架上最大回转直径,后者如卧式车床主轴前端锥孔直径及其他有关尺寸等。通用机床的主要尺寸参数已在有关标准中做了规定,其他一般参数可根据使用要求,参考同类同规格机床加以确定。

运动参数是机床执行件如主轴、刀架、工作台的运动速度,可分为主运动参数和进给运动参数两大类。主运动参数,如回转运动的转速或直线运动的每分钟双行程数、转速级数等;进给运动参数,如进给量或进给速度,进给级数等。

动力参数是指动力源的动力大小,如电动机的功率、液压缸的牵引力、液压马达或步进电动机的额定转矩等。

1.4.1 主传动系统运动参数的确定

机床的主传动系统用来实现机床主运动,它应有一定的转速(速度)和一定的变速范围,以便采用不同材料的刀具加工不同材料、不同尺寸、不同要求的工件,并能方便地进行开、停、变速、换向和制动等。

对于主运动是回转运动的机床,它的主运动参数指与主轴转速有关的参数。

转速与切削速度的关系为

$$n = \frac{1000v}{\pi d} \tag{1-4}$$

式中 n——转速(r/min);

v——切削速度(m/min);

d——工件或刀具直径(mm)。

主运动是直线运动的机床,如插床或刨床,主运动参数是每分钟的往复次数。

注意:对于不同的机床,主运动参数有不同的要求。

① 专用机床的转速固定。

② 通用机床主轴需要变速,需确定其变速范围 n_{max} 和 n_{min}。

③ 采用分级变速,还应确定转速级数。

1.主轴最低转速(n_{min})和最高转速(n_{max})的确定

$$n_{min} = \frac{1000v_{min}}{\pi d_{max}},\ n_{max} = \frac{1000v_{max}}{\pi d_{min}} \tag{1-5}$$

式中 n_{min},n_{max}——主轴切削速度的最低转速和最高转速(r/min);

v_{min},v_{max}——最低切削速度和最高切削速度(m/min);

d_{min},d_{max}——工件或刀具的最小直径和最大直径(mm)。

切削速度主要与刀具、工件材料和工件尺寸有关,由加工工艺参数确定。因此,使用式(1-5)时,必须通过调查和分析,在机床的全部工艺范围内,要选择可能出现最低转速和最高转速的若干加工类型,再根据相应的切削速度和加工直径进行计算,从中选出最低转速 n_{min} 和最高转速 n_{max}。

采用计算法确定时应注意:

(1) d_{min} 和 d_{max} 并不是机床上可能加工的最大直径和最小直径,而是常用的经济加工的最大和最小直径,用作确定主轴极限转速的计算直径。对于通用机床,一般可取

$$d_{max} = kD \tag{1-6}$$

$$d_{min} / d_{max} = R_d \tag{1-7}$$

式中 D——机床的可能最大加工直径(mm);

R_d——计算直径范围,R_d=0.20~0.35。摇臂钻床 R_d=0.20,卧式车床 R_d=0.25,多刀车床 R_d=0.30。

k——系数,据现有机床使用情况调查而定,例如摇臂钻床 k=1.0;卧式车床,一般车削 k=0.5,丝杠车削 k=0.1,多刀车床 k=0.9。

(2) n_{min} 可能出现在若干加工类型中,应从中选取最小值;而 n_{max} 则选取最大值。

(3) d_{min} 和 d_{max} 必须分别是在 v_{min} 和 v_{max} 加工条件下的相应计算直径。

(4) 为今后工艺和刀具方面的发展留有储备,可将计算所得的 n_{max} 数值提高20%~25%。

现以 D=400mm 卧式车床为例,确定主轴极限转速 n_{min} 和 n_{max}:

(1) 计算法。按式(1-5)列表计算,如表1-1所列。将最高转速的计算值提高25%

表1-1 D=400mm 卧式车床的计算

主轴极限转速	加工类型	刀具材料	工件材料	切削速度 v/(m/min)	计算直径 d/mm	转速计算值 /(r/min)	转速选定值 /(r/min)
$n_{max} = \frac{1000v_{max}}{\pi d_{min}}$	半精车外圆	硬质合金	中等强度碳钢	200	50	1273	1591
$n_{min} = \frac{1000v_{min}}{\pi d_{max}}$	①低速光车外圆	高速钢	中等强度碳钢	3	200	12.7	12.7
	②精铰孔	高速钢	合金钢	4	40	31.8	
	③精车丝杠	高速钢	合金钢	1.6	40	12.7	

作为选定值,即 $n_{max}=1273\times(1+25\%)=1591\mathrm{r/min}$。根据调查分析得知,较低的主轴转速出现于3种加工类型,其中序号①、③的转速最低,故选用 $n_{min}=12.7\mathrm{r/min}$。

(2) 统计类比法。统计结果如表1-2所列。

表1-2　$D=400\mathrm{mm}$ 卧式车床的主轴极限转速统计

主轴极限转速	用户访问	国内机床调查	国外机床调查
$n_{max}/(\mathrm{r/min})$	1000~1400	1200~1600	1400~2000
$n_{min}/(\mathrm{r/min})$	10~12.5	10~12.5	12.5~24

综上所述,可确定该机床的主轴最低转速 $n_{min}=12.5\mathrm{r/min}$,最高转速 $n_{max}=1600\mathrm{r/min}$。

2. 有级变速时主轴转速序列

确定最低和最高转速后还应进行转速合理分级,确定各中间级转速,才能满足使用上的要求。通过机床分析可知,主轴转速的排列是个等比数列。设主轴有 Z 级转速,其中 $n_z=n_{max}$, $n_1=n_{min}$, Z 级转速分别为

$$n_1, n_2, \cdots, n_j, n_{j+1}, \cdots, n_Z$$

在这个转速数列中,任意相邻两级高、低转速的比值为一常数。将这个常数称为公比,用符号 φ 表示,即 $n_{j+1}=n_j\cdot\varphi$, $n_Z=n_1\cdot\varphi^{Z-1}$。

按等比数列排列的主轴转速有下列优点:

(1) 使转速范围内的转速相对损失均匀。设加工某工件所需要的合理切削速度为 v,相应的转速为 n,而实际机床主轴恰无此转速,n 处于 n_j 和 n_{j+1} 之间,即 $n_j<n<n_{j+1}$。这时,如果选用较高转速 n_{j+1},必将提高切削速度而使刀具耐用度降低,因此,只能选用较低转速 n_j,所造成的转速损失为 $(n-n_j)$,其相对转速损失为

$$A=\frac{n-n_j}{n}$$

当需要的转速 n 趋近最高转速 n_{j+1},即 $n\to n_{j+1}$ 时,相对转速损失为最大,即

$$A_{max}=\frac{n_{j+1}-n_j}{n_{j+1}}=1-\frac{1}{\varphi}=\mathrm{const}$$

由此可见,在其他条件不变的情况下,转速的相对损失反映了生产率的损失。相对损失为常数,说明机床在一定转速下的相对损失率均匀一致。A_{max} 的大小仅仅取决于公比 φ 值。

(2) 使变速传动系统简化。按等比数列排列的主轴转速,一般借助于串联若干滑移齿轮组来实现。当每组滑移齿轮各齿轮副的传动比是等比数列时,各串联齿轮副的传动比的乘积,即主轴转速也是等比数列。

3. 公比 φ 的标准值和标准数列

为了便于机床的设计和使用,机床主轴转速数列的公比值已经标准化,规定7种标准公比值是 $\varphi=1.06, 1.12, 1.26, 1.41, 1.58, 1.78, 2$。

1) 标准公比 φ 应满足的条件

(1) 限制相对转速损失。满足转速递增和最大相对转速损失 A_{max} 的值不大于50%。

即 $A_{max}=1-\frac{1}{\varphi}\leqslant 50\%$,则 $\varphi\leqslant 2$。另外转速从 n_1 到 n_{max} 依次递增,故 $\varphi>1$,因此,公比 φ 的取值范围为

$$1<\varphi\leqslant 2 \quad (1-8)$$

(2) 使主轴转速值排列整齐方便记忆。要求转速 n_j 经 E_1 级变速后,转速数列是十进制。

即相差一定级数,转速成 10 倍关系,即 $n_{j+E_1}=10n_j$。由等比数列可知 $n_{j+E_1}=\varphi^{E_1}n_j$,故

$$10n_j=\varphi^{E_1}n_j(E_1\text{ 为相差的级数,正整数})$$

可得

$$\varphi=\sqrt[E_1]{10} \quad (1-9)$$

(3) 适应双速或三速电动机(其同步转速之比为 2,如 3000/1500 或 3000/1500/750)驱动的需要,要求转速 n_j 经 E_2 级变速后,希望主轴转速数列为二进位的,即相差一定级数,转速成两倍关系。另外,二进位也能使转速排列整齐便于记忆。即 $n_{j+E_2}=2n_j$,故

$$n_{j+E_2}=\varphi^{E_2}n_j(E_2\text{ 为相差的级数,正整数})$$

可得

$$\varphi=\sqrt[E_2]{2} \quad (1-10)$$

同时符合上述 3 个原则的,只有 3 个标准公比值,即 $\varphi=1.06$, 1.12, 1.26。因上述标准值的数目太少,故又适当增加了 4 个标准值,但只符合两条原则(十进位或者二进位)。其中 $\varphi=1.58$,1.78 符合十进位,$\varphi=1.41$,2 符合二进位。标准公比 φ 值及其转速数列的最大损失 A_{max} 如表 1-3 所列。

表 1-3 标准公比 φ 值

φ	1.06	1.12	1.26	1.41	1.58	1.78	2
$\sqrt[E_1]{10}$	$\sqrt[40]{10}$	$\sqrt[20]{10}$	$\sqrt[10]{10}$		$\sqrt[5]{10}$	$\sqrt[4]{10}$	
$\sqrt[E_2]{2}$	$\sqrt[12]{2}$	$\sqrt[6]{2}$	$\sqrt[3]{2}$	$\sqrt{2}$			2
A_{max}	5.7%	10.7%	20.6%	29.1%	36.7%	43.8%	50%

2) 标准数列

在机械制造装备的设计中,为了满足产品对互换性或系列化的要求,产品的技术参数要求具有标准公比的标准数列。

机床设计时如无特殊原因,主轴应选取标准转速(初定的 n_{min}、n_{max} 均应选用标准数列)。当采用标准公比后,转速数列可从表 1-4 中直接查出。表中给出了以 1.06 为公比的从 1~10000 的数值。若已知 n_{min}、n_{max} 和公比 φ 或级数 Z,则主轴的其他转速可由表 1-4 直接查出,不必逐级计算。因为各标准公比的数值均与 1.06 有关:

$1.12=1.06^2$、$1.26=1.06^4$、$1.41=1.06^6$、$1.58=1.06^8$、$1.78=1.06^{10}$、$2=1.06^{12}$

例如,某机床 $n_{min}=30\text{r/min}$, $n_{max}=1320\text{r/min}$, $\varphi=1.41$。查表 1-4,首先找到 30,然后每相差 6 个数(1.06^6 的指数)记一转速值,依次可得:30,42.5,60,85,118,170,236,335,475,670,950,1320r/min。

此表不仅可用于转速和进给量，亦可用于机床尺寸和功率参数数列。

表 1-4 标准数列

1.00	2.36	5.6	13.2	31.5	75	180	425	1000	2360	5600
1.06	2.5	6.0	14	33.5	80	190	450	1060	2500	6000
1.12	2.65	6.3	15	35.5	85	200	475	1120	2650	6300
1.18	2.8	6.7	16	37.5	90	212	500	1180	2800	6700
1.25	3.0	7.1	17	40	95	224	530	1250	3000	7100
1.32	3.15	7.5	18	42.5	100	236	560	1320	3150	7500
1.4	3.35	8.0	19	45	106	250	600	1400	3350	8000
1.5	3.55	8.5	20	47.5	112	265	630	1500	3550	8500
1.6	3.75	9.0	21.2	50	118	280	670	1600	3750	9000
1.7	4.0	9.5	22.4	53	125	300	710	1700	4000	9500
1.8	4.25	10	23.6	56	132	315	750	1800	4250	10000
1.9	4.5	10.6	25	60	140	335	800	1900	4500	
2.0	4.75	11.2	26.5	63	150	355	850	2000	4750	
2.12	5.0	11.8	28	67	160	375	900	2120	5000	
2.24	5.3	12.5	30	71	170	400	950	2240	5300	

4. 选用标准公比的一般原则

确定了 n_{min}、n_{max} 之后，就应选择公比值。在规定的 7 个标准公比值中，$\varphi=1.12$、1.26、1.41、1.58 用得最多，而 $\varphi=1.26$、1.41 最为常用。

在 n_{min}、n_{max} 为一定的条件下，若选用的公比值越小，则相对转速损失少，使用机床时选速有利，但因转速级数增加，机床结构趋于复杂；反之亦然。因此，公比值的选用主要取决于机床的使用特点和机床结构复杂程度。下列数值可供参考：

(1) 小型通用机床 $\varphi=1.58$、$\varphi=1.78$ 或 $\varphi=2$。

此类机床的切削时间短而辅助时间长，转速损失的影响不显著，但要求机床结构简单、体积小，故选定的公比 φ 值可大些。

(2) 中型通用机床 $\varphi=1.26$ 或 $\varphi=1.41$。

这类机床应用广泛，为使转速损失适当小些，而机床结构又不过于复杂，公比 φ 可选这些中等数值。

(3) 大型通用机床 $\varphi=1.06$、$\varphi=1.12$ 或 $\varphi=1.26$。

机床的切削时间长，转速损失的影响较为显著，需选用较合理的切削速度，故要求公比 φ 值小些（甚至是无级变速）。此时，主轴变速箱结构虽然复杂些，但从整台机床的制造工作量和所允许的结构空间来看，还是可以的。

(4) 自动机床和半自动机床 $\varphi=1.12$ 或 $\varphi=1.26$。

机床用于成批或大批大量生产，生产率高，减少相对转速损失率的要求更高，故要求公比 φ 值小些。由于这类机床变速范围不大，又不经常变速，变速机构可采用交换齿轮机构，既满足了相对损失小的要求，又简化了机床结构。

5. 转速范围 R_n、公比 φ 和转速级数 Z 的关系：

$$n_1 = n_{min}$$

$$n_2 = n_1\varphi$$

$$n_3 = n_2\varphi = n_1\varphi^2$$

$$\vdots$$

$$n_Z = n_{Z-1}\varphi = n_1\varphi^{Z-1} = n_{max}$$

则

$$n_{max} = n_{min}\varphi^{Z-1} \tag{1-11}$$

主轴的最低转速至最高转速之间的变速范围，称为主轴转速范围（或称变速范围），用 R_n 表示，即

$$R_n = \frac{n_{max}}{n_{min}} \tag{1-12}$$

由式(1-11)和式(1-12)，得

$$R_n = \varphi^{Z-1} \tag{1-13}$$

式(1-13)是主轴转速范围 R_n 和转速级数 Z 的基本关系式。已知转速范围 R_n 和转速级数 Z，由式(1-13)可求得公比 φ 值（需圆整为标准值），即

$$\varphi = \sqrt[Z-1]{R_n} \tag{1-14}$$

已知转速范围 R_n、公比 φ，由式(1-13)可求得转速级数 Z，即

$$Z = \frac{\lg R_n}{\lg\varphi} + 1 \tag{1-15}$$

按式(1-15)求得转速级数 Z 应圆整为整数。由于变速箱中多采用双联和三联滑移齿轮变速，因此，在一般情况下，转速级数最好是 2 和 3 的乘积，故常用的转速级数为 $Z=2,3,4,6,8,9,12,18,24$ 等。

确定主运动参数小结：

(1) 确定主轴极限转速 n_{min}、n_{max}。

(2) 初定主轴转速范围 $R_n = \frac{n_{max}}{n_{min}}$。

(3) 选择公比 φ 值。

(4) 确定主轴转速级数 $Z = \frac{\lg R_n}{\lg\varphi} + 1$，并圆整为整数。

(5) 确定主轴各级转速值。

(6) 修正主轴转速范围 R_n。

1.4.2 进给运动参数的确定

大部分机床的进给量用工件或刀具每转的位移(mm/r)表示。直线往复运动的机床，如刨床、插床以每一往复的位移量表示。由于铣床和磨床使用的是多刃刀具，进给量以每分钟的位移量(mm/min)表示。

在其他条件不变的情况下，进给量的损失反映了生产率的损失。数控机床和重型机

床的进给为无级调速;普通机床多采用分级变速。普通机床的进给量多数为等差数列,如螺纹数列等。自动和半自动车床常用交换齿轮来调整进给量,以减少进给量的损失。若进给链为“外联系”传动链、进给量应采用等比数列,以使相对损失为常量。进给量为等比数列时,其确定方法与主运动的确定方法相同

1.4.3 动力参数的确定

机床动力参数包括电动机的功率,液压缸的牵引力,液压马达、伺服电动机或步进电动机的额定转矩等。主电动机应具有足够的功率,才能使机床发挥出所要求的切削性能;此外,电动机功率是各传动件的参数(如轴或丝杠的直径、齿轮与蜗轮的模数等)与机构动力计算的主要依据。因此,主电动机的功率必须确定得适当,若功率过大,则浪费能源,而且造成主传动结构尺寸的增加,机床就笨重,除增加制造成本外,机床工作中空载功率增加,造成电力浪费;但功率过小,会影响切削性能,而且机床传动链及电动机长期超载工作,影响机床的使用寿命。通常机床的动力参数是在调查研究、统计分析的基础上,结合计算分析,类比确定。

1. 调查法

对国内外同类型、同规格机床的动力参数进行统计分析,对用户使用或加工情况进行调查分析,作为选定动力参数的依据。

2. 试验法

利用现有的同类型、同规格机床进行若干典型的切削加工试验,测定有关电动机及动力源的输入功率,作为确定新产品动力参数的依据,这是一种简便、可靠的方法。

3. 计算法

对动力参数可进行估算或近似计算。专用机床由于工况单一,通过计算可得到比较可靠的结果。由于通用机床的使用情况比较复杂,切削用量变化范围大,对于某些加工中的切削力规律尚未完全掌握,传动中的摩擦损失,特别是高速下的摩擦损失还研究得不够,因此目前用计算法还不能准确算出电动机功率,现阶段的计算只能作为参考。

1) 主运动电动机功率的确定

(1) 主电动机功率的估算。在主传动结构尚未确定之前,主电动机功率为

$$N = \frac{N_{切}}{\eta_{\Sigma}} \tag{1-16}$$

式中 N——主电动机功率(kW);

$N_{切}$——切削功率(kW);

η_{Σ}——主传动系统总传动效率的估算值。

对于通用机床,$\eta_{\Sigma}=0.70\sim0.85$。主传动的结构简单,主轴转速较低时取大值;反之取小值。

切削功率 $N_{切}$ 在工艺分析的基础上进行,根据选用的切削用量计算确定。

(2) 主电动机功率的近似计算。在主传动系统的结构确定之后,可进行主电动机功率的近似计算,并可用于设计方案的分析比较。

机床主运动驱动电动机的功率为

$$N = N_{切} + N_{空} + N_{附} \tag{1-17}$$

式中 $N_{切}$——消耗于切削的功率，又称为有效功率（kW）；

$N_{空}$——空载功率（kW）；

$N_{附}$——载荷附加功率（kW）。

切削功率可按下式计算：

① 车、镗、磨等工序的切削功率为

$$N_{切} = \frac{P_z \cdot v}{60000}$$

② 钻、扩等工序的切削功率为

$$N_{切} = \frac{M_k \cdot n_j}{9550}$$

式中 P_z——切削力的切向分力（N）；

v——切削速度（m/min）；

M_k——主轴上最大扭矩（N·m）；

n_j——主轴计算转速（r/min）。

切削功率与刀具材料、工件材料和选用的切削用量有关。

空载功率包括传动件摩擦、搅油、克服空气阻力等所消耗的功率，它与有无载荷以及载荷的大小无关，而随传动件转速的增加而增加。传动件越多、转速越高、胶带和轴承等的预紧力越大，装配质量越差，则空载功率越大。对于中型机床空载功率为

$$N_{空} = k_1(3.5 d_a \sum n_i + k_2 d_{主} n_{主}) \times 10^{-6} \tag{1-18}$$

式中 d_a——主传动链中除主轴外，所有传动轴轴颈的平均值（mm）；

$d_{主}$——主轴前后轴颈的平均值（mm）；

$\sum n_i$——当主轴转速为 $n_{主}$ 时，传动链内除主轴外各传动轴（包括不传递载荷的空转 轴）的转速之和（r/min）；

$n_{主}$——主轴转速（r/min）；

k_1——润滑油黏度影响修正系数。用 N46 号机械油时 $k_1 = 1$，用 N32 号机械油时，$k_1 = 0.8$，用 N15 号机械油时 $k_1 = 0.75$；

k_2——主轴轴承系数。主轴用两支承的滚动轴承或滑动轴承时 $k_2 = 8.5$，三支承滚动轴承时，$k_2 = 10$。

载荷附加功率是指加上切削载荷后所增加的传动件摩擦功率。它随切削功率的增加而增大。计算公式为

$$N_{附} = \frac{N_{切}}{\eta_{\Sigma}} - N_{切} \tag{1-19}$$

式中 η_{Σ}——主传动链的机械效率，$\eta_{\Sigma} = \eta_1 \eta_2 \eta_3 \cdots$，$\eta_1, \eta_2, \eta_3 \cdots$ 为各串联传动副的机械效率。

因此，主运动驱动电动机的功率为

$$N = N_{切} + N_{空} + N_{附} = \frac{N_{切}}{\eta_{\Sigma}} + N_{空} \tag{1-20}$$

2）进给运动电动机功率的确定

(1) 进给运动与主运动合用一台电动机时,可不单独计算进给功率,而是在确定主电动机功率时适当增加。

(2) 进给运动中工作进给与快速移动合用一台电动机时,快速电动机满载起动,且加速度大,所消耗的功率远大于工作进给功率,且工作进给与快速移动不同时进行,所以该电动机功率按快速移动功率选取。数控机床属于这类情况。

(3) 进给运动单独使用一台电功机时,进给运动电动机功率为

$$N_s = \frac{Q \cdot v_s}{60000\eta_s}(\mathrm{kW}) \tag{1-21}$$

式中 Q——进给牵引力(N);

v_s——进给速度(m/min);

η_s——进给系统总效率,一般取 $\eta_s = 0.15 \sim 0.2$。

3）空行程电动机功率的确定

快速(空行程)运动一般由单独电动机驱动。快速移动电动机的载荷特性是满载起动,且起动时间短、移动部件加速度大。在较短的时间内(0.5s ~ 1s),使重力较大的移动部件达到所需的移动速度,电动机一方面要克服移动部件和传动系统的惯性力,使其起动并迅速加速;另一方面需克服移动部件因移动而产生的摩擦力。故起动时消耗的功率最大,即

$$N = N_1 + N_2 \tag{1-22}$$

式中 N_1——克服惯性所需功率;

N_2——克服摩擦力所需功率。

(1) 克服惯性所需的功率 N_1

$$N_1 = \frac{M_a n}{9550\eta} \quad (\mathrm{kW}) \tag{1-23}$$

式中 n——电动机转速(r/min)

η——传动机构的机械效率。

克服惯性的转矩 M_a

$$M_a = J\frac{\omega}{t_a} \quad (\mathrm{N \cdot m}) \tag{1-24}$$

式中 t_a——电动机起动加速过程的时间(s),数控机床可取为伺服电动机机械时间常数的3倍~4倍,中小型机床可取 $t_a = 0.5\mathrm{s}$,大型普通机床可取 $t_a = 1\mathrm{s}$。

根据动能守恒定理,各传动件的惯性矩或惯性力,按式(1-25)折算到电动机轴上,即当量转动惯量 J:

$$J = \sum_k J_k\left(\frac{\omega_k}{\omega}\right)^2 + \sum_i m_i\left(\frac{v_i}{\omega}\right)^2 \tag{1-25}$$

式中 J_k——各旋转件的转动惯量($\mathrm{kg \cdot m^2}$);

ω_k——各旋转件的角速度(rad/s);

m_i——各直线运动件的质量(kg);

v_i——各直线运动件的速度(m/s);

ω——电动机的角速度(rad/s)。

(2) 克服摩擦力所需的功率 N_2:

升降运动:
$$N_2 = \frac{(mg + f'F)v}{60000\eta} \quad (\text{kW})$$

水平移动:
$$N_2 = \frac{f'mgv}{60000\eta} \quad (\text{kW})$$

式中 m——移动部件质量(kg);

f'——当量摩擦系数,矩形导轨 $f'=0.12 \sim 0.13$,直角三角形导轨 $f'=0.17 \sim 0.18$,燕尾 形导轨 $f'=0.2$;

v——移动速度(m/min);

F—— 由于重心与升降机构(如丝杠)不同心引起的导轨上的挤压力(N);

η——快速传动链的总机械传动效率,即 $\eta = \eta_1 \cdot \eta_2 \cdot \eta_3 \cdots$($\eta_1, \eta_2, \cdots$ 为各传动副的机械效率)。

应当指出,N_1 仅存在于起动过程,当运动部件达到正常速度,即消失。交流异步电动机的起动转矩为满载时额定转矩的1.6倍~1.8倍,工作时又允许短时间过载,最大转矩可为额定转矩的1.8倍~2.2倍,而且快速行程的时间很短。因此,可根据上式计算出来的 N 和电动机转速 n 计算起动转矩,并据此来选择电动机,使电动机的起动转矩大于计算出来的起动转矩即可,这样选出来的空行程电动机的额定功率可小于上式的计算结果。

习题及思考题

1-1 试用查表法求主轴各级转速:

(1) 已知:$\varphi = 1.58$,$n_{max} = 190\text{r/min}$,$Z = 6$;

(2) 已知:$n_{min} = 100\text{r/min}$,$Z = 12$,其中 $n_1 \sim n_3$、$n_{10} \sim n_{12}$ 的公比 $\varphi_1 = 1.26$,其余各级转速的公比为 $\varphi_2 = 1.58$。

1-2 试用计算法求下列参数:

(1) 已知:$R_n = 10$,$Z = 11$,求 φ;

(2) 已知:$R_n = 355$,$\varphi = 1.41$,求 Z;

(3) 已知:$\varphi = 1.06$,$Z = 24$,求 R_n。

1-3 拟定变速系统时:

(1) 公比取得太大和太小各有什么缺点? 较大的($\varphi \geqslant 1.58$)、中等的($\varphi = 1.26$、1.41)、较小的($\varphi \leqslant 1.12$)的标准公比各适用于哪些场合?

(2) 若采用三速电动机,可以取哪些标准公比?

第 2 章　主传动系统设计

2.1　主传动的组成及设计要求

2.1.1　主传动的功用与组成

实现机床主运动的传动(动力源—执行件)称为主传动,机床主传动属于“外联系”传动链,它对机床的使用性能、结构和制造成本都有明显的影响。因此,在设计机床的过程中必须给予足够地重视。

1. 主传动的功用

(1) 将一定的动力由动力源传递给执行件(如主轴、工作台)。

(2) 保证执行件具有一定的转速(或速度)和足够的变速范围。

(3) 能够方便地实现运动的开停、变速、换向和制动等。

2. 主传动的组成

目前,多数通用机床及专门化机床的主传动是有变速要求的回转运动,如图 2－1 所示 X62W 铣床的主传动系统展开图。由图中可以看出,铣床的主传动全部安装在床身中,是整体式结构。主传动由从动力源到机床工作的执行件等几部分组成。

(1) 动力源。电动机或液压马达,本例主电动机型号为 JO_2-51-4,功率 $N_E=7.5kW$,转速 $n_0=1450r/min$。

(2) 定比传动机构。具有固定传动比的传动机构,用来实现升速、降速或运动换接,一般采用齿轮、胶带及链传动等,有时也可采用联轴节直接传动。例如 X62W 铣床的主电动机与第Ⅰ轴、第Ⅰ轴与第Ⅱ轴的定比传动,就是分别通过弹性联轴节和齿轮来实现的。

(3) 变速装置。用于实现主轴各级转速的变换,机床中的变速装置有齿轮变速机构,机械无级变速机构以及液压无级变速装置等。如本例中的主轴具有 18 级转速,采用了齿轮变速机构,它包括Ⅱ轴、Ⅲ轴、Ⅳ轴和Ⅴ轴之间的各个滑移齿轮变速组,它们串联起来,使主轴得到 18 级转速。

(4) 主轴组件。机床的主轴组件是执行件,它由主轴、主轴支承和安装在主轴上的传动件等组成,如图 2－1 中的第Ⅴ轴及其相配的轴承和齿轮等。

(5) 开停装置。用来控制机床的主运动执行件的启动和停止,通常可直接开停电动机或者采用离合器来接通、断开主轴和动力源间的传动联系。X62W 铣床主运动就是靠直接开停电动机来实现的。

(6) 制动装置。用于实现主轴的制动,通常可直接制动电动机或者采用机械的、液压的、电气的制动方式。X62W 铣床是在Ⅰ轴右端采用电磁式制动器。

(7) 换向装置。用于改变主轴的转向,通常可直接使电动机换向或者采用机械换向装置,X62W 采用前者。

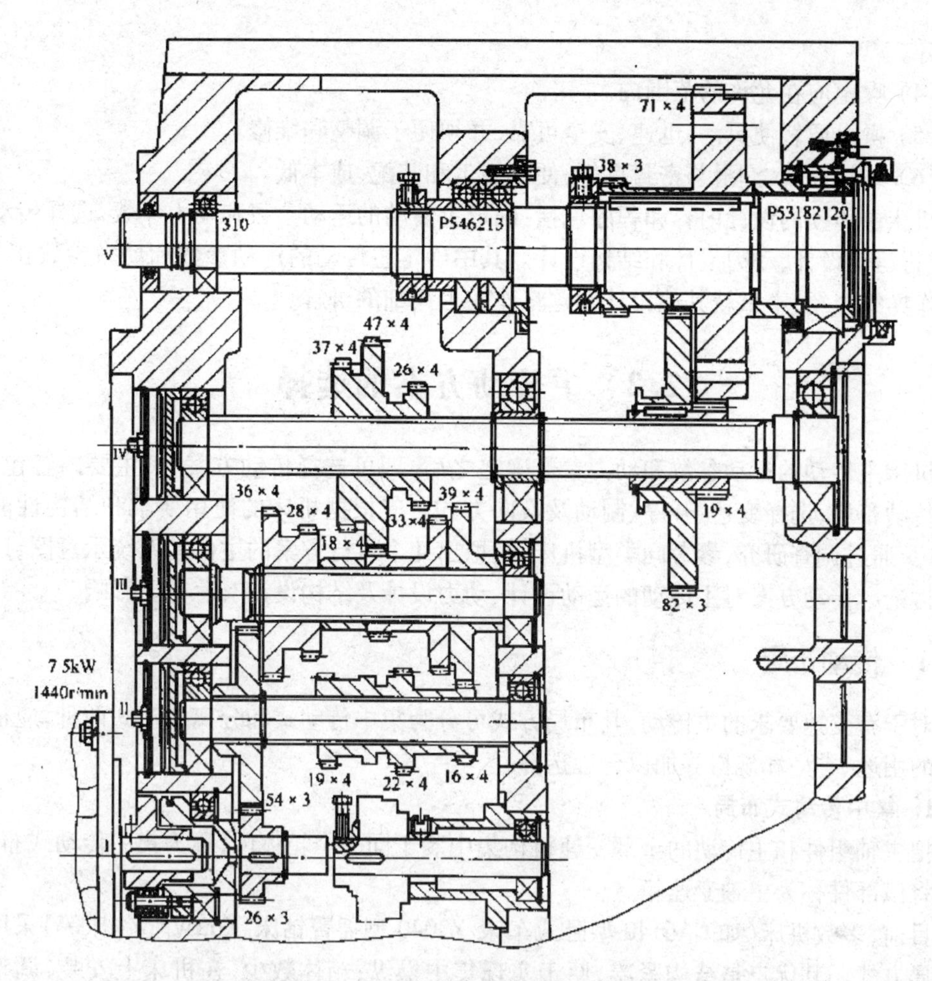

图 2－1　X62W 铣床主传动系统展开图

(8) 操纵机构。机床主运动的开停、变速、换向及制动等,都需要通过操纵机构来实现。

(9) 润滑和密封装置。为了保证主传动的正常工作和使用寿命,必须具有良好的润滑和可靠的密封。

(10) 箱体。各种机构和传动件的支承等都装在箱体中,以保证其相互位置的准确性,封闭式箱体不仅能保护传动机构免受尘土、切屑等侵入,而且还可减少这些机构发出的噪声。

主传动是机床的主要组成部分之一,它与机床的经济指标有着密切联系。因此,对机床主传动的设计必须给以充分重视。

2.1.2　主传动的设计要求

(1) 机床的主轴须有足够的变速范围和转速级数(对于主传动为直线往复运动的机床,则为直线运动的每分钟双行程数范围及其变速级数),以便满足实际使用的要求。

(2) 主电动机和传动机构能供给和传递足够的功率和扭矩,并具有较高的传动效率。

(3) 执行件(如主轴组件)须有足够的精度、刚度、抗振性和小于许可限度的热变形和温升。

(4) 噪声应在允许的范围内。

(5) 操纵要轻便灵活、迅速、安全可靠,并须便于调整和维修。

(6) 结构简单、润滑与密封良好,便于加工和装配,成本低。

机床主传动的设计内容和程序包括:确定主传动的运动参数和动力参数,选择传动方案,进行运动设计、动力设计和结构设计。其中确定主传动的运动参数和动力参数在1.4节已作详细介绍,本章就其他设计问题将作较为详细的讲解。

2.2 主传动方案的选择

机床主传动的运动参数和动力参数确定之后,即可选择传动方案,其主要内容包括:选择传动布局,选择变速、开停、制动及换向方式。应根据机床的使用要求和结构性能综合考虑,通过调查研究,参考同类型机床,初拟出几个可行方案的主传动系统示意图,以备分析讨论。传动方案对主传动的运动设计、动力设计及结构设计有着重要影响。

2.2.1 传动布局

对于有变速要求的主传动,其布局方式可分为集中传动式和分离传动式两种,应根据机床的用途、类型和规格等加以合理选择。

1. 集中传动式布局

把主轴组件和主传动的全部变速机构集中装于同一个箱体内,称为集中传动式布局,一般将该部件称为主轴变速箱。

目前,多数机床(如CA6140型卧式车床、Z3040型摇臂钻床、X62W型铣床等)采用这种布局方式。其优点是结构紧凑,便于实现集中操纵;箱体数少,在机床上安装、调整方便。缺点是传动件的振动和发热会直接影响主轴的工作精度,降低加工质量。因此集中传动式布局一般适用于普通精度的中型和大型机床。

2. 分离传动式布局

把主轴组件和主传动的大部分变速机构分离装于两个箱体内,称为分离传动式布局,将两个部件分别称为主轴箱和变速箱,中间一般采用带传动。称为分离传动式布局。

某些高速或精密机床(如C616型卧式车床、CM6132型精密卧式车床等)采用这种传动布局方式。其优点是变速箱中产生的振动和热量不易传给主轴,从而减少了主轴的振动和热变形;当主轴箱采用背轮传动时,主轴通过带传动直接得到高转速,故运转平稳,加工表面质量提高。缺点是箱体数多,加工、装配工作量较大,成本较高;位于传动链后面的带传动,低转速时传递转矩较大,容易打滑;更换传动带不方便等。因此,分离传动式布局适用于中小型高速或精密机床。

2.2.2 变速方式

机床主传动的变速方式可分为无级变速和有级变速两种。

1. 无级变速

无级变速是指在一定速度(或转速)范围内能连续、任意地变速。可选用最合理的切削速度,没有速度损失,生产率得到提高;可在运转中变速,减少辅助时间,操纵方便;传动平稳等,因此机床上应用有所增加。机床主传动采用的无级变速装置主要有以下几种。

(1) 机械无级变速器。机床上使用的机械无级变速器是靠摩擦来传递转矩的,多用钢球式、宽带式结构。但一般机构较复杂,维修较困难,效率低;因为摩擦所需要的正压力较大,使变速器工作可靠性及寿命受到影响;变速范围较窄(不超过10),往往需要与有级变速箱串联使用。机械无级变速器多用于中小型机床。

(2) 液压、电气无级变速装置。机床主传动所采用的液压马达、直流电动机调速,往往因恒功率变速范围较小、恒转矩变速范围较大,而不能完全满足主传动的使用要求,在主轴低转速时出现功率不足的现象,一般也需要与有级变速箱串联使用。这种无级变速装置多用于精密、大型机床或数控机床。机床主传动采用交流变频调速电动机,今后将有发展的趋势。

2. 有级变速

有级(或分级)变速是指在若干固定速度(或转速)级内不连续地变速。这是目前国内外普通机床上应用最广泛的一种变速方式。通常是由齿轮等变速元件构成的变速箱来实现变速,传递功率大,变速范围大,传动比准确,工作可靠。但速度不能连续变化,有速度损失,传动不够平稳。主传动采用的有级变速装置类型有下述几种。

1) 滑移齿轮变速机构

这是应用最普遍的一种变速机构,其优点是:变速范围大,得到的转速级数多;变速较方便,可传递较大功率;非工作齿轮不啮合,空载功率损失较小。缺点是:变速箱结构较复杂;滑移齿轮多采用直齿圆柱齿轮,承载能力不如斜齿圆柱齿轮;传动不够平稳;不能在运转中变速。

滑移齿轮多采用双联和三联齿轮,结构简单、轴向尺寸小。个别也有采用四联滑移齿轮的(如奥地利S18卧式车床),但轴向尺寸较大;为缩短轴向尺寸,可将四联齿轮分成两组双联齿轮(如日本MAZAK卧式车床),但两个滑移齿轮须互锁,机构较复杂。有的机床(如摇臂钻床)为了尽量缩短主轴变速箱的轴向尺寸,可全部采用双联齿轮。

滑移齿轮一般不采用斜齿圆柱齿轮,这是因为斜齿轮在滑进啮合位置的同时,还需要附加转动,因此变速操纵较困难。此外,斜齿轮在工作中产生轴间力,对操纵机构的定位及磨损等问题要有特殊考虑。

2) 交换齿轮变速机构

采用交换齿轮(又称配换齿轮、挂轮)变速的优点是:结构简单,不需要操纵机构;轴向尺寸小,变速箱结构紧凑;主动齿轮与从动齿轮可以对调使用,齿轮数量少。缺点是更换齿轮费时费力;装于悬臂轴端,刚性差;备换齿轮容易散失等。因此,交换齿轮变速机构适用于不需要经常变速或者变速时间长对生产率影响不大、但要求结构简单紧凑的机床,如用于成批大量生产的某些自动或半自动机床、专门化机床等。

3) 多速电动机

多速交流异步电动机本身能够变速,具有几个转速,机床上多用双速或三速电动机。这种变速装置的优点是简化变速箱的机械结构;可在运转中变速,使用方便。缺点是多速电动机在高、低速时的输出功率不同,设计中一般是按低速的小功率选定电动机,而使用高速时的大功率就不能完全发挥其能力；多速电动机的转速级数越多、转速越低，则体积越大，价格也越高；电气控制较复杂。

由于多速电动机的转速级数少，一般要与其他变速装置联合使用。随着电动机制造业的发展，多速电动机在机床上的应用也在逐渐增多，如自动或半自动车床、卧式车床和镗床等。

4）离合器变速机构

采用离台器变速机构，可在传动件（如齿轮）不脱开啮合位置的条件下进行变速，操纵方便省力；但传动件始终处于啮合状态，磨损、噪声较大，效率较低。主传动变速用离合器主要有以下几种。

(1) 齿轮式离合器和牙嵌式离合器。当机床主轴上有斜齿轮($\beta > 15°$)或人字齿轮时，就不能采用滑移齿轮变速；某些重型机床的传动齿轮又大又重，若采用滑移齿轮则拨动费力。这时都可采用齿轮式或牙嵌式离合器进行变速，如图 2-2 所示。其特点是结构简单，外形尺寸小；传动比准确，工作中不打滑；能传递较大的转矩；但不能在运转中变速。另外，因制造、安装误差使实际回转中心并不重合，所产生的运动干扰引起了噪声增加。由于轮齿比端面牙容易加工，外齿半离合器脱开后还可兼作传动齿轮用，故齿轮式离合器在传动中应用较多，但在结构受限制时可采用牙嵌离合器。

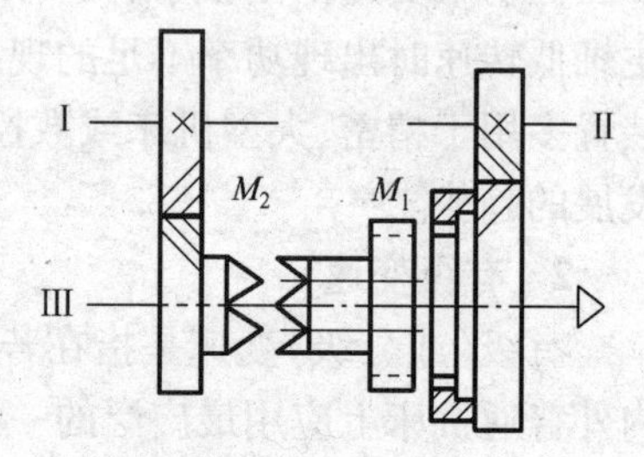

图 2-2 齿轮式(M_1)或牙嵌式(M_2)离合器变速机构

(2) 片式摩擦离合器。可实现运转中变速，接合平稳，冲击小；但结构较复杂，摩擦片间存在相对滑动，发热较大，并能引起噪声。主传动多采用液压或电磁片式摩擦离合器。应注意不要把电磁离合器装在主轴上，以免因其发热、剩磁现象而影响主轴正常工作。片式离台器多用于自动或半自动机床。

变速用离合器在主传动链中的安放位置应注意两个问题：第一，尽量将离合器放高速轴上，可减小传递的转矩，缩小离合器尺寸。第二，应避免超速现象。当变速机构接通一条传动路线时，在另一条传动路线上出现传动件（如齿轮、传动轴）高速空转的现象，称为"超速"现象。这是不能允许的，它将加剧传动件、离合器的磨损，增加空载功率损失，增加发热和噪声。如图 2-3 所示，Ⅰ轴为主动轴、转速 n_1，Ⅱ轴为从动轴、转速 n_2。图(a)当接通 M_1、脱开 M_2 时，小齿轮 Z_{24} 的转速等于$\frac{80}{40} \times \frac{96}{24} n_1 = 8n_1$，与Ⅰ轴的转速差为 $8n_1 - n_1 = 7n_1$，则小齿轮 Z_{24} 出现超速现象。同理，图(d)中 Z_{24} 也出现超速现象，图(b)、图(c)则避免了超速。当两对齿轮的传动比相差悬殊时，特别要注意检查小齿轮是否产生超速现象（小齿轮装摩擦离合器外片，出现超速现象）。

根据机床的不同使用要求和结构特点，上述各种变速装置可单独使用，也可以组合使用。例如，CA6140 型卧式车床主传动，主要采用滑移齿轮变速机构，也采用了齿轮式离合器变速机构。C7620 型多刀半自动车床的主传动，采用多速电动机和滑移齿轮变速机构。CB 3463—1 液压半自动转塔车床的主传动，采用多速电动机、滑移齿轮和液压片式摩擦离合器变速机构。

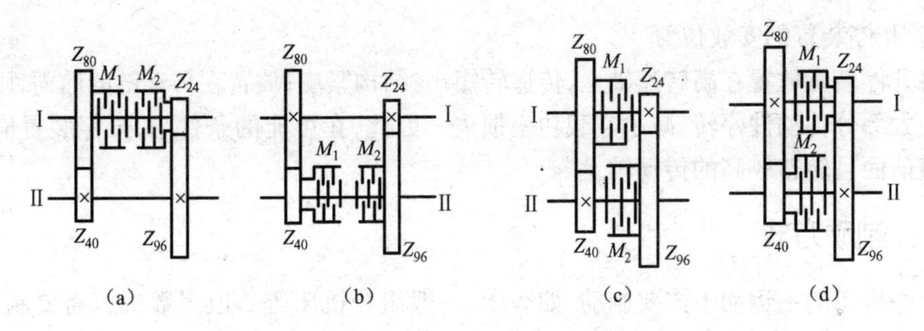

图 2-3　摩擦离合器变速机构的超速现象

2.2.3　开停方式

控制主轴起动与停止的开停方式,可分为电动机开停和机械开停两种。

1. 电动机开停

这种开停方式的优点是操纵方便省力,可简化机床的机械结构。缺点是直接起动电动机冲击较大;频繁起动会造成电动机发热甚至烧损;若电动机功率大且经常起动时,因起动电流较大会影响车间电网的正常供电。电动机开停适用于功率较小或起动不频繁的机床。如铣床、磨床及中小型卧式车床等。若几个传动链共用一个电动机且又不要求同时开停时,不能采用这种开停方式。在国外机床上采用电动机开停(以及换向和制动)比较普遍,即使功率较大也有较多应用,随着国内电机工业的发展,机床上采用电动机开停已渐增多。

2. 机械开停

在电动机不停止运转的情况下,可采用机械开停方式使主轴起动或停止。

1) 开停装置的类型

(1) 锥式和片式摩擦离合器。可用于高速运转的离合,离合过程平稳,冲击小,特别适用于精加工和薄壁工件加工(因夹紧力小,可避免起动冲击所造成的错位);容易控制主轴回转到需要的位置上,以便于加工测量和调整,国内应用较为习惯;离合器还能兼起过载保护作用。但因尺寸受限制,摩擦片的转速不宜过低,传递转矩不能过大;但转速也不宜过高(通常 $700\text{r/min} \leqslant n \leqslant 1000\ \text{r/min}$),否则因摩擦片的转动不平衡和相对滑动,会加剧发热和噪声。这种离合器应用较多,如卧式车床、摇臂钻床等的开停装置。

(2) 齿轮式和牙嵌式离台器。仅能用于低速(线速度 $v \leqslant 10\text{m/min}$)运转的离合。结构简单、尺寸较小,传动比准确,能传递较大转矩;但在离合过程中,齿(牙)端有冲击和磨损。某些立式多轴半自动车床的主传动采用这种开停装置。

根据机床的使用要求和上述离合器特点,有时将它们组合使用能够扬长避短。如卧式多轴自动车床采用锥式摩擦离合器和齿轮式离合器;立式多轴半自动车床采用锥式摩擦离合器和牙嵌式离合器。先用摩擦离合器在运转中接合,然后再接通牙嵌式或齿轮式离台器(要注意解决顶齿现象),用于传递较大的转矩。

总之,在能够满足机床使用性能的前提下,应优先考虑采用电动机开停方式,对于开停频繁、电动机功率较大或有其他要求时,可采用机械开停方式。

2）开停装置的安放位置

将开停装置放置在高转速轴上，传递转矩小，结构紧凑；放置在传动链的前面，则停车后可使大部分传动件停转，减小空载功率损失。因此，在可能的条件下，开停装置应放在传动链前面且转速较高的传动轴上。

2.2.4 制动方式

有些机床的主运动不需要制动，如磨床、一般组合机床等。但多数机床需要制动，如卧式车床、摇臂钻床、镗床等。在装卸及测量工件、更换刀具和调整机床时，要求主轴尽快停止转动。由于传动件的惯性，主轴是逐渐减速而停止的。为了缩短空转滑行时间，对于频繁起动与停止、传动件惯量大且转速较高的主运动，必须能够制动（刹车）。另外，在机床发生故障或事故时，能够及时制动可避免更大损失。

主传动的制动方式可分为电动机制动和机械制动两种。

1. 电动机制动

制动时，让电动机的转矩方向与其实际转向相反，使之减速而迅速停转，多采用反接制动、能耗制动等。电动机制动操纵方便省力，可简化机械结构，但在制动频繁的情况下，容易造成电动机发热甚至烧损。特别是常见的反接制动，其制动时间更短，制动电流大，且制动时的冲击力大。因此，反接制动适用于直接开停的中小功率电动机，制动不频繁、制动平稳性要求不高以及具有反转的主传动。

2. 机械制动

在电动机不停转的情况下需要制动时，可采用机械制动方式。

1）制动装置的类型

（1）闸带式制动器。如图 2-4 所示，其结构简单、轴向尺寸小、能以较小的操纵力产生较大的制动力矩，径向尺寸较大，制动时在制动轮上产生较大的径向单侧压力，对所在传动轴有不良影响，多用于中小型机床、惯量不大的主传动（如 CA6140 型卧式车床）。闸带式制动装置，操纵力通过操纵杠杆作用于闸带的松边，使操纵力小、且制动平稳，作用于紧边则力大且不平稳。

（2）闸瓦式制动器。如图 2-5 所示，其单块闸瓦式制动器的结构简单，操纵方便，但制动时对制动轮有很大的径向单侧压力，所产生的制动力矩小，闸块磨损较快，故多用于中小型机床、惯量不大且制动要求不高的主传动（如 CA7620 型多刀半自动车床）。为了避免产

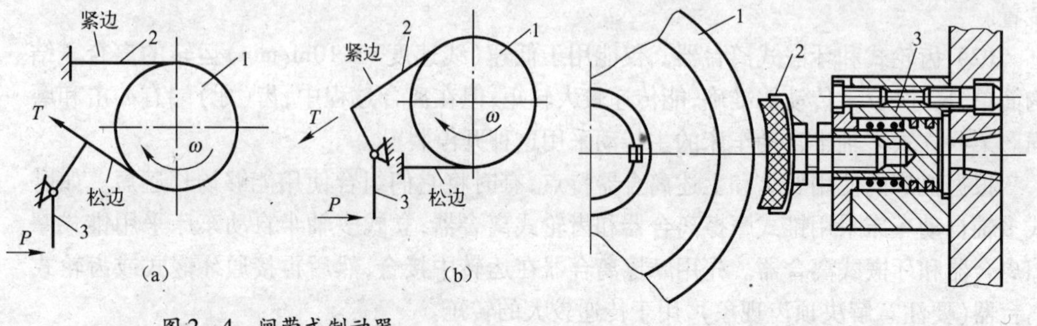

图 2-4　闸带式制动器
1—制动轮；2—制动带；3—操作杠杆。
P—操纵力；*T*—切向应力。

图 2-5　闸瓦式制动器
1—闸轮；2—闸瓦；3—油杠。

生单侧压力，可采用双块闸瓦式制动器，但结构尺寸大，一般只能放在变速箱的外面。

（3）片式摩擦制动器。制动时对轴不产生径向单侧压力，制动灵活平稳，但结构较复杂，轴向尺寸较大，可用于各种机床的主传动（如 Z3040 型摇臂钻床、CW6162 型卧式车床等）。

综上所述，在能够满足机床使用性能的前提下，应优先考虑采用电动机制动方式，对于制动频繁、传动链较长、惯性较大的主传动，可采用机械制动方式。

2）制动器的安放位置

若要求电动机停转后制动，制动器可装于传动链中任何传动件上；若要求电动机不停转进行制动，则应由开停装置断开主轴与电动机的运动联系后再予制动，其制动器只能装于被断开的传动链中的传动件上。

制动器放置在高转速传动件（如传动轴、带轮及齿轮）上，需要的制动力矩小，故结构紧凑。此外，放置在传动链的前面时，因制动器之后的传动件惯性作用和间隙影响，制动时的冲击力大。因此，为了结构紧凑、制动平稳，应将制动器放在接近主轴且转速变化范围较小、转速较高的传动件上。

2.2.5 换向方式

有些机床的主运动不需要换向，如磨床、多刀半自动车床及一般组合机床等。但多数机床需要换向，例如卧式车床、钻床等在加工螺纹时，主轴正转用于切削，反转用于退刀；此外，卧式车床有时还用反转进行反装刀切断或切槽，以使切削平稳。又如铣床为了能够使用左刃或右刃铣刀，主轴应有正、反两个方向的转动。由此可见，换向有两种不同目的：一种是正、反向都用于切削，工作过程中不需要变换转向（如铣床），则正反向的转速、转速级数及传递动力应相同；另一种是正转用于切削而反转主要用于空行程，并且在工作过程中需要经常变换转向（如卧式车床、钻床），为了提高生产率，反向应比正向的转速高、转速级数少、传递动力小。需要注意的是，反转的转速高，则噪声也随之增大，为了改善传动性能，可使其比正转转速略高（至多高一级）。

主传动的换向方式可分为电动机换向和机械换向两种。

1. 电动机换向

电动机换向的特点与电动机开停类似。但因交流异步电动机的正反转速相同，得到较高的反向转速。在满足机床使用性能的前提下，应优先考虑这种换向方式。不少卧式车床，为了简化结构而采用了电动机换向。

2. 机械换向

在电动机转向不变的情况下需要主轴换向时，可采用机械换向方式。

1）换向装置的类型

主传动多采用圆柱齿轮—多片摩擦离合器式换向装置，可用于高速运转中换向，换向较平稳，但结构较复杂。如图 2－6 所示，若经 Z_1、Z_2 使Ⅱ轴正向旋转，则经 Z_3、Z_0（或 Z_{01}、Z_{02}）、Z_4 使Ⅱ轴以高速反向转动。可见通过不同的齿轮传动路线换向、采用离合器控制（可用机械、电磁或液压方式操纵）。为了换向迅速而无冲击，减少换向的能量损失，换向装置应与制动装置联动，即换向过程中先经制动，然后再接通另一转向。

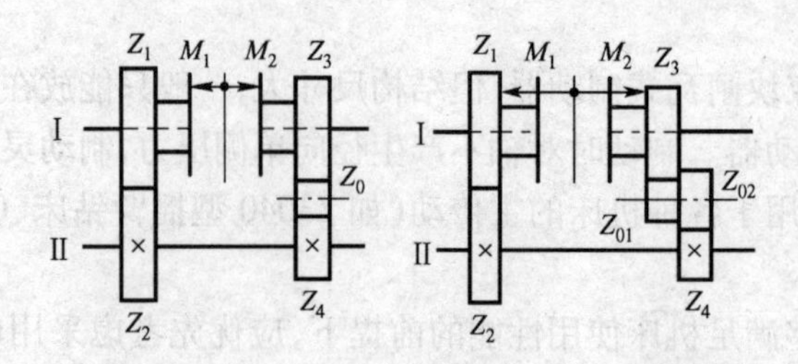

图 2-6 圆柱齿轮—多片摩擦离合器换向机构

2）换向装置的安放位置

（1）换向装置的正向传动链应比反向传动链短，以便提高其传动效率。

（2）将换向装置放在传动链前面，因转速较高，传递转矩小，故结构尺寸小；但传动链中需要换向的元件多，换向时的能量损失较大，直接影响机构寿命，此外因传动链中存在间隙，换向时冲击较大，传动链前面的传动轴容易扭坏。若将换向装置放在传动链后面，即靠近主轴时，能量损失小、换向平稳，但因转速低，结构尺寸加大。因此，对于传动件少、惯量小的传动链，换向装置宜放传动链前面；对于平稳性要求较高，宜放后面。但也应具体分析，若离台器兼起开停、换向两种作用（如 CA6140 卧式车床）时，而且换向过程中又先经制动，能量损失和冲击均已减小，全面考虑将其放在前面还是适当的。

2.3 分级变速主传动运动设计

机床主传动的运动设计的任务是，按照已确定的运动参数、动力参数和传动方案，设计出经济合理、性能先进的传动系统。其主要设计内容：拟定结构式或结构网，拟定转速图，确定各传动副的传动比；确定带轮直径、齿轮齿数；布置、排列齿轮，绘制传动系统图等。

2.3.1 转速图、结构式与结构网分析

1. 转速图的概念及组成

对机床进行传动分析，仅有传动系统图还是不够的，因为它不能直观地表明主轴的每一级转速是如何传递的，也不能显示出各变速组之间的内在联系。因此，对于转速（或进给量）是等比数列的传动系统，还要采用一种特殊的线图——转速图。实践证明，转速图是分析和设计机床传动系统的重要工具。

图 2-7(a)所示为某机床的主传动系统图，其传动路线表达式为

$$\begin{matrix}\text{主电动机}\\(1440\text{r/min})\\(4\text{kW})\end{matrix} - \frac{\phi126}{\phi256} - \text{I} - \left\{\begin{matrix}\frac{36}{36}\\ \frac{30}{42}\\ \frac{24}{48}\end{matrix}\right\} - \text{II} - \left\{\begin{matrix}\frac{42}{42}\\ \frac{22}{62}\end{matrix}\right\} - \text{III} - \left\{\begin{matrix}\frac{60}{30}\\ \frac{18}{72}\end{matrix}\right\} - \text{IV}(\text{主轴})$$

电动机—Ⅰ轴间为V形带传动（定比传动）。Ⅰ—Ⅱ轴间采用三联滑移齿轮变速（传动副数为3），按照传动顺序为第一变速（a 组）。Ⅱ—Ⅲ轴间采用双联滑移齿轮变速（传动副数为2），按照传动顺序为第二变速（b 组）。Ⅲ—Ⅳ轴间也采用双联滑移齿轮变速，

为第三变速(c 组)。通过这 3 个变速组可使主轴得到 12 级变速,即 $Z=3\times2\times2$,公比 $\varphi=1.41$,主轴转速为 35.5r/min ~ 1600r/min。

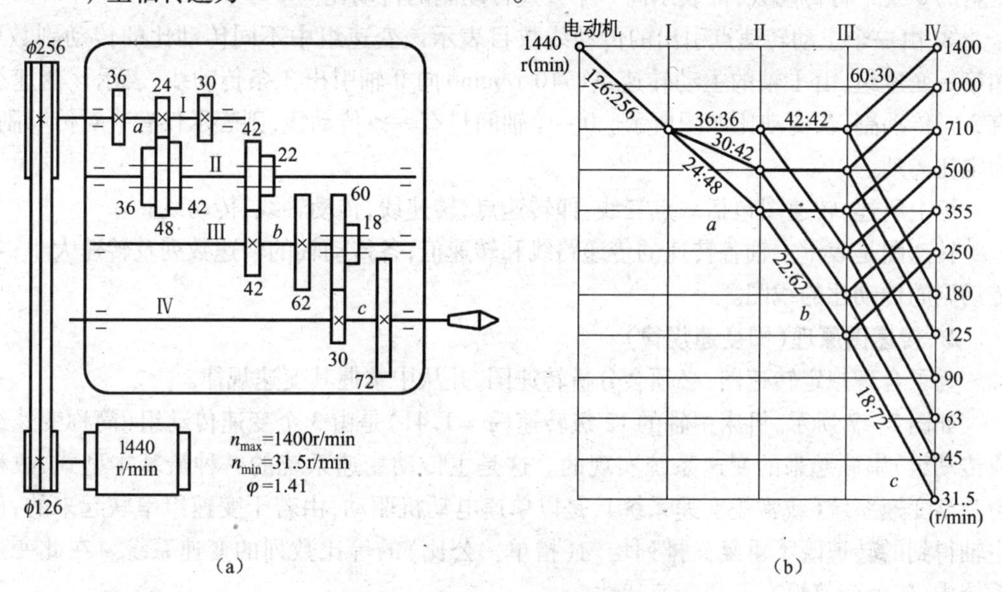

图 2-7 机床主传动系统

(a) 传动系统图;(b) 转速图。

图 2-7(b)所示为该传动系统的转速图,其组成部分如下:

(1) 转速点。主轴和各传动轴的转速值,用小圆圈或黑点表示。

如图所示,Ⅳ轴(主轴)上的 12 个圆点,间距为一格,均落在水平格线上,表示主轴具有 12 级转速(31.5r/min ~ 1400r/min)。由于主轴的各级转速值已经标出,则其他各轴的转速就有了参照。例如,Ⅲ轴上的 6 个圆点,表示具有 6 级转速(125,180,…,710r/min)。Ⅰ轴上的圆点,表示具有一个固定转速(710r/min)。电动机轴上的圆点,也表示具有一个固定转速 $n_0=1440$r/min,因不能落在相应的水平格线上,可标于适当位置。转速图中的转速值是对数值。

(2) 转速线。由于主轴的转速数列是等比数列,所以转速线是间距相等的水平线,相邻转速线间距为 $\lg\varphi$,即

$$\frac{n_j}{n_{j-1}}=\varphi,\ \lg\frac{n_j}{n_{j-1}}=\lg n_j-\lg n_{j-1}=\lg\varphi$$

(3) 传动轴线。距离相等的铅垂线,从左到右按传动的先后顺序排列,轴号写在上面。铅垂线之间距离相等是为了图示清楚,不表示传动轴间距离。

(4) 传动线。传动轴线间的转速点之间的连线称为传动线。

传动线有 3 个特点:

① 传动线的倾斜程度反映传动比的大小。由图可见,传动线的倾斜方向和倾斜程度反映了传动比的大小。若传动线水平,表示等速传动;传动线向下方倾斜,表示降速传动;传动线向上方倾斜,表示升速传动。

② 两条传动轴线间相互平行的传动线表示同一个传动副的传动比。如第三变速组内,当Ⅲ轴转速为 710r/min 时,通过升速传动副(60:30)可使主轴得到 1400 r/min,因Ⅲ

轴共有6级转速，故通过该变速组可使主轴得到6级转速(250r/min～1400r/min)，所以上斜的6条平行传动线，都表示同一个升速传动副的传动比。

③ 由一个主动转速点引出的传动线数目表示该变速组中不同传动比的传动副数 。如第一变速组，由Ⅰ轴的主动转速点(710 r/min)向Ⅱ轴引出3条传动线，表示该变速组有3对传动副，各传动比如图所示。0－Ⅰ轴间只有一条传动线，则表示仅有一对传动副，为定比传动。

综上所述，转速图包括一点三线，即转速点，转速线，传动轴线，传动线。

转速图是表示主轴各转速的传递路线和转速值；各传动轴的转速数列及转速大小；各传动副的传动比的线图。

2. 转速图原理(即变速规律)

为了合理拟定转速图，必须会分析转速图，并从中掌握其变速规律。

如图2－7所示，机床主轴的12级转速($\varphi=1.41$)是由3个变速传动组(简称变速组或传动组)串联起来的变速系统实现的。这是主传动变速系统的一种最基本型式，故称为基型变速系统(或常规变速系统)，是以单速电动机驱动，由若干变速组串联起来的，使主轴得到的转速既不重复又排列均匀(指单一公比)的等比数列的变速系统。在此变速系统中，各个变速组有下列变速特性：

1) 基本组的变速特性

图2－7中变速组 a 有3对齿轮副，其传动比分别为

$$i_{a1}=\frac{36}{36}=1;\ i_{a2}=\frac{30}{42}=\frac{1}{1.41};\ i_{a3}=\frac{24}{48}\approx\frac{1}{1.41^2}$$

通过相应的3条传动线，使Ⅱ轴得到三级转速：355r/min、500r/min、710r/min，它们在转速图上均相差1格，同样是公比为 φ 的等比数列。这是因为该变速组的3个传动比的数值也是公比为 φ 的等比数列，即

$$i_{a1}:i_{a2}:i_{a3}=1:\frac{1}{\varphi}:\frac{1}{\varphi^2}$$

这样，在其他变速组不改变传动比的条件下，该变速组可使主轴得到三级公比为 φ 的转速；再通过变速组 b、c，则使主轴得到 $n_1\sim n_3$，$n_4\sim n_6$，$n_7\sim n_9$，$n_{10}\sim n_{12}$ 四段连续的转速，即完整的主轴转速数列，简称为基本组。

为了分析问题方便，把变速组中两大小相邻的传动比的比值称为级比，用符号 ψ 表示。级比一般写成 φ^X 形式，其中 X 为级比指数。

变速组 a 的级比：$\psi_a=\frac{i_{a1}}{i_{a2}}=\frac{i_{a2}}{i_{a3}}=\varphi$，因此基本组的级比 $\varphi^{X_0}=\varphi^1$，级比指数 $X_0=1$。

由上述可得结论：在常规变速组中必有一个基本组，级比指数 $X_0=1$。基本组的传动副数用 P_0 表示，在图2－7中 $P_0=3$。

2) 第一扩大组的变速特性

变速组 b 的传动副数为2，其传动比为

$$i_{b1}=\frac{42}{42}=1\qquad i_{b2}=\frac{22}{62}\approx\frac{1}{1.41^3}$$

该变速组的级比为 $i_{b1}:i_{b2}=1:\frac{1}{\varphi^3}=\varphi^3$；级比指数为3，即两条传动线拉开3格，使Ⅲ轴得到6级转速(125r/min ~ 710r/min)。若变速组 c 不改变传动比，该变速组可使主轴的转速扩大到6级连续的等比数列(公比为 φ)。这说明在基本组的基础上，该变速组起到了第一次扩大变速的作用，所以称之为第一扩大组，第一扩大组的级比指数用 X_1 表示。图2-7中 $X_1=3$。

变速组 b 的级比：$\psi_b=\frac{i_{b1}}{i_{b2}}=\varphi^3$。由此可见，第一扩大组的级比指数 X_1 刚好等于基本组的传动副数 $P_0=3$。否则，X_1 的数值过小或过大，将会造成主轴转速重复或转速排列不均匀的现象。因此可得第一扩大组的变速特性：第一扩大组的级比指数等于基本组的传动副数，即 $X_1=P_0$，其传动副数 $P_1=2$。

3）第二扩大组的变速特性

变速组 c 的传动副数为2，其传动比为

$$i_{c1}=\frac{60}{30}\approx 1.41^2,\ i_{c2}=\frac{18}{72}\approx\frac{1}{1.41^4}$$

该变速组的级比为 $i_{c1}:i_{c2}=\varphi^2:\frac{1}{\varphi^4}=\varphi^6$，级比指数为6，即两条传动线拉开6格。通过这个变速组使主轴转速进一步扩大为12级连续的等比数列，它起到了第二次扩大变速的作用，故称为第二扩大组。它又是这个变速系统的“最后扩大组”。第二扩大组的级比指数用 X_2 表示，即 $X_2=6$，刚好等于基本组的传动副数和第一扩大组传动副数的乘积 P_0P_1。因此可得第二扩大组的变速特性：第二扩大组的级比指数 X_2 等于基本组的传动副数 P_0 和第一扩大组传动副数 P_1 的乘积，即 $X_2=P_0P_1$，其传动副数 $P_2=2$。

如果变速系统还有第三扩大组、第四扩大组等，可依此推知各扩大组的变速特性。在转速图上寻找基本组和各扩大组时，可根据其变速特性，先找基本组，再依其扩大顺序找第一扩大组、第二扩大组等。

3. 变速组的变速范围

变速组的最小传动比至最大传动比之间的变换范围，称为该变速组的变速范围，即

$$R=\frac{n_{\max}}{n_{\min}}\tag{2-1}$$

图2-7中，基本组的变速范围为

$$R_0=\frac{i_{a1}}{i_{a3}}=\varphi^2$$

由转速图可见，该基本组中最上与最下两条传动线拉开2格。因基本组的传动副数为 $P_0=3$，故

$$R_0=\varphi^{X_0(P_0-1)}=\varphi^{P_0-1}=\varphi^2$$

第一扩大组的变速范围为

$$R_1=\frac{i_{b1}}{i_{b2}}=\varphi^3$$

同理可知，该扩大组中最上与最下两条传动线拉开的格数等于 $X_1(P_1-1)$，故

$$R_1 = \varphi^{X_1(P_1-1)} = \varphi^{3(2-1)} = \varphi^3$$

依此类推，任一变速组的变速范围 R_i 为

$$R_i = \varphi^{X_i(P_i-1)} \tag{2-2}$$

主轴的转速范围，即总变速范围：

$$R_n = R_0 R_1 R_2 \cdots R_k \tag{2-3}$$

主轴的转速级数 $Z = P_0 P_1 P_2 \cdots P_k$。

由以上分析过程得出以下结论：

	传动副	级比指数	级比	变速范围
基本组	P_0	$X_0 = 1$	$\psi_a = \varphi^1$	$R_a = \varphi^2$
第1扩大组	P_1	$X_1 = P_0 = 3$	$\psi_b = \varphi^3$	$R_b = \varphi^3$
第2扩大组	P_2	$X_2 = P_0 P_1 = 6$	$\psi_c = \varphi^6$	$R_c = \varphi^6$
	⋮	⋮		⋮
第 k 扩大组	P_k	$X_k = P_0 P_1 P_2 \cdots P_{k-1}$	$\psi_k = \varphi^{X_k}$	$R_k = \varphi^{X_k(P_k-1)}$
总变速范围	$R_n = R_0 R_1 R_2 \cdots R_j = \varphi^{Z-1}$，$Z = P_0 P_1 P_2 \cdots P_k$			

2.3.2 分级变速系统转速图设计

1. 结构网及结构式

设计主传动变速系统时，为了便于分析、比较各变速组的变速特征，还常常运用形式简单的结构网或结构式。

图 2-8 所示为图 2-7 变速系统的结构网。可见，结构网也是由“一点三线”所组成，但它的转速点并不表示转速的绝对数值，仅表示轴上各转速点之间的相对值，其传动线也不表示传动比的绝对数值，仅表示变速组内各传动比之间的相对数值。表示传动比的相对关系而不表示转速数值的线图称为结构网。

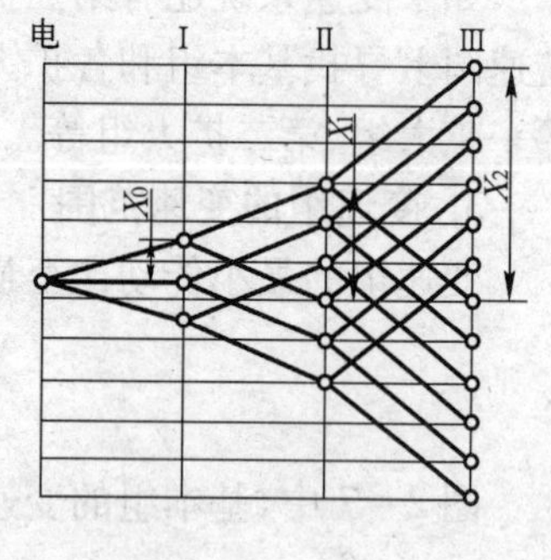

图 2-8　结构网

为了突出表达各个变速组的变速特性，需要舍弃与此无关的内容（如定比传动等）。由于不表示转速数值，故画成对称形式。

结构式能够表达变速系统中最主要的 3 个变速特征即主轴转速级数 Z、各变速组的传动副数 P_i 和各变速组的级比指数 X_i。结构式表达为

$$Z = P_{a(\ \ )} \cdot P_{b(\ \ )} \cdot P_{c(\ \ )} \cdots$$

按传动顺序列出各变速组的传动副数，P_a，P_b，P_c，… 分别表示第一，第二，第三变速组，……的传动副数。括号(　　)内需标出各变速组的级比指数，即可表明基本组和各扩大组。

图 2-7 变速系统的结构式可写为

$$12 = 3_1 \times 2_3 \times 2_6$$

由上述可见,结构网或结构式,与转速图具有一致的变速特性。转速图表达得具体、完整,转速和传动比是绝对值,而结构网和结构式表达转速特性较简单、直观,转速和传动比是相对数值。结构网比结构式更直观,结构式比结构网更简单。结构式和结构网的表达内容相同,二者是对应的。

设计变速系统时,当选定了变速组的个数及其传动副数之后,需要列出不同的结构式方案进行分析比较。图2-9所示3种不同结构网代表了不同的传动顺序特点和扩大顺序特点。

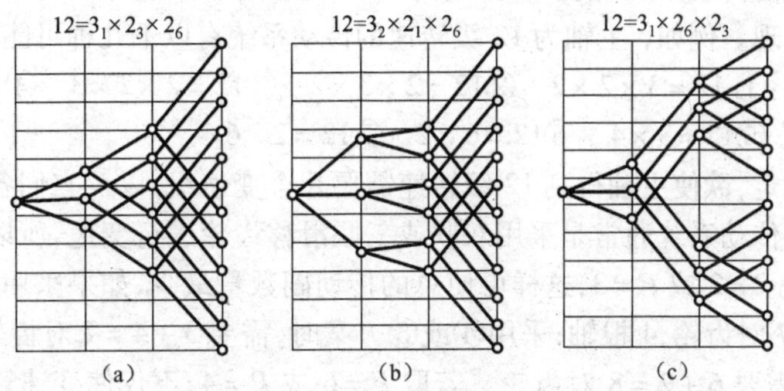

图2-9 不同结构网方案对比

2. 转速图的拟定原则

拟定转速图是设计传动系统的重要内容,它对整个机床设计质量,如结构的繁简、尺寸的大小、效率的高低、使用与维修方便性等均有较大的影响。因此,必须根据机床性能要求和经济合理的原则,在各种可能实现的方案中,选择较合理的方案。

转速图设计步骤是:根据转速图的拟定原则,确定结构式,画出结构网,然后分配各传动组的最小传动比,拟定出转速图。设计中除应符合前述"级比规律"外,还应掌握以下设计要点:

1) 齿轮变速组中极限传动比、极限变速范围原则

(1) 为防止传动比过小造成从动齿轮太大而增加变速箱的径向尺寸,一般限制最小传动比为 $i_{\min} \geqslant 1/4$。

(2) 为降低振动与噪声,减少冲击载荷和传动误差,需要限制升速传动比不能过大,直齿轮的最大传动比 $i_{\max} \leqslant 2$,斜齿圆柱齿轮 $i_{\max} \leqslant 2.5$。

因此,直齿轮变速组的极限变速范围:$R_{\max} = 2 \div \dfrac{1}{4} = 8$。

由式(2-2)可知,任一变速组的变速范围为

$$R_i = \varphi^{X_i(P_i-1)} = \varphi^{P_0P_1P_2\cdots P_{i-1}(P_i-1)}$$

因此,一般只检查最后扩大组的变速范围。例如,$12 = 3_1 \times 2_3 \times 2_6$,$\varphi = 1.41$,其最后扩大组的变速范围 $R_2 = \varphi^{6(2-1)} = 8$,允许;$18 = 3_1 \times 3_6 \times 2_3$,$\varphi = 1.26$,其最后扩大组的变速范围 $R_2 = \varphi^{6(3-1)} = 16 > 8$(直齿),故不允许。

2) 减少传动件结构尺寸的原则

传动件的传递扭矩 M 为

$$M = 9550\frac{N_d\eta}{n_j}\ (\mathrm{N\cdot mm}) \tag{2-4}$$

式中 N_d—— 主电机的功率（kW）；

n_j——该传动件的计算转速（r/min）；

η——从主电动机到该传动件间的传动效率。

由式(2-4)可知，当传递功率一定时，提高传动件的转速，可降低其传递扭矩，减少结构件的结构尺寸，节约材料，使变速箱结构紧凑。为此，应遵循下列原则：

(1) 变速组的传动副要“前多后少”。实现一定的主轴转速级数的传动系统，可由不同的变速组来实现。例如，主轴为 12 级转速的传动系统有以下几种可能的方案：

变速组方案：① $12=3\times2\times2$ ② $12=2\times3\times2$ ③ $12=2\times2\times3$ ④ $12=4\times3$

⑤ $12=3\times4$ ⑥ $12=6\times2$ ⑦ $12=2\times6$

首先应该确定，欲使主轴得到 12 级转速需要几个变速组，以及它们各需要几个传动副。由于机床的传动系统通常是采用双联或三联滑移齿轮进行变速，所以每个变速组的传动副数最好是 $P=2$ 或 $P=3$，这样可使总的传动副数量最少，如果采用①~③方案时，需要 $3+2+2=7$ 对齿轮，4 根轴；采用④或⑤方案时，需要 $3+4=7$ 对齿轮，3 根轴；采用⑥或⑦方案时，需要 $6+2=8$ 对齿轮。若取 $P=6$ 或 $P=4$，不仅使变速箱的轴向尺寸增加，而且使操纵机构变得复杂。根据机床性能的要求，一般主轴的最低转速要比电动机的转速低得多，需进行降速，才能满足主轴最低转速的要求，如果采用 $P=2$ 或 $P=3$，较之 4 或 6，达到同样的变速级数，变速组的数量相应增加，这样，可利用变速组的传动副兼起降速作用，以减少专门用于降速的定比传动副。综上所述，主轴为 12 级的传动系统，应采用由 3 个变速组所组成的方案，即选用上述①~③方案。

由于主传动系统为减速传动，传动链前面(靠近电动机)的转速较高，而传动链后面(靠近主轴)的转速较低。因此，希望把传动副数较多的变速组安排在传动链的前面，把传动副数少的变速组安排在传动链的后面，这就是传动副“前多后少”的原则，即

$$P_a \geqslant P_b \geqslant P_c \geqslant \cdots \tag{2-5}$$

式中 $P_a, P_b, P_c, \cdots$ —— 第一，第二，第三变速组，…的传动副数。

所以，①~③方案中应选取方案① $12=3\times2\times2$。

(2) 变速组的传动线要“前密后疏”。当传动顺序方案一定时，可有不同的扩大顺序方案。如在 $12=3\times2\times2$ 方案中，有如下扩大方案：

① $12=3_1\times2_3\times2_6$ ② $12=3_1\times2_6\times2_3$ ③ $12=3_2\times2_1\times2_6$

④ $12=3_2\times2_6\times2_1$ ⑤ $12=3_4\times2_1\times2_2$ ⑥ $12=3_4\times2_2\times2_1$

方案①②③④的极限变速范围：$R_2=\varphi^{6(2-1)}=8$；方案⑤⑥的极限变速范围：$R_2=\varphi^{4(3-1)}=16$，不宜使用。由式(2-2)可知，任一变速组的变速范围为

$$R_i = \varphi^{X_i(P_i-1)} = \varphi^{P_0P_1P_2\cdots P_{i-1}(P_i-1)}$$

在公比一定的情况下，级比指数和传动副数是影响变速范围的关键因素。只有控制其大小，才能使变速组的变速范围不超过允许值；传动副数多时，级比指数应小一些。考虑到传动顺序中有“前多后少”的原则，扩大顺序应采用“前密后疏”。即传动顺序和扩大顺序应一致，即按传动顺序依次为基本组，第一扩大组，第二扩大组，……，最后扩大组，这

样可提高中间传动轴的转速。因为各变速组的变速范围逐渐扩大,可使中间传动轴的转速范围减少,即轴的最高转速与最低转速间的范围小。在结构网与转速图上,则表现为:前面变速组的传动线分布得紧密些,后面变速组的传动线分布得疏松些,故称此为“前密后疏”的原则,即

$$X_a \leqslant X_b \leqslant X_c \leqslant \cdots \tag{2-6}$$

(3) 确定最小传动比的原则:最小传动比“前缓后急”的原则。由前述可知,主传动系统通常是降速传动,故希望传动链前面的变速组降速要慢些,后面的变速组降速要快些,按传动顺序应逐渐降速,即

$$i_{a\min} \geqslant i_{b\min} \geqslant i_{c\min} \geqslant \cdots \geqslant \frac{1}{4} \tag{2-7}$$

此即为降速“前缓后急”原则。这样,可提高中间传动轴的转速。另外,由于制造安装等原因,传动件工作中有转角误差,传动件在传递转矩和运动的同时,也将其自身的转角误差按传动比的大小放大缩小,依次向后传递,最终反映到执行件上。如果最后变速组的传动比小于1,就会将前面各传动件传递来的转角误差缩小,传动比越小,传递来的误差缩小倍数就越大,从而提高传动链的精度。

3) 改善传动性能注意事项

提高传动件转速可减小结构尺寸,但转速过高又会恶化传动性能,增大空载功率损失、噪声、振动和发热等。为了改善传动性能,应注意下列事项:

(1) 传动链要短。减少传动链中齿轮、传动轴和轴承数量,不仅制造、维修方便,降低成本,还可提高传动精度、传动效率,减少振动和噪声。通常在主轴最高转速区内的机床空载功率损失和噪声最大,故需特别注意缩短高速传动链,其措施有以下几点:

① 采用背轮机构或分支机构,力求使主轴高转速区的传动链最短,齿轮啮合对数一般不宜超过3对。

② 选择电动机转速应尽量接近主轴的最高转速,即 $n_0 = n_{\max}$,n_0 过高则因降速比大而加长传动链,n_0 过低又因为升速比大使冲击载荷增加,且电动机的体积增大、成本增加。

③ 采用多速电动机,可减少齿轮对数,简化机械结构。

④ 适当减少变速组的个数,或者增加变速组的传动副数。

⑤ 采用交换齿轮或交换带轮变速等。

(2) 转速和要小。空载功率损失与主传动各轴转速之和近似成正比。在主轴转速一定的条件下,减小各轴转速和,可降低空载功率损失。同时,对降低噪声有更为明显的影响。其措施有以下几点:

① 要避免任一传动件(包括空转传动件)有过高的转速。对于恒啮合传动应注意避免空转超速现象使空载功率显著增加。

② 避免过早、过大地升速。较大的升速传动会引起较大的啮合冲击,从而产生噪声,特别是在传动链始端的齿轮副,如果采用较大的升速传动,则啮合冲击和齿面摩擦将引起以后的各级传动产生噪声。故升速也应“前慢后快”,尽可能避免“前快后慢”,最好不采用“先升后降”地变速。

(3) 齿轮线速度要低。齿轮是变速箱中的重要噪声源,齿轮线速度是影响噪声的重要因素,齿轮啮合的冲击能量随其圆周速度的增加而增加,故通常限制 $v < 15\text{m/s}$。其措施有以下几点:

① 注意减少主轴高速齿轮的直径。因为在主轴高速区内,传动主轴的齿轮副噪声起着很大的作用,因此减少主轴上的升速齿轮直径,对降低噪声有明显效果。

② 注意减少传动链前面各轴齿轮的线速度。在主轴低转速区内,传动链前面几级的齿轮噪声起主导作用,因此要减少相应齿轮的直径和转速。

③ 主轴采用斜齿圆柱齿轮可减少噪声,一般螺旋角 $\beta = 30°$。

(4) 空转件要少。空转的齿轮、传动轴等元件要少,转速要低,能够减小噪声和空载功率损失。特别是高速传动链工作时(如背轮机构或分支机构),应避免存在高速或超速空转的传动件。主轴上最好不安装空套齿轮,否则应设法在空套齿轮上安装滚动轴承等,以减少摩擦。

如上所述是变速系统运动设计的基本要领和一般情况下应遵循的规则,X62W 铣床基本符合以上各项原则。但是,实际情况是复杂的,由于结构或其他方面的原因,还需要根据具体情况加以灵活运用。例如,CA6140 车床主传动系统的第Ⅰ轴采用摩擦离合器,要求结构紧凑、轴向尺寸不致过长,就不便安置传动副较多的变速组,一般是安排两对滑移齿轮较好,这样就违反了“前多后少”的原则;又如主传动多采用多速电动机或双公用齿轮传动,也不符合“前密后疏”的要求。这些情况表明,从局部看虽然不够合理,但是,从整体看却是合理的。

3. 设计转速图

设计步骤是:根据转速图的拟定原则,确定结构式,画出结构网,然后分配各传动组的最小传动比,拟定出转速图。

现以某卧式车床主传动为例,具体说明设计过程:设已知电动机转速 $n_0 = 1440\text{r/min}$,主轴转速 $n_{\min} = 31.5\text{r/min}$,$Z = 12$,$\varphi = 1.41$;采用集中传动布局、直齿滑移齿轮变速,采用电动机开停、换向及制动方式。

1) 拟定结构式或结构网

(1) 确定变速组的个数和传动副数。由前述可知,大多数机床广泛应用滑移齿轮变速机构。为了满足结构设计和操纵方便的要求,通常采用双联或三联齿轮。因此,主轴转速级数为 12 级的变速系统可用 3 个变速组,其中一个三联齿轮变速组和两个双联齿轮变速组。但注意有的机床为了缩短传动链,当公比比较小时,还可采用两个变速组,即四联齿轮变速组和三联齿轮变速组,需注意采用四联齿轮的可能性及要有相应的结构措施。

(2) 确定传动顺序方案。由设计要点可知,如无特殊要求,根据“前多后少”原则,应优先选用 $12 = 3 \times 2 \times 2$。若因结构或使用上的特殊要求(如采用摩擦离合器),有可能采用其他传动顺序方案,如 $12 = 2 \times 3 \times 2$,应对相应方案分析比较再予确定。

(3) 确定扩大顺序方案。根据已选定的传动顺序方案,可得出若干不同的扩大顺序方案。如无特殊要求,应符合传动线“前密后疏”原则,应使扩大顺序与传动顺序一致,故可选用 $12 = 3_1 \times 2_3 \times 2_6$。若因特殊要求,如采用背轮机构,有可能采用其他扩大顺序方案,如 $12 = 3_1 \times 2_6 \times 2_3$ 时,应对相应方案分析比较再予确定。

(4) 检验最后扩大组的变速范围。由式(2-2)可知,结构式 $12 = 3_1 \times 2_3 \times 2_6$,最后扩

大组的变速范围为

$$R_2 = \varphi^{X_2(P_2-1)} = \varphi^{6(2-1)} = 1.41^6 = 8, \text{允许}$$

因此,确定结构式方案为 $12 = 3_1 \times 2_3 \times 2_6$。

(5) 画结构网。根据已确定的结构式画出相应的结构网,如图 2-8 所示。

2) 转速图的拟定

(1) 定比传动。变速系统是否增设定比传动,应视下列要求确定:

① 传动要求。为了电动机轴与变速箱输入轴的传动连接,或是为了改善传动性能需要采用定比带传动、齿轮传动等。

② 结构要求。若各变速组的传动比接近极限值(特别是降速传动比)时,将会增大结构尺寸,采用定比传动能够缓解变速箱的传动比,从而减少变速箱的径向尺寸。

③ 使用要求。机床产品为了满足不同用户的使用要求,通过更换不同传动比的定比传动副,可使整个主轴转速数列按需要提高或降低,有利于设计变型机床。

④ 电动机的要求。使用不同转速的电动机,通过更换定比传动副,仍可得到相同的主转速数列。

本例考虑Ⅰ轴转速不宜过低(结构尺寸过大),也不宜过高(带传动不平衡引起振动、噪声),初定 $n_{\mathrm{I}} = 710\mathrm{r/min}$,或者考虑各变速组的传动比分配再予以调整,则传动比为

$$i_0 = \frac{n_{\mathrm{I}}}{n_0(1-\varepsilon)} = \frac{710}{1440(1-0.02)} = \frac{1}{1.988}$$

(2) 画出转速图的格线。如图 2-10 所示。

(3) 分配传动比。为了便于设计和使用机床,传动比最好取标准公比的整数幂次,通常是"由后向前"地进行,先分配最后变速组的传动比,再顺次向前分配,或"由前向后"交叉进行。

① 首先确定第三变速组(Ⅲ-Ⅳ轴间)。

由结构式 $12 = 3_1 \times 2_3 \times 2_6$ 可知,第三变速组即第二扩大组的传动副数 $P_2 = 2$,级比指数 $X_2 = 6$,其两条传动线拉开 6 格。因此,先在Ⅳ轴上找到相距 6 格的两个转速点 E_1、E(通常多选定各轴最低转速点)。为了确定传动副的传动比,需要确定变速组在Ⅲ轴上相应主动点 D 的位置。

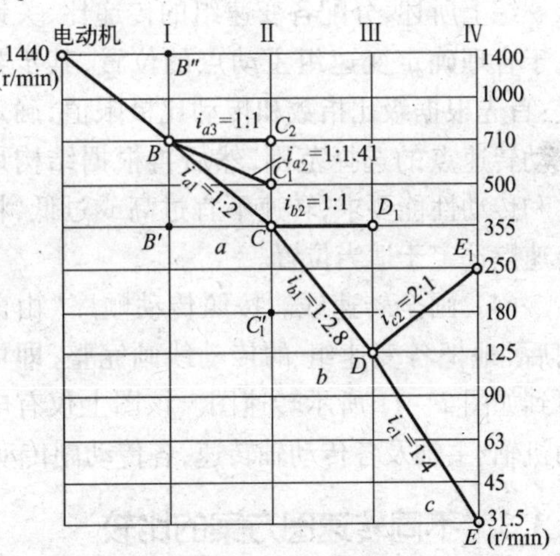

图 2-10 转速图的传动线

根据最小传动比的原则

$$i_{c1} = \frac{1}{4} \approx \frac{1}{\varphi^4}$$

则主动点只有唯一位置,如图 2-10 中 D 点。

又因极限变速范围

$$R_2 = \varphi^{6(2-1)}$$

得

$$i_{c2} = R_2 \cdot i_{c1} = \varphi^2$$

② 确定第二变速组(Ⅱ－Ⅲ轴间)。

第二变速组即第一扩大组的传动副数 $P_1 = 2$,级比指数 $X_1 = 3$,其两条传动线拉开3格,首先可定出从动轴Ⅲ两转速点 D、D_1。现需确定轴Ⅱ上相应主动转速点 C 的位置。根据传动比限制条件:$i_{\min} \geqslant \frac{1}{4} \approx \frac{1}{1.41^4}$,$i_{\max} \leqslant 2 \approx 1.41^2$,$C$ 点在 $C_1 \sim C_1'$ 间选定。若选 C_1' 点,则Ⅱ轴转速过低且升速传动比达极限值;若选 C_1 点,则Ⅱ轴转速偏高且降速传动比达极限值。综合考虑上述问题,现选定图2－10中的 C 点位置,其传动比

$$i_{b1} = \varphi^{-3} = 1.41^{-3} \approx \frac{1}{2.8}, \quad i_{b2} = \varphi^0 = 1$$

③ 确定第一变速组(Ⅰ－Ⅱ轴间)。

第一变速组即基本组的传动副数 $P_0 = 3$,级比指数 $X_0 = 1$,其3条传动线各拉开1格,故Ⅱ轴上自 C 点向上取3点 C、C_1、C_2。其Ⅰ轴上相应主动转速点 B 的位置只能在 $B' \sim B''$ 范围内选定,考虑结构尺寸和传递性能,以及带轮轴(Ⅰ轴)的转速要求,选定 B 点(图2－10)位置以及相应3对传动副的传动比。

综上所述,分配各变速组的传递比,关键在于合理确定变速组主动点的位置,其步骤是:首先根据级比指数和传动比极限值,确定主动转速点的选择范围,然后再根据结构尺寸和传动性能要求,转速不宜过高或过低,将转速点选定于适当位置。

(4) 画全转速线。按照传动顺序"由前向后"地把各变速组 的传动线画完整,即可得到如图2－11所示转速图。该图上仅有电动机轴、主轴及各传动轴转速,各传动副传动比。

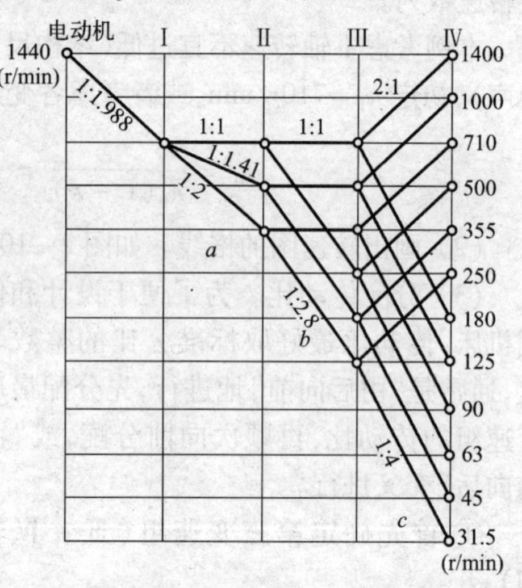

图2－11 转速图拟定

2.3.3 不同转速图方案的比较

如图2－12(a)所示,若把轴Ⅰ、Ⅱ的转速都降低1格,这个方案的优点是轴Ⅰ、Ⅱ、Ⅲ的最高转速和(500 + 500 + 710 = 1710r/min)比前一方案(710 × 3 = 2100 r/min)降低约20%,有利于减少发热和降低噪声。缺点是轴Ⅰ、Ⅱ的最低转速要低一些,这两根轴及传动组 a、b 的齿轮模数都有可能大些,被动齿轮直径也要大一些;图2－12(b)所示方案,皮带传动副的传动比和图2－11所示方案不变,但改变了传动组 a 的传动比,这个方案避免了从动齿轮直径加大的缺点,传动轴最高转速比图2－11的方案低,但比图2－12(a)的方案高,带来的缺点是传动组 a 的最大被动齿轮较大。

设计方案很多,各有利弊,设计时应权衡得失,根据具体情况进行选择。

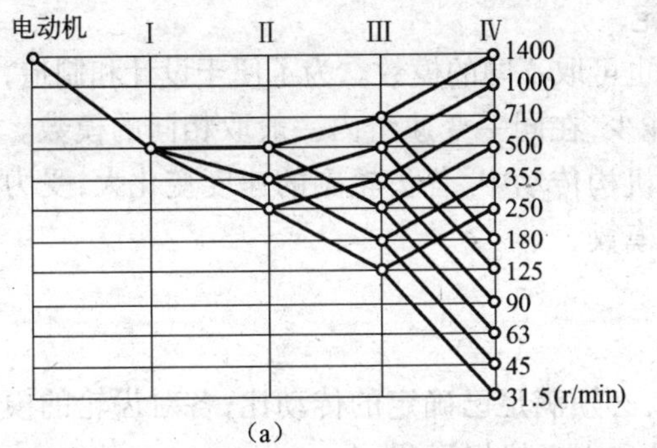

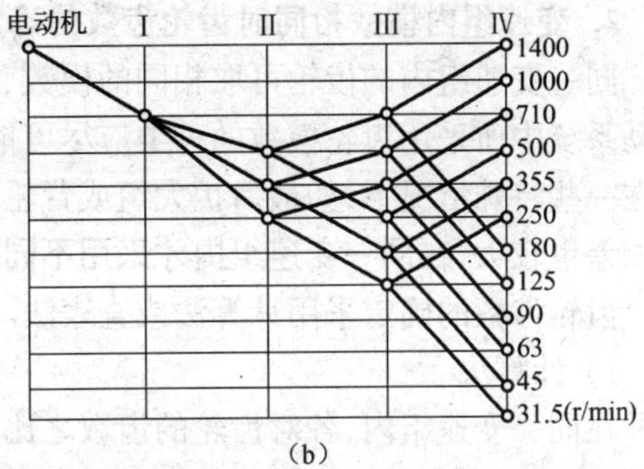

图 2-12　不同转速图方案的比较

2.3.4　齿轮齿数的确定

1. 齿轮齿数确定的原则和要求

齿轮齿数确定的原则是齿轮结构尺寸紧凑，主轴转速误差小。其具体要求是：

(1) 齿数和不应过大，以免加大两轴之间的中心距，使机床结构庞大；另外，齿数和增加，还会提高齿轮的线速度而加大噪声。故一般推荐齿数和 $S_Z \leqslant 100 \sim 120$。

(2) 齿数和应尽量减小，但需从下述限制条件中选取较大值：

① 为了保证最小齿轮不产生根切以及主传动具有较好的运动平稳性等，对于标准直齿圆柱齿轮，一般取最小齿轮齿数 $Z_{min} \geqslant 18 \sim 20$。

② 受结构限制的最小齿数的各齿轮（尤其是最小齿轮），应能可靠地装到轴上或进行套装；齿轮和轴为键连接时，则应保证齿根圆至键槽顶面的距离大于两个模数，如图 2-13 所示，以满足其强度要求，即

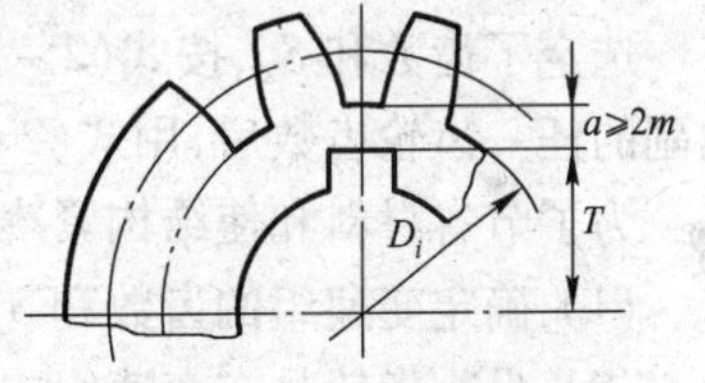

图 2-13　齿轮的壁厚

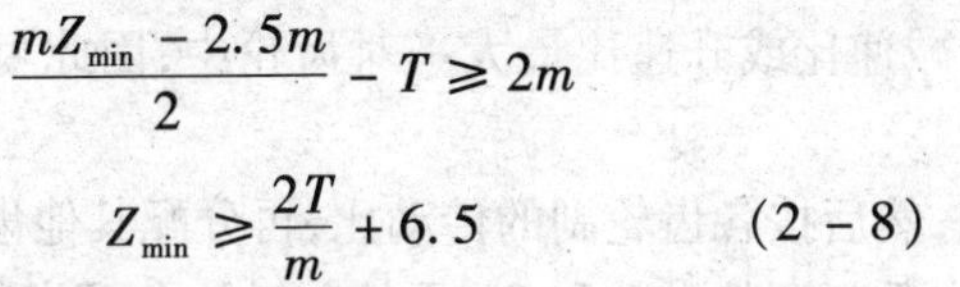

$$\frac{mZ_{min} - 2.5m}{2} - T \geqslant 2m$$

$$Z_{min} \geqslant \frac{2T}{m} + 6.5 \qquad (2-8)$$

式中　Z_{min}——齿轮的最小齿数；

m——齿轮的模数；

T—— 键槽至齿轮轴线的高度。

(3) 传动比要求。分配各齿轮副齿数应符合转速图上的传动比要求。机床的主传动属于"外联系"传动链，实际传动比（齿轮齿数之比）与理论传动比（转速图给定）之间允许有误差，但不能过大。由于分配齿轮齿数所造成主轴转速的相对误差，一般不应超过 $\pm 10(\varphi - 1)\%$，即

$$\frac{n_{理} - n_{实}}{n_{理}} < \pm 10(\varphi - 1)\% \qquad (2-9)$$

式中　$n_{理}$——要求的主轴转速；

$n_{实}$——齿轮传动实现的主轴转速。

2. 变速组内模数相同时齿轮齿数的确定

同一变速组内的齿轮可取相同的模数、也可取不同的模数。为了便于设计和制造,主传动系统中所采用齿轮模数的种类应尽可能少,在同一变速组内一般取相同的模数。只有在一些特殊情况下,如最后扩大组或背轮机构传动中,各齿轮副的速度变化大,受力情况相差也较大,在同一变速组内才采用不同模数。

齿轮齿数的确定采用计算法或查表法。

1) 计算法

在同一变速组内,各对齿轮的齿数之比,必须满足已确定的传动比;各对齿轮的模数相同,且不采用变位齿轮时,各对齿轮的齿数和也必然相等,即

$$Z_j/Z'_j = i_j \qquad (2-10)$$

$$Z_j + Z'_j = S_Z \qquad (2-11)$$

式中 Z_j、Z'_j——分别为 j 齿轮副的主动与被动齿轮的齿数;

i_j——j 齿轮副的传动比;

S_Z——齿轮副的齿数和。

由式(2-10)、式(2-11),得

$$\begin{cases} Z_j = \dfrac{i_j \cdot S_Z}{1+i_j} \\ Z'_j = \dfrac{S_Z}{1+i_j} \end{cases} \qquad (2-12)$$

选定了齿数和 S_Z,按式(2-12)便可计算各齿轮的齿数;或者由式(2-12)确定出齿轮副的任一齿轮齿数后,用式(2-11)计算出另一齿轮的齿数。

为了节省材料和使结构紧凑,确定变速组的齿数和 S_Z 时应注意以下原则:

(1) 确定变速组的齿数和 S_Z 时,应尽可能小,一般说主要是受最小齿轮的限制。

(2) 最小齿轮是在变速组内减速比或升速比最大一对齿轮中,因此可先假定该小齿轮的齿数 $Z_{\min}$。

(3) 根据传动比求出齿数和,然后按各齿轮副的传动比,再分配其他齿轮副的齿数。

(4) 如果传动比误差较大,应重新调整齿数和 S_Z,再按传动比分配齿数。

如图 2-14 所示,$\varphi=1.41$,该变速组内有 3 对齿轮,其传动比分别为

$$i_1 = \frac{Z_1}{Z'_1} = \frac{1}{\varphi^2} = \frac{1}{2}$$

$$i_2 = \frac{Z_2}{Z'_2} = \frac{1}{\varphi} = \frac{1}{1.41}$$

$$i_3 = 1$$

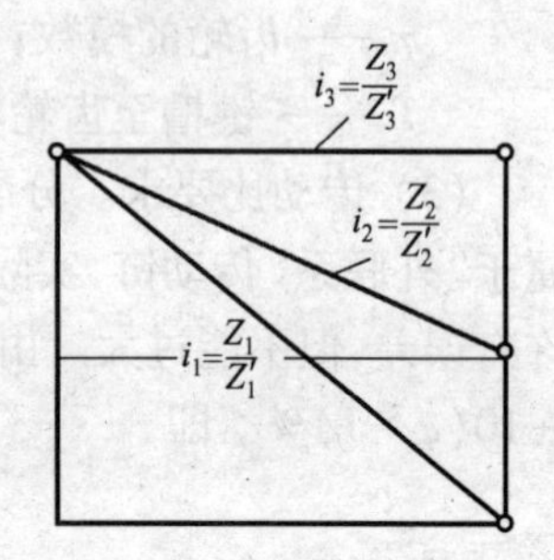

图 2-14 三联齿轮变速组

根据各齿轮副的传递比可得出三联齿轮的齿数为

(1) $Z_1 = Z_{\min}$, 取 $Z_1 = 24$, $Z'_1 = \dfrac{Z_1}{i_1} = 24\times 2 = 48$

$$S_Z = Z_1 + Z'_1 = 24+48 = 72$$

(2) $Z_2=\frac{i_2\cdot S_Z}{1+i_2}=\frac{1/1.41}{1+1/1.41}\times72=30$, $Z'_2=S_Z-Z_2=42$

(3) $Z_3=\frac{i_3\cdot S_Z}{1+i_3}=\frac{1}{1+1}\times72=36$, $Z'_3=S_Z-Z_3=36$

齿轮齿数的确定,需反复多次计算才能确定,合理与否还要在结构设计中检验,必要时还会改变。

2) 查表法

若转速图上的齿轮副传动比是标准公比的整数次方、变速组内的齿轮模数相同时,可按表2-1直接查出齿轮齿数。表中列出了传动比 $i=1\sim4.73$,齿数和 $S_Z=40\sim120$ 及相应的小齿轮适用齿数,大齿轮的齿数等于齿数和 S_Z 减去表中的齿数。下面仍以前例说明查表的方法:

(1) $i_1=\frac{1}{2}$可查表中 $i=2$ 的一行,$i_2=\frac{1}{1.41}$可查 $i=1.41$ 的一行,$i_3=1$ 即查 $i=1$ 的一行。

(2) 确定最小齿轮的齿数 $Z_{\min}$ 及最小齿数和 $S_{Z\min}$,最小齿数应在 $i_1=\frac{1}{2}$的齿轮副中,根据结构条件假设,最小齿数为 $Z_{\min}=22$,在 $i=2$ 的一行中找到 $Z_{\min}=22$ 时,查表得出其最小齿数和 $S_{Z\min}=66$。

(3) 找出可能采用的齿数和 S_Z 诸数值:这些 S_Z 数值系根据表中能同时存在满足各传动比要求的齿轮齿数来确定,如本例中,自 $S_{Z\min}=66$ 开始向右查表,同时存在满足3个传动比要求的齿轮齿数之齿数和有

$$S_Z=72,84,90,96,99,\cdots$$

(4) 确定合理的齿数和 S_Z:如前所述,在具体结构允许的情况下,选用较小的齿数和为宜,本例确定 $S_Z=72$。

(5) 确定各齿轮副的齿数:

由 $i=2$ 的一行找出 $Z_1=24$,则 $Z'_1=S_Z-Z_1=72-24=48$。

由 $i=1.41$ 的一行找出 $Z_2=30$,则 $Z'_2=S_Z-Z_2=72-30=42$。

由 $i_3=1$ 的一行找出 $Z_3=36$,则 $Z'_3=S_Z-Z_3=72-36=36$。

实际上,表2-1是把常用的传动比和齿数和按式(2-12)进行计算而得,所以,查表法与计算法的结果相同。

3. 变速组内模数不同时齿轮齿数的确定

如图2-15所示,设一个变速组内有两对齿轮副 Z_1/Z'_1 和 Z_2/Z'_2,分别采用两种不同模数 m_1 和 m_2,其齿数和为 S_{Z_1} 和 S_{Z_2},如果不采用变位齿轮,各齿轮副的中心距必须相等,即

$$\left.\begin{aligned}A&=\frac{1}{2}m_1(Z_1+Z'_1)=\frac{1}{2}m_1S_{Z_1}\\A&=\frac{1}{2}m_2(Z_2+Z'_2)=\frac{1}{2}m_2S_{Z_2}\end{aligned}\right\}\Rightarrow m_1S_{Z_1}=m_2S_{Z_2}$$

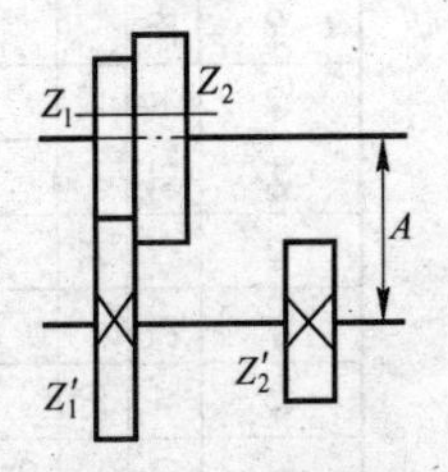

图2-15 齿轮模数不同的变速组

表 2-1 各种常用传动比的适用齿数

i \ S_Z	40	41	42	43	44	45	46	47	48	49	50	51	52	53	54	55	56	57	58	59	60	61	62	63	64	65	66	67	68	69	70	71	72	73	74	75	76	77	78	79
1.00	20		21		22		23		24		25		26		27		28		29		30		31		32		33		34		35		36		37		38		39	
1.06		20		21		22		23									27		28		29		30		31		32		33		34		35		36		37		38	
1.12	19							22		23		24		25		26		27		28			29		30		31		32		33		34		35		36	36	37	37
1.19					20		21		22		23					25		26		27		28		29			30		31		32		33		34	34	35	35		36
1.26		18		19		20					22		23		24		25			26		27		28		29	29		30		31		32		33	33		34		35
1.33	17		18		19			20		21		22			23		24		25			26		27		28			29		30		31			32		33		34
1.41		17					19		20			21		22		23			24		25			26		27		28	28		29		30	30		31		32		33
1.50	16					18		19			20		21			22		23			24		25			26		27	27		28		29	29		30		31	31	
1.58		16			17					19			20		21			22		23	23		24			25		26			27		28	28		29		30	30	
1.68	15			16					18			19			20		21			22			23		24			25		26	26		27	27		28		29	29	
1.78			15					17			18			19			20		21			22			23			24		25	25		26			27			28	
1.88	14			15			16			17			18			19			20		21	21		22	22		23			24			25			26			27	
2.00			14			15			16			17			18			19			20			21			22			23			24			25			26	
2.11					14			15			16			17			18			19			20			21	21		22	22		23	23		24	24			25	
2.24						14				15			16			17			18			19	19			20			21			22	22		23	23		24	24	
2.37								14				15			16			17				18			19			20	20			21			22			23	23	
2.51							13			14				15			16				17			18			19	19			20	20		21	21			22	22	
2.66												14				15			16	16			17				18			19	19			20	20			21		
2.82														14	14			15				16				17			18	18			19	19			20	20		
2.99																	14				15				16			17	17			18	18			19		19		20
3.16																			14				15	15			16	16			17	17				18				19
3.35																						14				15	15			16	16				17				18	18
3.55																								14	14			15	15				16	16				17	17	
3.76																										14	14					15	15				16	16		

（续）

i \ S_Z	80	81	82	83	84	85	86	87	88	89	90	91	92	93	94	95	96	97	98	99	100
1.00	40		41		42		43		44		45		46		47		48		49		50
1.06	39		40	40	41	41	42	42	43	43	44	44	45	45	46	46		47		48	
1.12	38	38		39		40		41		42		43		44	44	45	45	46	46	47	47
1.19		37		38		39	39	40	40	41	41		42		43		44	44	45	45	46
1.26		36	36	37	37		38		39		40	40	41	41		42		43		44	44
1.33	34	35	35		36		37	37	38	38		39		40	40	41	41		42		43
1.41	33		34		35	35		36		37	37	38	38		39		40	40		41	
1.50	32		33	33		34		35	35		36		37	37		38		39	39	40	40
1.58	31		32	32		33	33		34		35	35		36		37	37		38	38	39
1.68	30	30		31		32	32		33	33		34		35	35		36	36		37	37
1.78	29	29		30	30		31			32		33	33		34	34		35	35		36
1.88	28	28		29	29		30	30		31	31		32	32		33	33		34	34	35
2.00		27			28		29	29		30	30		31	31		32	32		33	33	
2.11		26			27			28	28		29	29		30	30		31	31		32	32
2.24		25			26	26		27	27		28	28		29	29			30	30		31
2.37		24			25	25		26	26			27	27		28	28		29	29		
2.51	23	23			24	24		25	25			26	26		27	27			28	28	
2.66	22	22			23	23		24	24			25	25			26	26		27	27	
2.82	21	21			22			23	23			24	24			25	25			26	26
2.99	20			21	21			22	22			23	23			24	24			25	25
3.16	19			20	20			21	21			22	22			23	23			24	24
3.35			19	19			20	20	20			21	21			22	22			23	23
3.55		18	18				19	19			20	20	20			21	21			22	22
3.76	17	17				18	18				19	19				20	20			21	21
3.98	16				17	17				18	18				19	19				20	20
4.22				16	16				17	17				18	18	18			19	19	19
4.47		15	15	15				16	16				17	17	17			18	18	18	18
4.73	14	14				15	15	15				16	16	16			17	17	17	17	

i \ S_Z	101	102	103	104	105	106	107	108	109	110	111	112	113	114	115	116	117	118	119	120
1.00		51		52		53		54		55		56		57		58		59		60
1.06	49		50		51		52		53	53	54	54	55	55	56	56	57	57	58	58
1.12		48		49		50		51	51	52	52	53	53	54	54	55	55	56	56	57
1.19	46		47		48		49	49	50	50	51	51	52	52		53		54	54	55
1.26	45	45		46		47	47	48	48	49	49	50	50		51	51	52	52	53	53
1.33	43	44	44		45		46	46	47	47		48		49	49	50	50		51	
1.41	42	42	43	43		44	44	45	45	46	46		47	47	48	48		49	49	50
1.50		41	41	42	42		43	43	44	44		45	45	46	46		47	47	48	48
1.58	39		40	40		41		42	42		43	43	44	44		45	45	46	46	46
1.68	38	38		39	39		40	40	41	41		42	42		43	43	44	44	44	45
1.78		37	37		38	38		39	39		40	40	41	41	41	42	42		43	43
1.88	35		36	36		37	37		38	38		39	39		40	40		41	41	42
2.00	34	34		35	35		36	36		37	37		38	38		39	39	39	40	40
2.11		33	33		34	34		35	35	35	36	36	36		37	37		38	38	
2.24	31		32	32		33	33	33	34	34	34		35	35		36	36		37	37
2.37	30	30		31	31		32	32	32		33	33		34	34		35	35	35	
2.51	29	29			30	30		31	31	31		32	32		33	33	33		34	34
2.66		28	28		29	29	29		30	30	30		31	31		32	32	32		33
2.82		27	27	27		28	28	28		29	29			30	30			31	31	
2.99			26	26			27	27			28	28			29	29			30	30
3.16	24		25	25	25		26	26	26			27	27			28	28			29
3.35	23			24	24			25	25	25		26	26	26			27	27		
3.55	22			23	23			24	24	24			25	25	25		26	26	26	
3.76	21			22	22				23	23			24	24	24			25	25	25
3.98				21	21				22	22				23	23				24	24
4.22			20	20	20				21	21				22	22	22			23	23
4.47			19	19	19			20	20	20				21	21	21			22	22
4.73		18	18	18				19	19	19				20	20	20			21	21

注:齿轮传动比的相对误差不大于±1.5%

可得

$$\frac{S_{Z1}}{S_{Z2}} = \frac{m_2}{m_1} = \frac{e_2}{e_1} \tag{2-13}$$

设

$$\frac{S_{Z1}}{e_2} = \frac{S_{Z2}}{e_1} = K$$

得

$$S_{z1} = Ke_2,\ S_{Z2} = Ke_1 \tag{2-14}$$

式中 e_1、e_2—— 无公因数的整数；

K—— 整数。

确定各齿轮副计算步骤如下：

(1) 确定变速组内不同的模数值 m_1 和 m_2。

(2) 根据式(2-13)计算出 e_1 和 e_2。

(3) 选择 K 值,由式(2-14)计算合适的各齿轮副的齿数和 S_{Z1} 和 S_{Z2}。

(4) 按各齿轮副的传动比分配齿数。

(5) 如果不能满足传动比要求,须调整齿数。

(6) 可采用变位齿轮的方法,改变齿轮副的齿数和,以获得所要求的传动比。

(7) 按式(2-14)计算不同模数的齿轮齿数,需要多次试算。

2.3.5 三联滑移齿轮之间的齿数要求

若变速组采用三联滑移齿轮变速时,在确定其齿数后,还应检查相邻齿轮的齿数关系,以确保其左右移动时能顺利通过,不致相碰,产生运动干涉。如图2-16所示,当三联滑移齿轮左移使齿轮 Z_1 与 Z'_1 啮合时,次大齿轮 Z_2 越过了固定的小齿轮 Z'_3,为防止次大齿轮 Z_2 与固定的小齿轮齿顶相碰,应使次大齿轮 Z_2 与 Z'_3 齿轮齿顶圆半径之和不大于中心距。因此,对于标准齿轮且模数相同时,必须保证

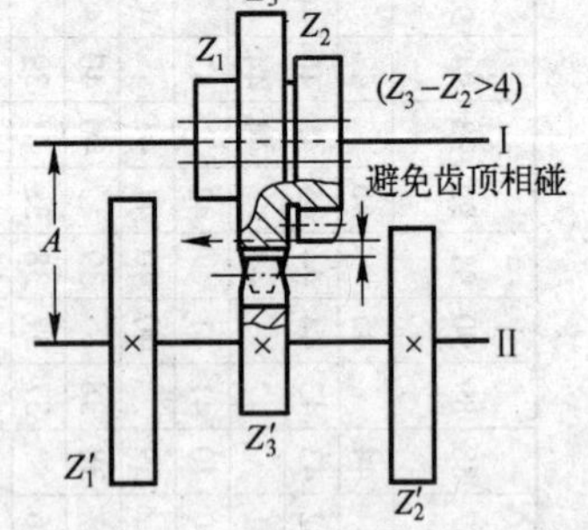

图2-16 三联滑移齿轮的齿数关系

$$\frac{1}{2}m(Z_2+2)+\frac{1}{2}m(Z'_3+2) \leqslant A$$

其中 $A=\frac{1}{2}m(Z_3+Z'_3)$,代入上式,得

$$Z_3 - Z_2 \geqslant 4 \tag{2-15}$$

即三联滑移齿轮的最大齿轮与次大齿轮的齿数差应大于或等于4(同理可得 $Z'_2-Z'_3 \geqslant 4$)。齿数差正好等于4时,Z_2 与 Z'_3 的齿顶圆直径应采用负偏差。

应当注意,当公比较小($\varphi \leqslant 1.26$),且三联滑移齿轮变速组作为基本组时,容易发生齿数差小于4的问题,若 $Z_3-Z_2<4$,可采取下列措施:适当增加齿轮副的齿数和,可增加齿数差;采用变位齿轮,可保证 Z_2 与 Z'_3 的齿顶不碰;改变齿轮排列方式,避免 Z_2 越过 Z'_3。

2.3.6 齿轮的布置与排列

齿轮的齿数确定后,即可进行齿轮的布置与排列,这将直接影响到变速箱的尺寸、结构实现的可能性以及变速操纵的方便性等。

1. 滑移齿轮的轴向布置的基本原则

变速组中的滑移齿轮一般在可能的情况下尽量布置在主动轴上,如图 2-7 中的第二、第三变速组。由于主传动多为降速传动,主动轴转速高,可使滑移齿轮尺寸小、质量小、操作省力。若由于具体结构上的考虑,如主动轴无法布置滑移齿轮或因操纵方便性需要,也可将滑移齿轮放在被动轴上,如图 2-7 中的第一变速组。因齿轮啮合冲击噪声是主动齿轮激发的,若将滑移齿轮放在被动轴上,可降低噪声。有时为了变速操作方便,两个变速组的滑移齿轮都放在同一根轴上。

注意,在一个变速组内,滑移齿轮必须具有"空档"位置,只有当一对齿轮完全脱离啮合之后,才允许另一对齿轮开始进入啮合,如图 2-17 所示,否则,一对齿轮未脱离啮合,另一对齿轮因顶齿而无法进入,即使进入啮合,则很有可能使变速组内两对不同齿数的齿轮同时参与啮合,一旦起动将造成重大设备事故,因此,滑移齿轮具有空档位置是一项重要的安全措施。为了避免同一滑移齿轮变速组两对齿轮同时啮合,两个固定齿轮的间距应大于滑移齿轮的总宽度。其轴向间隙 $\Delta=1\text{mm}\sim4\text{mm}$,通常 $\Delta=1\text{mm}\sim2\text{mm}$。对于到位控制准确的滑移齿轮,为了缩短轴向尺寸,可取 $\Delta=0$,这时齿顶端应有 12°倒角。

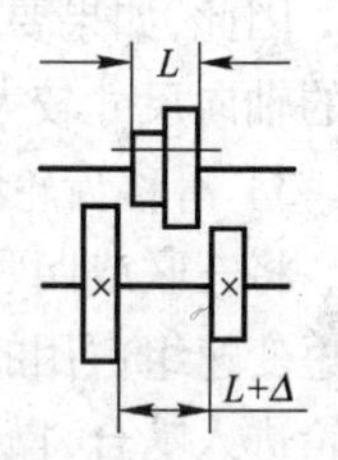

图 2-17 滑移齿轮的轴向布置

2. 一个变速组内齿轮轴向位置的排列

齿轮的轴向位置如无特殊情况,应尽量缩小齿轮轴向排列尺寸。滑移齿轮的排列方式有下列几种:

1) 滑移齿轮的窄式、宽式、亚宽式排列

(1) 滑移齿轮的窄式排列。滑移齿轮相互靠近使之轴向尺寸窄小,如图 2-18(a)、图 2-19(a)所示。对于三联滑移齿轮大齿轮居中,固定的齿轮分离安装,相隔距离为$(2b+\Delta)$,变速组轴向总长度等于相距最远的两固定齿轮外侧距离,这种排列为窄式排列(均未考虑齿轮加工中所需越程槽尺寸)。

(2) 滑移齿轮的宽式排列。固定齿轮紧靠齐一起,大齿轮居中;滑移齿轮相互远离安装,两齿轮的内侧距离为$(2b+\Delta)$,如图 2-18(b)、图 2-19(b)所示。

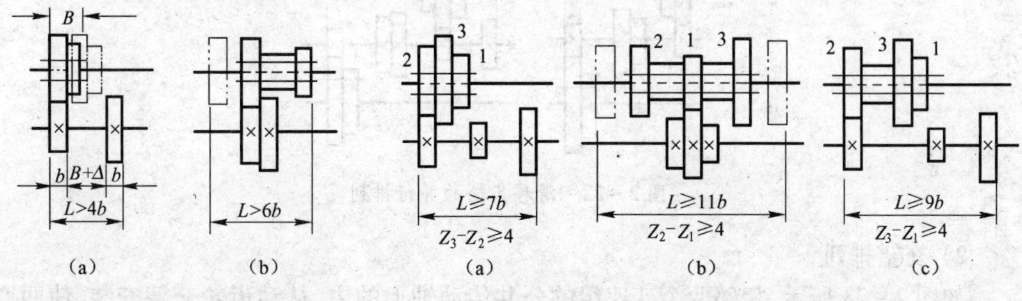

图 2-18 双联滑移齿轮轴向排列
(a)窄排列;(b)宽排列。

图 2-19 三联滑移齿轮的轴向排列
(a) 窄排列 (b) 宽排列;(c) 亚宽式排列。

(3) 滑移齿轮的亚宽式排列。三联滑移齿轮中的两齿轮紧靠在一起,另一齿轮与之分离,分隔距离为$(2b+\Delta)$,这种排列的轴向总长度为$L>9b+\Delta$,介于宽式、窄式排列之间,故称为亚宽式排列,如图2-19(c)所示。

注意:无论采用哪种齿轮排布方式,都应避免齿轮排布径向干涉。视齿轮排布的具体情况而定验算条件,必须保证滑移齿轮顺利从另一固定齿轮齿顶通过。如图2-19(c)所示排布方式,使滑移齿轮的最小齿轮越过最小固定齿轮,其最大齿轮与最小齿轮的齿数差不小于4即可,而其他两齿轮的齿数差可小于4,但这种排列方式的轴向尺寸较大。

2) 顺序变速的排列

上述三联滑移齿轮变速组的排列方式,其转速的变换顺序不是由小到大或由大到小,而是混杂变换的;这还会使一对将要啮合的齿轮造成较大的线速度差,而增加变速的困难。因此,如果要求转速按大小顺序进行变速时,其齿轮排列方式如图2-20所示,但占用的轴向尺寸较大。

3) 滑移齿轮的分组排列

将三联或四联滑移齿轮拆成两组进行排列,如图2-21所示,可减少齿轮滑移距离并缩短变速组占用的轴向长度,且对齿数差没有要求。但注意在同一变速组中只能有一对齿轮进入啮合,操纵机构需互锁。

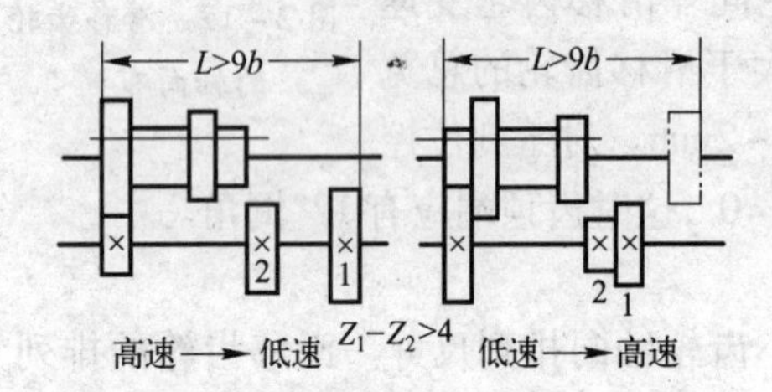

图2-20　滑移齿轮的顺序变速排布

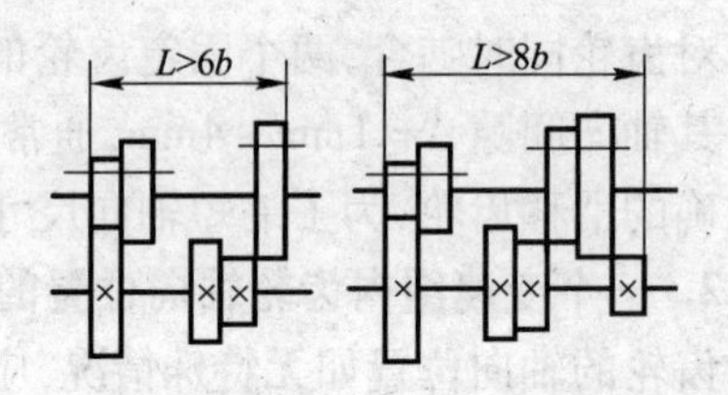

图2-21　滑移齿轮的分组排列

3. 相邻两个变速组齿轮的轴向排列

1) 并行排列

如图2-22所示,相邻两个变速组的公共传动轴上,主动齿轮安装一端,从动齿轮安装一端;三条传动轴上的齿轮排列呈阶梯形,其轴向总长度为两变速组轴向长度之和。

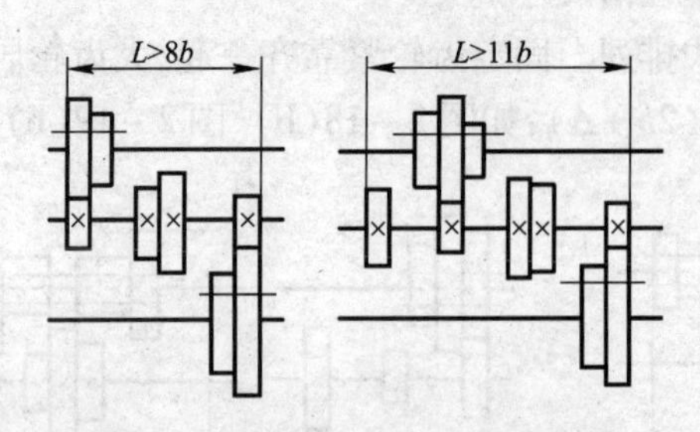

图2-22　滑移齿轮的并行排列

2) 交错排列

如图2-23所示,相邻两个变速组的公共传动轴上的主、从动齿轮交替安装,使两变速组的滑移行程部分重叠,减短轴向长度。

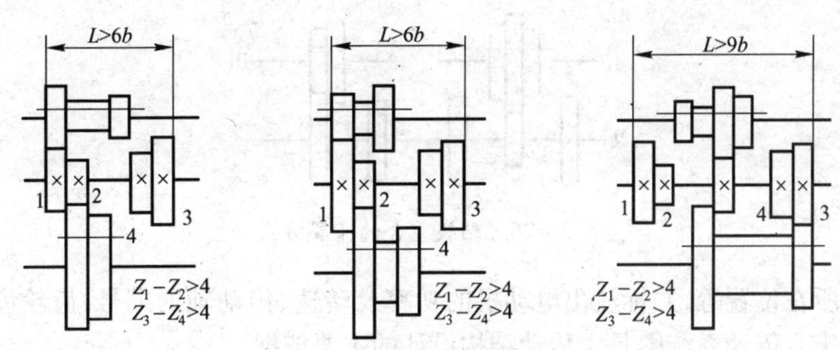

图 2-23　滑移齿轮的交错排列

3）公用齿轮排列结构

采用公用齿轮不仅减少了齿轮个数，还可缩短轴向距离。

（1）单公用齿轮变速组。如图 2-24 所示，相邻两个变速组的公共传动轴上，将某一从动齿轮和主动齿轮合二为一，形成既是第一变速组的从动齿轮，又是第二变速组的主动齿轮的单公用齿轮。其优点是两变速组可减少一个齿轮，轴向长度可减短一个齿轮宽度。

公用齿轮的应力循环次数是非公用齿轮的两倍，根据等寿命理论，公用齿轮应为变速组中齿数较多的齿轮；公用齿轮常出现于前一级变速组的最小传动比和后一级变速组最大传动比的传动副中。

（2）双公用齿轮变速组。如图 2-25 所示的采用双公用齿轮的 3 轴 4 级变速机构，总长度可缩短为 $L>4b$。

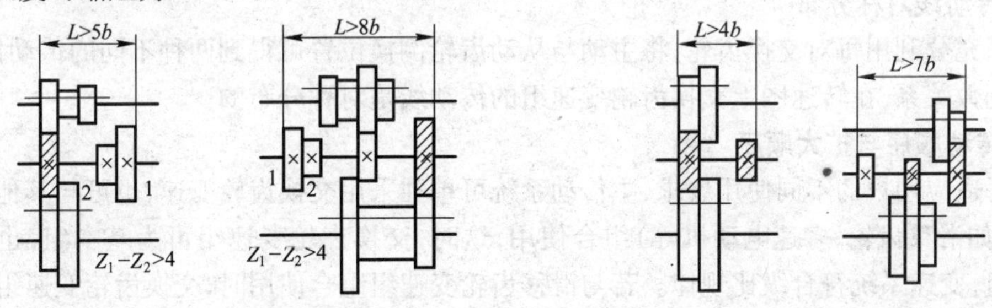

图 2-24　单公用齿轮变速组

图 2-25　双公用齿轮变速组

4. 缩小径向尺寸

为了减小变速箱的尺寸，既要缩短轴向尺寸. 又要缩短径向尺寸，它们之间往往是相互联系的，应根据具体情况考虑全局，恰当解决齿轮的布置问题。

有些机床的变速箱沿导轨移动，为了减小变速箱对于导轨的颠覆力矩，提高机床的刚度和运动平稳性，变速箱的重心和主轴应尽可能靠近导轨面，这就需尽量缩小变速箱的径向尺寸。

5. 缩小轴间距离

在强度允许的情况下，尽量选用较小的齿数并使齿轮的减速传动比大于 1/4，以避免采用过大的齿轮。这样，既缩小了变速组的轴间距离，又不妨碍其他变速组轴间距离。另外，采用轴线相互重合，将其中两根轴布置在同一轴线上，则径向尺寸可大为缩小，如图 2-26所示。

根据齿轮排列图，绘制机床主传动系统图，如图 2-7(a)所示，表达传动系统的组成、

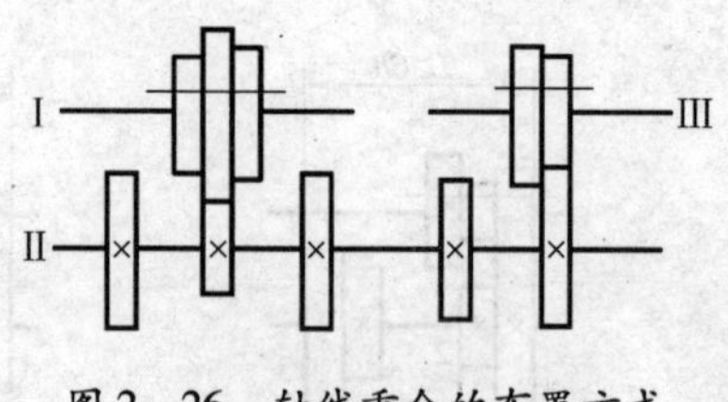

图 2-26 轴线重合的布置方式

相互联系及所在位置等,并标注出电动机的功率及转速、传动轴的编号、齿轮齿数及带轮直径等。机床主传动系统图是主传动结构设计的主要依据。

2.4 具有某些特点的主传动有级变速系统

前述为主传动基型变速系统的变速规律及其运动设计方法,但因实际情况比较复杂,机床的使用、设计要求不同,相应地出现了具有某些特点的变速系统,通常也符合级比规律,但各有特点。

2.4.1 采用交换齿轮的变速系统

主传动的交换齿轮,通常安装在轴心距固定的两根传动轴的轴端上,并具有装卸交换齿轮的足够轴向和径向空间,其变速机构具有如下特点:

1. 传动线对称分布

为了充分利用每对交换齿轮,将主动与从动齿轮倒换位置可得到两种不同的传动比,且互为倒数关系,在转速图上交换齿轮变速组的传动线是对称分布的。

2. 传动顺序与扩大顺序

为了适应用户的不同使用要求,主传动系统可单独采用交换齿轮变速,也可与其他变速方式(如滑移齿轮、多速电动机等)组合使用,这时,交换齿轮变速组可为基本组,也可为扩大组,变速系统符合级比规律。若与滑移齿轮变速组组合使用时,交换齿轮变速组通常放在传动链的前面,即按传动顺序多为第一变速组,因为传动链前面的转速较高,传递的扭矩小,可使结构紧凑、提高刚性,从而使悬臂的交换齿轮传动轴的工作条件得到改善。

图 2-27 所示为多刀车床的主传动系统,结构式为 $Z=4=2_2\cdot 2_1$。Ⅱ-Ⅲ轴间的双

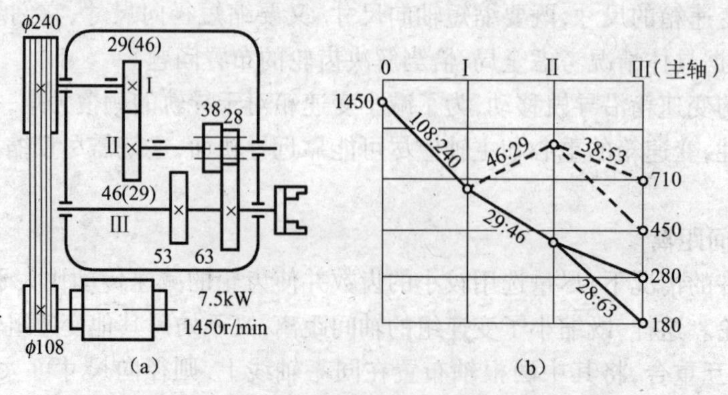

图 2-27 CA7620 型液压多刀半自动车床主传动系统

联滑移齿轮变速组是基本组,用于加工过程中变速;Ⅰ-Ⅱ轴间一对交换齿轮变速组是扩大组,用于每批工件加工前的变速调整。

2.4.2 采用多速电动机的变速系统

机床主传动采用双速或三速交流异步电动机变速时,同步转速为750/1500,1500/3000r/min或750/1500/3000r/min,即同步转速之比为 $\varphi_E=2$。也有采用同步转速为1000/1500r/min,或750/1000/1500r/min的多速电动机,其同步转速之比为 $\varphi_E=1.5$,但主轴转速不能得到标准公比的等比数列。由于电动机参与变速,相当于两或三副($P_E=2$ 或3)变速组,故又称"电变速组"。采用多速电动机变速时,与其他变速方式组合使用,变速系统符合级比规律,但有下述特点:

1. 扩大顺序

多速电动机的同步转速之比为2时,电变速组的级比 $\varphi^{X_E}=2$,级比指数 X_E 为一正整数,则公比 φ 不能任意选择,由表1-3可见,变速系统的标准公比只能是 $\varphi=1.06, 1.12, 1.26, 1.41$ 和2。

根据电变速组的级比指数 X_E 即可断定它的扩大顺序。若 $\varphi=1.26$,则电变速组的级比 $2=\varphi^{X_E}=1.26^3$,可见是扩大组。由于级比指数 $X_E=3$,只能是第一扩大组($X_1=X_E=3$)。还必须有一个传动副数为 $P_0=X_1=3$ 的基本组,如图2-28(a)所示;若 $\varphi=1.41$,则电变速组的级比 $2=\varphi^{X_E}=1.41^2$,如图2-28(b)所示,结构网中电变速组的传动线用虚线表示。可见,电变速组为第一扩大组时,基本组的传动副数是限定的。

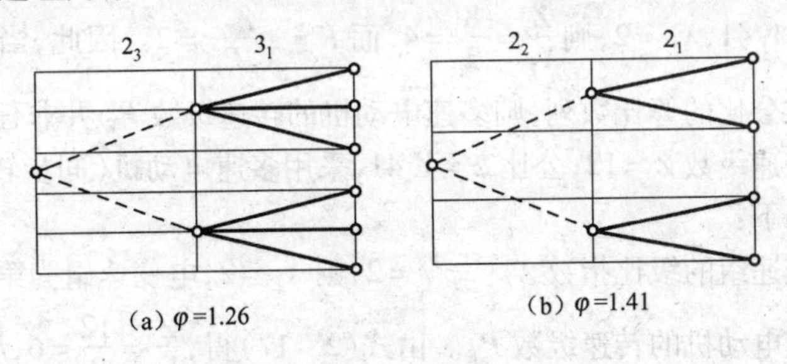

图2-28 双副电变速组结构网

2. 传动顺序

由于多速电动机总是在传动链的最前面,按传动顺序而言,这个变速组是第一变速组,而基本组在它的后面,因此,采用多速电动机的变速系统,通常扩大顺序与传动顺序不一致(公比 $\varphi=2$ 者除外),不符合传动线"前密后疏"的原则。

图2-29所示为某多刀车床的主传动系统,采用双速电动机和滑移齿轮变速,公比 $\varphi=1.41$,其结构式为 $Z=8=2_2\cdot2_1\cdot2_4$,则电变速组为第一扩大组($P_1=P_E=2, X_1=X_E=2$),Ⅰ-Ⅱ轴间的滑移齿轮变速组为基本组($P_0=2, X_0=1$),Ⅱ-Ⅲ轴间的滑移齿轮变速组为第二扩大组($P_2=2, X_2=4$)。

3. 转速级数 Z 与电变速组级比指数 X_E 的关系

采用多速电动机与变速箱串联使用的传动系统,主轴的转速级数 Z 为

$$Z = P_E Z_1 \tag{2-16}$$

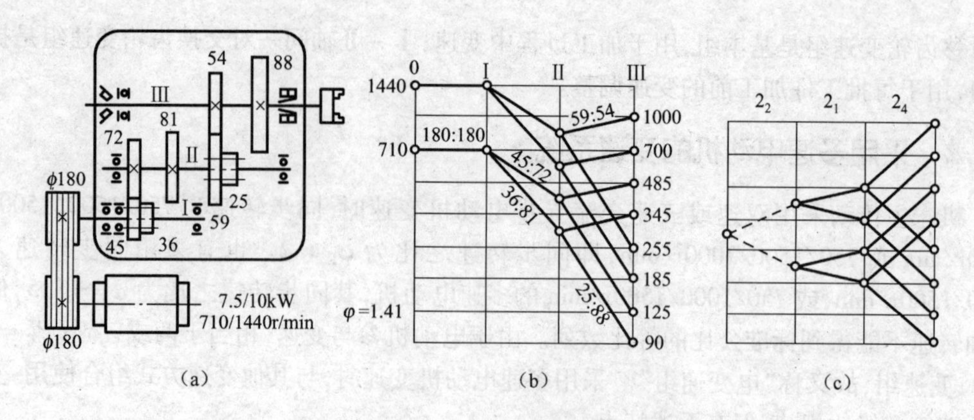

图 2-29　C7620 型多刀半自动车床主传动系统

式中　P_E——多速电动机的转速级数,即电变组的传动副数,$P_E=2$ 或 3;

Z_1——变速组的转速级数。

由于电变速组通常为扩大组,级比指数必等于变速箱中一个变速组的传动副数或若干变速组的传动副数乘积,因此 $Z_1=KX_E$,(其中 K 为正整数)。代入式(2-16),得

$$\frac{Z}{X_E}=KP_E \qquad (2-17)$$

由式(2-17)可知,采用多速电动机时,主轴的转速级数 Z 与电变速组的级比指数 X_E 的比值必为一整数,而且为该电变速组转速级数 P_E(等于 2 或 3)的整数倍。如图 2-29 所示,$Z=8$,$\varphi=1.41$,$X_E=2$,则 $\frac{Z}{X_E}=\frac{8}{2}=4$,而 $K=\frac{Z}{X_EP_E}=2$。因此,当 Z 、φ 设定,为使主轴转速得到标准公比的等比数列,则多速电动机的转速级数 P_E 并非任意选定。

设已知主轴转速级数 $Z=12$,公比 $\varphi=1.41$,采用多速电动机(同步转速比为 2),其结构式的拟定简述如下:

(1) 确定电变速组的级比指数 X_E。$\varphi^{X_E}=2$,则 $X_E=2$,电变速组为第一扩大组。

(2) 确定多速电动机的转速级数 P_E。由式(2-17)得,$\frac{Z}{X_E}=\frac{12}{2}=6$,$P_E=\frac{Z}{X_EK}=\frac{6}{K}$,若 K 为 3,则 $P_E=2$,若 K 为 2,则 $P_E=3$,因此允许选用双速或三速电动机。

(3) 拟定结构式。采用双速电动机的结构式为 $Z=12=2_2\cdot 2_1\cdot 3_4$ 或者 $12=2_2\cdot 3_4\cdot 2_1$,采用三速电动机的结构式为 $Z=12=3_2\cdot 2_1\cdot 2_6$。或者 $12=3_2\cdot 2_6\cdot 2_1$。

(4) 检验最后扩大组的变速范围 R_2。采用双速电动机,$R_2=\varphi^{X_2(P_2-1)}=1.41^{4(3-1)}=1.41^8=16>8$,不允许。采用三速电动机,$R_2=\varphi^{X_2(P_2-1)}=1.41^{6(2-1)}=1.41^6=8$,允许,故选用三速电动机。根据"前密后疏"的原则,应选定 $12=3_2\cdot 2_1\cdot 2_6$ 结构式方案。

2.4.3 转速重复的变速系统

1. 转速重复现象

由前述可知,若使主轴得到既均匀又不重复、公比为 φ 的等比转速数列,各变速组必须遵守级比规律。如果减小扩大组的级比指数,必然会出现主轴转速重复(重叠)现象。例如,将结构式 $12=3_1\cdot 2_3\cdot 2_6$ 的最后扩大组级比指数减小到 $X_2'=6-1$, 由图 2-30 可

见主轴转速重复一级(重复转速点用双圈或黑点表示),该变速组的变速范围减小为

$$R_2 = \varphi^{X_2(P_2-1)} = \varphi^{(6-1)(2-1)} = \varphi^5$$

由此可见,转速重复可使有关扩大组的变速范围缩小,但可使传动比适当减缓,性能得到改善。由于最后扩大组的性能最差,故通常要求减小它的变速范围。

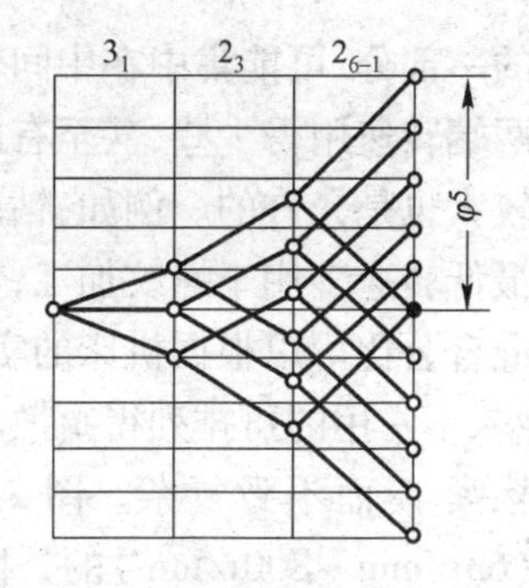

图 2-30 重复1级转速的结构网

2. 增加变速组扩大主轴转速范围

由于最后扩大组受到变速范围的限制,基型变速系统的主轴最大变速范围是有限的。比如 $\varphi=1.41$, $Z=12$ 的传动系统,结构式为 $12=3_1\cdot2_3\cdot2_6$。其最后扩大组的变速范围为

$$R_2 = \varphi^{X_2(P_2-1)} = 1.41^{6(2-1)} = 1.41^6 = 8$$

主轴的变速范围为

$$R_n = R_0R_1R_2 = \varphi^{(3-1)}\varphi^{3(2-1)}\varphi^{6(2-1)} = \varphi^{11} = 1.41^{11} = 45$$

如果要求进一步扩大主轴的变速范围,增多主轴转速级数,可再增加一个变速组作为最后扩大组(即第三扩大组),结构式应为

$$24 = 3_1\cdot2_3\cdot2_6\cdot2_{12}$$

由式(2-2)检验最后扩大组的变速范围,得

$$R_3 = \varphi^{X_3(P_3-1)} = \varphi^{12(2-1)} = 1.41^{12} = 64$$

可见 R_3 已远远超出变速范围的极限值 $R_{\max}$,这是不允许的。为此,可将这个新增加的最后扩大组的变速范围至少缩小到许用的极限值,即将其级比指数减小到 $X'_3=12-6=6$,这时

$$R_3 = \varphi^{X'_3(P_3-1)} = \varphi^{(X_3-\Delta X_3)(P_3-1)} = 1.41^{(12-6)(2-1)} = 1.41^6 = 8$$

将最后扩大组的级比指数减小,主轴转速必然出现重复现象,重复掉的转速级数(图 2-31),为 $\Delta Z=\Delta X_j=6$。结构式可写成

$$18 = 3_1\cdot2_3\cdot2_6\cdot2_{12-6}-6 \quad 或 \quad 18 = 3_1\cdot2_3\cdot2_6\cdot2_6-6$$

主轴的变速范围为

$$R_n = R_0R_1R_2R_3 = \varphi^2\cdot\varphi^3\cdot\varphi^6\cdot\varphi^6 = \varphi^{17} = 1.41^{17} = 362$$

因此,增加变速组要产生部分转速重复现象,但可扩大主轴的变速范围,增加主轴的转速级数。

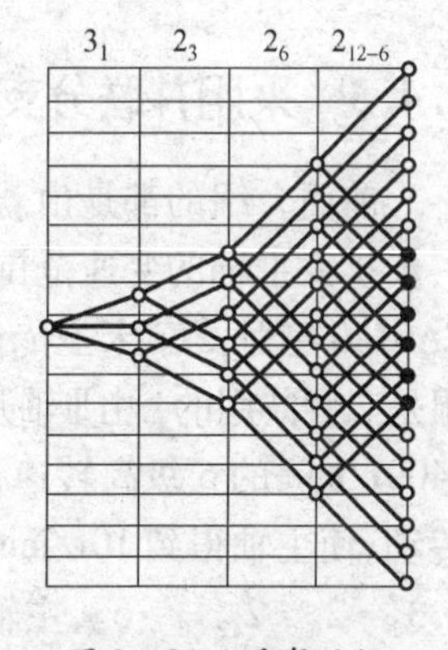

图 2-31 重复6级转速的结构网

2.4.4 采用混合公比的变速系统

前面讲述的机床主轴转速等比数列都是单一公比的,称为单公比或等公比。但是,有些通用机床的主轴转速数列并不按同一个公比均匀分布,而是一部分转速排列得密一些,公比较小;另一部分转速排列得疏一些,公比较大。主轴转速数列采用几个公比的,称为混合公比或多公比,一般多为双公比或三公比。实际上,某些通用机床在主轴全部转速范围内各级转速的利用率并不相同,经常使用的转速只是其中

的一部分，可能集中在中间转速段，也可能集中在高转速段。通常中间转速用得多些，而两端转速用得少些，甚至有的转速仅是为了满足特殊用途而设的，这时即使相对速度损失较大也是允许的。例如，钻床的低转速用于攻丝、铰孔，高转速用于小直径钻孔；卧式车床最低转速多用于螺纹加工；立式车床最低转速则往往用于工件安装时调整等。因此，采用混合公比可以根据机床的实际需要来安排主轴的转速数列，将常用的转速排列得密集一些，不常用的可排列得疏散一些，这样既扩大了主轴的转速范围，满足了使用要求，又使结构紧 凑而不致复杂。图 2－32 所示为某摇臂钻床的主传动系统，主轴中间各级转速（63r/min～800r/min）的公比 $\varphi_1=1.26$，两端转速（25r/min～63r/min 、800r/min～2000r/min）的公比 $\varphi_2=\varphi_1^2=1.26^2=1.58$。这是常见的对称型双公比传动系统，即主轴转速是由公比 φ_1（小公比）和 $\varphi_2=\varphi_1^2$（大公比）所组成“中间密、两端疏”的双公比数列，两端“空掉”的转速级数相等，呈现对称性。最常用的双公比是 1.19/1.41，1.26/1.58，1.33/1.78。

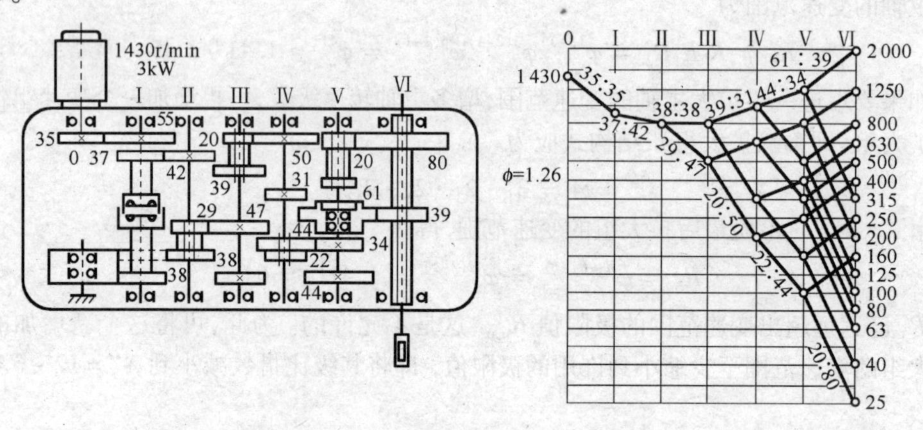

图 2－32 Z3040 型摇臂钻床主传动系统

2.4.5 采用并联分支的变速系统

前面介绍的都是由若干变速组串联的变速系统，如果能够增加并联分支传动，还可进一步扩大主轴的变速范围，且使高速传动链缩短以提高传动效率。在图 2－33(a) 所示 CA6140 型卧式车床主传动系统中，采用了低速分支和高速分支并联传动。第一、二变速组是二者共用的，由Ⅲ轴开始，高速分支经齿轮 63/50 直接传 动主轴Ⅵ，可得到 450r/min～1400r/min 的 6 级高转速，结构式为 $Z_0=6=2_1\cdot3_2$；低速分支则经Ⅲ—Ⅳ—Ⅴ—Ⅵ轴齿轮传动，使主轴得到 10r/min～500r/min 的 18 级低转速（重复 6 级转速）。结构式为 $Z_1=2_1\cdot3_2\cdot2_6\cdot2_{12-6}-6$。主轴的转速级数等于两个并联分支传动的转速级数之和，即 $Z=Z_0+Z_1=6+18=24$，其结构式可写成

$$24=2_1\cdot3_2(1+2_6\cdot2_{12-6})-6 \quad 或 \quad 24=2_1\cdot3_2(1+2_6\cdot2_6)-6$$

主轴变速范围为 $R_n=n_{max}/n_{min}=1400/10=140$（主轴转速实际为一非对称型双公比数列，400r/min～560r/min 的公比 $\varphi_1=1.12$，其余转速 $\varphi_2=1.26$），转速图如图 2－33(b) 所示。

采用并联分支传动时，要注意主轴的转动方向，即接通不同的分支传动，主轴的转向应该相同，否则要造成传动设计的错误。

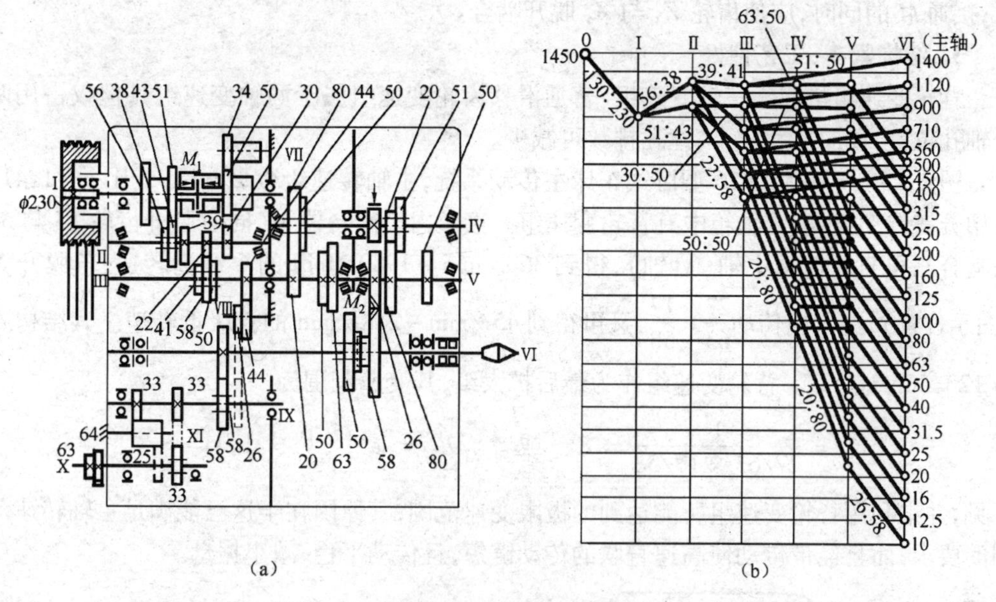

图 2-33　CA6140 型卧式车床的主传动系统

(a) 传动系统图；(b) 转速图。

2.4.6 采用背轮机构的传动系统

背轮机构又称单回曲机构，其传动原理如图 2-34 所示，主动轴Ⅰ与从动轴Ⅲ同轴线，中间传动轴Ⅱ上的齿轮靠背一侧。运动经离合器 M 直接传动Ⅲ轴，传动比 $i_1=1$；也可脱开离合器 M（图示位置），经两对齿轮 Z_1/Z_2 和 Z_3/Z_4 传动Ⅲ轴。采用背轮变速组具有下述特点：

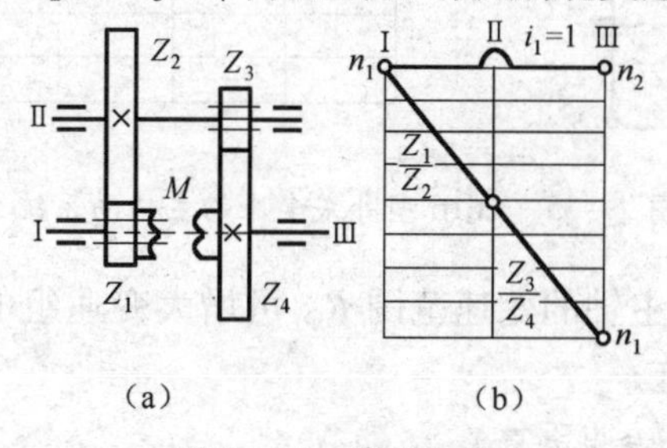

图 2-34　背轮机构

(a) 传动系统图 (b) 转速图。

1. 变速范围大

若两对应轮 Z_1/Z_2 和 Z_3/Z_4 皆为降速传动，且取极限降速传动比 $i_{min}=1/4$，则背轮变速组的最小传动比 $i_2=1/4\times1/4=1/16$。因此，背轮变速组的极限变速范围为

$$R_{max} = \frac{i_2}{i_1} = 16$$

这比一般滑移齿轮变速组的极限变速范围（$R_{max}=8\sim10$）大得多。所以，背轮机构用作最后扩大组时，可扩大传动系统的变速范围。

2. 传动性能好

背轮变速组的高速直联传动链短，空载功率损失和噪声较小。为了避免“超速”现象，接通 M 的同时，应使齿轮 Z_3 与 Z_4 脱开啮合。

3. 结构紧凑、工艺性好

背轮变速组虽属于三轴变速组（普通滑移齿轮变速组属于两轴变速组），但仅占用两排轴孔位置，径向尺寸较小，镗孔排数可减少。

图 2-35 所示为 C616 型卧式车床主传动系统，主轴转速级数 $Z=12$，公比 $\varphi=1.41$，采用分离传动方式，主轴箱中有背轮变速组。接通内齿离台器 M（同时脱开齿轮 17 与 58 的啮合），可直联传动主轴（Ⅵ轴），得到 360r/min ~ 1980r/min 的 6 级高转速；若脱开 M（图示位置），经背轮传动 $\frac{27}{63}\times\frac{17}{58}$，又可得到 45r/min ~ 248r/min 的 6 级低转速。其结构式为 $12=2_3\cdot3_1\cdot2_6$。背轮变速组作为最后扩大组，其变速范围为

$$R_2=\frac{1}{27/63\times17/58}=8 \quad 或者 \quad R_2=\varphi^{X_2(P_2-1)}=1.41^6=8$$

可见，并未利用背轮变速组所能达到的极限变速范围，其原因在于这已能满足主轴转速范围的要求，而且经带传动使高速直联的传动链短，且传动平稳、减小振动。

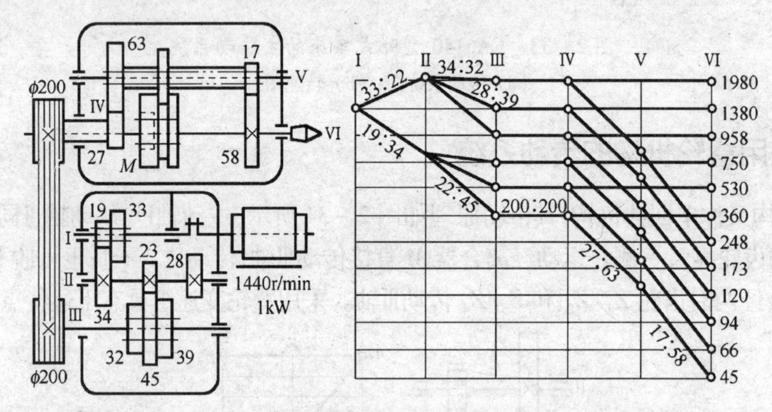

图 2-35　C616 型卧式车床的主传动系统

由前述可见，为了扩大主轴的变速范围 R_n，可增大变速组的个数和增大变速组的变速范围。一般采用以下措施；

(1) 增加变速组（部分转速重复）。

(2) 采用混合公比，能增大原基本组的变速范围 R'_0。

(3) 采用背轮变速组，能增大最后扩大组的受速范围 R_j。

(4) 采用并联分支传动。

2.5　主传动的计算转速

2.5.1　计算转速定义

设计机床主传动系统时，为了使传动件工作可靠、结构紧凑，必须对传动件进行动力设计，主轴和其他传动件（如传动轴、齿轮及离合器等）的结构尺寸主要根据它所传递的转矩大小来决定，而这都与传递的功率和转速有关。

对于专用机床，在特定的工艺条件下各传动件所传递的功率和转速是固定不变的，可计算出传递的转矩大小，从而进行强度设计。对于工艺范围较广的通用机床和某些专门化机床，由于使用条件复杂，转速范围较大，传动件所传递的功率和转速是经常变化的。将传动件的传递转矩和功率确定偏小或过大，都是不经济、不合理的，所以，对于这类机床传动件传递扭矩大小的确定，必须根据对机床实际使用情况的调查分析，确定一个经济合理的计算转速，作为强度计算和校核的依据。

1. 机床的功率和转矩特性

由切削原理可知，切削力主要取决于切削面积的大小，切削面积一定时，不论切削速度多大，所承受的切削力是相同的。

(1) 主运动为直线运动的机床，最大切削力存在于一切可能的切削速度中。驱动直线运动的传动件，不考虑摩擦力等因素时，在所有转速下承受的最大转矩是相等的。这类机床的主传动属于恒转矩传动。

(2) 主运动为旋转运动的机床，传动件传递的转矩不仅与切削力有关，而且与工件或刀具的半径有关。主轴转速不仅决定于切削速度而且还决定于工件（如车床）或刀具（如铣床、镗床）的刀具直径。较低转速多用于大直径或加工大直径工件，这时的输出转矩增大了。因此，旋转运动的变速机构，输出转矩与转速成反比，基本是恒功率的。

通用机床在最低的一段转速范围内，经常用于切削螺纹、铰孔、切断、精镗等工序，不需要使用电动机的全部功率，即使用于粗加工，由于受刀具、夹具和工件刚度的限制，也不允许采用过大的切削用量，不会使用电动机的全部功率。因此，这类机床只是从某一转速开始，才有可能使用电动机全部功率。如果按最低转速时传递全部功率来进行计算，将会不必要地增大传动件的尺寸。

综上所述，按传递全功率时转速中的最低转速进行计算，即可得出该传动件需要传递的最大扭矩。传动件传递全部功率时的最低转速称为该传动件的计算转速（n_j）。

对于旋转运动的传动件，其额定扭矩 M_n（即需要传递的最大扭矩）按下式计算：

$$M_n = 9550 \frac{N}{n_j} = \frac{N_d \cdot \eta}{n_j} (\mathrm{N \cdot m}) \qquad (2-18)$$

式中 n_j——传动件的计算转速（r/min）；

N——传动件所传递的功率（kW）

N_d——主电动机的额定功率（kW）

η——从主电动机到该传动件间的传动效率。

由式(2-18)可知，当传动件的传递功率为一定时，若转速取得偏低，则传递的扭矩就偏大，使传动件尺寸不必要地增大，因此，须根据机床的实际工作情况，经济合理地确定计算转速，并计算传动件的尺寸，这是机床设计工作的一个重要问题。

2. 机床主轴的功率或转矩特性

主轴计算转速 n_j 是主轴传递全部功率（此时电动机为满载）时的最低转速。主轴所传递的功率或转矩与转速之间的关系，称为机床主轴的功率或转矩特性，如图2-36(a)所示。主轴从 n_j 到 n_{max} 之间的每级转速都能传递全部功率，而其输出的转矩则随转速的增高而降低，称为恒功率变速范围；从 n_j 到 n_{min} 之间的每级转速都能传递计算转速时的转矩，输出的功率则随转速下降而线性下降，称为恒转矩变速范围，传动系统转速图如图2-36(b)所示。

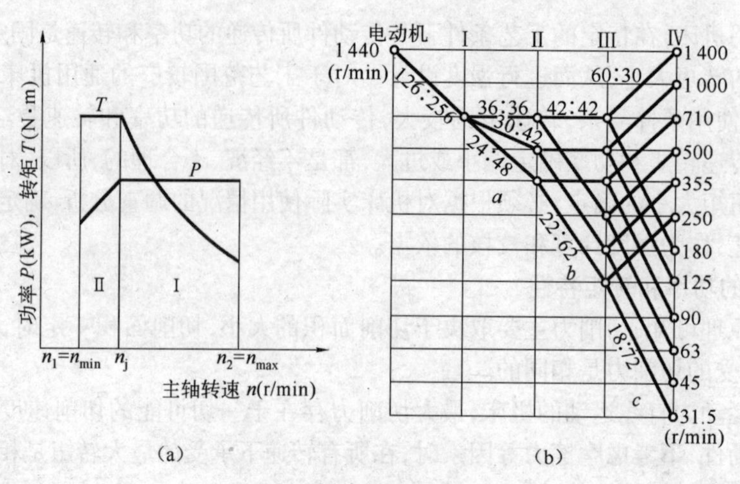

图 2－36 主轴计算转速

(a) 功率及转矩特性；(b) 转速图。

2.5.2 机床主要传动件计算转速的确定

计算转速的大小因机床种类而异。对于大型机床，应用范围很广，调速范围很宽，计算转速可取得高一些；对于精密机床、钻床、滚齿机等，应用范围较窄，调速范围较小，计算转速应取得低一些。表 2－2 所列为各类机床主轴计算转速的统计公式。轻型机床的计算转速可比标准推荐的高。数控机床由于考虑切削轻金属，调速范围比普通机床宽，计算转速也可比表中推荐的高些。但是，目前数控机床尚未总结出公式。

表 2－2 各类机床的主轴计算转速

机床类型		计算转速 n_j	
		等公比传动	混合公比或无级调速
中型通用机床和用途较广的半自动机床	车床，升降台铣床，六角车床，多刀半自动车床，单轴自动车床，立式多轴半自动车床 卧式镗铣床($\phi63 \sim \phi90$)	$n_j = n_{min}\varphi^{\frac{Z}{3}-1}$ n_j 为主轴第一个(低的)1/3 转速范围内的最高一级转速	$n_j = n_{min}R_n^{0.3}$
	立式钻床，摇臂钻床，滚齿机	$n_j = n_{min}\varphi^{\frac{Z}{4}-1}$ n_j 为主轴第一个(低的)1/4 转速范围内的最高一级转速	$n_j = n_{min}R_n^{0.25}$
大型机床	立式车床 卧式车床($\phi1250 \sim \phi4000$) 卧式镗铣床($\phi110 \sim \phi160$) 落地式镗铣床($\phi125 \sim \phi160$)	$n_j = n_{min}\varphi^{\frac{Z}{3}}$ n_j 为主轴第二个 1/3 转速范围内的最低一级转速	$n_j = n_{min}R_n^{0.35}$
	落地式镗铣床($\phi160 \sim \phi260$) 主轴箱可移动的落地式镗铣床($\phi125 \sim \phi300$)	$n_j = n_{min}\varphi^{\frac{Z}{2.5}}$	$n_j = n_{min}R_n^{0.4}$
高精度和精密机床	坐标镗床 高精度车床	$n_j = n_{min}\varphi^{\frac{Z}{4}-1}$ n_j 为主轴第一个 1/4 转速范围内的最高一级转速	$n_j = n_{min}R_n^{0.25}$

变速传动中传动件的计算转速，可根据主轴的计算转速和转速图确定。确定传动轴计算转速时，先确定主轴计算转速，再按传动顺序“由后往前”依次确定。最后确定各传动件的计算转速。

例如，图 2 – 36（b）所示某中型机床转速图，电动机转速 $n_0 = 1440\mathrm{r/min}$，$n_{\min} = 31.5\mathrm{r/min}$，$n_{\max} = 1400\mathrm{r/min}$，$\varphi = 1.41$，$Z = 12$，确定主轴和各传动件的计算转速如下：

（1）主轴的计算转速为

$$n_j = n_1\varphi^{\frac{Z}{3}-1} = 31.5 \times \varphi^{\frac{12}{3}-1} = 90\mathrm{r/min}$$

（2）各传动轴的计算转速为

$$n_{\mathrm{III}j} = 125\mathrm{r/min},\ n_{\mathrm{II}j} = 355\mathrm{r/min},\ n_{\mathrm{I}j} = 710\mathrm{r/min}$$

（3）各齿轮副的计算转速

① 齿轮 Z_{60} 的计算转速。Z_{60} 装在Ⅲ轴上，共有 125r/min ~ 710r/min 6 级转速；经 Z_{60}/Z_{30} 传动，主轴所得到的 6 级转速 250r/min ~ 1400r/min 都能传递全部功率，故 Z_{60} 的 6 级转速都能传递全部功率；其中最低转速 125r/min 即为 Z_{60} 的计算转速。

② 齿轮 Z_{30} 的计算转速。Z_{30} 装在Ⅳ轴（主轴）上，共有 250r/min ~ 1400r/min 6 级转速；它们都能传递全部功率，其中最低转速 250r/min 即为 Z_{30} 的计算转速。

③ 齿轮 Z_{18} 的计算转速。Z_{18} 装在Ⅲ轴上，共有 125r/min ~ 710r/min 6 级转速；其中只有在 355r/min ~ 710r/min 的 3 级转速时，经 Z_{18}/Z_{72} 传动主轴所得到的 90r/min ~ 180r/min 3级转速才能传递全部功率，而 Z_{18} 在 125r/min ~ 250r/min 3 级转速时，经 Z_{18}/Z_{72} 传动主轴所得到 31.5r/min ~ 63r/min 的 3 级转速都低于主轴的计算转速（90r/min），故不能传递全部功率，因此，Z_{18} 只有 355r/min ~ 710r/min 这 3 级转速才能传递全部功率；其中最低转速 355r/min，即为 Z_{18} 的计算转速。

④ 齿轮 Z_{72} 的计算转速。Z_{72} 装在Ⅳ轴（主轴）上，共有 31.5r/min ~ 180r/min 6 级转速，其中只有 90r/min ~ 180r/min 这 3 级转速才能传递全部功率；其中最低转速 90r/min 即为 Z_{72} 的计算转速。

应该指出，确定齿轮的计算转速，必须注意到它所在的传动轴。齿轮计算转速与所在轴的计算转速的数值可能不一样，要根据转速图的具体情况确定。

由前述已知，提高传动件的计算转速，可使其尺寸缩小，因此，当有转速重复时，应选用传动件计算转速较高的传动路线，并由操纵机构予以保证。例如，CA6140 普通车床主传动系统（图 2 – 33），Ⅴ轴上 90r/min ~ 280r/min 的 6 级重复转速由Ⅲ轴经两条传动路线可得到：一条经齿轮副 $\frac{50}{50} \times \frac{20}{80}$，另一条经齿轮副 $\frac{20}{80} \times \frac{51}{50}$，前者在Ⅳ轴上的 6 级转速（355r/min ~ 1120r/min）比后者的 6 级转速（90r/min ~ 280r/min）高，若取主轴的计算转速 $n_j = 50\mathrm{r/min}$，采用前一条传动路线时，Ⅳ轴的计算转速是 450r/min，而后一条传动路线是 112r/min。为了提高传动件的计算转速，可由操纵机构实现前一条传动路线。

2.6 无级变速传动系统的设计

采用无级变速传动，不仅可以获得最有利的切削速度，而且能在运转中变速，便于实现机床变速自动化,这对于提高机床生产率和被加工零件的质量,都具有重要意义。所以无级变速传动的应用日益广泛。

选择无级变速传动方案时,必须注意无级变速机构的功率特性、扭矩特性要同传动的工作要求相适应。如机床的主运动要求恒功率传动,而机床的进给运动,则要求恒扭矩传动。因此,对于主传动应选择恒功率无级变速机构。

2.6.1 常用无级变速机构

1. 机械无级变速装置

机械无级变速是利用摩擦力来传递扭矩,通过连续地改变摩擦传动副工作半径来实现无级变速。它的变速范围小,多数是恒扭矩传动。机械无级变速器应用于要求功率和变速范围较小的中小型车床、铣床等机床的主传动中,更多地是用于进给变速传动中。

2. 液压无级变速装置

液压无级变速装置通过改变单位时间内输入执行件中液体的流量来实现无级变速,变速范围较大、变速方便、传动平稳、运动换向时冲击小、易于实现直线运动和自动化,常用在主运动为直线运动的机床中,如刨床、拉床等。

3. 变速电动机

数控机床、重型机床和精密机床广泛采用直流和交流无级变速电动机,其特点是缩短了传动链长度,简化了结构设计,系统容易实现自动化操作。

2.6.2 无级变速传动系统的设计

下面重点介绍采用无级变速电动机时的无级变速系统设计。

机床上常用的变速电动机有直流复励电动机和交流变频电动机,在额定转速以上为恒功率变速,通常调速范围仅 2 ~ 5;额定转速以下为恒扭矩变速,调整范围很大,可达100,甚至更大。如果用它们驱动作旋转运动的主轴,由于主轴要求的恒功率调速范围远大于电动机的恒功率范围,变速电动机功率和扭矩特性一般不能满足机床的使用要求。因此,在机床上应用无级变速器,往往为了扩大恒功率调速范围,需要在变速电动机和主轴之间串联一个分级变速箱。

根据上节分析,作旋转运动的主轴,从计算转速至最高转速为恒功率区,从计算转速至最低转速为恒转矩区。电动机的额定转速产生主轴的计算转速;电动机的最高转速产生主轴的最高转速。电动机恒转矩变速范围经分级传动系统的最小传动比产生主轴的恒转矩变速范围。电动机恒功率变速范围的存在,简化了分级传动系统。通常把无级变速器作为基本组,有级变速箱作为扩大组,串联分级传动系统的公比 φ_F 理论上应等于电动机的恒功率调速范围 R_P。实际生产中,考虑到机械摩擦会产生打滑以及为了使主轴在较大转速范围内得到连续的无级变速,应使 $\varphi_F < R_P$;如果为了简化变速机构,取 $\varphi_F > R_P$,则电动机的功率应取得比要求的功率大些。各种情况具体通过实例分析如下:

例如,有一数控机床,主轴 $n_{max} = 4000\text{r/min}$, $n_{min} = 30\text{r/min}$,计算转速为150r/min,最大切削功率为5.5kW。采用交流变频电动机,额定转速为1500r/min,$n_{max} = 4500\text{r/min}$,$n_{min} = 310\text{r/min}$,下面设计分级变速传动系统并选择电动机的功率。

主轴要求的恒功率调速范围:

$$R_{nP} = \frac{4000}{150} = 26.7$$

电动机的恒功率调速范围：

$$R_P = \frac{4500}{1500} = 3$$

可见主轴要求的恒功率调速范围远大于电动机所能提供的恒功率调速范围，故必须配以分级变速箱。

取变速箱的公比 $\varphi_F = R_P = 3$，则由于无级变速时主轴恒功率调速范围为

$$R_{nP} = \varphi^{Z-1} R_P = \varphi_F^Z$$

故变速箱的转速级数为

$$Z = \frac{\lg R_{nP}}{\lg \varphi_F} = \frac{\lg 26.7}{\lg 3} = 2.99$$

方案一：取 $Z = 3$，如图 2－37 所示。

当 $n_{电} = 1500$r/min 时，经分级变速箱，主轴可得到 1331r/min～145r/min 范围内的各级转速。当电动机转速升高至 4500r/min 时，转速上升到 3993r/min～441r/min，这是恒功率调速区。由于串联了分级变速箱，使电动机恒功率调速范围扩大到主轴所需的恒功率调速范围 27.5。当 $n_{电} = 1500$r/min～310r/min 时，经分级变速箱$\frac{22}{102}$齿轮传动，使主轴得到 145r/min～30r/min 的恒转矩调速区。

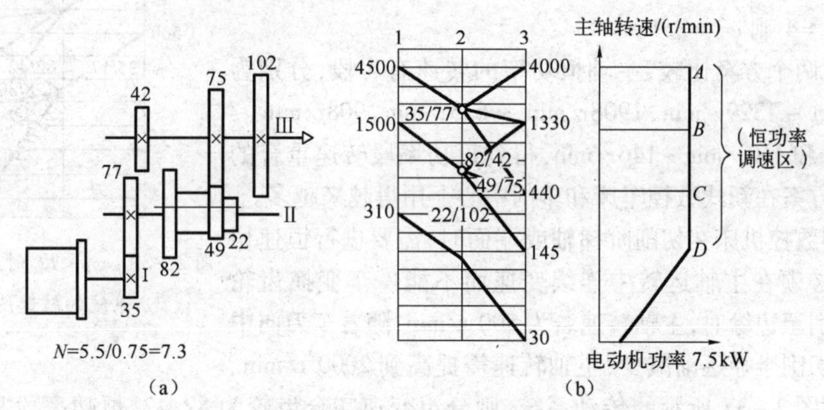

图 2－37 $\varphi_F = R_P$ 时无级变速系统的传动系统图和转速图

方案二：取 $Z = 2$，即简化分级变速机构，如图 2－38 所示，则

$$\lg \varphi_F = \frac{\lg R_{nP}}{Z} = \frac{\lg 26.7}{2} = 0.713，\varphi_F = 5.17 \text{ 即 } \varphi_F > R_P = 3$$

当电动机额定转速为 1500r/min 时，经分级变速箱、主轴得到 257r/min（低端）～1331r/min（高端）的各级转速。当电动机转速升高至 4500r/min 时，主轴低端转速 257r/min 上升到 772 r/min，高端转速由 1331r/min 升高至 3993r/min，这是恒功率调速区。但要注意主轴 772r/min～1331r/min 一段没有被恒功率区覆盖，即为缺口。当电动机由 1500r/min 向下调速（恒转矩）时，分级变速机构将主轴上的 1331r/min（高端）和 257r/min

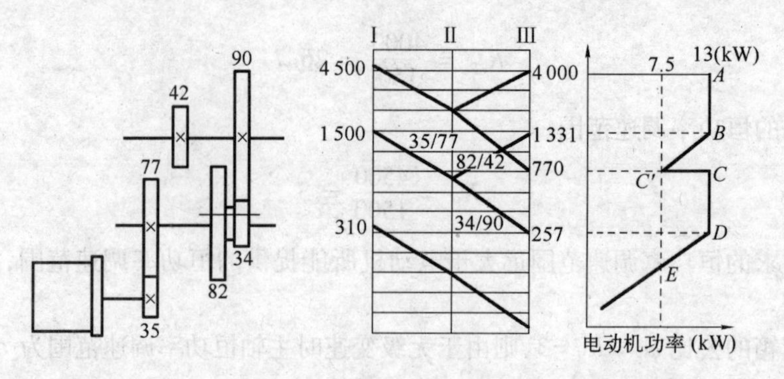

图 2－38　$\varphi_F > R_P$ 时无级变速系统的传动系统图和转速图

(低端)也同时向下进行恒转矩调速。为了使 BC 之间和 DE 之间仍能得到要求的切削功率,电动机的切削功率只能选得大些。为使电动机在 870 r/min 时能得到最大输出功率 $N=5.5/0.75=7.3$kW, 电动机在 1500r/min 时的输出功率(即最大输出功率)应为

$$N = 7.3 \times \frac{1500}{870} = 12.6\text{kW}$$

选 BESK－15 型交流变频主轴电动机,其最大输出功率为 15kW,可见简化分级变速箱的结果是应用大功率电动机作为代价。

方案三:若取,$\varphi_F < R_P = 3$,如图 2－39 所示,则

$$R_{nP} = \varphi_F^{Z-1} R_P,\ \varphi_F = \sqrt[Z-1]{R_{nP}/R_P}$$

取 $Z=4$ 则 $\varphi_F=2.1$。

和前两个方案比较,主轴恒功率的转速有 4 段,分别为 3993r/min ~ 1329r/min、1908r/min ~ 635r/min、908r/min ~ 302r/min 和 440r/min ~ 146r/min,得到恒功率段转速重合的方案,此方案在新式数控车床和车削中心上用得越来越多。

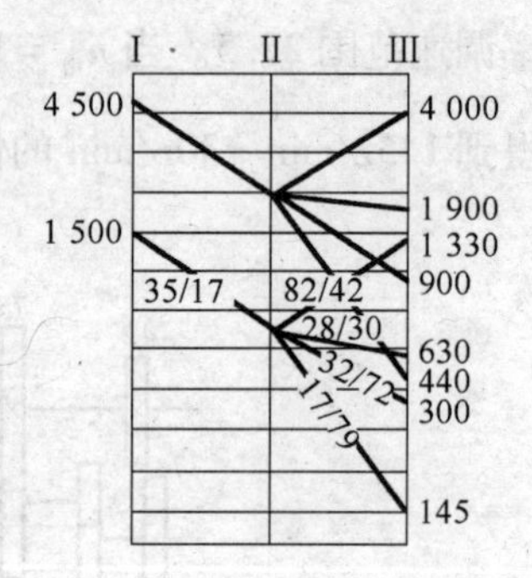

图 2－39　$\varphi_F < R_P$ 时无级变速系统的转速图

例如数控机床在切削阶梯轴或端面时,需要进行恒速切削,这时必须在主轴运转中连续变速而不能停车变换齿轮副,当切削至边缘时,主轴转速若为 500 r/min,随着车刀向中心进给,切削半径逐渐减少,主轴转速需提高到 2000 r/min。如仍采用图 2－37 所示的传动系统,则分组变速啮合齿轮为 82/42,恒功率段只能用到 1331r/min ~ 2000r/min。若采用啮合齿轮为 49/75,则最高转速太低。因此,数控车床有时采用方案三(如图 2－39 方案)。

目前,带调速电动机的分离传动变速箱已形成独立的功能部件。变速箱的输入轴与电动机直接连接或皮带传动连接,输出轴可通过皮带传动主轴。变速箱有不同的公比、级数和功率,形成系列,并包括操纵机构和润滑系统,可外购。

2.7　主传动系统的结构设计

机床主传动的结构设计,就是将传动方案"结构化",向生产部门提供主传动部件装配图、零件工作图及零件名细表等。

根据主传动部件的不同结构特点可分为两种类型:一种是主传动全部装于机床支承件如底座、床身中,称为整体式结构,可将各轴心线布置在同一平面内("一"字形排列),其结构简单,但大件的加工稍困难;为减小传动轴支承跨距需加中间箱壁,并且不能采用分支传动等。另一种是装于单独箱体中,称为独立箱体式结构,箱体数增加,但加工较方便,这是目前多数机床采用的类型。装有变速机构的箱形部件称变速箱,装有主轴的箱形部件称主轴箱。分离传动式可将主传动分装于变速箱和主轴箱两个箱体中,而集中传动式则装于主轴变速箱一个箱体中,甚至还包括进给传动的部分机构(如卧式车床)或全部机构(如摇臂钻床)。

在机床初步设计中,考虑主轴变速箱在机床上的位置、与其他部件的相互关系,只是概略给出其形状与尺寸要求,但最终还需要根据箱内各元件的实际结构与布置才能确定下来。在可能的情况下,应尽量减小主轴变速箱的轴向和径向尺寸,以便节省材料,减轻重量,满足使用要求。对于不同情况要区别对待,有的机床要求较小的轴向尺寸而对径向尺寸并不严格,如某些立式机床为了降低高度、减轻振动,希望主轴箱有较小的轴向尺寸;而摇臂钻床的主轴箱是在摇臂导轨上移动,为了充分利用空间,多将主传动置于摇臂上方,要提高移动的稳定性,也应缩短主传动轴向尺寸。但有的机床则相反,比如卧式镗床、龙门铣床的主轴箱要沿立柱或横梁导轨移动,为减少其颠覆力矩、提高机床刚度和运动平稳性,应使主轴箱的重心和主轴位置尽可能靠近导轨面,这就要求缩小其径向尺寸。

机床主传动部件结构设计的主要内容包括主轴组件设计、传动轴组件设计,操纵机构设计、其他机构(如开停、制动及换向机构等)设计、润滑与密封装置设计、箱体及其他零件设计等。

2.7.1 主轴变速箱装配图

主轴变速箱部件装配图包括展开图、横向剖视图、外观图及其他必要的局部视图等。绘制展开图和横向剖视图时,要相互照应、交错进行,不应孤立割裂地设计,以免顾此失彼。绘制出部件的主要结构装配草图之后,需要检查各元件是否相碰或干涉,再根据动力计算的结果修改结构,然后细化、完善装配草图,并按制图标准进行加深,最后进行尺寸、配合及零件标注等。

1. 展开图

展开图是按传动轴传递运动的先后顺序,沿其轴心线剖开,并将这些剖切面展开在一个平面上形成的视图。图 2-40(a)所示为某卧式车床主轴变速箱的展开图,是按图 2-40(b)Ⅳ-Ⅰ-Ⅱ-Ⅲ(Ⅴ)-Ⅺ-Ⅸ-Ⅹ各轴心线的剖切面展开后绘制出来的,轴心线至箱壁距离与剖视图中实际位置相符。如有个别轴无法按顺序绘出时,亦可画在适当位置上,但轴向位置不能改变,展开图主要用于表达各传动件的传动关系及各轴组件的装配关系。

绘制展开图之前,应做好准备工作,需要对已拟定的传动系统再次审定,然后列出主传动简表,其中包括主传动系统图、转速图及有关元件参数(如各齿轮的齿数、模数、齿宽、分度圆直径、齿顶圆直径、齿根圆直径,或斜齿轮的螺旋角、旋向以及齿轮变位系数等;V带型号、根数、带轮基准直径及轮槽尺寸等;各传动轴的直径及其中心距等),以备画图参照。绘图时,可根据已确定的传动轴中心距并参考同类型机床,将各轴线和前后箱壁的位置安排适中。一般按运动的传递顺序逐个传动轴进行轴向布置,要特别注意主轴组件及轴向结构复杂、尺寸较长的传动轴组件(如摩擦片离合器所在轴)的轴向布置。展开图设计时应注意以下问题:

(1) 滑移齿轮变速机构。

① 多联齿轮结构。多联齿轮可分为整体式和组合式结构,整体式齿轮(图2-40Ⅳ轴右滑移齿轮)结构简单、制造方便,但齿轮之间需留加工空刀槽,轴向尺寸较长。组合式(套装式)齿轮(图2-40Ⅳ轴左滑移齿轮)结构较复杂、制造较困难,但轴向尺寸小,可方便地进行轮齿的滚、剃、珩、磨等工艺、能够有效地降低噪声,因此这种结构当前得到普通应用,齿轮之间可采用键镶装、骑缝螺钉或弹性挡圈轴向固定,也可采用焊接、铆接、粘接或凸肩、销钉连接等。应注意齿轮的加工工艺方法和拨动方式。

② 齿宽。一般等于(5~10) m,m 为模数,可按传动顺序(降速)齿宽系数逐渐加大。相啮合的齿轮宽度可以相等,个别情况时如轴向位置要求不严格,为避免齿轮轴向错位造成实际啮合宽度减小,也可将小齿轮的齿宽增大1mm~2mm。为了降低噪声,应避免采

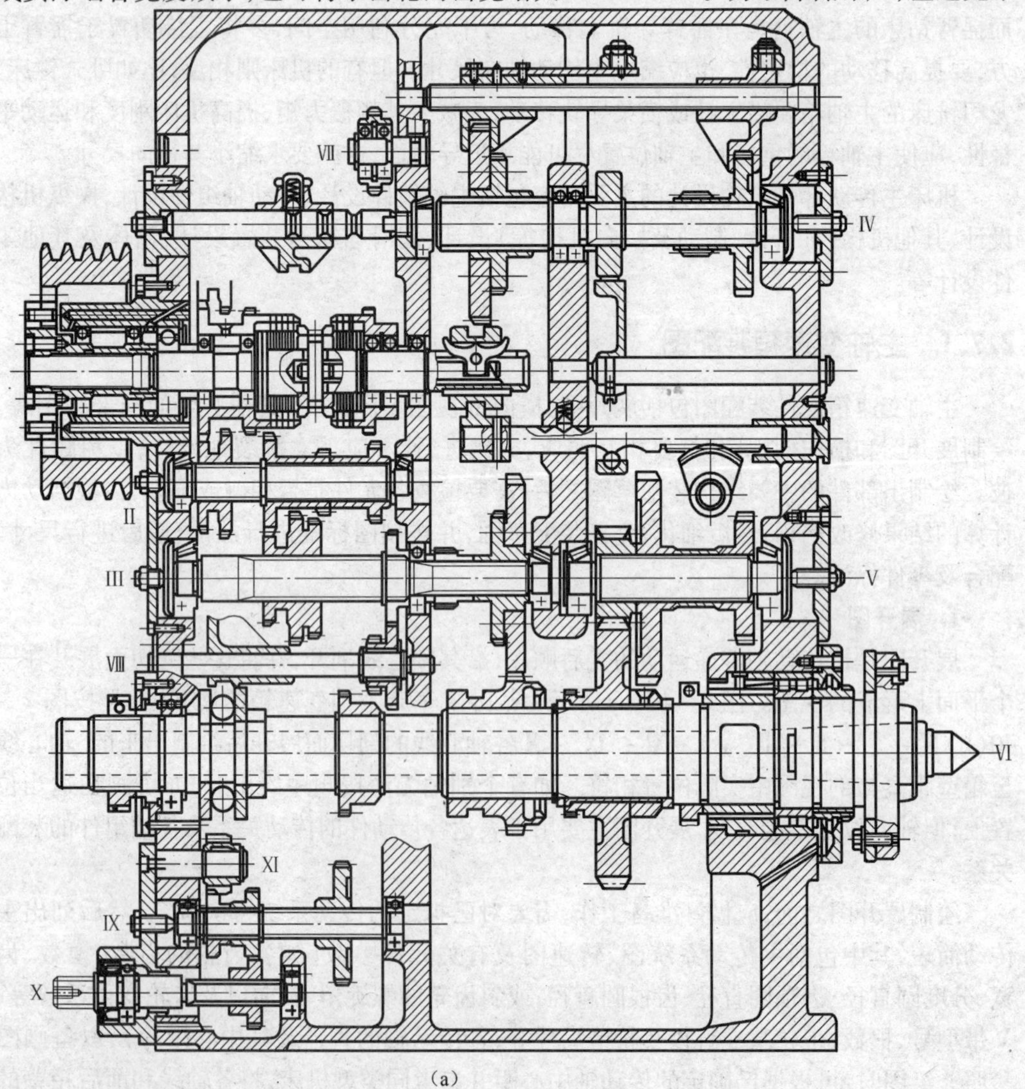

(a)

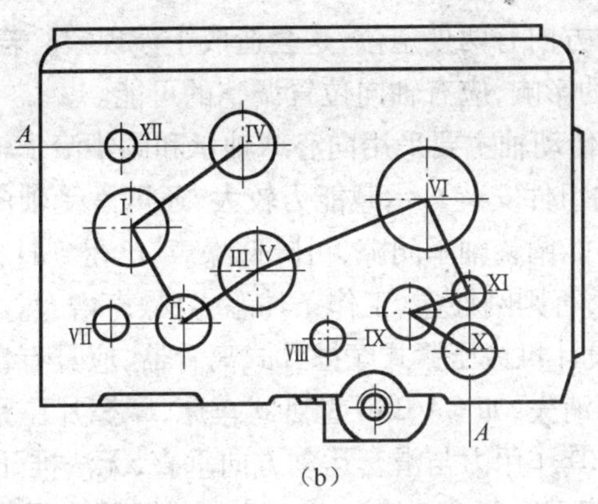

图 2-40 卧式车床主轴变速箱装配图

(a) 展开图；(b) 横向剖视图。

用薄片或幅板式齿轮，可采用"薄齿宽、厚齿体"齿轮，这件既可减少齿向误差的不利影响，又可提高齿轮固有频率。

③ 导向长度。固定齿轮的轮毂轴向(导向)长度可取 $L=(0.5\sim1.5)d$，d 为定心直径，常取 $L=(0.8\sim1.2)d$；滑移齿轮 $L=(1\sim2)d$，常取 $L=(1.2\sim1.5)d$。还要注意滑移齿轮应留有空档位置；在滑移齿轮与固定齿轮相碰端面上应制出倒角倒圆，以减少顶齿现象。

④ 齿轮定心方式。花键配合的间隙较大，增大噪声，而且大径定心不如小径定心精度高(制造原因)，因此定比传动齿轮或固定齿轮采用光轴定心或锥孔定心单键传动较好，滑移齿轮可采用配合公差适宜的小径定心花键轴传动，也可采用光轴导向键传动。

⑤ 降低噪声的其他措施。减小轮体表面积可降低噪声，如在 $\phi150$mm 的齿轮壁上钻出 6 个 $\phi32$mm 的消声孔，噪声可下降(2~3)dB(A)。此外，还可采用齿形修缘、涂覆阻尼材料、镶装阻尼环以及安装减振器等。

(2) 带轮结构。带轮在轴上的安装可采用卸荷装置和非卸荷装置两种不同结构。卸荷装置是指带轮具有独立支承，能够"卸掉"带传动对传动轴的径向载荷，仅使之传递转矩，故可改善转动轴的工作条件，但结构较复杂、装卸不方便。其中外支承式结构(如 C6150 型卧式车床)，卸荷效果较好，适用于带轮直径较小的场合；内支承式结构(如 CA6140 型卧式车床)适用于带轮直径较大的场合。如无必要，带轮可采用结构简单的非卸荷结构(如 C620-1 型卧式车床)。

(3) 传动轴组件。

① 零件的定位与固定。传动轴上零件的定位要合理、固定要可靠。零件的径向定位，一般是靠孔和轴的配合。对于轴向位置必须固定的零件，不允许沿轴向窜动，可用轴肩、圆锥面、轴套、挡圈、螺钉、螺母、销子等进行轴向定位或固定。对于轴向滑移零件(如滑移齿轮、拨叉、滑套等)，应留有足够的滑移空间，其滑移到位必须采用定位装置来控制其各个停留位置。

② 传动轴组件的轴向定位与固定。传动轴组件在箱体内的轴向位置也必须是确定的，不允许轴间窜动，以保证其上零件的正常工作，一般是通过滚动轴承来轴向定位或固定。采用一端固定或两端固定的方式，靠箱体内的台阶、挡圈、压盖、螺钉等来实现。但也

不允许超定位，即同一个方向有两处定位，这会造成干涉现象。若零件的轴向位置要求严格，考虑加工、装配误差的影响，应有轴向位置调整的可能。

③ 滚动轴承类型。传动轴主要采用向心球轴承和圆锥滚子轴承，需成对使用。后者安装方便（可实现传动轴组件安装）、承载能力较大，还可承受轴向力，适用于批量较大的机床。前者价格便宜，若能调整轴承间隙，可降低噪声，已得到日益广泛地应用。

④ 避免采用悬臂轴，否则刚性差、工作条件恶劣，噪声增大。

（4）其他机构。如设计机械压紧式摩擦片式离合器，应具有自锁性能，即操纵力去掉后，摩擦片的压紧力仍不消失，如 CA6140 型卧式车床，摩擦片压紧后，已使元宝销头部顶在滑套的内圆柱孔面上，其作用力与滑套运动方向垂直，无法推开滑套故能自锁。为了保证离合器脱开后每对摩擦面之间有 0.2mm～0.4mm 的间隙，压紧件应有足够的移距；为了保证足够压紧力和补偿摩擦片的磨损，摩擦片的间隙必须能够调整，还要有防松装置，以防止调整螺母松动。此外，要使摩擦片的压紧力在传动轴中形成一个封闭平衡力系，让压紧力不作用在轴承上，而仅使传动轴的某段受拉力或压力，如 CA6140 型车床是通过止推片与元宝销轴使 I 轴受拉或受压的。如为了装卸方便（组件整体装卸），可将带有摩擦片离合器的传动轴组件设计成“倒塔形”结构，使径向尺寸“外大里小”，如 CA6140 车床主轴变速箱中 I 轴组件。

再如闸带式制动器设计，应注意分析闸轮的制动方向及闸带的受力状态，操纵杠杆应拉紧闸带的松边，可使操纵力减小且制动平稳，不需要制动时，操纵杠杆靠重力作用应能放松闸带。

2. 横向剖视图

主轴变速箱的横向剖视图是指垂直于传动轴心线方向的剖视图（简称截面图），主要用于表达各轴的空间位置、操纵机构及其他有关结构的装配关系等。布置各轴的空间位置，应以机床的工作性能为依据，使主轴及各传动轴有较好的受力状况，以及便于操作、装卸、调整、维修、润滑等，同时应使结构紧凑，尽可能缩小其径向尺寸。

（1）主轴位置的确定。主轴的位置能够影响其他传动轴的布置，因此需要首先加以确定。主轴位置一般是受机床主参数和主要性能限定的，在机床初步设计时给出。减少主轴轴心至箱体支承面间的距离，以减轻重量缩小体积及提高工作稳定性（部件重心低、颠覆力矩小）等都有一定作用。如卧式车床的主轴到床身导轨面间的距离（中心高），立式钻床、摇臂钻床、龙门铣床及卧式镗床等主轴到导轨面间的距离，都应尽量减小。主轴另一坐标位置，可根据结构、操作及受力状态等情况而定。

（2）输入轴位置的确定。如果电动机直接与主轴箱连接时，布置电动机轴（输入轴）的位置时，应考虑电动机在箱体外面有足够安装空间；电动机与其他部件是否相碰；接线是否方便以及操作是否安全。对于可动式主轴箱还必须考虑电动机对主轴箱重心的影响等。如果输入轴不是电动机轴时，则必须考虑运动来源的方向和部位，应使运动输入方便；若装有带轮，因旋转不平衡的影响则位置要低，但不能与主轴组件等相碰，还需保证传动带装拆方便，故宜布置在远离主轴的部位；另外带轮最好不超出箱体轮廓，以免影响外观。若在传动轴上装有兼起开停、换向的多片式摩擦离合器时，应布置在不受其他轴遮挡且便于调整的部位（液压摩擦片离合器无需调整），故一般多布置在靠近箱盖的上方或调整窗口处。当然，输入轴位置的最后确定还要受到其他轴合理布置的影响。

(3) 末前轴位置的确定。主轴的前一根传动轴即末前轴,它的位置对主轴工作性能有较大影响,如条件允许应安排在合理位置上。

(4) 其他传动轴位置的确定。在给定的空间内合理安排其他各轴位置时,避免都集中在箱体上部或下部,否则,位置过高则工作稳定性不好,过低又会搅油发热(润滑油箱内循环)使温升增高。传动轴一般不能低于油面。布置传动轴的位置时,若轴数较少可画图布置;若轴数较多可采用“纸模法”布置,即同轴上的各齿轮用纸模表示,相关各轴中心距一定,可任意摆布其位置,再根据前述要求加以确定。

(5) 检查零件干涉。传动轴的位置初定之后,箱体内零件是否干涉,即结构实现的可能性是一项非常重要的检查内容。

① 有传动关系的传动轴组件。若在展开图上能够直接反映出实际中心距时,只要量取尺寸无误,其上零件是否干涉或相碰,一般可由图面直观发现问题。若在展开图上不能直接反映实际中心距时,应注意检查无啮合关系的其他零件是否干涉或相碰。

② 无传动关系的传动轴组件。这种没有直接传动关系而且空间位置又相近的传动轴组件,由于在展开图上不能反映出实际中心距,则最容易发生零件相碰或干涉问题,因此要特别注意检查,尤其是那些尺寸较大的零件、滑移件以及偏心零件。

③ 零件之间的间隙。转动件之间或转动件与固定件之间不允许有相互干涉或相碰的现象,彼此之间应有足够间隙。对于中型机床主轴变速箱,加工表面之间(如齿顶圆、端面与转轴或法兰盘加工面之间),一般应留 1mm ~ 2mm 以上间隙,轴承孔之间壁厚一般可大于 10mm,但不得小于 3mm。加工表面与非加工表面之间的间隙要大些,如齿轮端面与箱壁间隙≥5mm ~ 8mm,齿顶圆与箱壁间隙不小于 10 mm,与箱底间隙不小于 15mm。

2.7.2 箱体

箱体是主传动部件的基体零件,在箱体内外还安装着许多其他零件。机床工作时,箱体应使各零件(尤其是主轴)保持足够准确的相对位置,以便保证部件的正常工作并满足加工质量的需要。因此,对箱体的要求是

(1) 有一定的制造精度。

(2) 有足够的强度和刚度。

(3) 内应力要小(使用过程中内应力重新分布所引起的变形小)。

(4) 节省材料、结构紧凑、工艺性好。

1. 箱体材料及热处理

主轴变速箱体一般尺寸较大、形状较复杂,大多采用铸造结构。铸铁材料常用 HT150,若形状简单、强度要求较高时,可用 HT200,只有在特殊情况下(如要求热变形小),才采用合金铸铁。与床身做成一体的箱体,材料应根据床身或导轨要求而定。为了减少铸件箱体的残留内应力,铸件浇铸后的冷却速度要缓慢,并应进行时效处理。个别单件大型箱体,也可采用焊接结构。

2. 箱体结构形状及尺寸

箱体结构形状及尺寸的确定

1）结构要求

（1）安装方式。主轴变速箱分为可动式（如摇臂钻床、卧式镗床、龙门铣床等）和固定式（如卧式车床、立式钻床、升降台铣床等）两种。箱体的安装方式和安装精度，一般取决于箱体是否具有导轨接合面以及是否装有主轴组件。对于固定式主轴变速箱，往往装在床身外部（如车床），由箱体的一个平面与床身的一个大平面作为主要定位面，安装比较复杂，精度要求较高。对于固定式无主轴的变速箱，往往装在床身或底座内部（如立式多轴半自动车床），多用箱体上的凸缘面与床壁定位。为了便于检修和重新调整，可增加销子或其他定位面。

（2）紧固方式。固定式箱体用螺钉紧固在床身或底座上，为了减小连接处的受力变形，紧固螺钉不应少于4个~6个，螺钉分布要使接合面的压强均匀，且不小于1MPa~2MPa。紧固螺钉最好装在箱体外部的凸缘上或凹槽内，应有足够的紧固厚度，以提高连接处的刚度；若螺钉必须从床身内由下往上紧固时，应注意螺钉的装卸方便及紧固可靠。要避免采用过长的螺钉，因螺钉本身刚度的削弱会降低接合面的压强。

（3）轮廓尺寸。箱体轮廓尺寸的确定，应根据总体设计要求，在能够安装全部零件的前提下，考虑制造、维修及调整等条件，尽可能做到尺寸小、重量轻、结构紧凑。

（4）壁厚。根据箱体的结构、刚度及轮廓尺寸，并参考同类型同规格机床合理确定壁厚。壁厚过大是不合理、不必要的，但过小，会给铸造、加工和装配带来困难，容易变形损坏，刚性不好且隔离箱内传动件噪声的能力差等。通常，箱体轮廓尺寸为500mm×500mm×300mm时，壁厚取$\delta=12$mm~15mm；轮廓尺寸为800mm×800mm ×500mm时，$\delta=15$mm~20mm；轮廓尺寸再大，可取$\delta=25$mm。为了降低向箱外辐射的噪声，箱壁还可适当加厚。

（5）凸缘。根据结构需要，箱壁在轴孔处可有凸缘，当前多用内凸缘，外观好且便于箱体外表面加工；若需提高轴孔凸缘刚度时，可增设加强筋或双层壁，应避免采用外凸缘结构。

（6）润滑与密封。传动件工作时需要润滑，箱壁上应设有必要的油孔、油沟及油槽，并安装油标等。采用箱外循环润滑时，应考虑进油及回油的结构和部位。为了防止润滑油外流以及灰尘、杂质、冷却液浸入，箱体应有可靠密封装置（如轴孔处、箱盖及压盖的接合处等）。

（7）其他。为降低箱体传导噪声，可增加箱内隔壁，形成小板、小腔结构，提高箱体固有频率；箱体内壁还可涂敷一定厚度的吸声材料等。

2）铸造工艺性要求

为了便于铸造以及防止铸件冷却时产生缩孔或裂纹，箱体结构应有良好的铸造工艺性。

3）加工工艺性要求

箱体的机械加工工序主要包括平面加工、精度较高的大孔加工和小孔加工等。箱体的加工方法可多种多样，但生产批量决定着合理的加工方法，因此对箱体结构也会提出不同要求。对于单件、小批生产时，一般采用通用机床加工，加工过程中需对机床、刀具经常进行调整、调刀或换刀，因此箱体结构应便于加工及缩短辅助时间。对于成批或大量生产，一般采用组合机床或专用机床进行加工，不允许在加工过程中调整，因此对箱体结构有较严格的要求。

3. 箱体技术条件

为了保证传动件正常运转和机床加工精度的要求，可参考同类型机床的箱体图纸，合理标注尺寸公差、形位公差及其他技术条件。

一般传动轴的孔径公差等级多为7级，主轴孔径公差等级为5、6级，主轴的后孔径公差等级可比前孔径低一级。各孔的圆度和圆柱度等形状公差，不应超过孔径公差的1/4～1/2。需要标注基准面的直线度、平面度，基准面之间的平行度或垂直度，前后轴孔对公共轴心线的同轴度，主轴孔的轴心线对基准面的平行度或垂直度，各孔轴心线对端面的垂直度公差等。对于圆柱齿轮传动的两平行轴之间，还应标注两轴心线之间的中心距公差和平行度公差。

除应标注箱体有关孔距尺寸外，还要标注轴孔的坐标尺寸，这是因为中小批生产中常用卧式镗床或坐标镗床加工箱体孔，要以坐标尺寸确定工件和刀具之间的相对位置。

此外，还需要标注有关铸造、热处理、检验、喷漆等方面的技术要求。

2.7.3 主轴变速箱温升

1. 主轴变速箱热源

当前，机床的热变形引起了人们的普遍关注，特别是精加工机床和大型机床。即使是普通精度机床，出于对其加工情度要求的不断提高，也成为一个不可忽视的问题。机床的热变形是由机床在工作过程中出现的各种形式的热源引起的，因为这些热源仅存在于某几个部位，并且向其他部位发散，这就导致各部件的温度升高，而且在它们内部出现不均匀的温度分布，致使各部件出现不均匀伸长（或膨胀）的现象，从而造成各部件之间的原始位置发生变化而破坏机床的原始精度。

在主轴变速箱中，通常存在着机床的主要热源，这不仅会直接影响主轴组件的热变形，箱体还会将部分热量通过接触表面传给床身，造成支承件的热变形。主轴变速箱中的重要热源是传动副的摩擦发热。主轴轴承的发热与轴承的质量、预紧及润滑状况有关。其他传动轴的轴承发热，因尺寸较小，发热量不如主轴轴承大。其他热源包括空转齿轮与轴颈表面间的相对运动速度造成的发热；传动齿轮副的发热；其他元件（如摩擦片式离合器、制动器）的发热；油泵发热传给润滑油；箱内油池的大量热油等。由于油的飞溅又使箱内空间布满了热油与空气的混合物，这样箱内就构成了一个复杂的传热系统，既有固体元件间的传导，又有固体、液体、气体间的对流换热等。

2. 热平衡

当机床运转一段时间后，热源发出的热量与各部分散失的热量接近平衡，机床各部分的温度便基本达到稳定状态，即为热平衡，则机床各部件的相对位置便不再变化，而达到所谓热态的几何精度。机床起动至达到热态稳定的时间称为热平衡时间，其时间的长短与热态几何精度的数值是衡量机床热特性的两大指标。

由于机床达到热平衡的时间较长，为方便起见，认为每小时温升不超过5℃，就算达到热平衡，这时的温度就认为是达到热平衡的稳定温度。该温度与室温的差值就是机床的相对温升，可简称为温升。为了减小机床热变形，必须注意控制热源处的稳定温度和温升。

2.8 主 轴 组 件

2.8.1 主轴组件的组成、功用及特点

主轴组件是机床实现旋转运动的执行件(包括执行主运动和进给运动),是机床上的一个关键组件。主轴组件由主轴、主轴支承和安装在主轴上的传动件、密封件等所组成,对于钻镗类机床,还包括主轴套筒和镗杆等。除直线运动机床外,各种旋转运动机床都有主轴组件。一般通用机床只有一个主轴组件,磨床等有执行主运动的砂轮架主轴组件和执行进给运动的工件头架主轴组件,多轴自动机床、某些专用机床和组合机床有几个乃至几十个主轴组件。

主轴组件是机床的执行件,它的功用是支承并带动工件或刀具完成表面成形运动,同时还起传递运动和动力,承受切削力和驱动力等载荷的作用。由于主轴组件的工作性质能直接影响到机床的加工质量和生产率,因此,它是机床中的一个关键组件。

主轴和一般传动轴的相同点是两者都传递运动、扭矩并承受传动力,都要保证传动件和支承正常工作条件,但主轴直接承受切削力,还要带动工件或刀具,实现表面成形运动,因此对主轴组件有较高的要求。

2.8.2 对主轴组件的基本要求

对主轴组件总的要求:保证在一定的载荷与转速下,带动工件或刀具精确而稳定地绕其轴心线旋转,并长期保持这种性能。为此,对主轴组件提出如下几方面的基本要求:

1. 旋转精度

主轴组件的旋转精度是指装配后,机床在无载荷、低速转动的条件下,主轴前端安装工件或刀具的基准面上所测得的径向跳动、端面跳动和轴向窜动的大小。

当主轴以工作转速旋转时,与低速时相比,其旋转精度有所不同。这个差异,对于精密和高精度机床是不能忽略的。这时,还应测定它在工作转速下旋转时的精度。这个精度称为主轴的运动精度——运动状态下的旋转精度。

有些机床,主轴前端只有一种装夹方式。例如钻床和镗床,主轴靠前端的锥孔安装孔加工刀具或镗杆。有些机床,主轴前端有几种装夹方式。例如车床,主轴锥孔用来装顶尖,外圆锥面(或外圆柱面和端面)用以装卡盘。这些表面都应达到一定的旋转精度要求。

主轴组件的旋转精度决定于组件中各主要件如主轴、轴承、调整螺母及支承座孔等的制造精度和装配、调整精度。运动精度则还决定于主轴转速、轴承的设计和性能以及主轴组件的平衡。

适用机床主轴组件的旋转精度已有规定,见各类机床的精度检验标准。

2. 静刚度

简称为刚度,是主轴组件在静载荷作用下抵抗变形的能力。主轴组件的弯曲刚度 K 以主轴端部产生单位位移弹性变形时,位移方向上所施加的力表示,如图 2-41 所示。

$$K = \frac{F}{\delta} \quad (N/\mu m)$$

影响主轴组件弯曲刚度的因素较多,如主轴的尺寸和形状,滚动轴承的型号、数量和配置形式及预紧,滑动轴承的型式和油膜刚度,前后支承的距离和主轴前端的悬伸量,传动件的布置方式,主轴组件的制造和装配质量等。目前各类机床对主轴组件的弯曲刚度标准尚无统一规定。

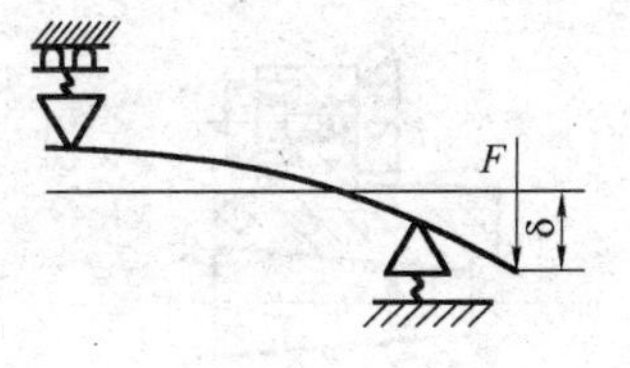

图 2-41 主轴组件的刚度

3. 抗振性

主轴组件工作时产生振动,会降低工件的表面质量和刀具耐用度,缩短主轴轴承寿命,还会产生噪声影响环境。如果发生切削自激振动将严重影响加工质量,甚至有可能使切削无法进行下去。

工件毛坯硬度不匀、尺寸误差、断续切削、多刃切削等因素,使切削力成为变量。主轴组件的弹性位移随之成为变化的值,形成振动。

影响抗振性的因素,主要有主轴组件的静刚度、质量分布和阻尼(特别是主轴前轴承的阻尼)。主轴的固有频率应远大于激振力的频率,使它不易发生共振。

目前,尚未制定出抗振性的指标,只有一些推荐方法和试验数据可供设计时参考。

4. 温升与热变形

主轴组件的热变形使主轴伸长,使轴承的间隙发生变化。如果主轴轴承是滑动轴承,则温升使润滑油的黏度下降,阻尼降低,从而降低轴承的承载能力。温升使主轴箱发生热膨胀,使主轴偏离正确的位置。如果前、后轴承温升不同,还将使主轴倾斜。主轴组件的热变形,将严重影响加工精度。

由于受热膨胀是材料固有的性质,因此高精度机床如坐标镗床、加工中心等要进一步提高加工精度,往往受到热变形的限制。研究如何减少主轴组件的发热,如何控温,是高精度机床主轴组件研究的重要课题之一。

5. 耐磨性

主轴组件的耐磨性是指长期保持原始精度的能力,即精度保持性。磨损后对精度有影响的部位首先是轴承,其次是安装夹具、刀具或工件的部位,如锥孔、定心轴颈等,此外,还有移动式主轴的工作表面,如镗床主轴的外圆,钻床、坐标镗床的主轴套筒外圆,镗铣床的滑枕等。如果主轴装有滚动轴承,则支承处的耐磨性决定于滚动轴承,与轴颈无关。如果装有滑动轴承,则轴颈的耐磨性对精度的保持影响很大。

为了提高耐磨性,一般机床的上述部位应淬硬至 HRC60 左右,深约 1mm。常用高频淬火。要求高的机床,如卧式镗床主轴、坐标镗床主轴及套筒,应该用氮化钢制造,并经氮化处理。

主要磨损有:主轴轴承的疲劳磨损,主轴轴颈表面、装卡刀具的定位基面的磨损等。

2.8.3 主轴组件的结构设计

1. 主轴端部的结构形状

主轴端部用于安装刀具或夹持工件的夹具,在设计要求上,应能保证定位准确、安装可靠、连接牢固、装卸方便,并能传递足够的转矩。主轴端部的结构形状都已标准化,图 2-42所示为普通机床和数控机床所通用的几种结构形式。

图 2-42(a)所示为车床主轴端部,车床用的短锥法兰式结构(如 CA6140 卧式车

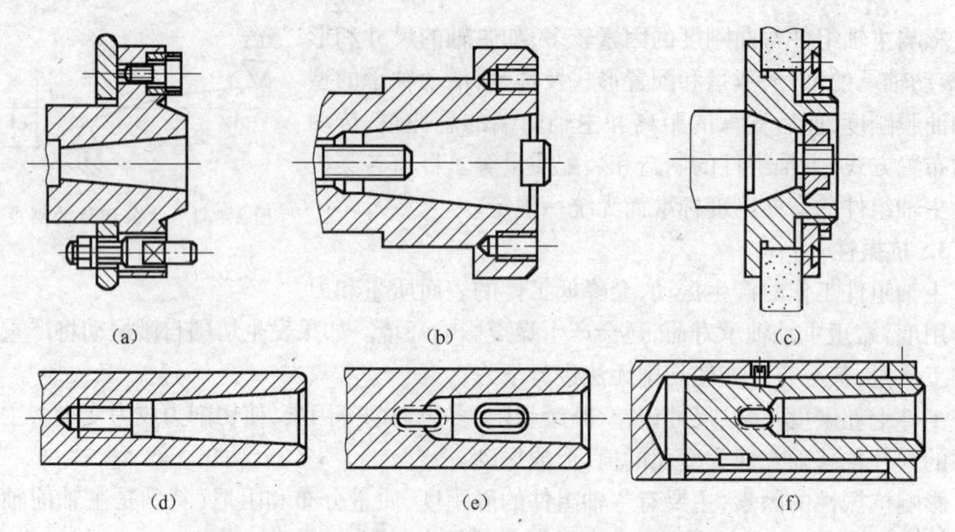

图 2-42　主轴端部的几种结构形式

(a) 车床主轴端部；(b) 铣床和加工中心主轴端部；(c) 外圆磨床主轴端部；
(d) 内圆磨床主轴端部；(e) 钻镗床主轴端部；(f) 组合机床主轴端部。

床),夹具的安装靠短锥定心、法兰螺栓紧固,用轴端传动键(端面键)传递转矩。这种结构虽然制造工艺稍复杂,但定心准确、装卸方便,主轴前端的悬伸量较短,因此在现代机床(如卧式车床、转塔车床、多刀车床、自动车床、磨床头架及其他机床)上得到广泛应用。车床主轴为空心,前端有莫氏锥度孔,用以安装顶尖或心轴。

图 2-42(b)所示所示为铣床和加工中心主轴端部的结构形式,锥孔用以安装铣刀或铣刀心轴的尾锥,并用拉杆从主轴孔的尾端拉紧。在主轴前端面装有两个条形端面键(拨块),用来传递转矩。因为不靠锥面的摩擦力传递转矩,为了便于拆卸铣刀锥柄,所以锥孔采用较大的锥度(7:24)。安装端铣刀时,靠主轴端部的外圆柱面定心、用 4 个螺钉将其紧固在主轴端面的螺孔中。

图 2-42(c)所示为外圆磨床砂轮主轴的端部,图 2-42(d)所示为内圆磨床主轴端部。外圆磨床砂轮主轴靠轴端锥面(锥度 1:5)定心、螺母紧固;内圆磨床砂轮主轴端部,砂轮接杆靠锥孔(莫氏锥度)定心、用锥孔底部的螺孔拉紧。图 2-42(e)所示为钻镗床主轴端部,刀具靠锥孔(莫氏锥度)定心并传递转矩,锥孔后的扁尾孔主要用于拆卸刀具。孔加工时的轴向力使锥面靠紧,而且莫氏锥度有自锁性,因此不需要用拉杆把刀具拉紧,故结构比较简单。但在数控镗床上要用铣床和加工中心主轴端部的结构形式,因为 7:24 锥孔没有自锁作用,便于自动换刀时拔出刀具,端部的结构形式如图 2-42(b)所示。

2. 主轴部件的支承

主轴支承是主轴组件的一个非常重要组成部分,主轴组件的性能好坏几乎无一不与其支承发生关系。因此,设计主轴组件时,应特别重视它的支承设计。

主轴支承是指主轴轴承、支承座及其他相关零件的组合体,其中核心元件是轴承。所以把采用滚动轴承的主轴支承称为主轴滚动支承;把采用滑动轴承的称为主轴滑动支承。

到目前为止,90% 以上的机床主轴还是采用滚动轴承的,这是因为经适度预紧后,滚动轴承有足够的刚度,有较高的旋转精度,能满足机床主轴的性能要求,能在转速和载荷变化幅度很大的条件下稳定工作;轴承的构造、维修容易,且由专门生产厂大批量生产,质量稳定，成本低，经济性好，供应方便等。但是，滚动轴承中的滚动体数量有限，旋转中的径向刚度是变化的，阻尼也较小，摩擦力较大，容易引起振动和噪声。

滑动轴承具有抗振性好、运转平稳以及径向尺寸小等优点。但制造、维修比较困难，并受到使用场合的限制（如立式主轴或可移动式主轴的漏油问题难于解决）。

在主轴支承设计时，通常应尽可能选用滚动轴承。只有当对主轴速度、加工精度以及工件加工表面等有较高要求时，才选用滑动轴承。由于主轴组件的抗振性主要取决于前支承，前支承对主轴组件性能有重要影响，因此有的机床主轴，前支承采用滑动轴承，而后支承（承受径向与轴向载荷）仍用滚动轴承。

主轴滚动支承设计的内容是：滚动轴承类型的选择、轴承的配置、轴承的精度及其选配、轴承的间隙调整、支承座的结构、轴承的配合及其配合零件的精度、轴承的润滑与密封等。

1）主轴滚动轴承类型的选择

普通类型的滚动轴承已在“机械零件”课程中介绍过，其中的大部分轴承可用做主轴轴承。但与一般传动轴所用轴承的主要不同点是，对主轴轴承的要求更高，应能适应不同转速、不同载荷的工作条件，具有并保持足够的精度、刚度和抗振能力。图2-43所示为主轴常用的几种滚动轴承。

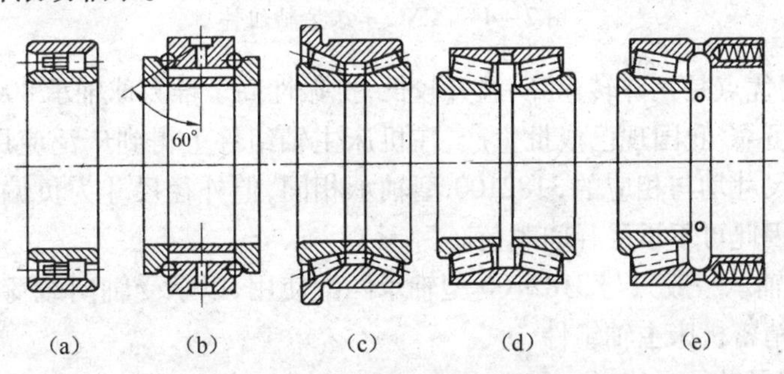

图2-43 主轴常用的几种滚动轴承

（1）圆锥孔双列圆柱滚子轴承（NN 3000K型，原3182100型）。

如图2-43（a）所示，这种轴承的内圈带锥孔（锥度1:12），滚动体是两列交错排列的短圆柱滚子，可随同内圈（带滚道槽）沿外圈滚道轴向滑移。轴承内圈的锥孔与主轴的外锥轴颈相配合，当二者产生相对轴向位移时，使锥面配合趋紧，因轴承内圈较薄产生径向弹性变形而胀大，因此可消除滚子与内、外滚道间的径向间隙，甚至还可得到一定的过盈量。

这种轴承具有径向尺寸较小、制造精度较高、承载能力较大、静刚度好以及允许的转速高等优点，并能够调整轴承的径向间隙，因此在机床主轴组件上得到广泛应用。这种轴承只能承受径向载荷，如果主轴需要承受轴向载荷时，还应增加推力轴承与之匹配使用。由于轴承的内外圈部较薄，因此对相配合的主轴轴径和支承座孔的制造精度要求较高，否则会将误差反映到轴承上，从而影响主轴组件的旋转精度，还会造成较高的温升。

3182100型轴承适用于载荷较大或高速、精密的机床主轴组件。

（2）60°接触角双向推力向心球轴承（234000B型，原2268100型）。

如图2-43（b）所示，这是瑞典SKF轴承公司发展起来的一种专门与3182100型轴承匹配使用的新型轴承。如图2-44所示主轴组件前支承，这种轴承（简称角止推球轴承）有一个外圈和两个内圈及其中间隔套，滚动体是两列直径小、数量多的钢球，接触角为 60°，因此制造精度高，允许的转速也较高（其极限转速比一般推力球轴承 8000 型高约 1 倍 ~2 倍，与 3182100 型轴承匹配使用，可充分发挥其高速特性。在轴承的外圈上还开有油槽和油孔，以便于润滑油进入轴承。这种轴承需在预紧下工作，其预加载荷的大小是靠两个内圈中间隔套的厚度尺寸（由轴承厂配好）来控制。装配轴承时，使两个内圈靠紧中间隔套，即可达到预先要求的过盈量；使用过程中，因轴承磨损造成间隙增大时，可修磨隔套厚度。

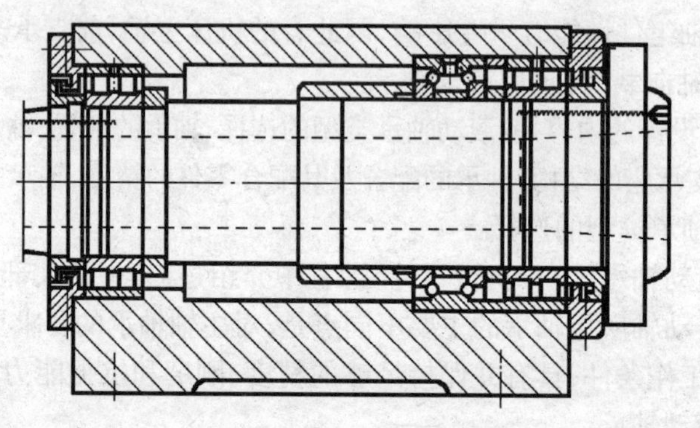

图 2-44　CNC 车床主轴组件

这种轴承的优点是允许转速高、温升较低，抗振性高于推力球轴承 8000 型，装配调整简单，精度稳定可靠，我国现已成批生产，在机床主轴组件上得到广泛应用。这种轴承的内径、外径基本尺寸均与相应的 3182100 型轴承相同，但外径尺寸为负偏差，与支承座孔的配合间隙大，因此可不承受径间载荷。

2268100 型轴承一般只与 3182100 型轴承匹配使用，以承受轴向载荷，适用于轴向载荷较大的高速、精密机床主轴组件。

（3）圆锥滚子轴承。

常用圆锥滚子轴承分为单列（32000 型，原 2007100 型）和双列（350000 型，原 297000 型）两种类型。普通单列圆锥滚子轴承既能承受径向载荷，又能承受单向轴向载荷，承载能力和刚度较高，与 3182100 型轴承相比，径向刚度稍差，但抗振性稍好。普通双列圆锥滚子轴承有一个外圈和两个内圈，两内圈之间可带或不带隔套。外圈挡肩上有缺口，以便使用螺钉挡住外圈以免转动。能同时承受径向载荷和双向轴向载荷，承载能力和刚度较高。由于圆锥滚子轴承滚子大端面与内圈挡边之间有摩擦，发热较高，所以轴承转速受到限制。适用于中速、一般精度的主轴组件。

针对上述问题，改进该主轴轴承结构，如图 2-43(c)所示的双列圆锥滚子轴承，它有一个公共外圈和两个内圈，由外圈的凸肩在箱体上进行轴向定位，箱体孔可以镗成通孔。磨薄中间隔套可以调整间隙或预紧，两列滚子的数目相差一个，能使振动频率不一致，明显改善了轴承的动态性能。这种轴承能同时承受径向和轴向载荷，通常用作主轴的前支承。

法国 Gamet 公司发展起来的一种新型圆锥滚子轴承系列，称为 Gamet 轴承，图 2-43(d)所示为双列（H 系列）用于前支承，图 2-43(e)所示为单列滚子（P 系列），与 H 系列轴承相匹配用于后支承。图 2-45 所示为配置 Gamet 轴承的主轴组件。这种轴承与一般圆锥滚子轴承不同之处是，为了降低温升，采用油润滑。但是，一般滚动轴承如让大量的油通过内、外圈之间，由于滚动体的搅拌作用，会大量发热，起不到降低温升的作用。为了解决这个问题,Gamet 轴承采用中空滚子,保持架为整体加工,可以把滚子之间的空隙占满。因此,润滑油的大部分被迫通过滚子的中孔,起冷却作用;少量流经滚子和滚道之间,起润滑作用。空心滚子承受冲击载荷时可产生微小变形,能增大接触面积并有效吸振,起到缓冲作用。轴承散热好,极限转速可提高20% ~40%。H 系列两列滚子的数目相差一个,使两列的刚度变化频率不同,以抑制振动。P 系列的外圈上带有预紧弹簧,弹簧数目为 16 根 ~20 根,用于自动调整间隙。均匀增减弹簧,可以改变预紧加载荷的大小。Gamet 轴承的外圈较长,因此与箱体孔的配合可以松一些。箱体孔的不圆度对外圈的影响较小。

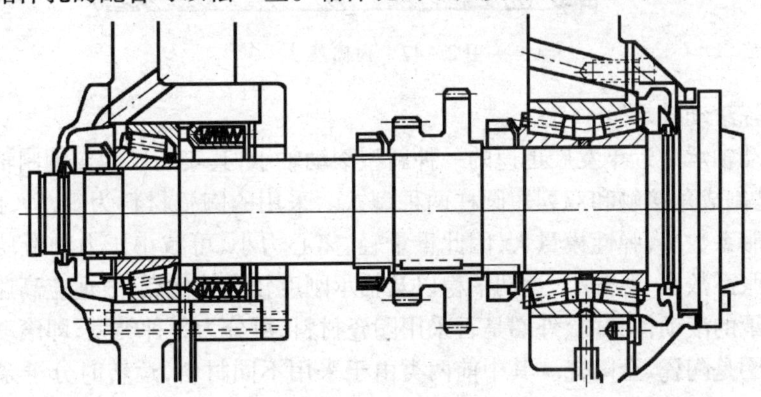

图 2-45 配置 Gamet 轴承的卧式车床主轴组件

(4) 角接触球轴承。

角接触球轴承又称向心推力球轴承(70000 型),可以承受径向载荷和单向轴向载荷,极限转速较高。接触角有 15°、25°、40°和 60°等,其中主轴轴承多用 15°和 25°。所承受轴向载荷随接触角 α 的增大而增大。常用的有 70000C 型($\alpha = 15°$),70000AC 型($\alpha = 25°$)等。

在同一个支承中,角接触球轴承可采用成对安装,也可 3 个、4 个组配在一起。图 2-46 所示为成对安装角接触球轴承,已标准化。图 2-47(a)为串联配置,两个轴承大口方向相同,可承受较大的单向轴向载荷,实际结构如图 2-47 所示。图 2-46(b)所示为背靠背配置,两个轴承的反作用力组成的反力矩大,可抵消一部分外载荷产生的弯矩,对提

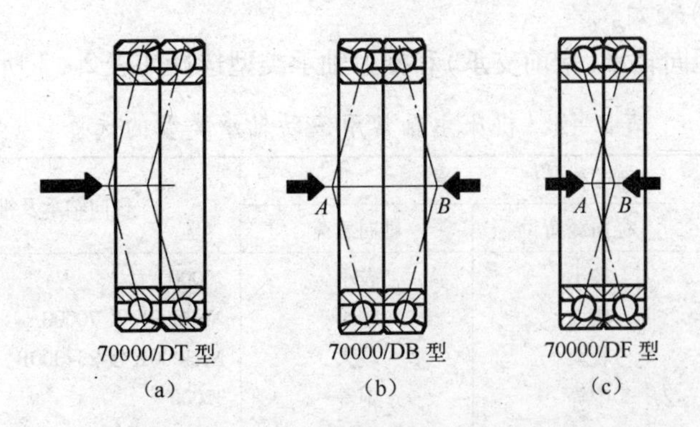

图 2-46 成对安装的角接触球轴承

(a) 串联配置; (b) 背对背配置; (c) 面对面配置。

高主轴组件刚度有利，应用较广泛，但轴承装卸较困难。图 2-46(c) 所示为面对面配置，因两轴承产生的反力矩较小，故对主轴组件刚度提高不大，但轴承装卸方便。

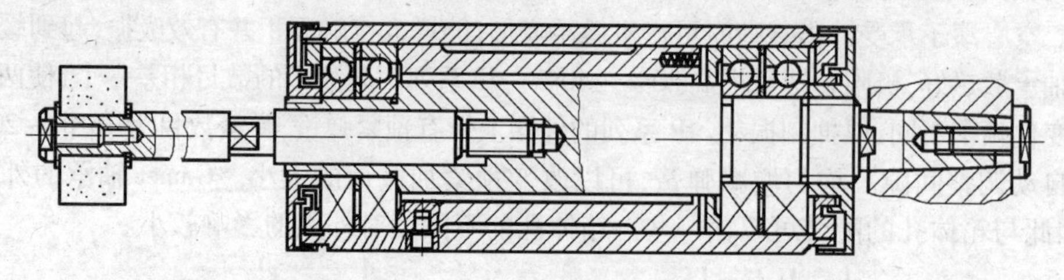

图 2-47 内圆磨头

(5) 陶瓷滚动轴承。

陶瓷滚动轴承是近年发展迅速的一种新型滚动轴承，其安装尺寸与钢制轴承相同，可以互换，现已制成角接触和双列短圆柱两种型式。采用的陶瓷材料为 Si_3N_4，此轴承材料的密度和线胀系数小，弹性模量大，因此重量轻、离心力小、可减小压力和滑动摩擦；具有滚动体的热胀系数小、温升小、运动平稳以及轴承刚度较高等优点，故适应高速运转。

根据轴承的滚动体和内、外圈是否采用陶瓷材料，可分为 3 种类型，即滚动体是陶瓷、滚动体和内圈是陶瓷、全陶瓷。其中前两类由于采用不同材料，运转时分子亲和力小，摩擦系数小，有一定自润滑性能，应用较多，适于高速、超高速和精密机床。全陶瓷型适于耐高温、耐腐蚀、非磁性及超高速等特殊场合。

此外，主轴常用的滚动轴承还有推力球轴承(51000 型，原 8000 型)，深沟球轴承(60000 型)等。

主轴组件的滚动轴承既要有承受径向载荷的径向轴承，又要有承受两个方向轴向载荷的推力轴承。轴承类型及型号选用主要应根据主轴组件的刚度、承载能力、转速、抗振性及结构等要求合理进行选定。

同样尺寸的轴承，线接触的滚子轴承比点接触的球轴承的刚度要高，但极限转速要低；多个轴承比单个轴承承载能力要大；不同轴承承受载荷类型及大小不同；还应考虑结构要求，如中心距特别小的组合机床主轴，可采用滚针轴承。

为提高主轴组件的刚度，通常采用轻系列或特轻系列轴承，因为当轴承外径一定时其孔径(即主轴轴颈)较大。

主轴常用的径向轴承(指前支承)和推力轴承类型选择如表 2-3 所列。

表 2-3 机床主轴常用滚动轴承类型的选择

轴承工作条件			径向轴承及推力轴承类型
转 速	径向载荷	轴向载荷	
高	较小	较小	70000
较高	较大	较小	NN3000K 及 70000
较高	较大	较大	NN3000K 及 234000B
中等	中等	中等	32000
中等	大	中等	350000
较低	小	大	60000 及 51000
较低	较大	大	NN3000K 及 51000

2）主轴滚动轴承配置

主轴组件需要使用若干个轴承，其配置方式对主轴组件的性能有重要影响，应根据主轴工作条件（载荷大小及方向、转速等）、机床用途及工作性能合理选择。

（1）径向轴承配置。

主轴组件无论是两支承或三支承，各支承处均需配置径向轴承。前支承径向轴承对主轴前端的性能影响重大，故应优先选定合适的轴承，其他支承轴承的径向性能，一般载荷较小且对于主轴组件性能的影响也较小，因此可选用较前轴承刚度、抗振性及精度略低的轴承匹配使用。两支承结构通常选用同类型轴承相匹配，如圆锥滚子轴承、双列圆柱滚子轴承。当有其他要求，如同时承受轴向、径向载荷时，也可选用不同类型的轴承。但需要注意的是，匹配使用的轴承，都必须适应主轴转速的要求。三支承主轴组件结构中两个紧支承的径向轴承配置如前所述，松支承应配置间隙较大的轴承。

（2）推力轴承配置。

主轴一般受两个方向轴向载荷，需至少配置两个相应的推力轴承，要特别注意轴向力的传递。主轴组件必须在两个方向上都要轴向定位，否则在轴向力作用下就会窜动，破坏精度和正常工作性能。主轴组件的轴向定位方式是由推力轴承的布置方式决定的，分为4种，如图2－48所示。

①前端定位。如图2－48（c）、（d）所示，主轴推力轴承均布置于主轴前支承。其特点是主轴受热变形向后伸长，不影响主轴前端的轴向精度；主轴在轴向切削力作用时受压段短，纵向稳定性好；前支承角刚度高，角阻尼大，有利于提高主轴组件的刚度及抗振性。缺点是前支承结构复杂，温升较高。适用于高速、精密机床主轴及对抗振性要求较高的普通机床主轴。如图2－44和图2－45所示结构。

图2－44左向轴向力，通过主轴法兰、隔套、NN3000K轴承内圈、内隔套、234000B轴承传给箱体。右向轴向力，通过主轴套、234000B轴承、外隔套、NN3000K轴承外圈、法兰盘和螺钉，传给箱体。

② 后端定位。如图2－48（a）所示，主轴两个推力轴承均布置在后支承，其特点是前支承结构简单，温升较小。但主轴受热向前伸长，影响主轴的轴向精度，刚度及抗振件较差。适用于要求不高的中速、普通精度机床主轴（如卧式车床、多刀车床、立式铣床等），如图2－49和图2－50所示结构。

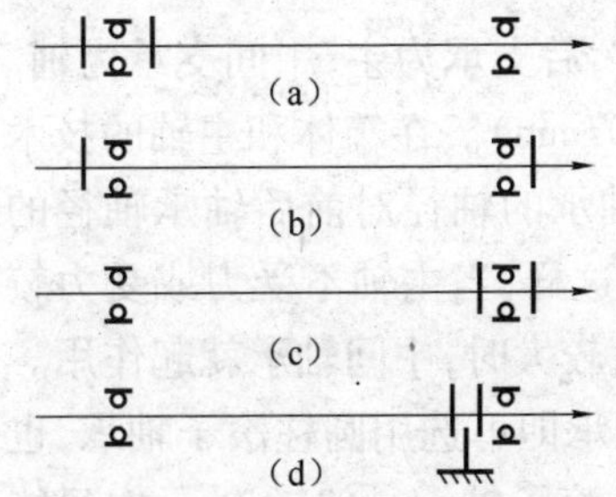

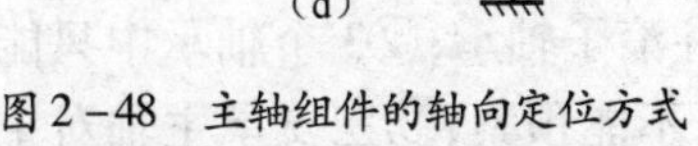

图2－48　主轴组件的轴向定位方式

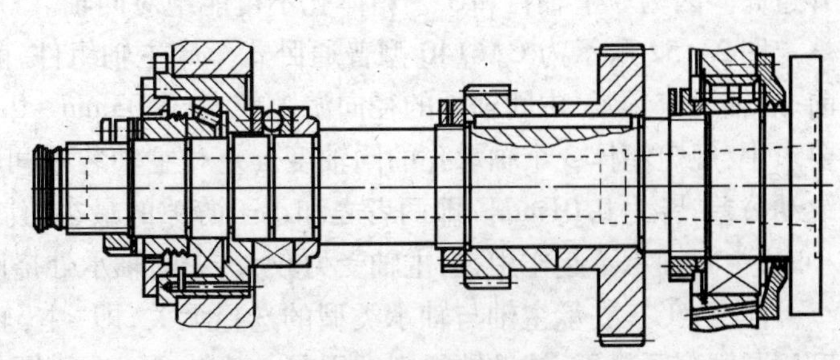

图2－49　C7620型多刀车床的主轴组件

③ 两端定位。如图2－48（b）所示，主轴推力轴承分别布置在前、后两个支承处，分别承受两个方向的轴向力，特点是支承结构简单；间隙调整方便，一般轴承的轴向间隙在

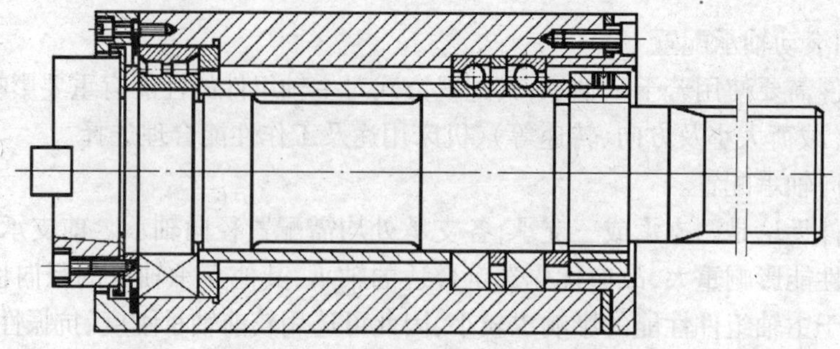

图 2-50　X52K 立式铣床主轴组件

后端进行调整。缺点是主轴受热伸长会改变轴承间隙，影响其旋转精度及寿命，且刚度及抗振性较差。适用于轴向间隙变化不影响主轴组件正常工作的机床主轴，如钻床；或支距较短的主轴，如电主轴组合机床；或有自动补偿轴向间隙装置的机床，如图2-51所示。

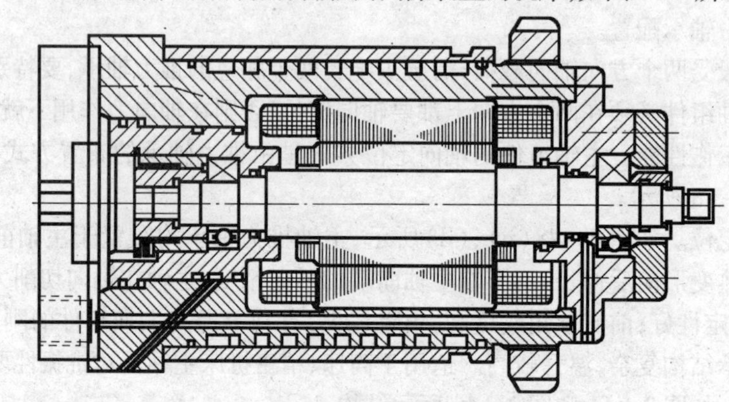

图 2-51　高速内圆磨床电主轴

（3）三支承主轴组件。

机床主轴通常采用两支承，结构简单，制造、装配方便，易保证精度，可满足使用要求。但一些大型、重型机床多采用三支承结构，其刚度和抗振性较高。三支承中有两种情况：前、后支承为主，中间支承为辅；前、中支承为主，后支承为辅。三支承中，“主”支承为保证其刚度和旋转精度，应消除间隙或预紧，“辅”支承则应保留游隙以至选用较大游隙的轴承。决不能 3 个轴承都预紧，这样会发生运动干涉，会使空载功率大幅度上升和轴承温升过高。因为 3 个轴径和 3 个箱体孔不可能绝对同轴。

图 2-52 所示为 CA6140 型普通卧式车床主轴组件，前、后支承为主，中间支承为辅。前、后轴承应预紧，中间轴承的径向游隙较大（0.03mm～0.07mm）。在箱体和主轴的技术要求中，规定箱体 3 个轴承孔的同轴度公差和主轴装中间轴承的轴径对前后轴承轴径的跳动公差，皆为 0.01mm。即两者之和小于游隙的最小值。这样，当主轴不受力或受力较小时，中间轴承不起作用；当主轴受力较大，中间轴承处挠度较大时，中间轴承就起作用。

注意：①三支承主轴与轴承类型的选择无关，即“主”轴承即可选用圆柱滚子轴承，也可用圆锥滚子轴承；辅助轴承则常用向心球轴承或向心圆柱滚子轴承；②3 个轴承中只能有 2 个消除间隙或预紧，第三个轴承必须保持一定的游隙，不能预紧；③三支承主轴对主轴工艺的要求及对轴承座孔的同轴度要求比两支承要高，如果制造和装配精度达不到，三支承的效果往往不如两支承。

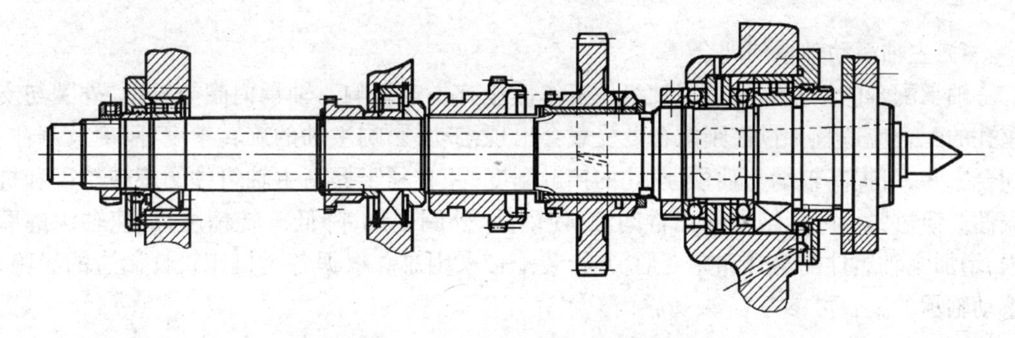

图 2-52　CA6140 型普通卧式车床主轴组件

3）主轴滚动轴承精度选择

机床主轴滚动轴承通常采用 P2、P4、P5 级（相当于旧标准的 B、C、D 级）。新标准增加了 SP 级（其尺寸精度相当于 P5 级、旋转精度相当于 P4 级）和 UP 级（其尺寸精度相当于 P4 级，旋转精度高于 P4 级）。P6 级（旧标准 E 级）目前已很少用。轴承精度越高，主轴旋转精度及其他性能越好，但轴承价格越昂贵。

主轴前后支承的径向轴承对主轴旋转精度影响是不同的。图 2-53（a）表示前轴承内圈有偏心量 δ_a（径向跳动量的 1/2），后轴承偏心量为零的情况，则反映到主轴端部的偏心量为

$$\delta_1 = \left(1 + \frac{a}{l}\right)\delta_a$$

图 2-53（b）表示后轴承内圈有偏心量 δ_b，前轴承偏心量为零的情况，则反映到主轴瑞部的偏心量为

$$\delta_2 = \frac{a}{l}\delta_b$$

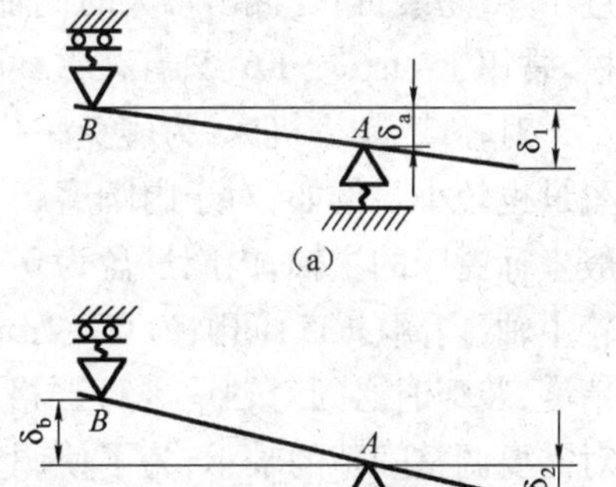

图 2-53　主轴前、后径向轴承内圈偏心量对主轴旋转精度的影响

当轴承内圈偏心量一定（即 $\delta_a = \delta_b$）时，则 $\delta_1 > \delta_2$，这说明前轴承内圈偏心量对主轴端部的旋转精度影响较大，具有误差放大作用，因此，前轴承的精度应比后支承高些，通常高一级。主轴滚动轴承精度选择应注意以下几点：

（1）首先选择前支承的径向轴承（简称前轴承）的精度，应与机床精度相匹配，可参考表 2-4。镗床类机床应提高一级，数控机床可按精密级或高精度级选用。

（2）后轴承精度可比前轴承低一级。

（3）推力轴承相应可与后轴承相同。

表 2-4　机床滚动轴承精度的选择

机床精度等级	轴承精度等级	
	前轴承	后轴承和推力轴承
普通级	P5 或 P4（SP）	P6 或 P5（SP）
精密级	P4（SP）或 P2（UP）	P5 或 P4（SP）
高精密级	P2（UP）	P4 或 P2（UP）

4）主轴滚动轴承的配合

轴承配合的松紧程度对主轴组件工作性能有一定影响。轴承内圈与轴颈，外圈与支座孔的配合应适宜。过松则配合处受载会出现松动，影响主轴的旋转精度、刚度及寿命；配合紧些，可提高轴承与轴颈、座孔的接触刚度，并有利于提高主轴组件的旋转精度和抗振性。但过紧会改变轴承的正常间隙，使内圈、外圈变形，降低旋转精度，加速轴承的磨损，增加主轴组件的温升和热变形，并给装配带来困难。根据各类机床设计制造的经验，滚动轴承的配合可参考表2－5。

表2－5　滚动轴承的配合

配合部位	配合			
主轴轴径与轴承内圈	m5	k5	j5 或 js5	k6
轴承座孔与轴承外圈	K6	J6 或 J_S6	或规定一定过盈量	

主轴轴径与轴承内圈选用 m5 配合，紧固性较好，但装拆不方便，用 k5 平均过盈量接近于零，易装拆，受冲击不大时同轴度良好。轴承外圈通常不转动，与支承座孔的配合稍松，常用 J6、Js6 或 K6，只有在重载时才能用 M6。

对轻载、精密机床，为避免座孔形状误差的影响，常采用间隙配合，且与轴颈配合的过盈量也较小。例如，对于内圆磨床，内圈间隙为 1μm～4μm，外圈间隙为 4μm～10μm；一般坐标镗床的主轴，内圈过盈为 0～5μm，外圈间隙为 0～5μm；YA7063 型齿轮磨床的砂轮主轴，内圈（$\phi35$）间隙为 0～2μm，外圈间隙为 2μm～8μm。这些要求已远远超过 IT5 精度，装配时必须对轴承进行严格挑选，对轴径和座孔进行研磨，才能保证规定的配合。对需要调整间隙的轴承，为了使调整时能作轴向移动，配合应稍松些。

从上述分析可知，轴承座孔的形状误差将影响滚道的形状精度，主轴轴肩及座孔挡肩的端面圆跳动也会影响轴承的旋转精度等。因此，主轴组件选用较高精度的滚动轴承时，还必须相应提高轴颈和座孔的尺寸精度和形位精度。此外，还应注意轴承定位与调整元件的精度，如选择形状精度较高的过盈套（图2－44）、控制环、长隔套或调整螺母等。

5）主轴滚动轴承间隙调整

主轴滚动轴承的间隙量大小对主轴组件工作性能及轴承寿命有重要影响。轴承在较大间隙下工作时，会造成主轴位置（径向或轴向）的偏移而直接影响加工精度。同时，由于轴承的承载区域较小，载荷集中作用于受力方向的一个或几个滚动体上，造成较大的应力集中，使轴承发热和磨损加剧而降低寿命；主轴组件的刚度和抗振性也大为削弱，当轴承调整为零间隙时，滚动体受力均匀，主轴旋转精度得到提高。当轴承调整为适当的负间隙时，滚动体产生弹性变形，与滚道的接触面积加大，则主轴组件的旋转精度、刚度和抗振性都得到显著提高。轴承预紧就是采用预加载荷的方法消除轴承间隙，使其产生一定的过盈量。

主轴滚动轴承的最佳间隙量应根据机床的工作条件和轴承类型通过试验加以确定。高速轻载或精密机床，可为零间隙或较小负间隙；中低速、载荷较大或一般精度机床，可使负间隙稍大。此外，球轴承和精度较高轴承所允许的预加载荷可以大些。

轴承预紧可分为径向预紧和轴向预紧两种方式。

(1) 径向预紧方式。径向预紧是利用轴承内圈膨胀,以消除径向间隙的方法。图2-54所示前支承的NN3000K型轴承,拧动轴承内侧的调整螺母推动内圈,使之与轴颈间产生相对轴向位移,即可达到预紧目的。位移调整量的控制方式有以下3种:

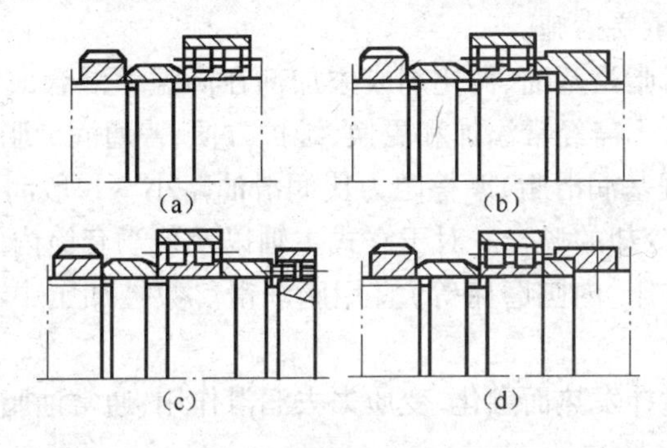

图2-54 轴承径向预紧方式

① 无控制装置。如图2-54(a)所示,位移调整量的控制凭操作者经验,结构简单。

② 控制螺母。如图2-54(b)所示,在轴承前侧放置一个控制螺母用以控制调整量,但需在主轴上切削螺纹。

③ 控制螺钉。如图2-54(c)所示,在主轴凸缘上均匀布置数个螺钉以调整内圈的移动量,调整方便,但是用几个螺钉调整,易使垫圈歪斜。

④控制环。如图2-55(d)所示,在轴承前侧放置两个对开的半环,可取下修磨其厚度用以控制调整量。使用方便,并可保证较高的定位精度。调整螺母一般采用细牙螺纹,便于微量调整,而且在调整好后要能锁紧防松。

(2) 轴向预紧方式。这类轴承是通过轴承内、外圈之间的相对轴向位移进行预紧的。图2-55所示为角接触球轴承的几种预紧控制方式:

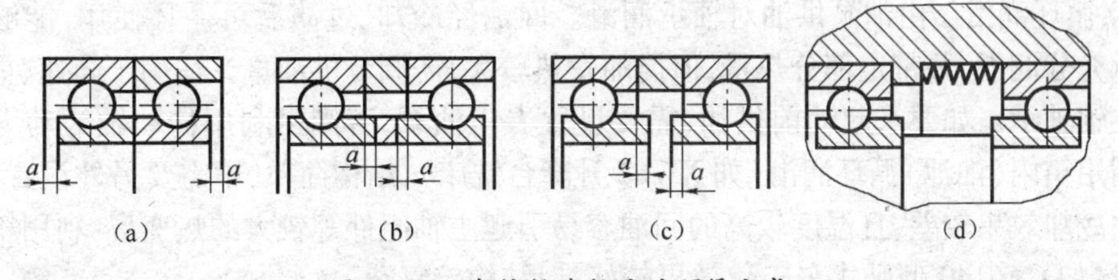

图2-55 角接触球轴承的预紧方式

① 修磨轴承内圈。图2-55(a)是通过将内圈(背靠背组配)相靠的端面各磨去一定量 a,安装时把它们轴向相对压紧以实现预紧。需要修磨轴承,工艺较复杂,且使用中不能调整间隙,应用较少。

② 内外隔套。图2-55(b)是在两个轴承的内、外圈之间,分别安装两个厚度差为 $2a$ 的内、外隔套。隔套加工精度容易保证,使用效果较好,但使用中也不能调整间隙。

③ 无控制装置。图2-55(c)中两个轴承内圈的位移量靠操作者经验控制,难于准确掌握,但可在使用中调整。

④ 弹簧预紧。图2-55(d)是靠数个均布弹簧可控制预加载荷基本不变补偿间隙,

轴承磨损后能自动补偿间隙,效果较好,但对弹簧的制造要求较高。

6）主轴滚动轴承的润滑

滚动轴承的润滑可在摩擦面间形成起隔离作用的润滑油膜,减小摩擦,防止锈蚀,冷却降温,降低噪声,增加阻尼及提高抗振性等。所以良好的润滑是提高主轴组件工作性能,提高精度保持性的重要措施。

(1) 脂润滑。润滑脂是基油、稠化剂或添加剂在高温下混合成脂状润滑剂。其特点是黏附力强,密封简单;不需经常添加和更换,维护方便;普通润滑脂摩擦阻力比润滑油略大,但高级润滑脂(如锂基润滑脂)摩擦阻力比润滑油略小。一般润滑脂适用于轴承的速度、温度较低且不需要冷却的场合。对于立式主轴以及装于套筒内的主轴轴承(如钻床、坐标镗床、立铣、龙门铣床、内圆磨床等)宜用脂润滑。数控加工中心主轴轴承也常用高级润滑脂润滑。

为避免润滑脂因搅拌发热而融化、变质失去润滑作用,通常油脂充填量约占轴承空间的1/3。

(2) 油润滑。油润滑适用于速度、温度较高的轴承,由于黏度低、摩擦因数小,润滑及冷却效果都较好。适量的润滑油可使润滑充分,同时搅油发热小,使得轴承的温升及功率损耗都较低。

主轴滚动轴承常用的润滑方式与轴承的转速、负荷、允许温升及轴承类型有关,一般可按轴承的 d_m 值(轴承的平均直径,等于轴承内径与外径的平均值)选择。

① 滴油润滑。一般通过针阀式轴承注油杯向轴承间断滴油。润滑简单方便,搅油发热较小。用于需定量供油、高速运转的小型主轴。

② 飞溅润滑。利用浸入油池内的齿轮或甩油环的旋转使油飞溅进行润滑。结构简单,缺点是机床启动后才能供油,油不能过滤;搅油发热及噪声较大。用于要求不高的主轴轴承。溅油元件的速度一般为0.8m/s ~ 6m/s ,浸油高度可为(1 ~ 3)h,h 为齿高。油面高度一般不能高于箱体外露最低位置的孔。

③ 循环润滑。由油泵供油对轴承润滑。回油经冷却、过滤后可循环使用,能够保证对轴承充分润滑,并带走部分热量,但搅油发热较大,需调节供油量。适用于高速、重载机床的主轴轴承。如要求起动前供油,需要设置专门油泵,否则可利用传动轴为动力来泵油。利用箱内(油池)循环润滑(如 XW62 升降台铣床),结构简单,不需要另外设置油箱,但回油冷却效果较差,且温度较高的回油容易引起主轴组件等较大的热变形,利用箱外循环润滑(如 CA6140 型卧式车床),效果较好,但结构较复杂。

④ 油雾润滑。压缩空气通过专门的雾化器,再经喷嘴将油雾喷射到轴承中,有较好的润滑和冷却效果,但需要一套专门的油雾润滑系统,造价高,故适用于要求很高的高速主轴轴承(如高速内圆磨头)。

⑤ 喷射润滑。在轴承周围均布几个喷油嘴,周期性地将油喷射到轴承圈与保持架的间隙中,能够冲破轴承高速旋转时所形成的“气流隔层”,把油送到工作表面上。它可准确地控制供油量,润滑效果好,但需一套专门润滑设备,成本高。适用于高速主轴轴承。

⑥ 油汽润滑。针对高速主轴而开发的新型润滑方式。用极微量的油(8min ~ 16min 约 0.03cm^3)与压缩空气混合,经喷嘴送入轴承中。与油雾润滑的区别在于润滑油未被雾化,而是成滴状进入轴承,在轴承中容易沉积,不污染环境。由于使用大量空气冷却轴承,

轴承温升更低。

对于角接触滚动轴承，由于转动离心力的甩油作用，润滑油必须从小端进油，如图2-56所示，否则润滑油很难进入轴承中的工作表面。

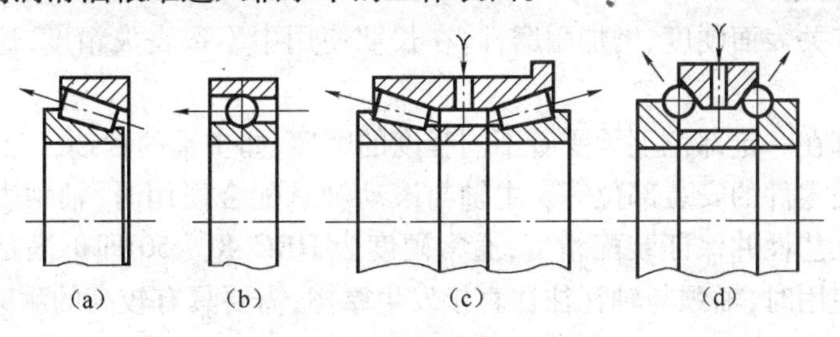

图2-56 角接触球轴承进油位置

7）主轴滚动轴承密封

轴承密封的作用是防止润滑油外流，以免增加耗油量，影响外观和污染工作环境；防止外界灰尘、金属屑末，冷却液等杂质浸入而损坏轴承及恶化工作条件。脂润滑轴承的密封作用主要是防止外界杂质浸入而引起磨损破坏作用，同时也要防止润滑油混入润滑脂，使之稀释后甩离轴承，失去润滑效果。

主轴滚动轴承密封主要分接触式和非接触式密封两类。选择密封形式应根据轴的转速、轴承润滑方式、轴承的工作温度、外界环境及轴端结构特点等因素综合考虑。接触式密封在旋转件与密封件间有摩擦，发热较大，不宜用于高速主轴。非接触式密封的发热小，密封件寿命长，能适应各种转速，因此应用广泛。如CA6140型卧式车床主轴组件的间隙式密封，前后支承处外流润滑油经旋转的甩油沟疏导回流，再经间隙式密封，具有良好的密封效果。图2-48内圆磨头主轴组件采用曲路迷宫式密封，利用旋转与固定密封件间的复杂而曲折的小缝隙起到密封作用。也可采用接触式和非接触式密封联合使用的方式。为了提高密封效果，减小主轴箱内、外压力差，可在箱体高处设置通气孔。

2.8.4 主轴的材料、热处理及技术要求

一般要求的机床其主轴可用价格便宜的中碳钢、45钢，进行调质处理；当载荷较大或存在较大的冲击时，或者精密机床的主轴为了减少热处理后的变形，或需要作轴向移动的主轴，可选用合金钢，常用40Cr进行淬硬处理，或20Cr进行渗碳淬硬处理。

主轴的刚度、强度、耐磨性、耐疲劳性、精度保持性，以及加工性和表面粗糙度等，与它的材质有密切关系，因此应合理选用主轴的材料和热处理。

1. 主轴材料

由材料力学知识可知，在主轴结构形状和尺寸一定的条件下，材料的弹性模量E越大，主轴的刚度也越高。由于钢材的E值较大，故通常采用钢质主轴。值得注意的是，钢的弹性模量E值和钢的种类和热处理方式无关，即不论是普通碳钢或合金钢，其弹性模量E基本相同，所以如无特殊要求，一般机床的主轴应选用价格便宜、性能良好的中碳钢（如45钢）。只有在载荷特别重和有较大的冲击时，或者精密机床主轴需要减少热处理后的变形时，或者轴向移动的主轴需要保证其耐磨性时，才考虑选用合金钢（如40Cr、42MnVB、42CrMo、20CrMnTi、20Cr、20Mn2B、38CrMoAlA等）。

目前,由于球磨铸铁高强度、耐磨、吸振、工艺性好、成本低以及简化主轴深孔加工等优点,开始应用在机床主轴上,如有些国产铣床的主轴材料已改为球墨铸铁。

2. 主轴热处理

提高主轴有关表面硬度,增加耐磨性,在长期使用中不致丧失精度,这是对主轴热处理的根本要求。

机床主轴都在一定部位上承受着不同程度的摩擦,如主轴的轴颈、刀具或夹具的安装部位及其他有关零件的安装部位等。主轴与滚动轴承配合使用时,轴颈表面有适当的硬度可改善装配工艺性并保证装配精度,通常硬度为 HRC 40 ~ 50 即可满足要求。主轴与滑动轴承配合使用时,轴颈与轴瓦往往直接发生摩擦,需要具有较高的耐磨性。硬度应大于 HRC50;主轴转速增加时,耐磨性也需随之提高,硬度应达到 HRC58 以上。对于高精度机床主轴、即使轴颈有少量磨损,也会导致精度的丧失,因此要求进行渗氮处理,以进一步提高其耐磨性。

主轴安装刀具或夹具部位的圆柱面、圆锥面(外锥面、内锥孔),工作时与其配合件虽无相对滑动摩擦,但因装卸较频繁,也会使表面拉毛磨损,影响其接触精度和定心精度,因此也必须淬硬以提高耐磨性。一般硬度应大于 HRC45,高精度机床应提高到 HRC56 以上。

主轴的热处理可分为预备热处理和最终热处理。预备热处理有退火、正火(改善力学性能及切削加工性能,调整显微组织)、调质(提高综合力学性能,为最终热处理做显微组织准备等)以及消除应力时效(消除机械加工中形成的内应力,减小最终处理变形等)。最终热处理有整体淬火、渗碳淬火、感应加热淬火(大型主轴可用火焰淬火),以及气体渗碳、离子渗氮等。其中,中频感应加热淬火和气体渗氮得到广泛采用。

一般机床的主轴、淬火时要求无裂纹(特别是主轴端部易开裂),硬度均匀(特则是内锥孔不易保证);淬硬层深度不小于 1mm,最好为 1.5mm ~ 2mm ,使精磨后仍能保留一定深度的淬硬层;主轴热处理后的变形要小。为此,设计主轴时应考虑:主轴的结构形状应尽量对称,否则不规则的外形容易造成热处理变形;主轴壁不能过薄,尺寸差不要过于悬殊;螺纹表面一般不淬火;淬火部位的空刀槽不能过深,台阶交接处应该倒角;渗氮主轴的锐边、棱角必须倒圆角 $R>0.5\text{mm}$,可避免渗氮层穿透剥落等。主轴热处理及性能可参阅有关文献。

3. 主轴的技术条件

为了保证主轴组件具有足够精度和其他良好性能,应对主轴结构的各部位(特别是轴承、刀具或夹具、传动件以及连接件与紧固件等的安装部位)提出一定技术条件的要求。其中主要包括尺寸公差、形状位置公差、表面粗糙度和表面硬度等。

为了正确制定主轴的技术条件,并在主轴零件图上合理标注出来,一般应满足下述要求:

(1) 设计要求。即满足主轴精度及其他性能的技术规定。这是一项主要要求,应以此为基础来考虑其他要求。

(2) 工艺性要求。即考虑制造的可能性和经济性,并尽量做到工艺基准与设计基准相一致。

(3) 检测方法要求。即采用简便、准确而可靠的测量手段和计算方法,并尽量做到检验、设计、工艺基准的一致性。

(4) 图面质量要求。即采用较少的检测项目和标注代号来表达技术条件,使图面清晰易懂。

主轴的技术条件应采用规定的代号及标注方法来表示,特别需要注意形位公差的标注。确实无法用代号标注时,可用文字简要说明。

图2-57所示为一主轴的形位公差标注示意图。图中轴颈A和B是主轴旋转精度的基础,其公共轴心线$A-B$即为设计基准。为保证主轴的旋转精度,轴颈的精度和表面粗糙度应严格控制,同时轴颈A和B的公共轴心线又是前锥孔的工艺基准及各重要表面的检验基准。可以控制A、B表面的圆度和同轴度,也可控制这两个表面的径向圆跳动公差。普通精度机床主轴轴颈尺寸常取IT5,形状公差数值一般为尺寸公差的1/4~1/3。

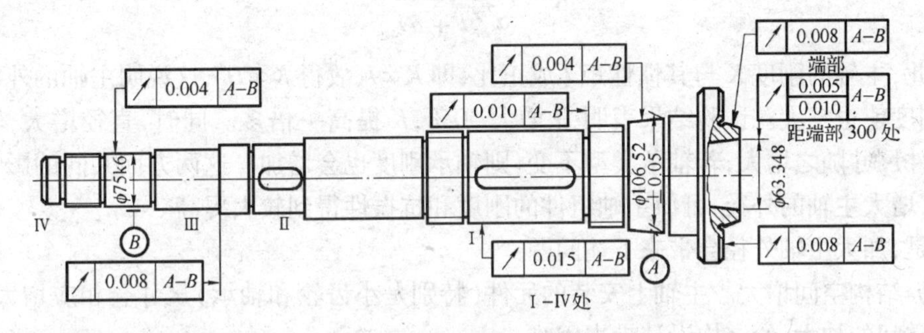

图2-57 主轴的形位公差标注

主轴锥孔应保证与轴颈中心线同心,以轴颈为基准面最后精磨锥孔。分别在主轴端部和距主轴端部300mm处测量锥孔中心线对主轴旋转中心线的径向圆跳动,其测量值应符合有关机床精度标准规定。

主轴端短锥面是卡盘定心面,其表面的径向圆跳动,以及法兰的端面圆跳动,安装齿轮表面的径向圆跳动等均以公共轴心线$A-B$为基准进行测量,其数值可参见机床精度标准规定,其中安装齿轮表面的径向圆跳动,可取略小于直径公差的1/2。

主轴安装滚动轴承处的轴颈表面粗糙度为$Ra0.4\mu m$,安装滑动轴承的轴颈表面粗糙度为$Ra0.2\mu m$。

2.8.5 主轴组件的设计计算

根据机床的要求选定主轴组件的结构(包括轴承及其配置)后,应进行计算,以决定主要尺寸。如图2-58所示,主轴的尺寸参数主要有:主轴前后支承轴颈D_1、D_2,主轴内孔直径d,主轴前端的悬伸量a和主轴的支承跨距l,这些参数直接影响主轴旋转精度和刚度。

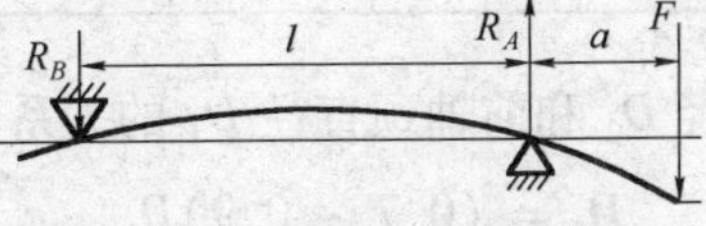

图2-58 主轴的尺寸参数示意图

设计和计算的主要步骤如下：

(1) 根据统计资料，初选主轴直径。

(2) 选择主轴的跨距。

(3) 进行主轴组件的结构设计，根据结构要求修正上述数据。

(4) 进行必要的验算：主要是刚度和抗振性，有时还需在机床上做必要的试验来获得数据。

(5) 根据验算结果对设计进行必要的修改，并绘制装配图和零件图等。

1. 初选主轴直径

主轴直径直接影响主轴部件的刚度。主轴是外伸梁，由材料力学可知，外伸梁的刚度为

$$K = \frac{3EI}{a^2(l+a)}$$

因此，主轴的刚度 K 与其惯性矩 I 成正比，即 $K \propto I$，故得 $K \propto D^4$，这说明主轴的外径越大，其刚度值也越大。试验结果表明 D 增大 50%，K 提高一倍多。同时，直径增大，轴承及传动件尺寸随之增大，若轴承类型不变，则轴承刚度也会增加。这两方面共同的影响效果表明，增大主轴的外径，可使主轴组件的刚度和抗振性得到较大提高。

但是，加大主轴外径会带来下述问题：

(1) 结构空间增大。主轴上安装的元件（特别是小齿轮和轴承）尺寸会相应增大，造成结构空间的加大，给结构设计带来困难。

(2) 成本提高。主轴、箱体孔及其他元件的尺寸增加后，在精度不变的前提下，尺寸误差、形位误差值会增大，若要达到相同的公差值，制造就更加困难，采用的轴承成本也越高。

(3) 空载功率增加。主轴组件质量增加，会导致主传动的空载功率增加。

(4) 速度参数限制。轴承的直径增大，还使其极限转速提高，所以主轴轴径大小受到轴承允许的速度参数 dn_{max} 的限制（d 为轴承内径即轴径直径，n_{max} 为最高转速）。

车床、铣床、镗床、加工中心等机床因装配的需要，主轴直径自前往后逐步减少。通常，主轴前轴颈直径 D_1 可根据传递功率并参考现有同类机床的主轴轴颈尺寸确定。几种常见的通用机床钢质主轴前轴颈的直径 D_1 可参考表 2-6 选取。

表 2-6　主轴前轴径直径 D_1 的选择

机床	机床功率								
	1.47 ~ 2.5	2.6 ~ 3.6	3.7 ~ 5.5	5.6 ~ 7.3	7.4 ~ 11.0	11.1 ~ 14.7	14.8 ~ 18.4	18.5 ~ 22	22.0 ~ 29.5
车床	60 ~ 80	70 ~ 90	70 ~ 105	95 ~ 130	110 ~ 145	140 ~ 165	150 ~ 190	220	230
铣床	50 ~ 90	60 ~ 90	60 ~ 95	75 ~ 100	90 ~ 105	100 ~ 115	—	—	—
外圆磨床	—	50 ~ 90	55 ~ 70	70 ~ 80	75 ~ 90	75 ~ 100	90 ~ 100	105	105

车床、铣床主轴后轴颈直径 D_2 和前轴颈直径 D_1 的关系，可根据经验公式确定，即

$$D_2 = (0.7 \sim 0.9)D_1$$

2. 主轴内孔直径的确定

很多机床的主轴具有内孔,主要用来通过棒料或安装刀具。主轴内孔直径在一定范围内对主轴刚度的影响很小,可以忽略不计,若超过此范围则能使主轴刚度急剧下降。主轴内孔直径与机床类型有关,一般主轴内孔直径受主轴后轴颈的直径限制。

由材料力学可知,刚度 K 正比于截面惯性矩 I,它与直径之间的关系为

$$\frac{K_{空}}{K_{实}} = \frac{I_{空}}{I_{实}} = \frac{D^4 - d^4}{D^4} = 1 - \left(\frac{d}{D}\right)^4 = 1 - \varepsilon^4 \qquad (2-19)$$

式中 $K_{空}$,$K_{实}$——空心、实心截面主轴刚度;

$I_{空}$,$I_{实}$——空心、实心截面主轴截面惯性矩;

D——主轴平均外径;

d——主轴内径;

ε——刚度衰减系数,$\varepsilon = \frac{d}{D}$。

由式(2-19)可知:当 $\varepsilon \leqslant 0.5$ 时,$\frac{K_{空}}{K_{实}} \geqslant 0.94$,说明空心主轴的刚度降低较小;当 $\varepsilon = 0.7$ 时,$\frac{K_{空}}{K_{实}} = 0.76$,空心主轴的刚度降低了70%。因此,为了避免过多削弱主轴刚度,一般取 $\varepsilon \leqslant 0.7$。

主轴孔径 d 确定后,可根据主轴的使用情况及加工要求选择锥孔的锥度。锥孔仅用于定心时,则锥度应大些;若锥孔除用于定心,还要求自锁,借以传递扭矩时,锥度应小些。各类机床主轴锥孔都已标准化,可查阅有关标准。

3. 主轴悬伸量的确定

主轴前端悬伸量 a 是指主轴定位基面至前支承径向支反力作用点之间的距离,它的大小对主轴组件的刚度和抗振性有显著的影响。据材料力学知识可知,悬伸量越短,轴端位移就小,刚度得到提高。此外,主轴系统(包括夹具)在自激振动过程中,由质量 m 所产生的惯性力,是由主轴及其支承产生的弹性恢复力来平衡的,质量 m 越大,则惯性力也越大;悬伸量 a 越长,质量中心离前支承越远,故产生的弹性恢复力和主轴系统的弹性变形也越大。因此,为了提高抗振性,应尽量减少悬伸量 a 和悬伸段质量。

主轴悬伸量 a 的大小往往受结构限制,主要取决于主轴端部的结构形式和尺寸、刀具或夹具的安装方式、主轴前轴承的类型及配置、润滑与密封装置的形式及结构尺寸等。在满足结构要求的前提下,应尽量减少悬伸量,提高主轴的刚度。初步确定时可取 $a = D_1$。

4. 主轴最佳跨距的选择

主轴跨距指前—后或前—中支承反力作用点之间的距离。主轴跨距对主轴组件的性能有很大影响,合理选择跨距是主轴组件设计中一个相当重要的问题。主轴组件的刚度主要取决于主轴的自身刚度和主轴的支承刚度。由材料力学知识可知:

(1) 主轴自身的刚度与支承跨距成反比,即在主轴轴颈、悬伸量等参数一定时,跨距越大,主轴端部变形越大。

(2) 主轴轴承弹性变形引起的主轴端部变形,则随跨距的增大而减小,即跨距越大,

轴承刚度对主轴端部的影响越小。

根据叠加原理，主轴端部最大变形量是在刚性支承上弹性主轴引起的主轴端部变形和刚性主轴弹性支承引起的主轴端部变形的代数和，如图2-59(c)所示，即

$$\delta = \delta z + \delta s \tag{2-20}$$

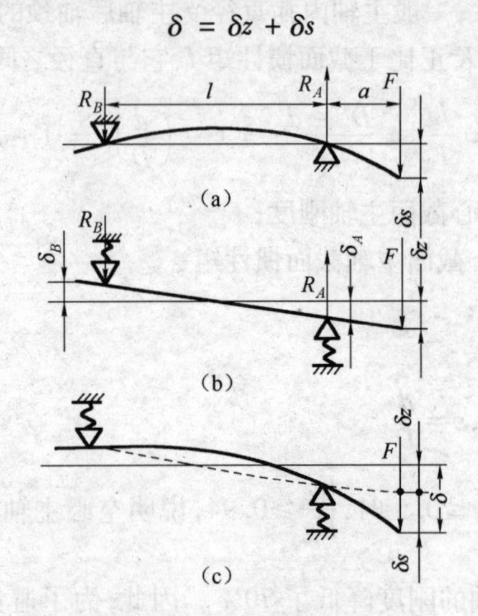

图2-59 主轴端部的位移

(1) 刚性支承、弹性主轴端部的位移δs。

如图2-59(a)所示，根据材料力学知识，两支点梁和悬臂梁的挠度公式为

$$\delta s = \frac{Fa^3}{3EI}\left(\frac{l}{a}+1\right) \tag{2-21}$$

式中 E——主轴材料的弹性模量，各种钢材的E值 均为2.1×10^7(N/cm^2)左右；

a——主轴的悬伸量(cm)；

l——主轴的跨距(cm)；

F——主轴端部所受的切削力(N)；

I——主轴截面的平均惯性矩(cm^4)。当主轴平均直径为D，内孔直径为d时，$I=\frac{\pi(D^4-d^4)}{64}$；当无孔时，$I=\frac{\pi D^4}{64}$。

通常，a为已知值，F一定时，主轴柔度$\frac{\delta s}{F}$与$\frac{l}{a}$的关系如图2-60中的曲线1，呈线性关系。$\frac{l}{a}$越大，柔度$\frac{\delta s}{F}$也越大，即主轴组件刚度越低。

(2) 刚性主轴、弹性支承时，主轴端部的位移δz。

设前后支承的刚度分别为K_A、K_B，前后支承的变形量分别为δ_A、δ_B，则支承变形导致主轴前端位移为

$$\delta_A = \frac{R_A}{K_A},\delta_B = \frac{R_B}{K_B} \tag{2-22}$$

式中 R_A——前支承的支反力，$R_A=F\left(1+\frac{a}{l}\right)$；

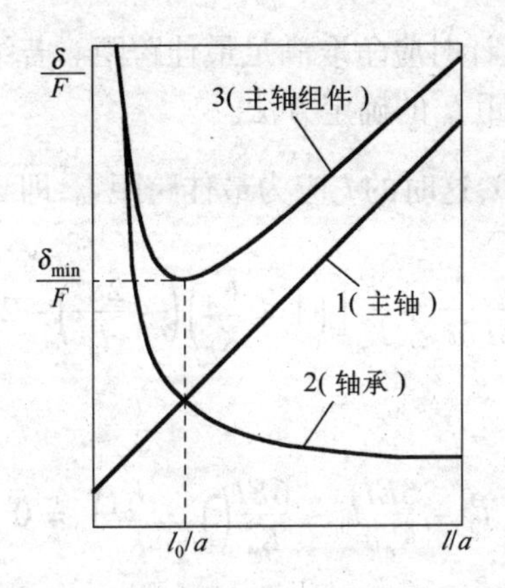

图 2-60　主轴跨距与轴端位移的关系

R_B——后支承的支反力，$R_B = F\dfrac{a}{l}$。

因此，$\delta_a = \dfrac{F}{K_A}\left(1+\dfrac{a}{l}\right)$，$\delta_b = \dfrac{F}{K_B}\cdot\dfrac{a}{l}$

用相似三角形定理，得

$$\delta z = \delta_A\left(1+\frac{a}{l}\right)+\delta_B\cdot\frac{a}{l} = \frac{F}{K_A}\left[\left(1+\frac{K_A}{K_B}\right)\frac{a^2}{l^2}+2\frac{a}{l}+1\right] \qquad (2-23)$$

式中，前项表示前支承变形的影响，后项表示后支承变形的影响，如图 2-59(b)所示。

主轴柔度$\dfrac{\delta z}{F}$与$\dfrac{l}{a}$的关系如图 2-60 中曲线 2 所示。即当$\dfrac{l}{a}$很小时，柔度$\dfrac{\delta z}{F}$随$\dfrac{l}{a}$的增大而急剧下降，即刚度急剧增高；当$\dfrac{l}{a}$较大时，再增大$\dfrac{l}{a}$，则柔度降低缓慢，即刚度提高也很缓慢。

(3) 主轴端部的总位移δ。

实际情况是主轴前端受力后，支承和主轴都有变形(见图 2-59(c))，故应综合以上两种情况，将式(2-21)和式(2-23)代入式(2-20)，得出主轴端部的总位移δ为

$$\delta = \delta s+\delta z = \frac{Fa^3}{3EI}\left(\frac{l}{a}+1\right)+\frac{F}{K_A}\left[\left(1+\frac{K_A}{K_B}\right)\frac{a^2}{l^2}+2\frac{a}{l}+1\right] \qquad (2-24)$$

主轴端部总柔度为

$$\frac{\delta}{F} = \frac{a^3}{3EI}\left(\frac{l}{a}+1\right)+\frac{1}{K_A}\left[\left(1+\frac{K_A}{K_B}\right)\frac{a^2}{l^2}+2\frac{a}{l}+1\right] \qquad (2-25)$$

总挠度$\dfrac{\delta}{F}$与$\dfrac{l}{a}$的关系如图 2-60 中曲线 3。可以证明，柔度的二阶导数大于零，因此，主轴组件存在最小柔度值，即最大刚度值。当柔度一阶导数等于零时，主轴组件刚度为最大值，这时的跨距应为最佳跨距 l_0。当 a 值已定时，则存在一个最佳跨距 l_0。通常 $l_0/a=2\sim3.5$。从线图上看出，在 l/a 的最佳值附近，柔度变化不大。当 $l>l_0$ 时，柔度的

增加比 $l < l_0$ 时慢。因此,设计时应争取满足最佳跨距。若结构不允许,则可使跨距略大于最佳值。下面讨论最佳跨距 l_0 的确定方法。

最小挠度的条件为$\frac{d\delta}{dl}=0$,这时的 l 应为最佳跨距 l_0,即

$$\frac{d\delta}{dl} = \frac{Fa^3}{3EI}\frac{1}{a} + \frac{F}{K_A}\left[\left(1 + \frac{K_A}{K_B}\right)\left(-\frac{2a^2}{l_0^3}\right) - 2\frac{a}{l_0^2}\right] = 0$$

整理,得

$$l_0^3 - \frac{6EI}{K_A a}l_0 - \frac{6EI}{K_A}\left(1 + \frac{K_A}{K_B}\right) = 0 \qquad (2-26)$$

可以证明,这个一元三次方程只存在唯一的正实根,解一元三次方程,可得到最佳支承跨距 l_0。解此方程较麻烦,因此可用计算线图求解。取综合变量 $\eta = \frac{EI}{K_A a^3}$

代入式(2-26),得

$$\eta = \left(\frac{l_0}{a}\right)^3 \frac{1}{6\left(\frac{l_0}{a} + \frac{K_A}{K_B} + 1\right)}$$

η 是无量纲的量,是 l_0/a 和 K_A/K_B 的函数。故可用 K_A/K_B 为参量变量,以 l_0/a 为变量,做 η 的计算线图,如图2-61所示。计量单位:长度均为m,力为N,弹性模量为Pa,刚度为N/μm。

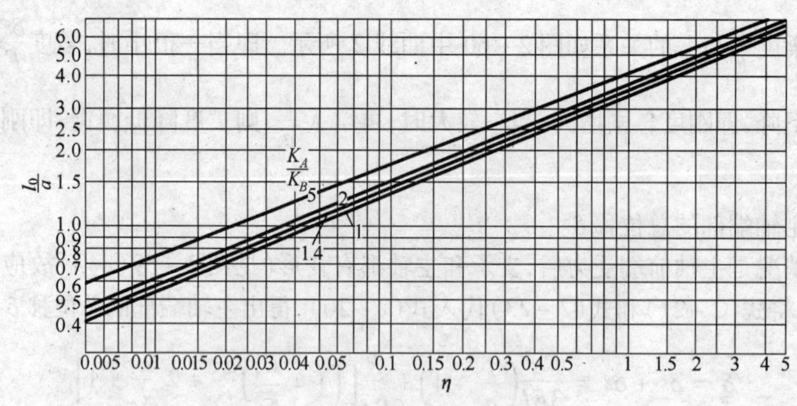

图2-61 主轴最佳跨距计算线图

习题及思考题

2-1 试分析转速图与结构网的相同点和不同点。

2-2 拟定转速图的原则有哪些?

2-3 机床传动系统为什么要前多后少、前密后疏、前缓后急?

2-4 某机床的主轴转速级数 $Z=12$,若采用2级和3级变速组,试写出符合级比规

律的全部结构式。

2-5 画出结构式 $12=2_3 \cdot 3_1 \cdot 2_6$ 的结构网,并分别求出当 $\varphi=1.41$ 时,第二变速组和第二扩大组的级比、级比指数和变速范围。

2-6 判断下列结构式,哪些符合级比规律,哪些不符?不符时,主轴转速排列有何特点?

(1) $8=2_1 \cdot 2_2 \cdot 2_4$;

(2) $8=2_4 \cdot 2_2 \cdot 2_1$;

(3) $8=2_2 \cdot 2_2 \cdot 2_3$;

(4) $8=2_1 \cdot 2_3 \cdot 2_5$。

2-7 某机床采用双速电动机驱动,主轴转速级数 $Z=12$,,设选取公比为 $\varphi=1.26$ 和 $\varphi=1.41$,试分别写出其结构式,并讨论其合理实现的可能性。

2-8 某机床的主轴转速为 $n=100\text{r/min} \sim 1120\text{r/min}$,转速级数 $Z=8$,电动机转速 $n=1440\text{r/min}$,试拟定结构式、画出转速图。

2-9 某机床公比 $\varphi=1.26$,转速级数 $Z=18$,拟定结构式、画出结构网,说出拟定结构式的依据。

2-10 某机床主轴转速取等比数列,其公比 $\varphi=1.58$,主轴最高转速 $n_{\max}=1600$ r/min,主轴变速范围 $R_n=10$,电动机转速为 1450r/min,要求:

(1) 拟定合理的转速图;

(2) 求各变速齿轮的齿数;

(3) 画出主传动系统图。

2-11 试分析图 2-42 所示的机床主轴端部结构,指出其上安装刀具、夹具的定位基准和夹紧方法。

第3章　进给传动系统设计

3.1　进给传动系统特点及设计要点

机床进给传动系统是用来实现机床的进给运动和有关辅助运动,后者包括调位运动和快速运动。根据机床的类型、传动精度、运动平稳性和生产率等要求,可采用机械、液压和电气等不同传动方式。

3.1.1　进给传动的类型及组成

1. 机械传动

机械进给传动系统结构复杂、制造工作量大,但具有工作可靠、维修方便等特点,仍然广泛应用于中、小型普通机床中。图3-1所示为两种典型的机械进给传动系统,主要由动力源、变速机构、换向机构、运动分配机构、过载保险机构、运动转换机构、执行机构以及快速传动机构等组成。

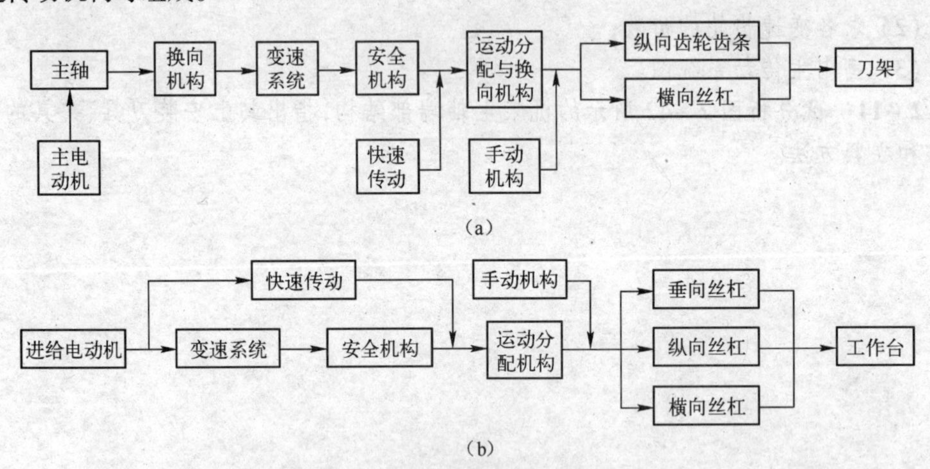

图3-1　两种典型机床的进给传动

(a) CA6140A型普通卧式车床进给系统;(b) X62W型铣床进给系统。

(1) 动力源。进给传动可采用一个或多个电动机单独驱动,便于缩短传动链、实现进给运动的自动控制;也可以和主传动共用一个动力源,便于保证主运动和进给运动之间的严格传动比关系,适用于有内联系传动链的机床,如车床、齿轮加工机床等。

(2) 变速机构。用来改变进给量大小,常用滑移齿轮、交换齿轮、齿轮离合器和机械无级变速器等。设计时,若几个进给运动共用一个变速机构,应将变速机构放置在运动分配机构前面。由于机床进给运动的功率较小、速度较低,有时也采用齿轮折回机构和棘轮机构等。

(3) 换向机构。用来改变进给运动的方向,一般有两种方式,一种是进给电动机换向，换向方便，但普通进给电动机的换向次数不能太频繁；另一种是齿轮或离合器换向，换向可靠，应用广泛。

（4）运动分配机构。实现纵向、横向或垂直方向不同传动路线的转换，常采用各种离合器机构。

（5）过载保险机构。其作用是在过载时自动断开进给运动，过载排除后自动接通，常采用牙嵌离合器、摩擦片式离合器、脱落蜗杆等。

（6）运动转换机构。用来转换运动类型，一般是将回转运动转换为直线运动，常采用齿轮齿条、蜗杆齿条、丝杠螺母机构等。

（7）快速传动机构。为了便于调整机床、节省辅助时间和改善工作条件。快速传动可与进给传动共用一个进给电动机，采用离合器进行进给传动链转换；大多数采用单独电动机驱动，通过超越离合器、差动轮系机构或差动螺母机构等，将快速运动合成到进给传动中。

2. 液压传动

液压进给传动通过动力液压缸等传递动力和运动，并通过液压控制技术实现无级调速、换向、运动分配、过载保护和快速运动。油缸本身作直线运动，一般不需要运动转换。液压传动工作平稳、动作灵敏，便于实现无级调速和自动控制，而且在同等功率情况下体积小、重量轻、机构紧凑，因此广泛用于磨床、组合机床和自动车床的进给传动中。

3. 电气传动

电气进给传动是采用无级调速电动机，直接地或经过简单的齿轮变速或同步齿形带变速，驱动齿轮齿条或丝杠螺母机构等传递动力和运动；如采用近年出现的直线电动机可直接实现直线运动驱动。电气传动的机械结构简单，可在工作中无级调速，便于实现自动化控制，因此应用越来越广泛。

数控机床的进给系统称为伺服进给传动系统，由伺服驱动系统、伺服进给电动机和高性能传动元件（如滚珠丝杠、滚动导轨）组成，在计算机（即数控装置）的控制下，可实现多坐标联动下的高效、高速和高精度进给运动。

3.1.2 进给传动系统设计要点

1. 进给运动的特点

（1）按运动链的性质可分为“外联系”进给链和“内联系”进给链。若为“内联系”进给链，要注意提高传动链的传动精度，保证“内联系”传动链两末端件之间相对运动的准确性。

（2）进给传动速度低、受力小、消耗功率少。一般机床的进给量都比较小，最小进给量可达0.01mm/r，甚至更小。为了实现这样低的速度，需解决降速问题，常采用降速很大的传动机构，如丝杠螺母副、蜗轮蜗杆副、行星机构等。这样，可获得较大的扭矩，缩短进给传动链，减小传动误差，操作安全。虽然这些机构的传动效率较低，但因功率小，实际上功率的损失也很小。对于精密机床，有时进给速度很低，运动部件容易产生爬行（即运动部件出现时走时停或时快时慢的现象），影响机床的加工精度、表面粗糙度以及刀具寿命，因此，需考虑防止爬行问题。

进给传动受力比较小，因此各传动件的尺寸较小，箱体内结构较紧凑。由于进给速度低，齿轮的圆周速度也较低，故除“内联系”传动齿轮外，对进给传动齿轮的精度要求不高，一般可采用8级精度。

（3）进给传动中对传动链换接的要求比较多。多数机床进给运动的数目比较多。例如，普通车床有纵、横2个方向进给运动；升降台铣床有纵、横及垂直3个方向进给运动；卧式镗床的进给运动，多达4个~5个。进给运动一般需要换向，执行进给运动的部件，往往还需作快速运动和调整运动等，因此，进给运动中运动链换接要求比较多，如接通快速或进给传动链、接通纵向或横向进给运动传动链、运动的启动或停止、运动的换向等。

（4）进给传动的载荷特点为恒扭矩工作。机床的进给运动大多数为直线运动。直线进给运动的载荷是切削力，与切削面积成正比。根据工艺规程，当进给量较大时，采用较小的背吃刀量；当背吃刀量较大时，采用较小的进给量，进给力基本相同，最大切削力可能出现于任何进给速度中。因此，最后输出轴最大扭矩基本不变，这就是进给传动的恒转矩工作特点。

传动系统中任一传动件所承受的转矩为

$$M_j = \frac{M_{末} \cdot i_j}{\eta_j}(N \cdot mm) \tag{3-1}$$

式中 M_j——计算轴（j轴）上的扭矩（N·mm）；

$M_{末}$——最后输出轴扭矩（N·mm）；

i_j——自计算轴（j轴）到最后输出轴的传动比；

η_j——自计算轴（j轴）到最后输出轴的传动效率。

2. 进给传动系统设计应满足的要求

（1）具有足够的静刚度和动刚度。

（2）具有良好的快速响应性。做低速进给运动或微量进给时不爬行，运动平稳。

（3）抗振性好。不会因摩擦自振而引起传动件的抖动或齿轮传动的冲击噪声。

（4）具有足够宽的调速范围。保证实现所要求的进给量，以适应不同的加工材料，使用不同刀具，满足不同的零件加工要求，能传递较大的扭矩。

（5）进给系统的传动精度和定位精度要高。

（6）结构简单。加工和装配的工艺性好，调整维修方便，操纵轻便灵活。

3. 进给传动系统设计要点

1）进给传动系统的计算转速

进给传动系统是在恒扭矩（在各种转速下最大扭矩相等）条件下工作的，因此，确定进给传动系统的计算转速，主要是为了确定所需要的传动功率。

进给系统是恒转矩载荷，在各种进给速度下，末端输出轴上受的扭矩是相同的，即

$$M_j n_j = M_{末} n_{末}, \ i = \frac{n_{末}}{n_j}$$

在进给传动系统的最大升速链中，各传动件至末端输出轴的传动比最大，承受的扭矩也最大，故各传动件的计算转速是其最高转速。

进给传动系统的计算转速（计算速度）可按下列3种情况确定：

（1）具有快速运动的进给系统，传动件的计算转速（计算速度）是取在最大快速运动

时的转速(速度)。

(2) 对于运动部件沿进给运动方向的摩擦力大于进给方向的切削分力的大型机床和高精度、精密机床的进给系统,传动件的计算转速(计算速度)取在最大进给速度时的转速(速度)。

(3) 对于进给运动方向的切削分力远大于运动部件沿进给运动方向的摩擦力的中型机床的进给系统,传动件的计算转速(计算速度)是由该机床在最大切削力工作时所用的最大进给速度决定的,一般约为机床规格中规定的最高进给速度的1/2~1/3。

2) 变速系统的传动副要"前少后多"、降速要"前快后慢"、传动线要"前疏后密"。

对于进给量按等比数列排列的变速系统,其设计原则刚好与主传动变速系统的设计原则相反。这样,可减小中间传动件至末端传动件的传动比,减少所承受的扭矩,以便减小尺寸,使结构更为紧凑。

3) 进给传动的变速范围

进给传动系统速度低,受力小,消耗功率小,齿轮模数较小,因此,进给传动系统变速组的变速范围可取比主变速组较大的值,即 $1/5 \leqslant i \leqslant 2.8$,变速范围 $R \leqslant 14$ 。为缩短进给传动链,减小进给箱的受力,提高进给传动的稳定性,进给系统的末端件常采用降速很大的传动机构,如蜗杆蜗轮、丝杠螺母、行星机构等。

4) 进给传动系统采用传动间隙消除机构

对于精密机床、数控机床的进给传动系统,为保证传动精度和定位精度,尤其是换向精度要有传动间隙消除机构,如齿轮传动间隙消除机构和丝杠螺母传动间隙消除机构等。

5) 快速空行程传动的采用

为缩短进给空行程时间,要设计快速空行程传动,快速与工进要在带负载的运行中交换。常采用超越离合器、差动机构或电气伺服进给传动等。

(1) 采用超越离合器。图3-2(a)所示的单向超越离合器主要由外壳1、滚柱2、星形体3、顶销4、弹簧5和拨爪6等零件组成。平时,在弹簧、顶销的作用下,滚柱2被顶在外壳1与星形体3所形成的楔缝内。外壳1慢速转动时,由于摩擦力的作用,使滚柱2夹在星形体3和外壳1之间,越挤越紧,于是带动星形体3转动,因而实现慢速进给运动。当需要实现快速运动时,可使星形体作顺时针快速运动,由于星形体比外壳转得快,迫使

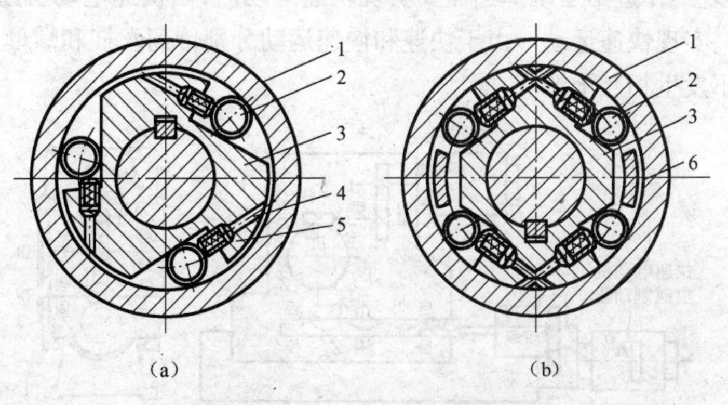

图3-2 单向与双向超越离合器

1—外壳;2—滚柱;3—星形体;4—顶销;5—弹簧;6—拨爪。

滚柱 2 从楔缝中滚出。这样外壳 1 的慢速回转就传不到星形体 3 上面,即切断了慢速运动,致使两种运动互不干扰。当快速停止时,就可立即恢复慢速。但是单向超越离合器,只允许星形体按照一个方向进行快速超越,如果需要两个方向进行快速超越,则应采用双向超越离合器。图 3-2(b)所示的双向超越离合器主要由外壳 1、滚柱 2、星形体 3、拨爪 6 等零件组成。在拨爪的两面各有一个滚柱,分别装在方向相反的两个楔缝内。慢速时,外壳 1 无论向哪个方向回转,都可以通过相应的滚柱挤紧在楔缝中,带动星形体实现慢速回转运动。当需要实现快速超越时,通过拨爪作顺时针或反时针快速回转,迫使两个滚柱从楔缝中退出,并直接带动星形体实现快速运动。

(2) 采用差动机构。图 3-3 所示为龙门铣床的一种进给传动方案。当工作进给时,进给电动机经变速装置、蜗杆蜗轮传入差动轮系。由于快速电动机不动,差动轮系同一般定轴轮系一样实现工作进给。当需要快速运动时,则可启动快速电动机,经蜗杆蜗轮传入

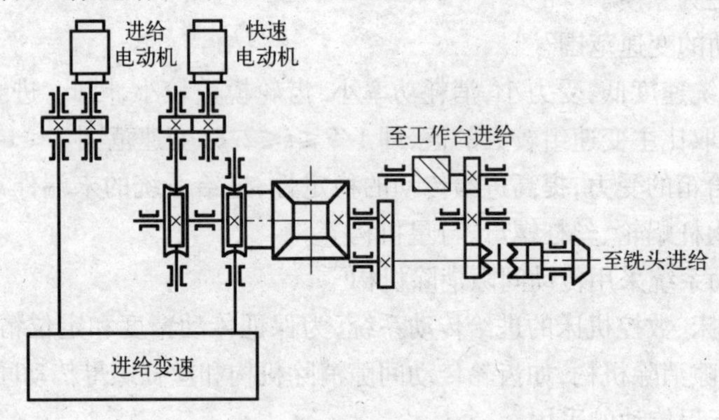

图 3-3　龙门铣床进给传动方案

差动轮系的系杆实现快速运动。这种方式在不断开工作进给的情况下,可接通快速运动,其方向决定于快速电动机的转向,其速度决定于快速和慢速的合成速度。

(3) 采用差动螺母。图 3-4 所示为组合机床机械动力头的传动系统。动力头的主运动与进给运动共用一个电动机,而快速运动由单独电动机驱动。工作进给是由蜗杆蜗轮 Z_1/Z_2、交换齿轮 Z_A/Z_B、蜗杆蜗轮 Z_3/Z_4、传动进给丝杠螺母机构的螺母完成。如果丝杠不转就可实现工作进给运动。当需要实现快速运动时,由快速电动机经一对齿轮直接带动丝杠回转,实现快速运动。由于快速和慢速运动分别传到丝杠和螺母上,两个运动可以同时接通,不发生相互干涉。

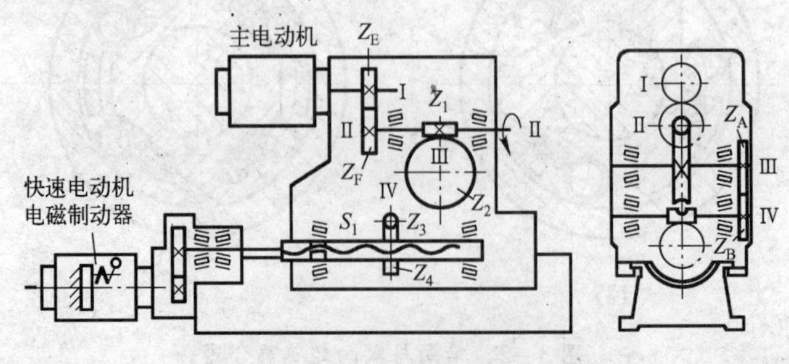

图 3-4　机械动力头传动系统图

6）微量进给机构的采用

常用的微量进给机构中最小进给量大于1μm的机构有：蜗杆传动、丝杠螺母、齿轮齿条传动等。适用于进给行程大，进给量、进给速度变化范围宽的机床；小于1μm的进给机构有弹性力传动、磁致伸缩传动、电致伸缩传动、热应力传动等，都是利用材料的物理性能实现微量进给。特点是结构简单、位移量小、行程短。

3.2 进给传动链的传动精度

机床的传动精度是指机床“内联系”传动链两末端件之间相对运动的准确性。例如车削螺纹时机床的传动链应在整个加工过程中始终保证主轴转1圈，刀架移动1个螺纹导程值。机床的传动精度是评价机床质量的重要标准之一。

3.2.1 误差来源

在传动链中，各传动件的制造误差和装配误差以及传动件因受力和温度变化而产生的变形都会影响传动链的传动精度。在传动件的制造误差中，传动件的轴向跳动和径向跳动，齿轮和蜗轮的齿形误差、周节误差和周节累积误差，丝杠、螺母和蜗杆的半角误差、导程误差和导程累积误差等，是引起传动误差的主要来源。

3.2.2 误差传递规律

在传动链中，各个传动件的传动误差都按一定传动比依次传递，最后集中反映在末端件上，其传动规律可用下式表示：

$$\Delta\varphi_n = \Delta\varphi_i u_i$$

$$\Delta l_n = r_n \Delta\varphi_n = r_n \Delta\varphi_i u_i$$

式中 $\Delta\varphi_i$——传动件 i 的角度误差；

u_i——传动件 i 到末端件 n 之间的传动比；

$\Delta\varphi_n$，Δl_n——由 $\Delta\varphi_i$ 引起的末端件 n 的角度误差和线值误差；

r_n——在末端件 n 上与加工精度有关的半径。

由于传动链是由若干传动件组成的，所以每一传动件的误差都将传递到末端件上。转角误差都是矢量，总转角误差应为各误差的矢量和，在矢量方向未知的情况下，可用均方根误差来表示末端件的总误差 $\Delta\varphi_\Sigma$、Δl_Σ，即

$$\Delta\varphi_\Sigma = \sqrt{(\Delta\varphi_1 u_1)^2 + (\Delta\varphi_2 u_2)^2 + \cdots + (\Delta\varphi_n u_n)^2} = \sqrt{\sum_{i=1}^{n} (\Delta\varphi_i u_i)^2}$$

$$\Delta l_\Sigma = r_n \Delta\varphi_\Sigma$$

3.2.3 提高传动精度措施和“内联系”传动链设计原则

根据上述分析得出提高传动精度的措施，也是“内联系”传动链的设计原则。

1. 缩短传动链

设计传动链时尽量减少串联传动件的数目，以减少误差的来源。

2. 合理分配传动副的传动比

根据误差传递规律,传动链中传动比应采取递降原则。

在“内联系”传动链中,运动通常是由某一中间传动件传入,此时向两末端件的传动应采用降速传动(图3-5),则中间传动件的误差反映到末端件上可以被缩小,并且末端件传动副的传动比应最小,即降速幅度最大。所以在传递旋转运动时,末端传动副应采用蜗轮副;在传递直线运动时,末端传动副应采用丝杠副。

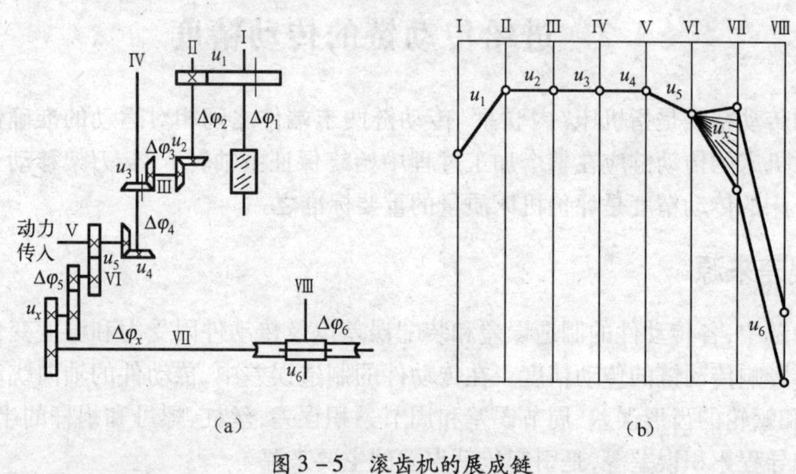

图3-5 滚齿机的展成链

(a)传动系统图;(b)转速图。

3. 合理选择传动件

“内联系”传动链中不允许采用以下传动比不准确的传动副:

(1)摩擦传动副。

(2)斜齿圆柱齿轮的轴向窜动会使从动齿轮产生附加的角度误差,为了保证传动平稳,必须采用斜齿圆柱齿轮传动时,应将螺旋角取得小些。

(3)梯形螺纹的径向跳动会使螺母产生附加的线值误差,采用梯形螺纹丝杠时,应将螺纹半角取得小些,一般小于7.5°。

(4)圆锥齿轮、多头蜗杆和多头丝杠的制造精度低。为了减少蜗轮的齿圈径向跳动引起节圆上的线值误差,齿轮精加工机床常采用小压力角的分度蜗轮,此外尽量加大蜗轮直径,以便缩小反映到工件上的误差。

传动精度要求高的传动链,应尽量不用或少用这些传动件。

4. 合理确定各传动副精度

根据误差传递规律,末端件上传动副误差直接反映到执行件上,对加工精度影响最大,因此其精度应高于中间传动副。在图3-5中,在两个末端件传动副中,分度蜗轮副的误差$\Delta\varphi_6$直接影响相对转角$\Delta\varphi_\Sigma$,而滚刀主轴传动副的误差$\Delta\varphi_1$则还要乘以k/z而缩小。因此常使传往滚刀主轴的齿轮副u_1的精度,比中间传动副高1级;分度蜗轮副u_6则高2级。以上所说的精度,主要指运动精度,而运动平稳性和接触精度可以比运动精度低1级。

5. 采用校正装置

为了进一步提高进给传动精度,可以采用校正装置。机械式校正装置是针对具体机床的实际传动误差制成校正尺或校正凸轮,用以推动执行件产生附加运动,对传动误差进行补偿。由于机械校正装置结构复杂,补偿精度有限,应用并不普遍。

近几年出现了利用光电原理制成的校正装置。数控机床采用检测反馈、软件或硬件补偿等方法,使机床的定位精度与传动精度得到了大幅度提高。

3.3 伺服进给系统的机械机构设计

数控机床进给系统的机械传动结构,包括引导和支承执行部件的导轨、丝杠螺母副、齿轮齿条副、蜗轮蜗杆副、齿轮或齿链副及其支承部件等。数控机床的进给运动是数字控制的直接对象,被加工工件的最终坐标位置精度和轮廓精度都与其传动结构的几何精度、传动精度、灵敏度和稳定性密切相关。为此,设计和选用机械传动结构时,必须考虑减少摩擦阻力、提高传动精度和刚度、减少运动惯量等问题。

3.3.1 传动齿轮副

1. 传动齿轮副的作用

(1) 减速。进给系统采用齿轮传动装置,是为了使丝杠、工作台的惯量在系统中占有较小的比重。

(2) 增大转矩。使高转速低转矩的伺服驱动装置的输出变为低转速大转矩,适应驱动执行件的需要。

(3) 检测。在开环系统中还可以计算所需的脉冲当量。

2. 设计传动齿轮副时应考虑的问题

(1) 满足强度要求。

(2) 速比分配。增加传动级数,可以减小转动惯量,但级数增加,使传动装置结构复杂,降低了传动效率,增大了噪声,同时也增大了传动间隙和摩擦损失,对伺服系统不利。要综合考虑,选取最佳的传动级数和各级的速比。

(3) 传动间隙的影响。传动级数越多,存在传动间隙的可能性越大。若传动链中齿轮速比按递减原则分配,则传动链的起始端的间隙影响较小,末端的间隙影响大。

3. 消除传动齿轮间隙的措施

由于数控机床进给系统的传动齿轮副存在间隙,在开环系统中会造成进给运动的位移值滞后于指令值;反向时,会出现反向死区,影响加工精度。在闭环系统中,由于有反馈作用,滞后量虽可得到补偿,但反向时会使伺服系统产生振荡而不稳定。为了提高数控机床伺服系统的性能,在设计时必须采取相应的措施,使间隙减小到允许的范围内。通常采取下列方法消除间隙:

1) 刚性调整法

刚性调整法是调整后齿侧间隙不能自动补偿的调整法。因此,齿轮的周节公差及齿厚要严格控制,否则影响传动的灵活性。这种调整方法结构比较简单,且有较好的传动刚度。

(1) 偏心轴套调整法。如图 3-6 所示,电动机通过偏心套 2 安装在箱体上,转动偏心套可在一定程度上消除因齿厚误差和中心距误差引起的齿侧间隙,但不能消除因偏心误差引起的齿侧间隙变动。

(2) 双片斜齿轮轴间垫片调整法。

调整法1:如图3-7所示,一对啮合着的圆柱齿轮,若它们的节圆沿着齿厚方向制成一个较小的锥度,只要改变垫片的厚度就能改变齿轮2和齿轮1的轴向相对位置,从而消除了齿侧间隙。

调整法2:如图3-8所示,将一个斜齿轮制成两片3、4,中间加一个垫片2,改变垫片厚度可引起斜齿轮的螺旋线产生错位,使双齿轮的齿侧分别贴紧宽齿轮齿槽的左、右侧面,达到消除间隙的目的。若将垫片厚度增加或减少Δt,与齿侧隙Δ的关系为

$$\Delta t = \Delta \cot\beta$$

式中 β——斜齿轮螺旋角。

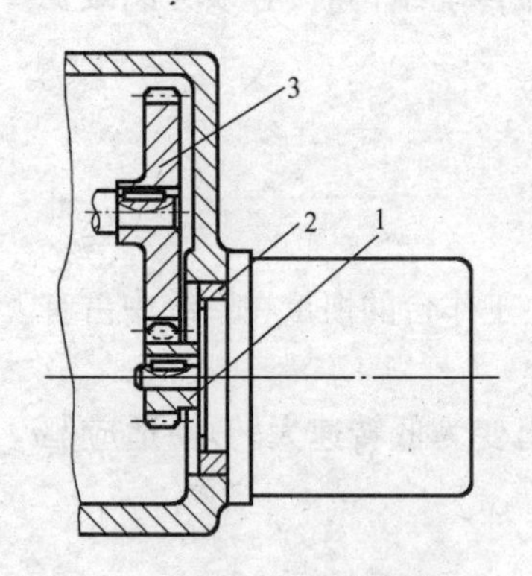

图3-6 偏心轴调整法

1,3—齿轮; 2—偏心轴套。

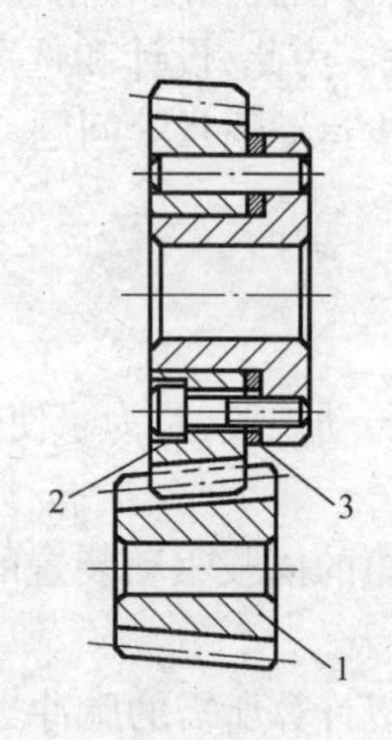

图3-7 轴向垫片调整法1

1,2—齿轮; 3—垫片。

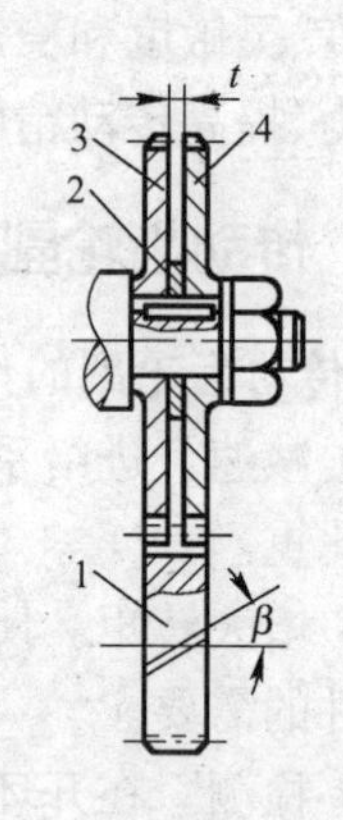

图3-8 轴向垫片调整法2

1—宽斜齿轮; 2—垫片;

3,4—薄片斜齿轮。

垫片的厚度采用试验法确定,一般要经过几次修磨垫片厚度,直至既能消除齿侧间隙,又使齿轮传动灵活为止。这种调整法结构简单,但调整费事,齿侧间隙不能自动补偿,同时,无论正、反向旋转时,分别只有一个薄斜齿轮受载荷,故齿轮的承载能力较小。

2) 柔性调整法

柔性调整法是调整之后齿侧间隙仍可自动补偿的调整法。利用弹簧力消除齿侧间隙,并能自动补偿间隙的变化,可补偿因周节或齿厚变化引起的侧隙变动,做到无间隙啮合。但结构复杂、传动刚度低、平稳性差,一般仅用于传递动力较小的场合。

(1) 轴向压簧调整法。如图3-9所示,两薄片齿轮1、2用健4滑套在轴6上,用螺母5来调整压力弹簧3的轴向压力,使齿轮1和2的左、右齿面分别与宽斜齿轮7齿槽的左右侧面贴紧。弹簧力需要调整适当,过松消除不了间隙,过紧则齿轮磨损过快。

(2) 周向弹簧调整法。如图3-10所示,两个齿数相同的薄片齿轮1和2套装在一起,同一个宽齿轮相啮合,齿轮1空套在齿轮2上,可以相对回转。每个齿轮端面分别均匀装有4个螺纹凸耳3和8,齿轮1的端面还有4个通孔,凸耳8可以从中穿过,弹簧4分别钩在调节螺钉7和凸耳3上,旋转螺母5和6可以调整弹簧4的拉力,弹簧的拉力可以使薄片齿轮错位,即两片薄齿轮的左、右齿面分别与宽齿轮齿槽的右、左面贴紧,消除了齿侧间隙。

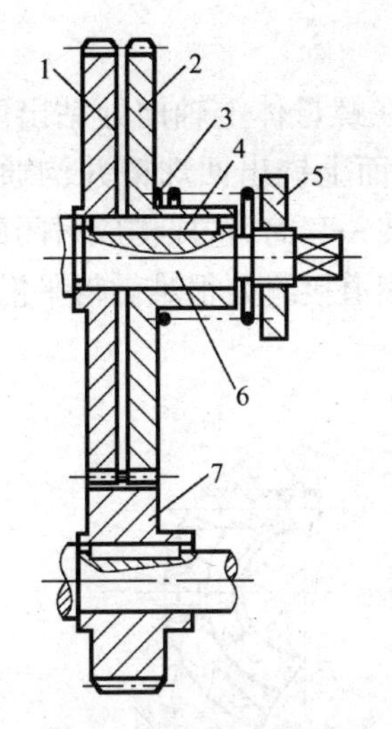

图 3-9　轴向压簧调整

1,2—薄片斜齿轮; 3—弹簧; 4—键; 5—螺母; 6—轴; 7—宽斜齿轮。

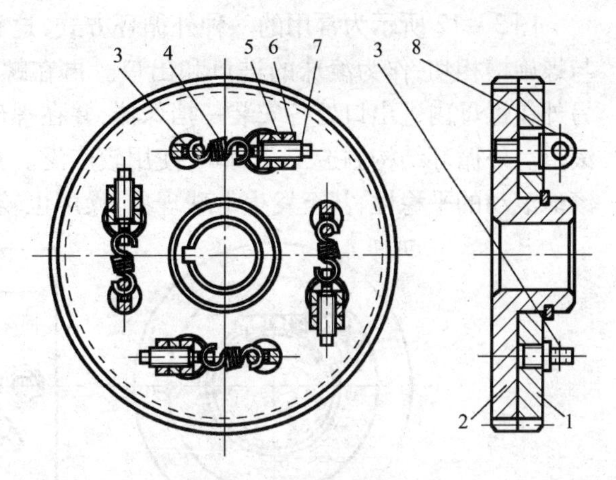

图 3-10　周向弹簧调整

1,2—薄片斜齿轮; 3,8—螺纹凸耳; 4—弹簧; 5,6—螺母; 7—螺钉。

圆锥齿轮传动的消隙机构,其原理与上述方法相同。

3.3.2　丝杠螺母副

数控机床的进给运动链中,将旋转运动转换为直线运动的方法很多,采用丝杠螺母副是常用的方法之一。本节只介绍滚珠丝杠螺母副。

1. 工作原理与特点

如图 3-11 所示,滚珠丝杠副是一种靠滚珠传递和转换运动的新型元件,其丝杠 3 和螺母 1 上分别加工有半圆弧形沟槽,合在一起形成滚珠的圆形滚道,并在螺母上加工有使滚珠形成循环的回珠通道,当丝杠和螺母相对转动时,滚珠可在滚道内循环滚动,因而迫使丝杠和螺母产生轴向相对移动。由于丝杠和螺母之间是滚动摩擦,因而具有下列特点:

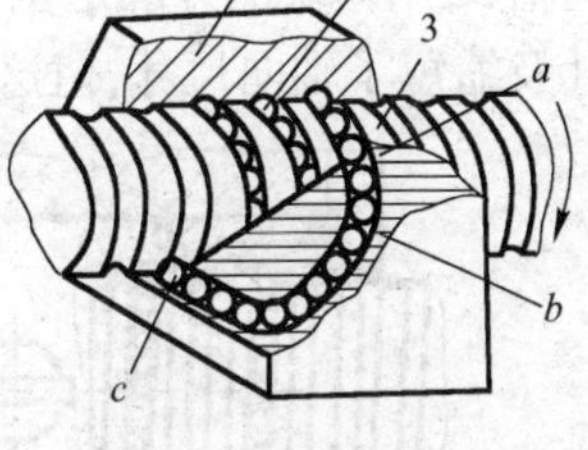

图 3-11　滚珠丝杠副的结构原理示意图

1—螺母; 2—滚珠; 3—丝杠。

(1) 摩擦损失小,传动效率高,可达 90% ~96%,是普通滑动丝杠副的 3 倍 ~4 倍。

(2) 摩擦阻力小,几乎与运动速度无关,动、静摩擦力之差极小,因而能保证运动灵敏、平稳,低速时不易产生爬行现象。磨损小、精度保持性好,寿命长。

(3) 丝杠螺母之间进行消隙或预紧,可以消除反向间隙,使反向无死区,定位精度高、轴向刚度大。

(4) 不能自锁,传动具有可逆性,即能将旋转运动转换为直线运动或将直线运动转换为旋转运动,因此在某些场合,如传递垂直运动时. 应增加制动或防止逆转装置,以防工作台因自重而自动下降等。

2. 滚珠丝杠螺母副的循环方式

常用的循环方式有两种。滚珠在循环过程中有时与丝杠脱离接触的称为外循环;始终与丝杠保持接触的称为内循环。

1）外循环

图 3－12 所示为常用的一种外循环方式，这种结构是在螺母体上轴向处钻出两个孔与螺旋槽相切，作为滚珠的进口和出口。再在螺母的外表面上铣出回珠槽并沟通两孔。另外在螺母内进出口处各安装一挡珠器，并在螺母外表面装一套筒，这样构成封闭的循环滚道。外循环结构制造工艺简单，使用较广泛。其缺点是滚道接缝处很难做得平滑，影响滚珠滚动的平稳性，甚至发生卡珠现象，噪声也较大。

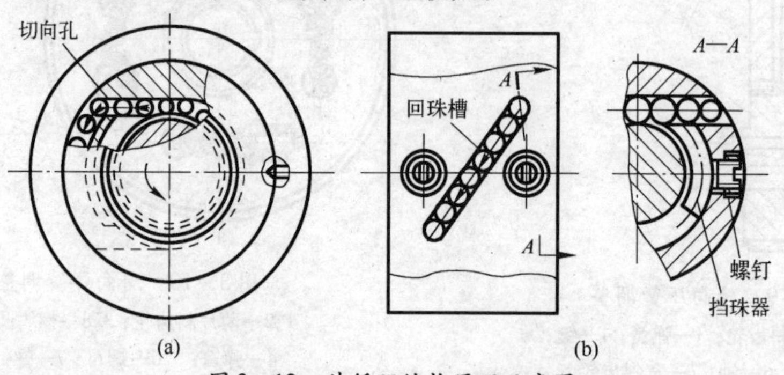

图 3－12　外循环结构原理示意图

2）内循环

内循环均采用反向器实现滚珠循环。反向器有两种型式，结构原理如图 3－13 所示。图 3－13(a)所示为圆柱凸键反向器，反向器的圆柱部分嵌入螺母内，端部开有反向槽 2。反向槽靠圆柱外表面及其上端的凸键 1 定位，以保证对准螺纹滚道方向。图 3－13(b)所示为扁圆镶块反向器，反向器为半圆头平键形镶块，镶块嵌入螺母的切槽中，其端部开有反向槽 3，用镶块的外廓定位。两种反向器比较，后者尺寸较小，从而减小了螺母的径向尺寸及缩短了轴向尺寸，但这种反相器的外廓和螺母上的切槽尺寸精度要求较高。

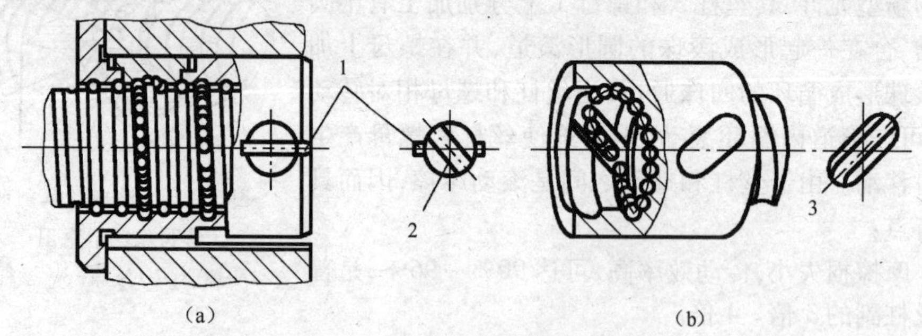

图 3－13　内循环结构原理示意图

(a) 圆柱凸健反向器；(b) 扁圆镶块反向器。

1—凸健；2,3—反向槽。

和外循环反向器相比，内循环反向器的结构紧凑，定位可靠，刚性好，且不易磨损。返回滚道短，不易发生滚珠堵塞，摩擦损失也小；其缺点是反向器结构复杂，制造较困难，不能用于多头螺纹传动。

3. 滚珠丝杠螺母副的预紧方法

在一般情况下，滚珠同丝杠和螺母的滚道之间存在一定间隙。当滚珠丝杠开始运转时，总要先运转一个微小角度，以使滚珠同丝杠和螺母的圆弧形滚道的两侧面发生接触，然后才真正开始推动螺母作轴向移动，进入真正的工作状态。当滚珠丝杠反向运转时，也会先空运转一个微小角度。滚珠丝杠副的这种轴向间隙会引起轴向定位误差，严重时还会导致系统控制的“失步”。在载荷作用下滚珠与丝杠和螺母两滚道侧面的接触点处还会发生微小的接触变形，因此，当丝杠转向发生改变时，滚珠同丝杠和螺母两滚道面一侧的弹性接触变形的恢复和另一侧接触变形的形成还会进一步增加滚珠的轴向移动量，导致丝杠空运转量的进一步增加。根据接触变形理论，滚珠同滚道面的接触变形会随载荷的增加急剧下降，因此，为了提高滚珠丝杠副的定位精度和刚度，应对其进行预紧，即施加一定的预加载荷，使滚珠同两滚道侧面始终保持接触（即消隙状态）并产生一定的接触变形（即预紧状态）。

滚珠丝杠副进行消隙和预紧的方法主要有 3 种，基本原理都是使两个螺母产生轴向位移，以消除它们之间的间隙和施加预紧力。

1）预紧法 1

如图 3－14 所示结构，通过改变垫片的厚度，使螺母产生轴向位移。这种方法结构简单可靠、刚性好，但调整较费时间，且不能在工作中随意调整。

2）预紧法 2

图 3－15 所示为利用螺纹调整实现预紧的结构，两个螺母以平健与外套相连，其中右边的一个螺母外伸部分有螺纹。用两个锁紧螺母 1、2 能使螺母相对丝杠作轴向移动。这种结构紧凑，工作可靠，调整方便，但调整位移量不易精确控制，预紧力也不能准确控制。

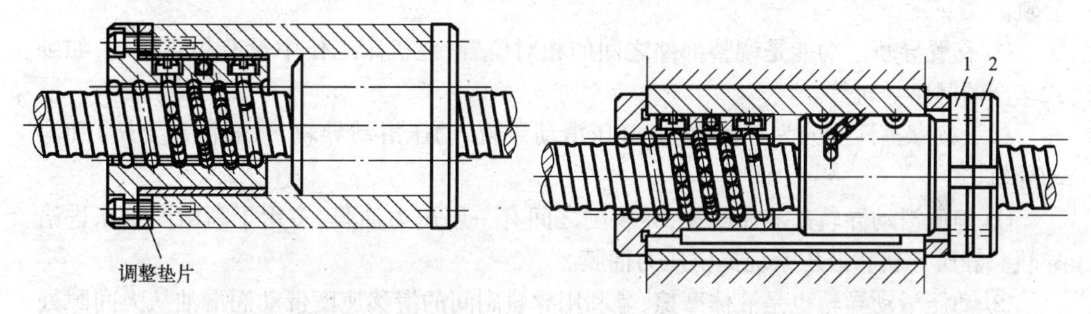

图 3－14　滚珠丝杠螺母副的预紧法 1

图 3－15　滚珠丝杠螺母副的预紧法 2
1，2—锁紧螺母。

3）预紧法 3

图 3－16 所示为齿差调隙式结构。在两个螺母的凸缘上分别切出齿数为 Z_1、Z_2 的齿轮，而且 Z_1 与 Z_2 相差一个齿。两个齿轮分别与两端相应的内齿圈相啮合。内齿圈紧固在螺母座上，预紧时脱开内齿圈，使两个螺母同向转过相同的齿数，然后再合上内齿圈。两螺母的轴向相对位置发生改变从而实现间隙的调整和施加预紧力。如果其中一个螺母转过一个齿时，则其轴向位移量为 $s=\frac{t}{Z}$（t 为丝杠螺距，Z 为齿轮齿数）。若两个齿轮沿同方向各转过一个齿时，轴向位移量为

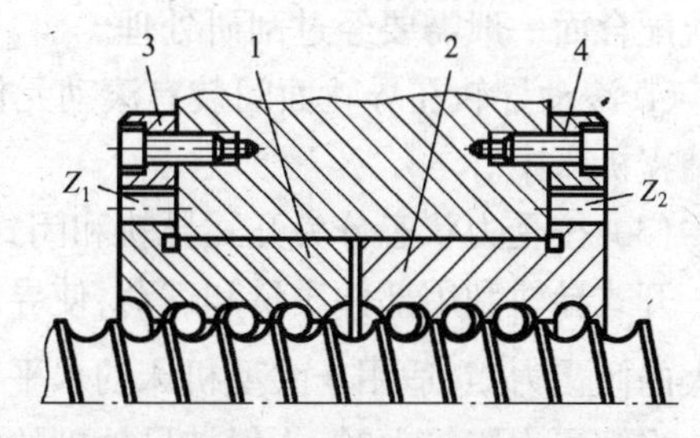

图 3－16　滚珠丝杠螺母副的预紧法 3
1，2—外齿轮；3—内齿圈；4—螺钉。

$$s=\frac{t}{Z_1}-\frac{t}{Z_2}=\frac{t}{Z_1Z_2}$$

例如，当 $Z_1=99, Z_2=100, t=10\text{mm}$ 时，则 $s=10/9900\approx1\mu\text{m}$，即两个螺母在轴向产生 $1\mu\text{m}$ 的位移。

这种调整方式结构复杂，但调整准确可靠，精度较高。

3.4 导 轨

3.4.1 导轨的功用与分类

1. 功用

导轨是指引导部件沿一定方向运动的一组平面或曲面。导轨的功用是导向和承载。即引导运动部件沿一定轨迹（通常为直线和圆）运动，并承受运动件及其安装件的重力以及切削力。在导轨副中，运动的导轨称为动导轨，固定不动的导轨称为支撑导轨。

2. 分类

（1）按运动性质分为主运动导轨、进给运动导轨和移置导轨。

① 主运动导轨副之间相对运动速度较高。龙门铣刨床、普通刨插床以及拉床、插齿机等是主运动导轨。

② 进给运动导轨副之间的相对运动速度较低。机床中大多数导轨属于进给运动导轨。

③ 移置导轨。功能是调整部件之间的相对位置，在机床工作中没有相对运动，如卧式车床的尾座导轨等。

（2）按摩擦性质分为滑动导轨（静压滑动导轨、动压滑动导轨、普通滑动导轨）和滚动导轨。

① 静压滑动导轨是液体摩擦，导轨副之间有一层压力油膜，多用于高精度机床进给导轨。静压导轨靠液压系统提供压力油膜。

② 动压滑动导轨也是液体摩擦，是利用导轨副间的滑移速度带动润滑油从大间隙处向狭窄处流动，形成动压油膜。

③ 普通滑动导轨为混合摩擦，油楔不能隔开导轨面，导轨面仍处于直接接触状态。导轨配合面一般需要经过刮研处理。

④ 滚动导轨在导轨面间装有滚动元件，形成滚动摩擦，广泛应用于数控机床和精密、高精密机床中。

（3）按受力状态分为开式导轨和闭式导轨。

开式导轨利用部件质量和载荷，使导轨副在全长上始终保持接触；开式导轨不能承受较大的倾覆力矩，适用于大型机床的水平导轨。

当倾覆力矩较大时，为保持导轨副始终接触，需增加辅助导轨副，如图 3－17 所示，通过压块形成闭式导轨。

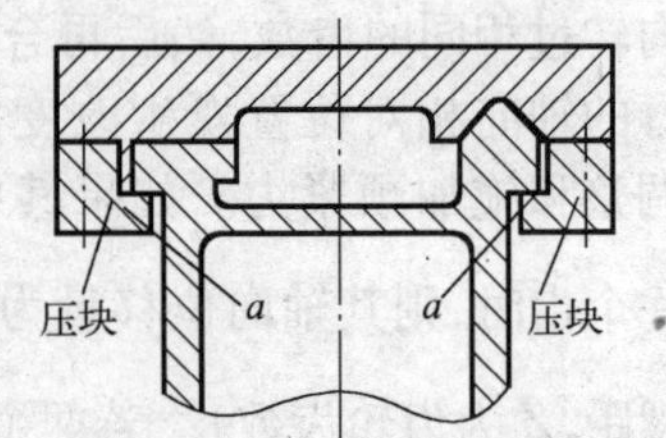

图 3－17　闭式导轨

3.4.2 导轨的基本要求

导轨性能和质量的好坏对机床的加工精度、承载能力和使用寿命有直接影响。因此，应满足以下基本要求：

1. 导向精度

导向精度是指导轨副相对运动的的直线度(直线运动导轨)或圆度(圆周运动导轨),即动导轨运动轨迹的准确度。主要影响因素有:导轨的几何精度和接触精度,结构形式,导轨和支承件的刚度和热变形,装配质量;对于动压导轨和静压导轨,还与油膜刚度有关。

接触精度指导轨副摩擦面实际接触面积占理论面积的百分比。磨削和刮研的导轨面,接触精度用着色法检验,以 1 英寸[①]面积内的接触点数来衡量。

2. 精度保持性

精度保持性是指导轨能否长期保持原始精度。影响精度保持性的主要因素是磨损,即导轨的耐磨性。

常见的磨损形式有:磨料磨损、粘着磨损和疲劳磨损。

(1) 磨料磨损。导轨面间存在着坚硬的微粒称为磨粒,可能是外界或润滑油中带入的切屑,也可能是导轨面上的硬点或导轨本身磨损的产物,它们夹在导轨面间随之相对运动,形成对导轨表面的"切削"使导轨面划伤。

磨料磨损将逐渐磨掉薄层金属,如果是均匀磨损,对精度的影响并不严重,实际上由于导轨面上各处比压与使用情况不同,各处磨损也不一样,将使部件在移动时产生倾斜,影响机床加工精度,此外,机床洁净的状况、润滑、导轨的材料和表面质量等因素都影响机床的磨料磨损。

(2) 粘着磨损,又称为分子机械磨损。在载荷作用下,实际接触点上的接触应力很大,以致产生塑性变形,形成小平面接触,在没有油膜的情况下,裸露的金属材料分子之间的相互吸引和渗透,将使接触面形成粘结而发生咬焊。

(3) 接触疲劳磨损。发生在滚动导轨中。滚动导轨在反复接触应力的作用下,材料表层疲劳,产生点蚀,它是滚动导轨、滚珠丝杠的主要失效形式。

3. 刚度

刚度是指导轨在外载荷作用下抵抗变形的能力。导轨应当具有足够的刚度,保证相关各部件的相对位置精度和导向精度。

导轨的变形包括接触变形、扭转变形、由导轨支承件变形而引起的导轨变形。

导轨的变形主要取决于导轨的形状、尺寸及与支承件的连接方式、受载情况等。

4. 良好的摩擦特性

导轨的摩擦因数要小,动、静摩擦因数应尽量接近,以减小摩擦阻力和导轨热变形,使运动轻便平稳,低速无爬行,这对数控机床特别重要。

5. 结构简单、工艺性好

这是一基本要求。

3.4.3 普通滑动导轨

接触面为滑动摩擦副的导轨称为滑动导轨。普通滑动导轨是一种目前广泛使用的导轨。它结构简单,工艺性好,使用维修方便。但它的摩擦系数大,磨损快,寿命短,容易产

---

① 1 英寸 = 2.54cm(厘米)。

生爬行。

1. 导轨的截面形状

直线运动滑动导轨的截面形状主要有矩形、V 形、燕尾形和圆柱形 4 种，并且每种导轨副有凹凸之分，如图 3－18 所示。对于水平放置的导轨，凸形导轨（指支撑导轨）不易积存切屑，但也不易存留润滑油，多用在低速运动的情况。凹形导轨易存留润滑油，用于高速运动的情况，但铁屑等杂物易落在导轨面上，因此必须有可靠的防护措施。

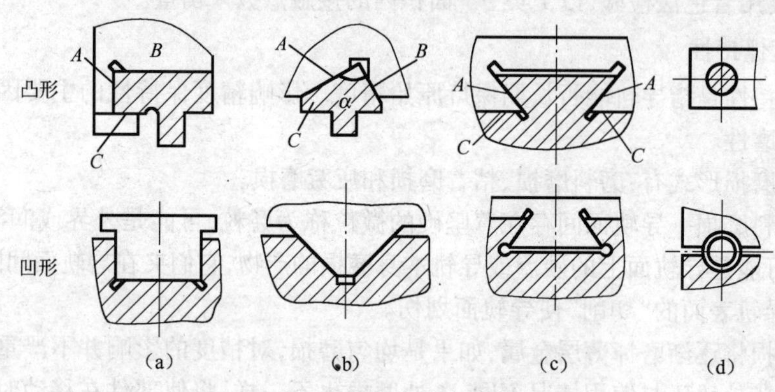

图 3－18　直线滑动导轨的截面形状

(a) 矩形；(b) V 形；(c) 燕尾形；(d) 圆形。

(1) 矩形导轨。图 3－18(a)所示的矩形导轨靠两个彼此垂直的导轨面导向。若只用顶部的导轨面时，也称平导轨。矩形导轨刚度高，承载能力大，容易加工制造，便于维修。但侧导轨面磨损后不能自动补偿，需要有间隙调整装置。

(2) V 形导轨。如图 3－18(b)所示，靠两个相交的导轨面导向。其中，凸形导轨习惯上又称山形导轨。V 形导轨磨损后，动导轨自动下沉补偿磨损量，消除间隙，因此导向精度高。导轨顶角 α 的大小取决于承载能力和导向精度等工作要求，α 角增大，导轨承载能力提高，但摩擦力也随之增大。通常取为 90°（如车床，磨床），对于大型或重型机床（如龙门刨床）α 取为 110°～120°，对于精密机床取 $\alpha<90°$。当导轨面承受的水平力和垂直力相差较大时，可采用不对称 V 形导轨，以使导轨面的压强分布均匀。

(3) 燕尾形导轨。如图 3－18(c)所示，高度较小，结构紧凑，可承受颠覆力矩，间隙调整方便。但摩擦阻力较大，刚度差，制造、检验和维修不便。一般用于受力较小、导向精度要求不高、速度较低、移动部件层次多、高度尺寸要求小的部件（如车床刀架、铣床工作台等）。

(4) 圆柱形导轨。如图 3－18(d)所示，制造方便，工艺性好，但磨损后较难调整间隙，一般用于承受轴向载荷的场合（如摇臂钻床的立柱）。

2. 导轨的组合形式

机床通常采用两条导轨导向和承受载荷。根据导向精度、载荷情况、工艺性以及润滑和防护等方面的要求，可采用不同的组合形式。常见的有如下几种（图 3－19）：

(1) 双 V 形导轨。如图 3－19(a)、(b)所示，导向精度高，磨损后能自动补偿间隙，精度保持性好，但加工、检验和维修困难，各个导轨面都要求接触良好。常用于精度要求较高的机床，如坐标镗床，丝杠车床等。

(2) 双矩形导轨。如图 3－19(c)、(d)所示，刚性好，承载能力大，易于加工和维修。

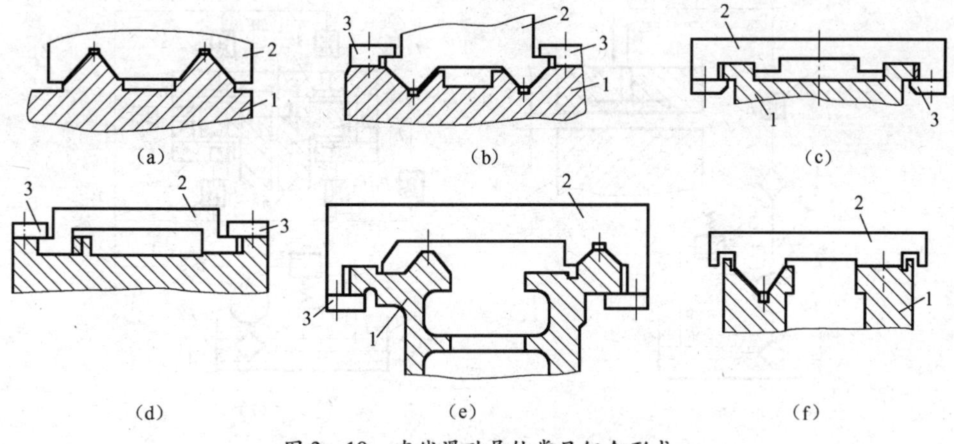

图 3-19 直线滑动导轨常见组合形式

1—支承导轨；2—动导轨；3—压板。

但导向性差，磨损后不能自动补偿间隙。适用于普通精度机床和重型机床，如重型车床、升降台铣床、龙门铣床等。

(3) V 形—矩形导轨组合。如图 3-19(e)、(f)所示，导向性好，刚度大，制造方便，在实际中得到广泛应用，适用于卧式车床、龙门刨床等，

3.4.4 静压导轨及滚动导轨

1. 静压导轨

静压导轨的滑动面间开有油腔，将有一定压力的油通过节流器输入油腔，形成压力油膜，浮起运动部件，使导轨工作表面处于纯液体摩擦，不产生磨损，精度保持性好。同时摩擦因数也极低($f=0.0005$)，使驱动功率大幅度降低；其运动不受速度和负载的限制，低速无爬行现象，承载能力大，刚度好；油液有吸振作用，抗振性好，导轨摩擦发热也小。其缺点是结构复杂，要有供油系统，油的清洁度要求高。

由于承载要求的不同，静压导轨分为开式和闭式两种。其工作原理和静压轴承完全相同。开式静压导轨的工作原理如图 3-20(a)所示，油泵 2 启动后，油经滤油器 1 吸入，用溢流阀 3 调节供油压力 p_s，再经滤油器 4，通过节流阀 5 降压至 p_r(油腔压力)进入导轨的油腔，并通过导轨间隙向外流出，回到油箱 8。油腔压力形成浮力将运动部件 6 浮起，形成一定的导轨间隙 h_0。当载荷增大时，运动部件下沉，导轨间隙减小，液阻增加，流量减小，从而油经过节流阀时的压力损失减小，油腔压力 p_r 增大，直至与载荷 W 平衡时为止。

开式静压导轨只能承受垂直方向的负载，承受颠覆力矩的能力差，闭式静压导轨能承受较大颠覆力矩，导轨的刚度也较好，其工作原理如图 3-20(b)所示。当运动部件 6 受到颠覆力矩 M 后，油腔的间隙 h_3、h_4 增大，h_1、h_6 减小。由于各相应的节流器的作用，使 p_{r3}、p_{r4}减小，p_{r1}、p_{r6}增大，由此作用在运动部件上的力，形成一个与颠覆力矩方向相反的力矩，从而使运动部件保持平衡。而在承受载荷 W 时，则油腔的间隙 h_1、h_4 减小，h_3、h_6 增大。由于各相应的节流阀的作用，使 p_{r1}、p_{r4}增大，p_{r3}、p_{r6}减小，由此形成的浮力向上，以平衡载荷 W。

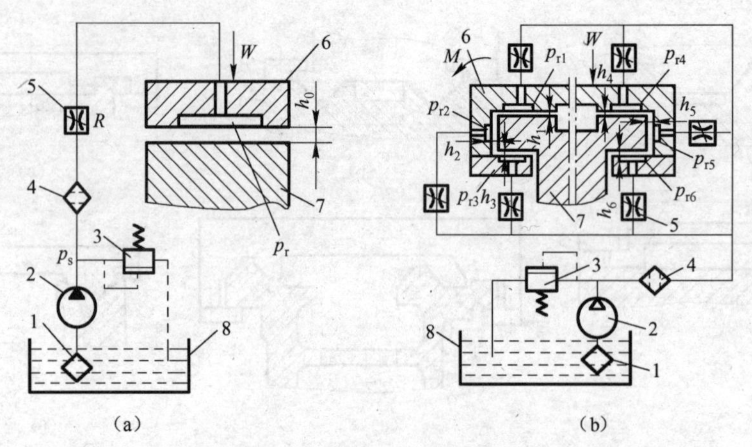

图 3-20 静压导轨工作原理图

(a) 开式；(b) 闭式。

1,4—滤油器；2—油泵；3—溢流阀；5—节流器；6—运动部件；7—支承导轨；8—油箱。

2. 滚动导轨

在两导轨面之间安置滚珠、滚柱或滚针等滚动体，使导轨面之间的摩擦具有滚动摩擦性质，这种导轨称为滚动导轨。

1）滚动导轨的特点

与普通滑动导轨相比，滚动导轨有下列优点：

（1）运动灵敏度高，滚动导轨的摩擦系数小，$f=0.0025\sim0.005$，且不论作高速运动或低速运动，滚动导轨的摩擦系数基本不变，即静、动摩擦系数相差甚微，故一般滚动导轨在低速移动时，没有爬行现象。

（2）定位精度高，一般滚动导轨的重复定位精度可达 0.1μm～0.2μm。普通滑动导轨一般为 10μm～20μm。

（3）滚动导轨起动功率小，牵引力小，运动轻便、平稳。

（4）滚动导轨的磨损小，精度保持性好，寿命长。

（5）润滑系统简单（可采用油脂润滑），维修方便（只需更换滚动体）。

但滚动导轨的抗振性能较差，对脏物比较敏感，必须有良好的防护装置。由于导轨间无油膜存在，滚动体与导轨是点接触或线接触，接触应力较大，故一般滚动体和导轨须用淬火钢制成。另外，滚动体直径的不一致或导轨面不平，都会使运动部件倾斜或高度发生变化，影响导向精度，因此对滚动体的精度和导轨平面度要求高。与普通滑动导轨相比，滚动导轨的结构复杂，制造困难，成本较高。

滚动导轨适用于对运动灵敏度要求高的机床。目前，滚动导轨已形成系列，有专业厂生产，使用时可根据精度、寿命、刚度、结构进行选择。

2）滚动导轨的结构形式

滚动导轨的结构形式分为开式和闭式两种。开式用于加工过程中载荷变化较小，颠覆力矩较小的场合。当颠覆力矩较大，载荷变化较大时则用闭式，此时采用预加载荷，能消除其间隙，减小工作时的振动，并大大提高导轨的接触刚度。

滚动导轨的滚动体可采用滚珠、滚柱、滚针。滚珠导轨的承载能力小、刚度低，适用于运动部件质量不大,切削力和颠覆力矩都较小的机床。滚柱导轨的承载能力和刚度都比滚珠导轨大,适用于载荷较大的机床。滚针导轨的特点是滚针尺寸小,结构紧凑,适用于导轨尺寸受到限制的机床。近代数控机床普遍采用滚动导轨支承块,已做成独立的标准部件,其特点是刚度高,承载能力大,便于拆装,可直接装在任意行程长度的运动部件上,其结构形式如图 3 - 21 所示。1 为防护板,端盖 2 与导向片 4 引导滚动体返回,5 为保持器。当运动部件移动时,滚柱 3 在支承部件的导轨面与本体 6 之间滚动,同时又绕本体 6 之间滚动,滚柱 3 与运动部件的导轨面并不接触,因而该导轨面不需要淬硬磨光。

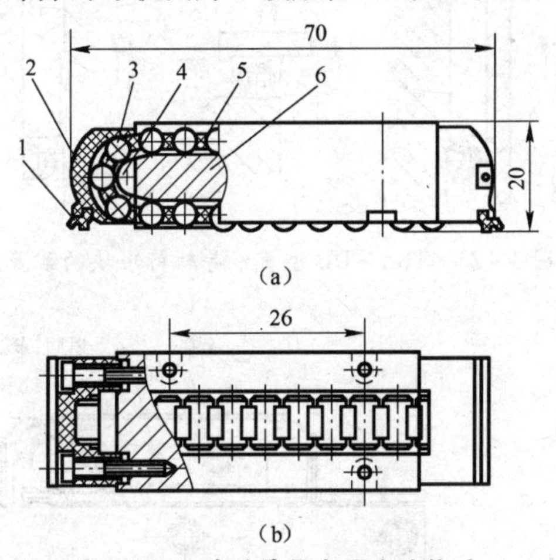

图 3 - 21　滚动导轨支承块结构图

1—防护板; 2—端盖; 3—滚柱; 4—导向片; 5—保持器; 6—本体。

图 3 - 22 所示为 TBA - UU 型直线滚动导轨(标准块),它由 4 列滚珠组成,分别配置在导轨的两个肩部,可以承受任意方向(上、下、左、右)的载荷。与图 3 - 21 所示的滚动导轨支承相比较,直线滚动导轨可承受颠覆力矩和侧向力。

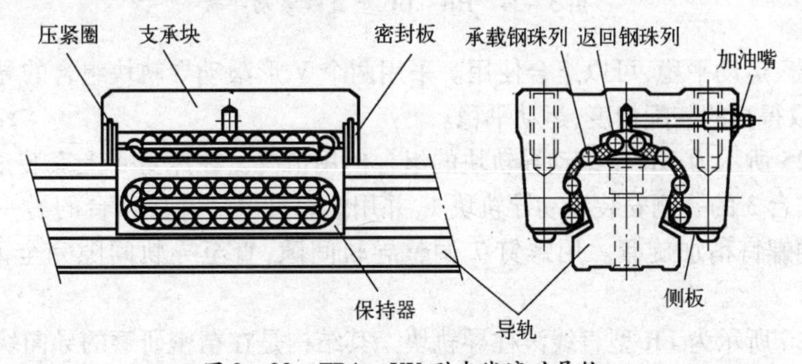

图 3 - 22　TBA - UU 型直线滚动导轨

采用 TBA - UU 型直线滚动导轨标准块的配置如图 3 - 23 所示。为了提高抗振性和运动精度,在同一平面内最好采用两组标准块平行安装使用。

图 3 - 24 所示为 HR - UU 型直线滚动导轨,它是双列带有角度的 V 形滚动导轨块,尺寸紧凑,刚度高,调整简单,预加载荷方便。在切削机床、电加工机床与精密工作台等各种电子机械中获得广泛应用。

滚动导轨块的侧面有两列滚珠,用两套保持器保持滚珠循环,两列滚珠滚动面的夹角为 45°,虽然用一个滚动导轨块不能承受上下左右的负载,但是这种滚动导轨块高度尺寸

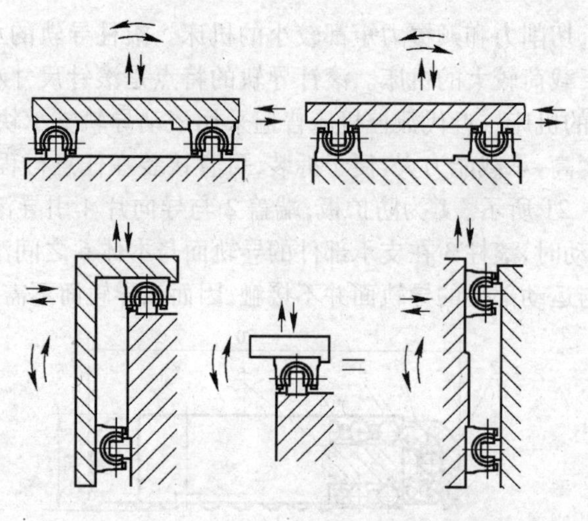

图 3-23　TBA-UU 型直线导轨标准块的配置图

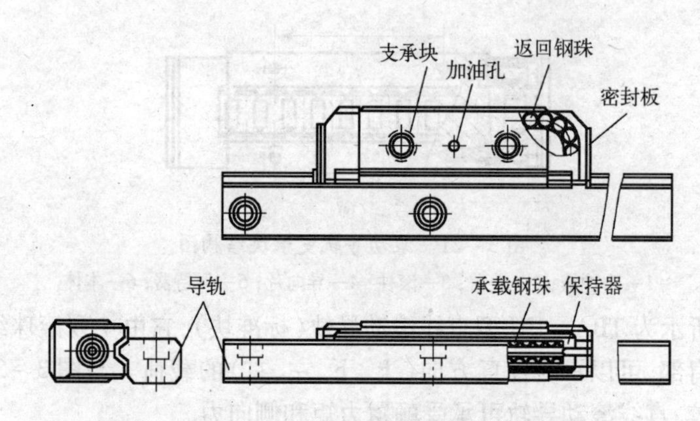

图 3-24　HR-UU 型直线滚动导轨

小、结构紧凑、运动平稳,可以组合使用。采用两个 V 形滚动导轨块组合的导轨安装调整简单,容易取得高的装配精度,运动平稳。

图 3-25 所示为 HR 型滚动导轨块的组合使用情况。在床身 4 上安装滚动导轨块 2 和 5,在工作台 3 的一侧安装滚动导轨块 1,并用螺钉旋紧。在工作台的另一侧安装滚动导轨块 6,用螺钉稍加旋紧。用螺钉 7 调整导轨间隙,直至导轨间隙完全消除,再旋紧螺钉。

图 3-26 所示为 LR 型直线滚柱导轨块。其结构是在精密研磨的导向块周围有一系列滚柱,并用保持器维持其循环运动,不致脱落。滚动部件磨损小、装配精度高,有很高的定位精度和运动精度,刚度高,能承受较大的载荷。适用于加工中心机床、高速冲压机床、精密冲压机械手与铁板运输机等。

滚动导轨的滚动件与导轨的典型配置关系如图 3-27 所示。图 3-27(a)、图 3-27(b)为使用整体支承的形式,滚动件用一个保持器隔开,置于两导轨之间,滚动件与上、下导轨之间都有相对滚动。因此,上下导轨都要淬硬磨光。在 3-27(a)中滚动件的总长度 L_g 应为运动部件导轨的长度 L_d 加行程长度的 1/2,即 $l/2$,固定导轨的长度 $L = L_g + l/2$,因此,导轨较长,而且还有一部分滚动件外露,防护不方便。图 3-27(b)的形式中,当运

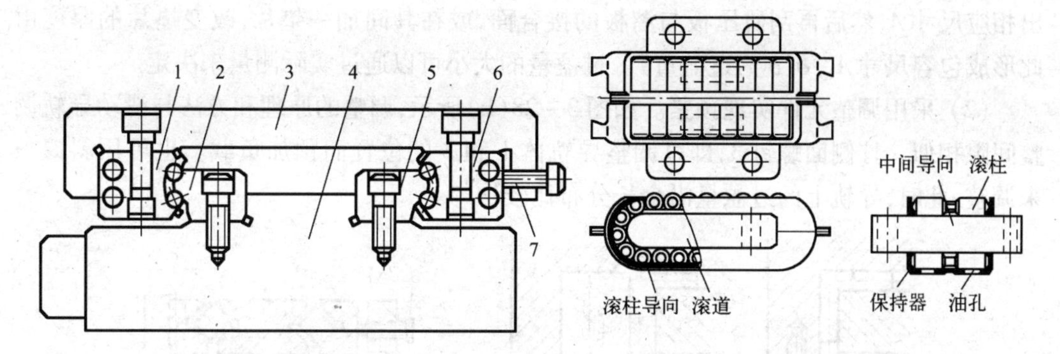

图 3-25　HR 型滚动导轨组合使用情况

1,2,5,6—滚动导轨块；3—工作台；4—床身；7—螺钉。

图 3-26　LR 型直线滚柱导轨块

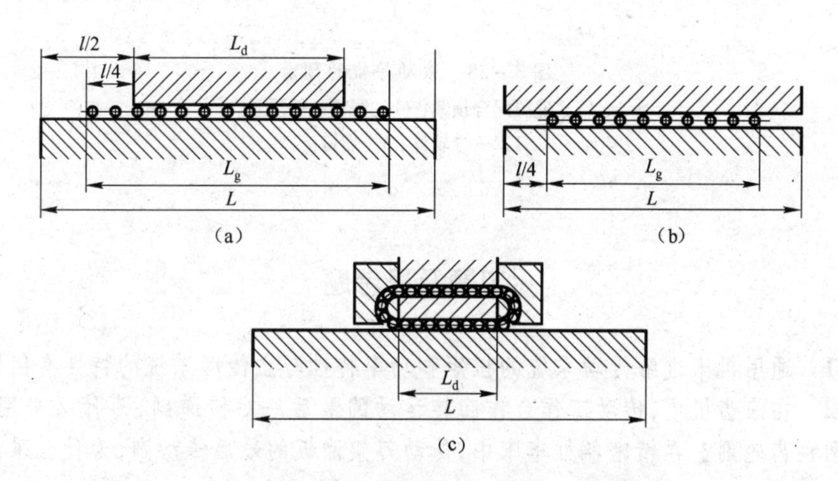

图 3-27　滚动导轨的滚动件与导轨典型配置关系

(a)、(b) 整体支承；(c) 多块滚动导轨支承。

动部件运动时，其导轨与滚动件不能全部接触，而且接触部分的位置是变动的，接触刚度差，只适用于载荷均匀分布或集中载荷作用于动导轨中部的场合，导轨也较长（$L = L_g + l/2$）；但滚动件不外露，防护容易。图 3-27(c)的结构形式为在运动部件的导轨面上安装多块滚动导轨支承，其运动部件的行程只受固定导轨长度的限制。

3）滚动导轨的预紧

在滚动体与导轨面之间预加一定载荷，可增加滚动体与导轨的接触面积，以减小导轨面平面度、滚子直线度以及滚动体直径不一致性等误差的影响，使大多数滚动体都能参加工作。由于有预加接触变形，接触刚度有所增加，从而提高了导轨的精度、刚度和抗振性。不过预加载荷应适当，太小不起作用，太大不仅对刚度的增加不起明显作用，而且会增加牵引力，降低导轨寿命。

整体型直线滚动导轨副由制造厂用选配不同直径钢球的方法来进行调隙或预紧，用户可根据要求订货，一般不需用户自己调整。对于分离式直线滚动导轨副和各种滚动导轨块，一般预紧方法有两种：

(1) 采用过盈配合。如图 3-28(a)所示，在装配导轨时，根据滚动件的实际尺寸量

出相应尺寸 A，然后再刮研压板与溜板的接合面，或在其间加一垫片，改变垫片的厚度由此形成包容尺寸 $A-\delta$（δ 为过盈量）。过盈量的大小可以通过实际测量来决定。

（2）采用调整元件实现预紧。如图 3－28（b）所示，调整的原理和方法与滑动导轨调整间隙相似。拧侧面螺钉 3，即可调整导轨体 1 和 2 的位置而预加负载。也可用斜镶条来调整，此时，导轨上的过盈量沿全长分布比较均匀。

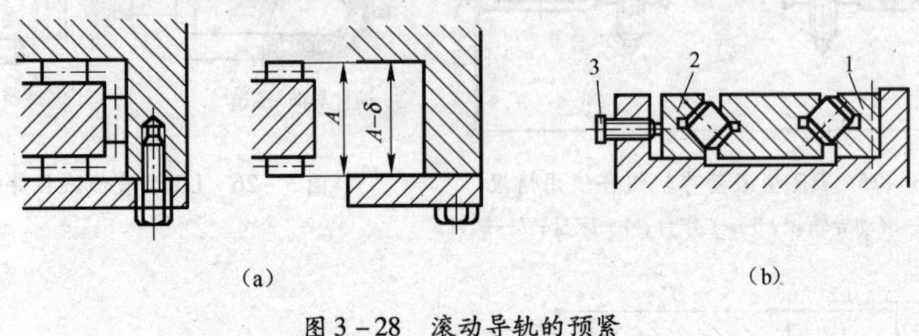

图 3－28　滚动导轨的预紧

（a）过盈配合预紧；（b）调整元件预紧。

1，2—导轨体；3—螺钉。

习题及思考题

3－1　通用机床进给传动系统的扭矩和功率特性与主传动系统的特性有何区别？

3－2　在滚齿机中，传动工作台作回转运动的最后一对传递副，为什么采用蜗轮副，而不要圆柱齿轮副？在精密丝杠车床中，传动刀架溜板的最后传动副，为什么采用丝杠螺母机构而不用齿轮齿条机构？

3－3　某滚珠丝杠螺母机构带有齿差式消除间隙机构，其中两齿轮的齿数为 $Z_1=99$ 和 $Z_2=100$，丝杠的导程为 10mm，若轴向间隙为 104μm，应如何调整才能消除此间隙？

3－4　何谓导轨的精度保持性？简述影响导轨精度保持性的因素？

3－5　动压导轨、静压导轨及滚动导轨各适用于怎样的场合？为什么？

3－6　下列机床导轨选择是否合理？为什么？

（1）卧式车床的床鞍导轨采用 V 形导轨；

（2）龙门刨床的工作台导轨采用山形导轨；

（3）拉床采用圆柱形导轨。

第4章　典型普通金属切削机床的传动系统及结构分析

4.1　CA6140型卧式车床的传动系统及主要结构

4.1.1　概述

1. CA6140型普通卧式车床的工艺范围

车床主要用于加工各种回转表面,如内、外圆柱表面、圆锥表面、回转曲面和端面等,有些车床还能加工螺纹面。由于多数机器零件具有回转表面,车床的通用性又较广,因此,在机械制造厂中,车床的应用很广泛,尤其是CA6140型普通卧式车床,在金属切削机床中所占比重很大,约占机床总台数的20%~35%。

在CA6140型普通卧式车床上使用各种车刀,还可以采用各种孔加工的钻头、扩孔钻及铰刀和丝锥、板牙等,其工艺范围很广,能进行多种表面的加工,如各种轴类、套类和盘类零件上的回转表面(如车削内外圆柱面、圆锥面、环槽及回转曲面)、端面、螺纹,还可进行钻孔、扩孔、铰孔和滚花等工作。CA6140型普通卧式车床所能加工的典型零件表面如图4-1所示。

卧式车床的通用性较大,但结构较复杂,而且自动化程度低,在加工形状比较复杂的工件时,换刀较麻烦,加工过程中的辅助时间较多,所以适用于单件、小批生产及修理车间等。

2. CA6140型普通卧式车床的结构

CA6140型普通卧式车床的结构如图4-2所示。其主要组成部分为

(1) 床身:是车床上一切固定件(如床头箱、进给箱)的支承体,也是一切移动件(如刀架、尾架)的导承体。

(2) 主轴箱(又称床头箱):主轴箱内装主轴和主轴变速机构。

(3) 进给箱:进给箱用来传递进给运动。改变进给箱的手柄位置,可得到不同的进给速度,进给箱的运动通过光杠或丝杠传出。

(4) 溜板箱:溜板箱用来把光杠或丝杠的旋转运动变成刀架的纵向或横向进给运动。光杠用于一般车削时的自动进给,丝杠用于车削螺纹时的自动进给。溜板箱中设有互锁机构,使两者不能同时启用。

当溜板箱中的离合器脱开时,可以直接摇动手柄进行手动进给。

(5) 刀架:刀架是用来装夹车刀并使其作纵向、横向或斜向移动。刀架是多层结构,它包括以下几部分:大拖板、中拖板、小拖板、方刀架,如图4-3所示。

大拖板:与溜板箱连接,可沿床身导轨作纵向移动。位于刀架最下层,又称纵溜板。

中拖板:位于大拖板之上,它可以在大拖板上面的导轨上沿垂直于床身导轨方向作横

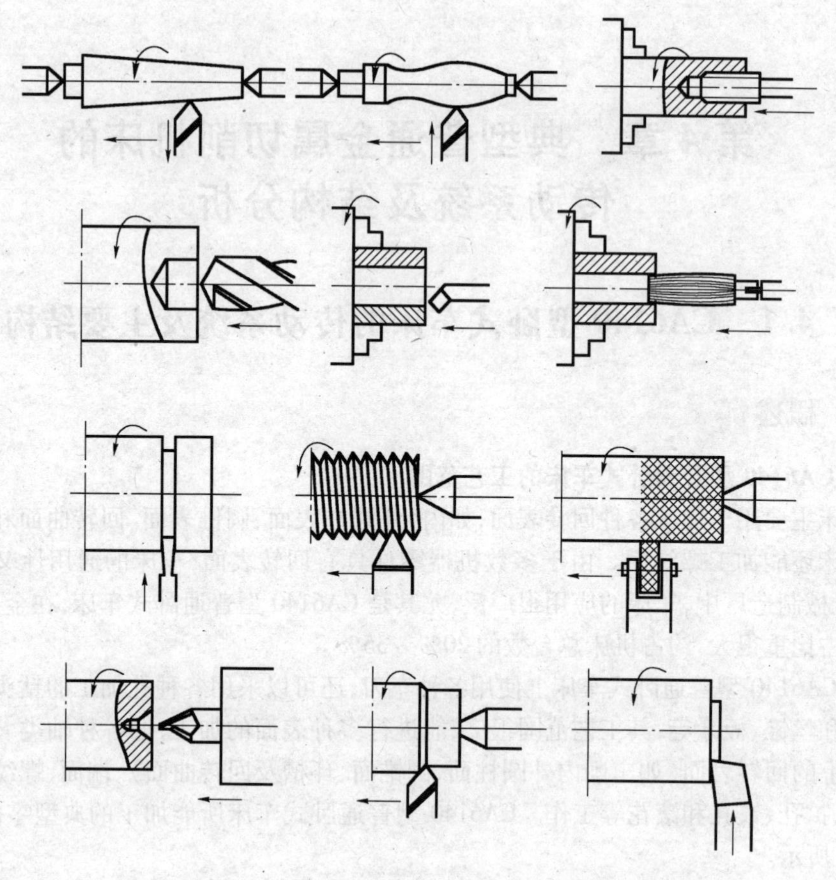

图 4-1　CA6140 型普通卧式车床的工艺范围

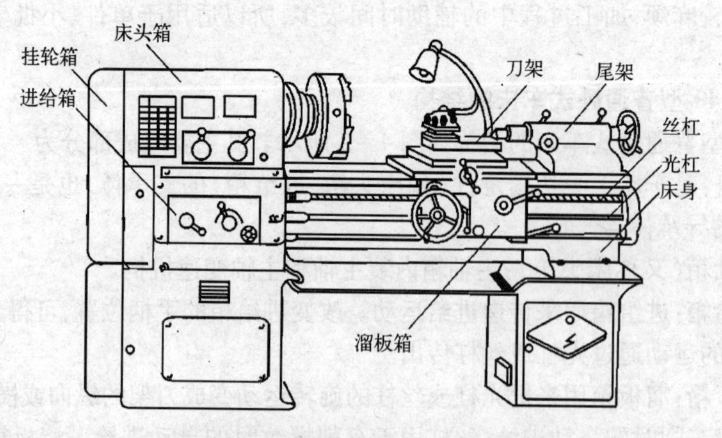

图 4-2　CA6140 型卧式车床的结构

向移动。中拖板上面装有转盘,当松开螺钉后可以转动转盘,即可使其在水平面内偏转任意角度。

小拖板:它可在转盘的导轨上作短距离移动。将转盘偏转若干角度后,小拖板则作斜向进给,以车削圆锥面。

方刀架:它固定在小拖板上,可装 4 把车刀,车刀通过两个螺钉夹紧于方刀架上。转动方刀架上方大手柄，就可将方刀架松开、转位和夹紧，以实现快速换刀。

（6）尾架：尾架用来支承工件或装夹钻头等刀具。它的位置可以沿床身导轨调节。尾架由以下几部分组成：套筒、尾架体、底座，如图 4－4 所示。

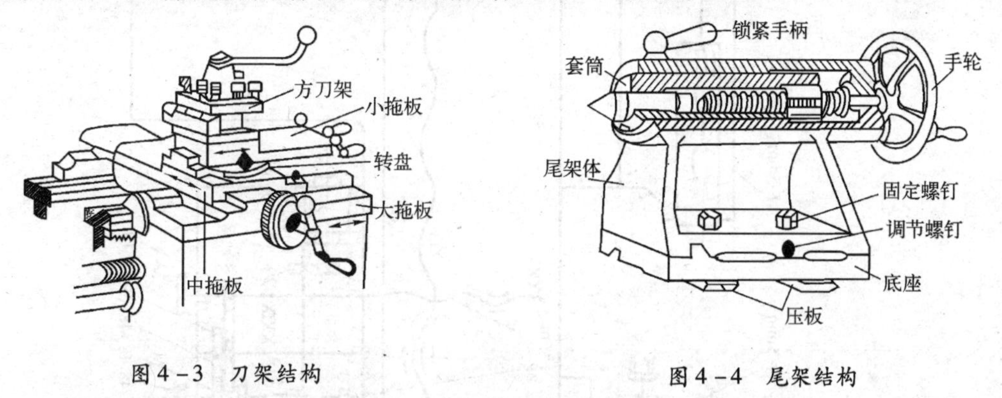

图 4－3　刀架结构

图 4－4　尾架结构

套筒：其左端有锥孔，用以安装顶尖或锥柄刀具。套筒在尾架内伸出的长度可用手轮调节，并用锁紧手柄固定。将套筒退到末端位置时，即可卸下顶尖或刀具。

尾架体：它与底座相连，当松开固定螺钉后，就可调节尾架体和顶尖的横向位置。以便使顶尖中心对准主轴中心，或使其偏心一定距离车削长圆锥面。

底座：它直接安装在床身导轨上。

3. CA6140 型卧式车床的传动系统

机床的运动是通过传动系统实现的，为了认识和使用机床，必须对机床传动系统进行分析。CA6140 型卧式车床的传动系统方框图如图 4－5 所示，其传动系统如图 4－6 所示，图中各传动元件用简单的规定符号代表，各传动元件是按照运动传递的先后顺序，以展开图的形式画出的。该图只表示传动关系，不表示各传动元件的实际尺寸和空间位置。

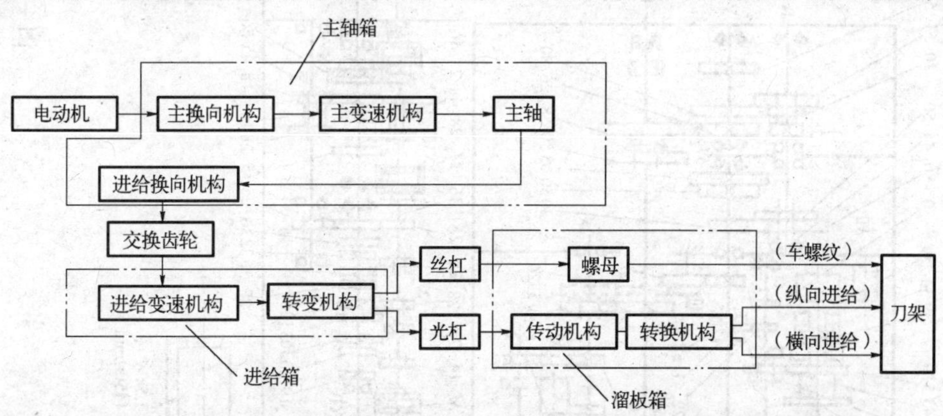

图 4－5　CA6140 型卧式车床的传动系统方框图

由图 4－5 及图 4－6 可知，电动机经主换向机构、主变速机构带动主轴完成主运动。进给传动从主轴开始，经进给换向机构、交换齿轮和进给箱内的变速机构和转换机构、溜板箱中的传动机构和转换机构传至刀架。溜板箱中的转换机构起改变进给方向的作用，使刀架做纵向或横向、正向或反向进给运动。

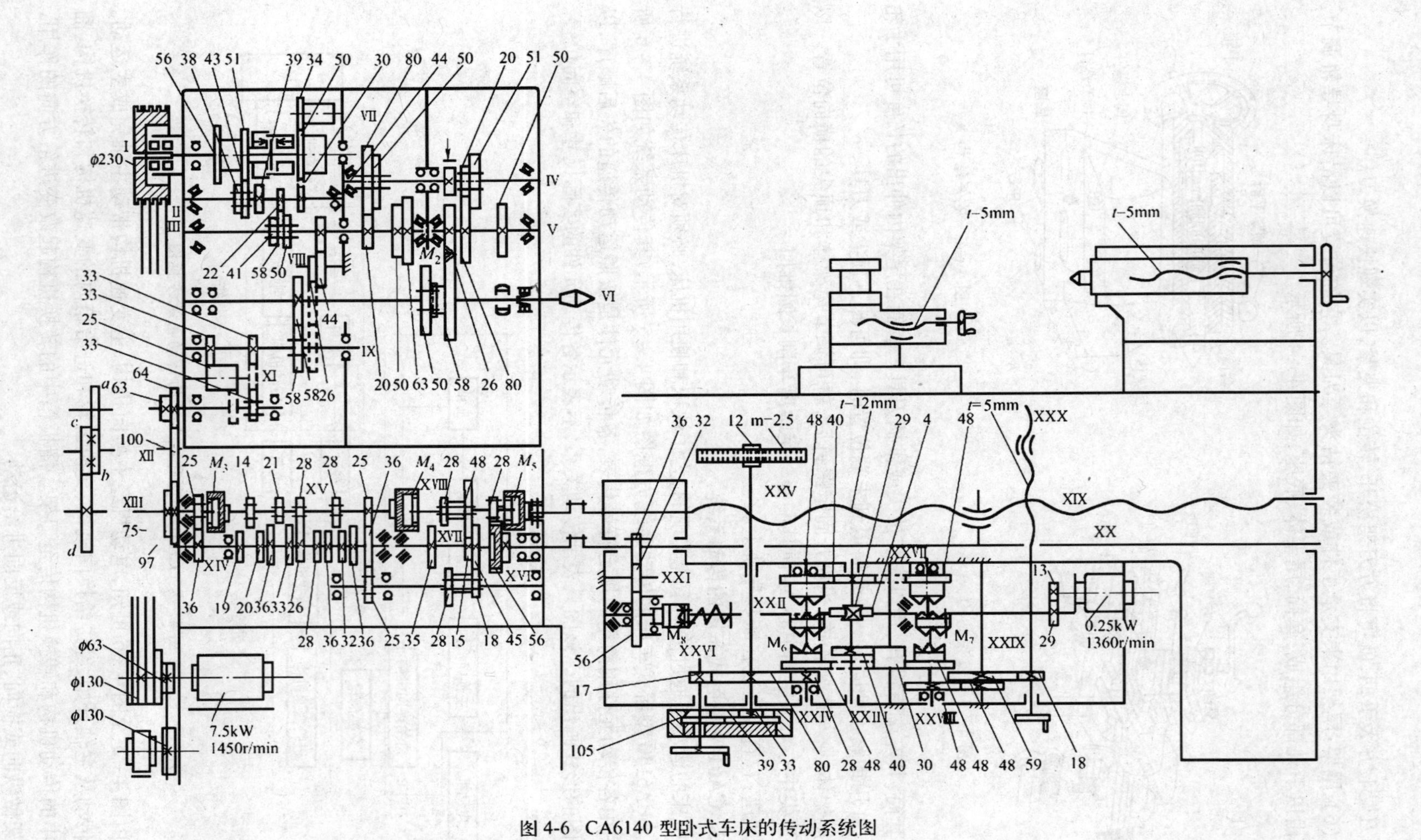

图 4-6 CA6140 型卧式车床的传动系统图

4.1.2 CA6140 型卧式车床的主传动系统及主要结构

1. 主运动传动链

CA6140 型卧式车床的主运动传动链的两末端件是主电动机与主轴，它的功用是把运动源（电动机）的运动及动力传给主轴，使主轴带动工件旋转实现主运动，并满足卧式车床主轴变速和换向的要求。由前述主传动系统转速图的设计可知，满足 CA6140 型卧式车床加工工艺范围的主运动转速数列为等比数列，其传动系统除采用传统的由若干变速组串联的变速系统外，又增加并联分支传动，以进一步扩大主轴的变速范围，且使高速传动链缩短以提高传动效率。其转速图设计如图 4-7(a)所示，主传动系统图如图 4-7(b)所示。

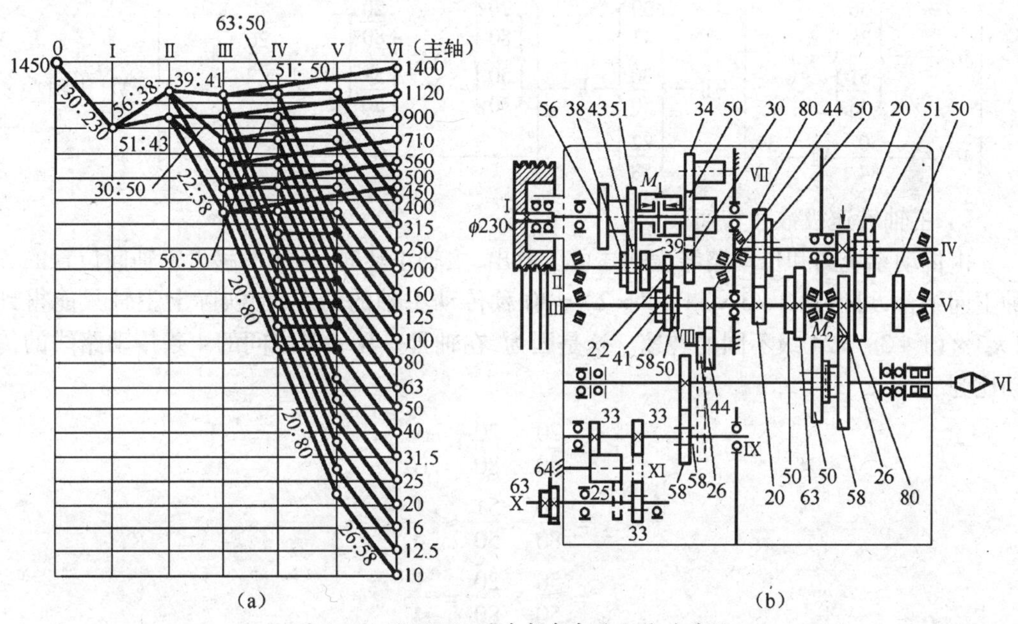

图 4-7 CA6140 型卧式车床的主传动系统

(a) 转速图；(b) 主传动系统图。

1）传动路线

运动由电动机经三角皮带传动主轴箱中的轴 I。在轴 I 上装有双向多片式摩擦离合器 M_1。M_1 的作用是使主轴（轴 VI）正转、反转或停止。M_1 的左、右两部分分别与空套在轴 I 上的两个齿轮连在一起。当压紧离合器 M_1 左部的摩擦片时，轴 I 的运动经 M_1 左部的摩擦片及齿轮副$\frac{56}{38}$或$\frac{51}{43}$传给轴 II。当压紧离合器 M_1 右部的摩擦片时，轴 I 的运动运动经离合器右部的摩擦片 M_1 及齿轮 Z_{50}，传给轴 VII 上的空套齿轮 Z_{34}，然后再传给轴 II 上的齿轮 Z_{30}，使轴 II 转动。这时，由轴 I 传到轴 II 的运动多经过了一个中间齿轮 Z_{34}，因此.轴 II 的转动方向与经离合器 M_1 左部传动时相反。运动经离合器 M_1 的左部传动时，使主轴正转；运动经 M_1 的右部传动时，则使主轴反转。轴 II 的运动可分别通过三对齿轮副$\frac{22}{58}$、$\frac{30}{50}$或$\frac{39}{41}$传给轴 III。运动由轴 III 到主轴可以有两种不同的传动路线。

（1）当主轴需高速运转（$n_{主}$ = 450r/min ~ 1400r/min）时，主轴上的滑动齿轮 Z_{50} 处于

左端位置（与轴Ⅲ上的齿轮 Z_{63} 啮合），轴Ⅲ的运动经齿轮副$\frac{63}{50}$直接传给主轴。

（2）当主轴需以较低的转速运转时（$n_{主} = 10\text{r/min} \sim 500\text{r/min}$）这时，主轴上的滑移 Z_{50} 移到右端（如图示的）位置，使齿式离合器 M_2 啮合。于是轴Ⅲ上的运动就经齿轮副$\frac{20}{80}$或$\frac{50}{50}$传给轴Ⅳ，然后再由轴Ⅳ经齿轮副$\frac{20}{80}$或$\frac{51}{50}$、$\frac{26}{58}$及齿式离合器 M_2 传给主轴。

CA6140 型卧式车床的主运动传动路线表达式为

$$
\underset{\left(\begin{matrix}7.5\text{kw}\\1450\text{r/min}\end{matrix}\right)}{电动机} - \frac{\phi130}{\phi230} -
\left\{\begin{matrix} M_1 左 - \left\{\begin{matrix}\frac{56}{38}\\ \frac{51}{43}\end{matrix}\right\} - \\ M_1 右 - \frac{50}{34} - \text{Ⅶ} - \frac{34}{30}\end{matrix}\right\} - \text{Ⅱ} - \left\{\begin{matrix}\frac{39}{41}\\ \frac{30}{50}\\ \frac{22}{58}\end{matrix}\right\} - \text{Ⅲ} - \left\{\begin{matrix}\left\{\begin{matrix}\frac{20}{80}\\ \frac{50}{50}\end{matrix}\right\} - \text{Ⅳ} - \left\{\begin{matrix}\frac{20}{80}\\ \frac{51}{50}\end{matrix}\right\} - \text{Ⅴ} - \frac{26}{58} - M_2 \\ \frac{63}{50}\end{matrix}\right\} - \text{Ⅵ}（主轴）
$$

2）主轴转速级数和转速

由传动系统图和传动路线表达式可以看出，主轴正转时，利用滑移齿轮轴向位置的各种不同组合，可得到 $2 \times 3 \times (1 + 2 \times 2) = 30$ 种传动主轴的路线，但实际上主轴只能得到 $2 \times 3 \times (1 + 3) = 24$ 级不同的转速。这是因为，在轴Ⅲ—Ⅳ—Ⅴ之间的 4 条传动路线的传动比为

$$i_1 = \frac{20}{80} \times \frac{20}{80} = \frac{1}{16}$$

$$i_2 = \frac{20}{80} \times \frac{51}{50} \approx \frac{1}{4}$$

$$i_3 = \frac{50}{50} \times \frac{20}{80} = \frac{1}{4}$$

$$i_4 = \frac{50}{50} \times \frac{51}{50} \approx 1$$

式中，i_2 和 i_3 基本相同，所以实际上只能实现 3 种不同的传动比。因此，运动经由低速这条传动路线时，主轴获得的有效的转速，不是 $2 \times 3 \times 4 = 24$ 级，而是 $2 \times 3 \times (2 \times 2 - 1) = 18$ 级。此外，主轴还可由高速路线传动获得 6 级转速，所以主轴共可得到 24 级转速。

同理，主轴反转的传动路线可以有 $3 \times (1 + 2 \times 2) = 15$ 条，但主轴反转的转速级数却只有 $3 \times [1 + (2 \times 2 - 1)] = 12$ 级转速。

主轴的各级转速，可根据各级滑移齿轮的啮合状态求得。如图 4－6 所示的啮合位置时，主轴的转速为

$$n_{主} = 1450 \times \frac{130}{230} \times \frac{51}{43} \times \frac{22}{58} \times \frac{20}{80} \times \frac{20}{80} \times \frac{26}{58} = 10\text{r/min}$$

同理，可以计算出主轴正转的 24 级转速为 10r/min ~ 1400r/min，反转时的 12 级转速为 14r/min ~ 1580r/min。主轴反转通常不是用于切削，而是用于切削螺纹，切削完一刀后车刀沿螺旋线退回，所以转速较高以节省辅助时间。

2. 主传动系统主要结构

CA6140 型卧式车床主轴箱是一个比较复杂的传动部件,表达主轴箱中各传动件的结构和装配关系时常用展开图。展开图就是按照传动轴传递运动的先后顺序沿其轴心剖开并展开在一个平面上的装配图。在展开图中通常主要表示为以下尺寸和关系:

① 各传动件(轴、齿轮、带传动和离合器等)的传动关系。

② 各传动轴及主轴上有关零件的结构形状、装配关系和尺寸,以及箱体有关部分的轴向尺寸和结构。

图 4-8 所示为主轴箱各传动轴空间相互位置的示意图。图 4-9 所示为主轴箱的展开图,它是按各轴的连线 O—Ⅰ—Ⅱ—Ⅲ(Ⅴ)—Ⅵ—Ⅺ—Ⅸ—Ⅹ—O 的轴线剖切面(图 4-8)展开的。不在此连线上的轴Ⅳ,则用补充剖面Ⅲ—Ⅳ—O_1画在同一展开图的上部。展开图上的轴向尺寸和各轴上的所有零件,都是按比例绘出(某些特殊情况除外),所有啮合传动的相邻两轴间中心距也是按尺寸比例的。但是,展开图没有表示出各传动轴空间布置的相互位置,把立体展开在一个平面上,因而其中有些轴之间的距离拉开了。如轴Ⅳ画得离轴Ⅲ和轴Ⅴ较远,因而使原来相互啮合的齿轮副分开了。读展开图时,首先应了解其传动关系。

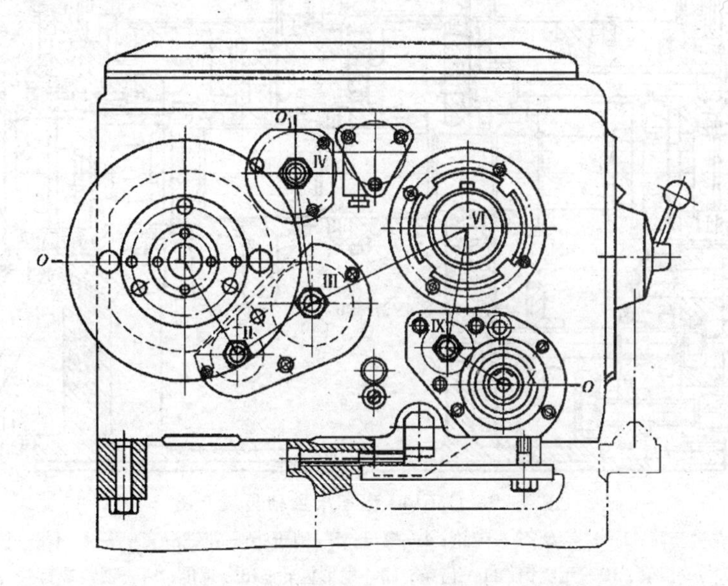

图 4-8　主轴箱各传动轴空间相互位置的示意图

1) 卸荷带轮

电动机经 V 形带将运动传至轴Ⅰ左端的带轮 3(图 4-9 的左上部分)。带轮 3 与花键套筒 1 用螺钉和销钉与 V 形带轮 3 连接成一体,支承在法兰盘 2 内的两个深沟球轴承上。法兰盘 2 固定在主轴箱体上。这样,带轮 3 可通过花键套筒 1 带动轴Ⅰ旋转;皮带轮所受的径向拉力则经轴承和法兰盘 2 传至主轴箱体,故称这种结构为卸荷带轮装置(即把径向载荷卸给箱体)。虽然结构相对复杂,但能显著减少轴Ⅰ悬臂端的径向力,使轴Ⅰ的尺寸相应缩小。法兰盘 2 的作用,可使轴Ⅰ在箱体外装配好,再将它装入箱体内;装卸方便,便于装配和修理。

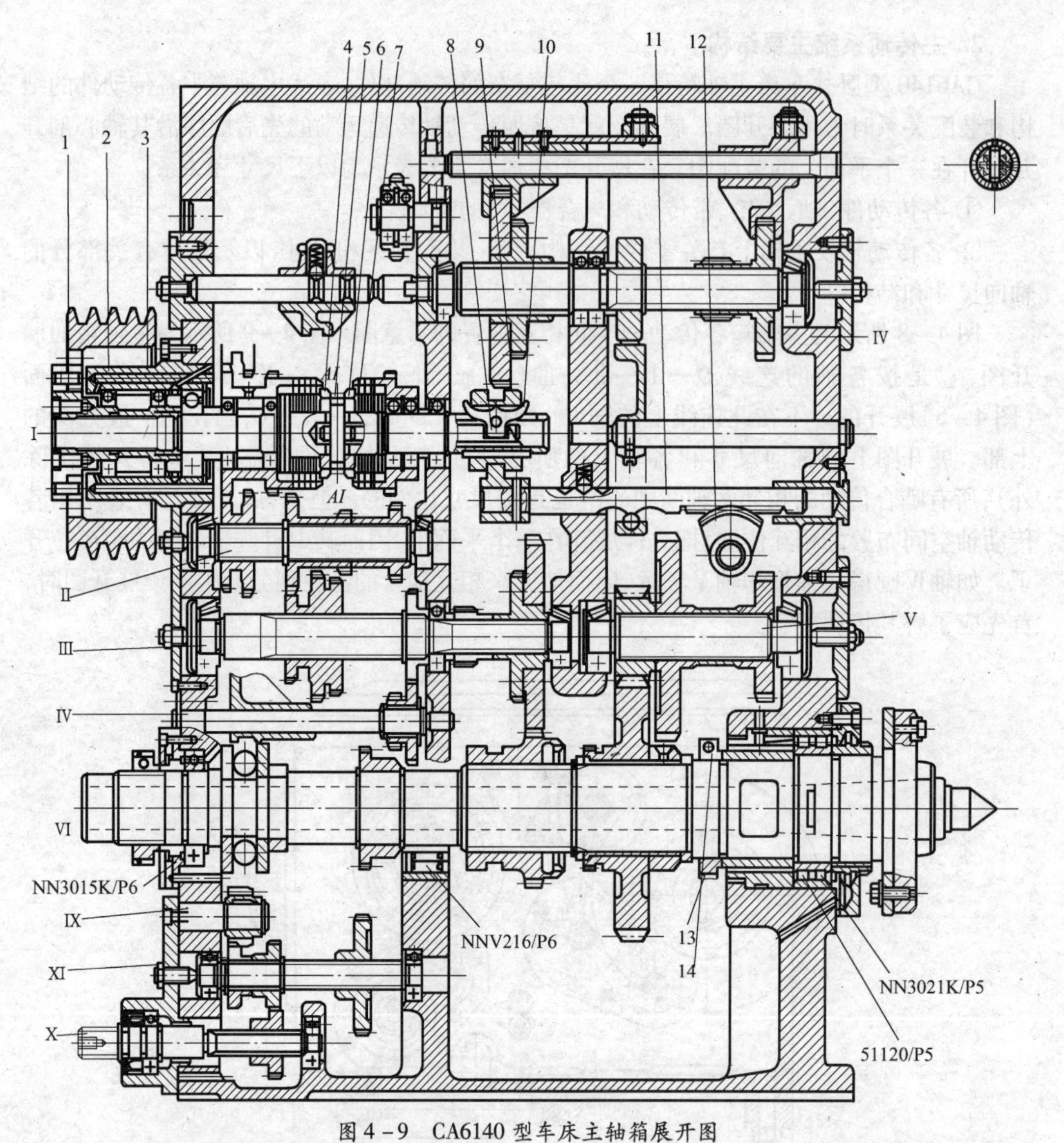

图 4-9　CA6140 型车床主轴箱展开图

1—花键套筒；2—法兰盘；3—带轮；4—螺母；5—销子；6—花键滑套；7—拉杆 8—拨叉 9—滑套；10—元宝销；11—齿条；12—扇形齿轮；13—螺母；14—锁紧螺钉。

2）双向多片式摩擦离合器、制动器及其操纵机构

双向多片式摩擦离合器装在轴Ⅰ上，如图 4-10 所示。摩擦离合器由内摩擦片 2、外摩擦片 3、止推片 4、压块 7 及空套齿轮 1 和 8 等组成。离合器左、右两部分结构是相同的。左离合器传动主轴正转，正转用于切削，需传递的扭矩较大，所以摩擦片的片数较多。右离合器传动主轴反转，主要用于退刀，片数较少。图 4-10(a) 表示的是离合器的剖视图。图中，内摩擦片 2 装在轴Ⅰ的花键上，与轴Ⅰ一起旋转。外摩擦片 3 外圈圆上 4 个凸起装在齿轮 1 的缺口槽中，外片空套在轴Ⅰ上。当拉杆 9 通过销 5 向左推动压块 7 时，使内片 2 与外片 3 互相压紧，轴Ⅰ的运动便通过内、外片之间的摩擦力传给齿轮 1，使主轴正向转动。同理，当压块 7 向右压时，使主轴反转。当压块 7 处于中间位置时，左、右离合器都处于脱开状态，这时，轴Ⅰ虽然转动，但离合器不传递运动，主轴处于停止状态。

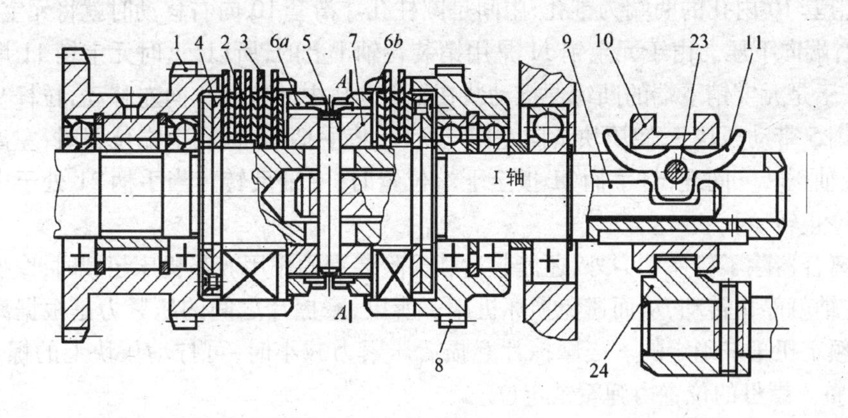

(a)

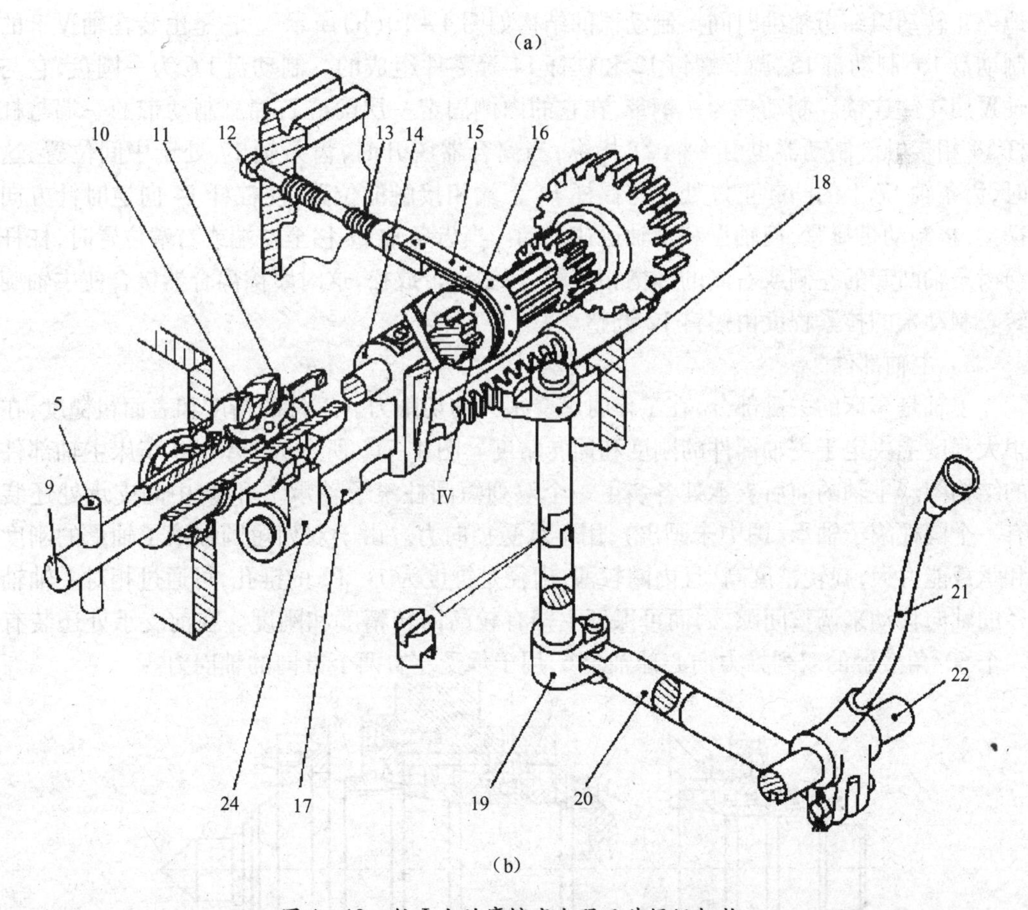

(b)

图 4-10 轴Ⅰ上的摩擦离合器及其操纵机构

1—齿轮；2—内摩擦片；3—外摩擦片；4—止推片；5—销；6—调节螺母；7—压块；8—齿轮
9—拉杆；10—滑套；11—元宝销；12—螺钉；13—弹簧；14—杠杆；15—制动带；16—制动盘
17—齿条轴；18—齿扇；19—曲柄；20—轴；21—手柄；22—轴；23—销；24—拨叉。

离合器的接合与脱开由手柄 21 来操纵(图 4-10(b))。为了便于工人操纵,在操纵轴 22 上共有两个操纵手柄 21,它们分别位于进给箱及溜板箱的右侧。当工人向上扳动手柄 21 时,轴 20 向外移动,齿扇 18 顺时针方向转动,齿条 17 通过拨叉 24 使滑套 10 向右移动。滑套10内孔的两端为锥孔,中间是圆柱孔。滑套10向右移动时就将元宝销(杠杆)11的右端向下压。由于元宝销11是用销装在轴Ⅰ上的,所以,这时元宝销11顺时针方向摆动,于是元宝销下端的凸缘便推动装在轴Ⅰ内孔中的拉杆9向左移动,拉杆9通过其左端的销5带动压块7,使压块7向左压。所以,将手柄21扳到上端位置时,左离合器压紧,使主轴正转。同理,将手柄21扳至下端位置时,主轴反转。当手柄21处于中间位置时主轴停止转动。

摩擦离合器除了传递动力外,还能起过载保险装置的作用。当机床超载时,摩擦片打滑,于是主轴就停止转动,从而避免损坏机床。所以,摩擦片之间的压紧力是根据离合器应传递的额定扭矩来确定的。当摩擦片磨损后压紧力减小时,可拧动压块上的螺母6a、6b进行调整。螺母的位置由弹簧销定位。

制动器(刹车)安装轴Ⅳ上。它的功用是在摩擦离合器脱开时制动主轴,使主轴迅速地停止转动以缩短辅助时间。制动器的结构如图4-10(b)所示 。它是由装在轴Ⅳ上的制动盘16、制动带15、调节螺钉12和杠杆14等零件组成的。制动盘16为一圆盘,它与轴Ⅳ用花键连接。制动带为一钢带,在它的内侧固定一层酚醛石棉。制动带的一端与杠杆14相接触。制动器也由手柄21操纵,当离合器脱开时,齿条轴17处于中间位置,这时,齿条轴17上的凸起正好处于与杠杆14下端相接触的位置,使杠杆14向逆时针方向摆动,将制动带拉紧,使轴Ⅳ和主轴迅速制动。当齿条轴17移至左端或右端位置时,杠杆与齿条轴凸起的左侧或右侧的凹槽相接触,使制动带放松,这时摩擦离合器接合使主轴旋转。制动带的拉紧程度由螺钉12调整。

3）主轴部件

主轴是车床的关键部分,在工作时承受很大的切削力。工件的精度和表面粗糙度,在很大程度上决定于主轴部件的刚度和回转精度。图4-11所示为CA6140车床主轴部件的结构图。主轴的前后支承处各装了一个双列短圆柱滚子轴承7和3,中间支承处还装有一个圆柱滚子轴承(图中未画出),用于承受径向力。由于双列短圆柱滚子轴承的刚度和承载能力大,旋转精度高,且内圈较薄,内径是锥度为1∶12的锥孔,可通过相对主轴轴径的轴向移动来调整间隙,因而可保证主轴有较高回转精度和刚度。在前支承处还装有一个60°角接触的双列推力向心球轴承6,用于承受左右两个方向的轴向力。

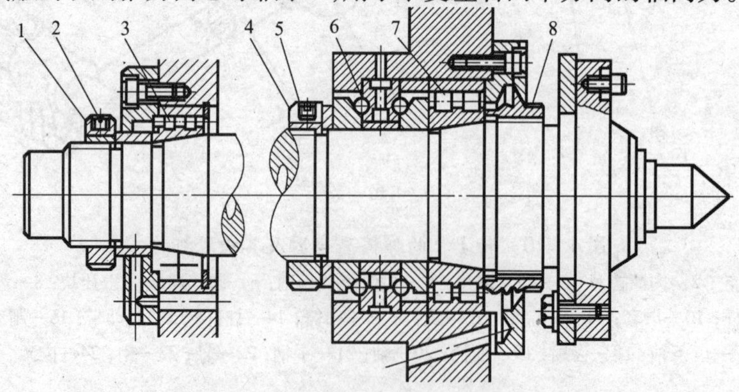

图4-11 CA6140型车床主轴部件

1,4,8—螺母; 2,5—锁紧螺钉; 3—双列短圆柱滚子轴承(后轴承); 6—60°角接触双列推力向心球轴承; 7—双列短圆柱滚子轴承(前轴承)。

使用中如因轴承磨损而致间隙增大,需及时进行调整。前轴承7可用螺母4和螺母8调整。调整时,先拧松螺母8和锁紧螺钉5,然后拧紧螺母4,使轴承7的内圈相对主轴锥形轴径向右移动。由于锥面的作用,轴承内圈产生径向弹性膨胀,将滚子与内、外圈之间的间隙减小。调整合适后,应将锁紧螺钉5和螺母8拧紧。后轴承的间隙可用螺母1调整。一般情况下,只需调整前轴承即可,只有当调整前轴承后仍不能达到要求的回转精度时,才需调整后轴承。

4）滑动齿轮的操纵机构

主轴箱中共有7个滑动齿轮,其中5个用于改变主轴的转速,其余2个分别用于车削左、右螺纹及正常螺距、扩大螺距的变换。

(1) 轴Ⅱ和轴Ⅲ上的三联滑移齿轮操纵机构(图4-12)。此操纵机构由装在主轴箱前侧面上的变速手柄操纵。手柄通过链传动使轴4转动,在轴4上固定盘形凸轮3和曲柄2。凸轮3上有一条封闭的曲线槽,它是由二段不同半径的圆弧和(过渡)直线组成的。凸轮有6个不同的变速位置(如图中用1~6标出的位置)。凸轮曲线槽通过杠杆5操纵轴Ⅱ上的双联滑动齿轮。当杠杆的滚子中心处于凸轮曲线的大半径处时,此齿轮在左端位置;若处于小半径时,则移到右端位置。曲柄2上圆销的滚子装在拨叉1的槽中。当曲柄2随着轴4转动时,可拨动拨叉,使拨叉处于左、中、右3种不同的位置,于是就可操纵轴Ⅲ上的滑动齿轮,使此齿轮处于3种不同的轴向位置。顺次地转动手柄至各个变速位置,就可使两个滑动齿轮的轴向位置实现6种不同的组合,使轴Ⅲ得到2×3=6种不同的转速。

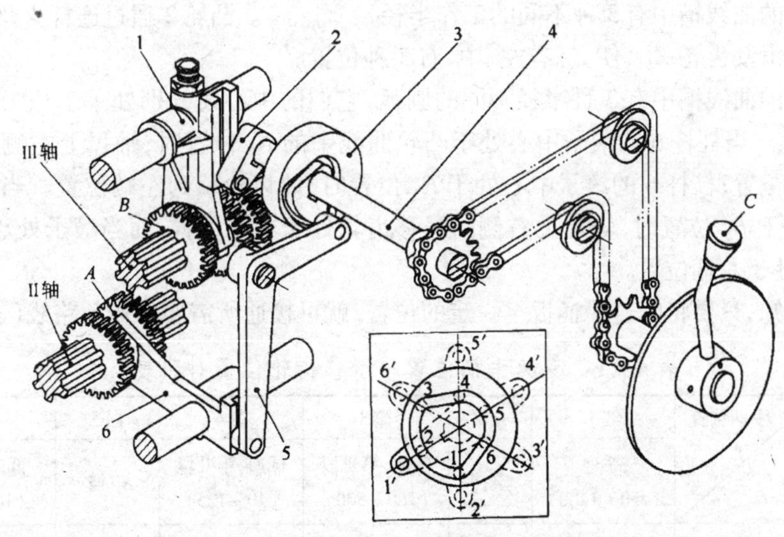

图4-12　轴Ⅱ和轴Ⅲ上滑移齿轮操纵机构

1—拨叉；2—曲柄；3—凸轮；4—轴；5—杠杆；6—拨叉。

滑移齿轮移至规定的位置后,都必须可靠地定位。在此主轴箱的操纵机构中采用钢球定位装置(图4-9)。

(2) 轴Ⅳ和轴Ⅵ上滑移齿轮的操纵机构(图4-13)。由前面的分析中已知,经轴Ⅳ上的两个双联滑移齿轮变速,只能得到3种不同的传动比,所以这两个滑动齿轮只需要3种位置的组合。此外,轴Ⅵ上的滑移齿轮Z_{50}应有左、中、右3种位置。

此操纵机构的变速手柄也装在主轴箱前侧。扳动变速手柄，通过扇形齿轮传动使轴1转动。在轴1的前、后端各固定着盘形凸轮2和7。图中凸轮上标出的6个变速位置1~6，分别与用红、白、黑、黄、白、蓝色表示的6种变速位置相对应。

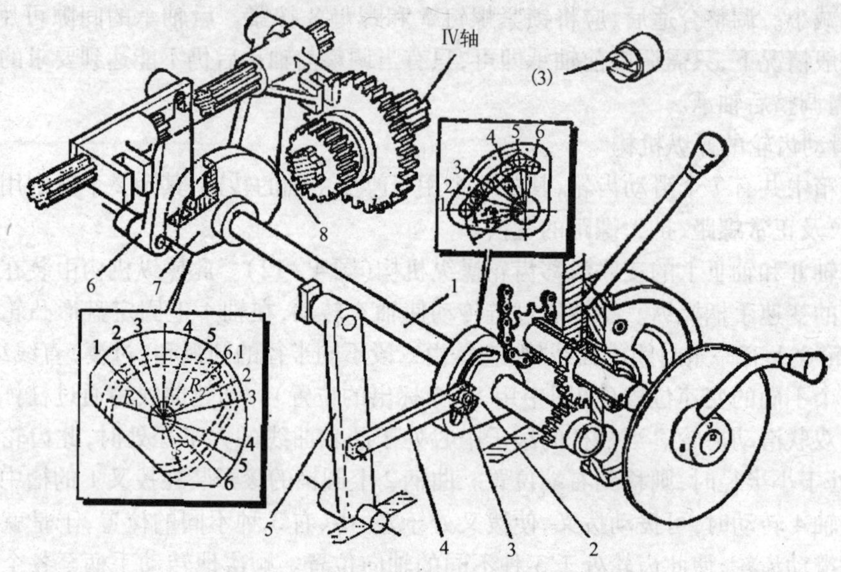

图4-13 轴Ⅳ和轴Ⅵ上滑移齿轮的操纵机构
1—轴；2,7—凸轮；3—滚子；4—连杆；5,6,8—杠杆。

凸轮2的曲线槽中有3种不同的工作半径$r_{大}$、$r_{小}$、$r_{中}$。凸轮2通过连杆4及杠杆5操纵轴Ⅵ上的滑动齿轮Z_{50}，使Z_{50}有左、中、右3种位置。

凸轮7的曲线槽中有3种半径不同的圆弧，它们的中心线分别处于半径为R_1、R_2及R_3的位置上。当杠杆6的滚子中心处于凸轮曲线中的R_1位置时，轴Ⅳ上左侧的滑动齿轮处于右端位置；杠杆6的滚子中心处于R_2位置时，此齿轮移到左端位置。当杠杆8的滚子中心处于R_2位置时，轴Ⅳ上右侧的滑移齿轮处于右端位置；而当滚子处于R_3位置时，则齿轮处于左端位置。

由此可知，只要将变速手柄扳至一定的位置，就可接通所需要的传动路线(表4-1)。

表4-1 变速手柄位置与滑移齿轮位置对照表

手柄位置 / 主轴转速 / 滑移齿轮	红1	白2	黑3	黄4	白5	蓝6
	高 速 (450~1400)	空挡	低速，第Ⅲ段 (160~500)	低速，第Ⅱ段 (40~125)	空挡	低速，第Ⅰ段 (10~31.5)
轴Ⅵ上滑移齿轮 Z_{50}	左	中	右	右	中	右
轴Ⅳ上左滑移齿轮	右	右	右	右	(中)	左
轴Ⅳ上右滑移齿轮	右	右	右	左	左	左

5. 主轴箱中各传动件的润滑

主轴箱和进给箱由专门的润滑系统供油。图4-14所示为润滑系统的方框图。装在左床腿上的润滑油泵是由电动机经三角皮带传动的。工作时，装在左床腿(油箱)内的润滑油(30号机械油)经粗滤油器及油泵，由油管流到装在主轴箱左端的细滤油器中，然后再经油管流到主轴箱上部的分油器内，润滑油通过分油器的油孔及各分支油管分别润滑主轴箱内各传动件（轴承、齿轮等）及操纵机构，并润滑和冷却轴Ⅰ上的摩擦离合器，分油器上有油管通向油标以观察主轴箱的润滑情况是否正常。

CA6140 型车床主轴箱润滑的特点是箱体外循环。油液将主轴箱中摩擦所产生的热量带至左床腿中，待油液冷却后再流入箱体，因此，可减少主轴箱的热变形，使主轴的位置变化小，以提高机床的加工精度。

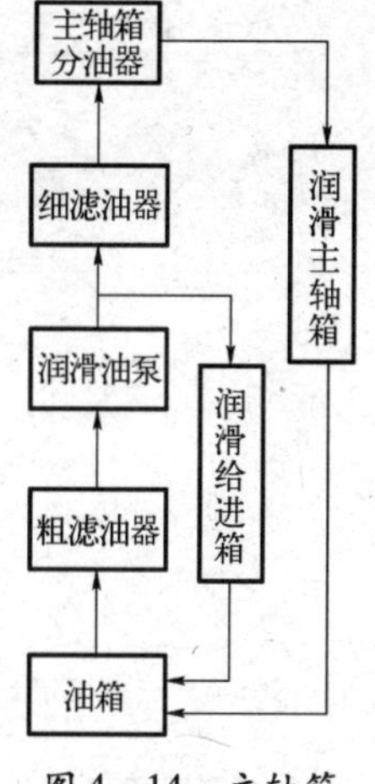

图 4－14　主轴箱润滑系统方框图

4.1.3　CA6140 型普通卧式车床的进给传动系统及主要结构

1. 进给运动传动链

进给运动传动链是使刀架实现纵向或横向运动的传动链。进给运动的动力来源也是主电动机（7.5kW，1450 r/min）。运动由电动机经主运动传动链、主轴、进给运动传动链至刀架，使刀架带着车刀实现机动的纵向进给、横向进给或车削螺纹。虽然刀架移动的动力来自电动机，但由于刀架的进给量及螺纹的导程是以主轴每转过一转时刀架的移动量来表示的，所以我们在分析此传动链时把主轴作为传动链的起点，而把刀架作为传动链的终点，即进给运动传动链的两末端件是主轴和刀架。

进给运动传动链的传动路线为：运动从主轴Ⅵ经轴Ⅸ（或再经轴Ⅺ上的中间齿轮 Z_{25}）传至轴Ⅹ，再经过挂轮（交换齿轮）传至轴ⅩⅢ，然后传入进给箱。从进给箱传出的运动一条传动路线是经丝杠ⅩⅨ带动溜板箱使刀架纵向运动，这是切削车削螺纹的传动路线，进给传动链是“内联系”传动链，主轴每转刀架的移动量应等于加工螺纹的导程；另一条传动路线是经光杠ⅩⅩ和溜板箱内的一系列传动机构，带动刀架作纵向或横向的进给运动，这是一般机动进给的传动路线，进给传动链是“外联系”传动链，进给量以工件每转刀架的移动量来表示。

进给运动传动链的传动路线表达式如图 4－15 所示。

1）车削螺纹

CA6140 型卧式车床能车削常用的公制、英制、模数制及径节制等 4 种标准的螺纹，此外，还可以车削加大螺距、非标准螺距及较精确的螺纹。它既可以车削右螺纹，也可以车削左螺纹。

车削各种不同螺距的螺纹时，主轴与刀具之间必须保持严格的运动关系，主轴每转 1 转，刀具应均匀地移动 1 个（被加工螺纹）导程 S 的距离，即

主轴转 1（r）——刀架移动 S（mm）

上述关系称为车削螺纹时进给运动传动链的“计算位移”。在此基础上就可列出车螺纹时的运动平衡式为

$$1_{(\text{主轴})} \times i \times t_{\text{丝杠}} = S$$

式中　i ——从主轴到丝杠之间全部传动副的总传动比；

$t_{\text{丝杠}}$——机床丝杠的导程，$t_{\text{丝杠}} = 12\text{mm}$。由此可知，为了能加工出各种不同类型和导程的螺纹，进给运动传动链中的 i 值应能相应地改变。

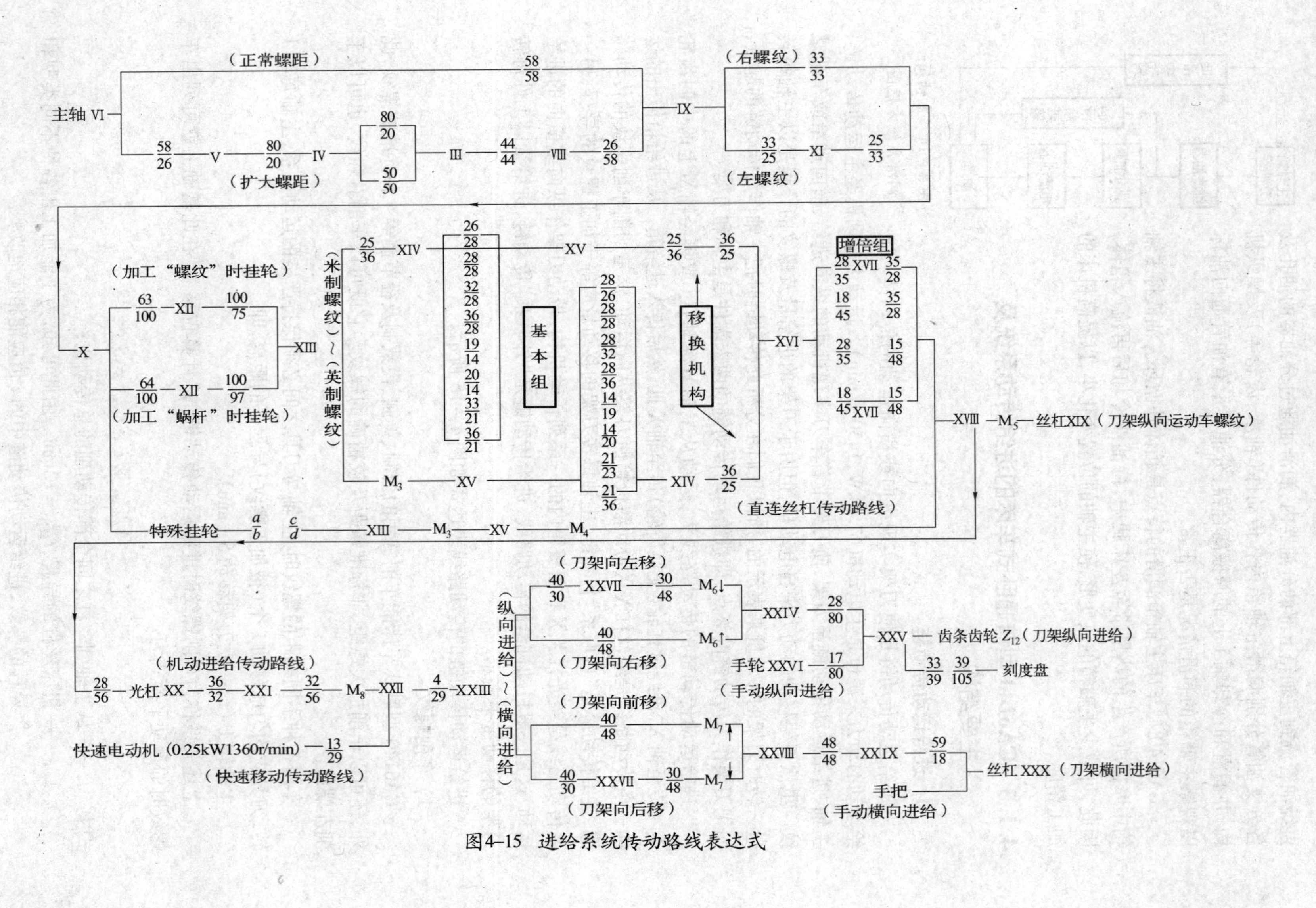

图4–15　进给系统传动路线表达式

（1）车削米制螺纹。米制螺纹是我国常用的螺纹。在国家标准中已规定了米制螺纹标准导程值，如表 4-2 所列。CA6140 型普通车床可以加工常用的公制标准螺纹。

表 4-2　标准米制螺纹导程　（单位:mm）

螺纹的导程 / 增倍组的传动比 / 基本组的传动比	$i_{倍1}=\frac{18}{45}\times\frac{15}{48}=\frac{1}{8}$	$i_{倍2}=\frac{28}{35}\times\frac{15}{48}=\frac{1}{4}$	$i_{倍3}=\frac{18}{45}\times\frac{35}{28}=\frac{1}{2}$	$i_{倍4}=\frac{28}{35}\times\frac{35}{28}=1$
$i_{基1}=\frac{26}{28}=\frac{6.5}{7}$				
$i_{基2}=\frac{28}{28}=\frac{7}{7}$		1.75	3.5	7
$i_{基3}=\frac{32}{28}=\frac{8}{7}$	1	2	4	8
$i_{基4}=\frac{36}{28}=\frac{9}{7}$		2.25	4.5	9
$i_{基5}=\frac{19}{14}=\frac{9.5}{7}$				
$i_{基6}=\frac{20}{14}=\frac{10}{7}$	1.25	2.5	5	10
$i_{基7}=\frac{33}{21}=\frac{11}{7}$			5.5	11
$i_{基8}=\frac{36}{21}=\frac{12}{7}$	1.5	3	6	12

车削公制螺纹时，进给箱中的齿式离合器 M_3、M_4 脱开，M_5 接合。这时的传动路线为（见图 4-6 及传动路线表达式）：运动由主轴Ⅵ经齿轮副$\frac{58}{58}$、换向机构$\frac{33}{33}$（车左螺纹时经$\frac{33}{25}\times\frac{25}{33}$）、挂轮$\frac{63}{100}\times\frac{100}{75}$传到进给箱中，然后由移换机构的齿轮副$\frac{25}{36}$传至ⅩⅣ轴，由ⅩⅣ轴经两轴滑移变速机构的齿轮副$\frac{19}{14}$、$\frac{20}{14}$、$\frac{36}{21}$、$\frac{33}{21}$、$\frac{26}{28}$、$\frac{28}{28}$、$\frac{36}{28}$或$\frac{32}{28}$至轴ⅩⅤ，然后再由移换机构的齿轮副$\frac{25}{36}\times\frac{36}{25}$传至轴ⅩⅥ，轴ⅩⅥ的运动再经ⅩⅥ轴与ⅩⅧ轴之间的齿轮副传至ⅩⅧ轴，最后经由齿式离合器 M_5 传至丝杠ⅩⅨ，当溜板箱中的开合螺母与丝杠相啮合时，就可带动刀架车削公制螺纹。

其中轴ⅩⅣ～轴ⅩⅤ之间的变速机构可变换 8 种不同的传动比：

$$i_{基1}=\frac{26}{28}=\frac{6.5}{7},\ i_{基2}=\frac{28}{28}=\frac{7}{7}$$

$$i_{基3}=\frac{32}{28}=\frac{8}{7},\ i_{基4}=\frac{36}{28}=\frac{9}{7}$$

$$i_{基5}=\frac{19}{14}=\frac{9.5}{7},\ i_{基6}=\frac{20}{14}=\frac{10}{7}$$

$$i_{基7} = \frac{33}{21} = \frac{11}{7},\ i_{基8} = \frac{36}{21} = \frac{12}{7}$$

即 $i_{基} = \frac{S_j}{7}$，$S_j = 6.5、7、8、9、9.5、10、11、12$。这些传动比的分母相同，分子则除 6.5 和 9.5 用于其他种类的螺纹外，其余均按等差数列排列，相当于米制螺纹导程的最后一列。这套变速机构称为基本组。轴XⅥ～XⅧ间的变速机构可变换 4 种传动比：

$$i_{倍1} = \frac{18}{45} \times \frac{15}{48} = \frac{1}{8},\ i_{倍2} = \frac{28}{35} \times \frac{15}{48} = \frac{1}{4}$$

$$i_{倍3} = \frac{18}{45} \times \frac{35}{28} = \frac{1}{2},\ i_{倍4} = \frac{28}{35} \times \frac{35}{28} = 1$$

它们用以实现螺纹导程标准中列与列之间的倍数关系，称为增倍组。

基本组、增倍组和移换机构组成进给变速机构，它和挂轮一起组成换置机构。

车削米制（右旋）螺纹的运动平衡式为

$$S = 1_{r(主轴)} \times \frac{58}{58} \times \frac{33}{33} \times \frac{63}{100} \times \frac{100}{75} \times \frac{25}{36} \times i_{基} \times \frac{25}{36} \times \frac{36}{25} \times i_{倍} \times 12(\text{mm})$$

式中 $i_{基}$——基本组的传动比；

$i_{倍}$——增倍组的传动比。

将上式简化后可得

$$S = 7 \times i_{基} \times i_{倍}$$

选择 $i_{基}$、$i_{倍}$ 的值，就可以得到各种标准米制螺纹的导程 S。

S_j 最大为 12，$i_{倍}$ 最大为 1，故可加工的最大螺纹导程 $S = 12\text{mm}$。如需车削导程更大的螺纹，可将轴Ⅸ上的滑移齿轮 58 向右移，与轴Ⅷ上的齿轮 26 啮合。这是一条扩大导程的传动路线。

轴Ⅸ以后的传动路线与前述传动路线相同。从主轴Ⅵ～Ⅸ之间的传动比为

$$i_{扩1} = \frac{58}{26} \times \frac{80}{20} \times \frac{50}{50} \times \frac{44}{44} \times \frac{26}{58} = 4$$

$$i_{扩2} = \frac{58}{26} \times \frac{80}{20} \times \frac{80}{20} \times \frac{44}{44} \times \frac{26}{58} = 16$$

在正常螺纹导程时，主轴Ⅵ与轴Ⅸ之间的传动比为 $i = \frac{58}{58} = 1$。

扩大螺纹导程加工的传动齿轮就是主运动的传动齿轮。

注意：

① 只有当主轴上的 M_2 合上，即主轴处于低速状态时，才能用扩大导程。

② 当轴Ⅲ—Ⅳ—Ⅴ之间的传动比为 $\frac{20}{80} \times \frac{50}{50} = \frac{1}{4}$ 时，$i_{扩1} = 4$，导程扩大至 4 倍。

③ 当传动比为 $\frac{20}{80} \times \frac{20}{80} = \frac{1}{16}$ 时，$i_{扩2} = 16$，导程扩大至 16 倍。

④ 当轴Ⅲ—Ⅳ—Ⅴ之间的传动比 $\frac{50}{51} \times \frac{50}{50}$ 时，并不准确地等于 1，所以不能用于扩大导程。

(2) 车削模数螺纹。模数螺纹主要用于米制蜗杆，有时某些特殊丝杠的导程也是模数制的。米制蜗杆的齿距为 $T_{\mathrm{m}}=\pi\cdot m$，模数螺纹的导程为：$S_{\mathrm{m}}=kT_{\mathrm{m}}=k\pi\cdot m$，这里 k 为螺纹的头数。

模数 m 的标准值也是按分段等差数列的规律排列的。与米制螺纹不同的是，在模数螺纹导程 $S_{\mathrm{m}}=k\pi\cdot m$ 中含有特殊因子 π。为此，车削模数螺纹时，挂轮需换为 $\frac{64}{100}\times\frac{100}{97}$。其余部分的传动路线与车削米制螺纹时完全相同。运动平衡式为

$$S_{\mathrm{m}}=1_{\mathrm{r}(\text{主轴})}\times\frac{58}{58}\times\frac{33}{33}\times\frac{64}{100}\times\frac{100}{97}\times\frac{25}{36}\times i_{\text{基}}\times\frac{25}{36}\times\frac{36}{25}\times i_{\text{倍}}\times 12(\mathrm{mm})$$

式中 $\frac{64}{100}\times\frac{100}{97}\times\frac{25}{36}\approx\frac{7\pi}{48}$，代入化简，得

$$S_{\mathrm{m}}=\frac{7\pi}{4}\times i_{\text{基}}\times i_{\text{倍}}$$

因为 $S_{\mathrm{m}}=kT_{\mathrm{m}}=k\pi\cdot m$，从而得

$$m=\frac{7}{4k}\times i_{\text{基}}\times i_{\text{倍}}$$

改变 $i_{\text{基}}$、$i_{\text{倍}}$ 的值，就可以车削出各种标准模数螺纹。如应用扩大导程螺纹机构，也可以车削出大导程的模数螺纹。

(3) 车削英制螺纹。英制螺纹在采用英制的国家(如英、美、加拿大等)中应用广泛。我国部分管螺纹目前也采用英制螺纹。

英制螺纹以每英寸长度上的螺纹扣数 a(扣/英寸)表示。因此，英制螺纹的导程 $S_a=\frac{1}{a}$(英寸)。

由于 CA6140 车床的丝杠是米制螺纹，被加工的英制螺纹也必须换算成以 mm 为单位的相应导程值，即

$$S_a=\frac{1}{a}\mathrm{in}=\frac{25.4}{a}(\mathrm{mm})$$

a 的标准值也是按分段等差数列的规律排列的，所以英制螺纹导程的分母为分段等差数列。此外，还有特殊因子 25.4。车削英制螺纹时，也应对传动路线作如下两点变动：

① 将基本组两轴(轴ⅩⅤ和轴ⅩⅣ)的主、被动关系对调，使分母为等差数列。

② 在传动链中要能够产生特殊因子 25.4。

为此，将进给箱中的离合器 M_3、M_5 接合，轴ⅩⅥ左端的滑移齿轮 Z_{25} 移至左边位置，与固定在轴ⅩⅣ上的齿轮 Z_{36} 相啮合。运动由轴ⅩⅢ经 M_3 先传到轴ⅩⅤ，然后传至轴ⅩⅣ，再经齿轮副 $\frac{36}{25}$ 传至轴ⅩⅥ。其余部分的传动路线与车削米制螺纹时相同。其运动平衡式为

$$S_a=1_{\mathrm{r}(\text{主轴})}\times\frac{58}{58}\times\frac{33}{33}\times\frac{63}{100}\times\frac{100}{75}\times\frac{1}{i_{\text{基}}}\times\frac{36}{25}\times i_{\text{倍}}\times 12(\mathrm{mm})$$

其中 $\frac{63}{100}\times\frac{100}{75}\times\frac{25}{36}=\frac{63}{75}\times\frac{36}{25}\approx\frac{25.4}{21}$，则

$$S_a \approx \frac{25.4}{21} \times \frac{i_{倍}}{i_{基}} \times 12 = \frac{4}{7} \times 25.4 \times \frac{i_{倍}}{i_{基}} (\mathrm{mm})$$

将 $S_a = \frac{25.4}{a}$ 代入上式,得

$$a = \frac{7}{4} i_{基} / i_{倍} \quad (扣/英寸)$$

由此可见,改变 $i_{基}$、$i_{倍}$ 的值,就可以车削出各种标准的英制螺纹。

(4) 径节螺纹的加工。径节螺纹主要用于英制蜗杆。它是用径节 DP 来表示的。径节 $DP = \frac{z}{D}$(z 为蜗轮齿数;D 为分度圆直径,英寸),即蜗轮或齿轮折算到每一英寸分度圆直径上的齿数。英制蜗杆的轴向齿距即径节螺纹的导程为

$$S_{DP} = \frac{\pi}{DP} (\mathrm{in}) = \frac{25.4\pi}{DP} (\mathrm{mm})$$

径节 DP 也是按分段等差数列的规律排列的。径节螺纹的导程排列规律与英制螺纹相同,只是含有特殊因子 25.4π。车削径节螺纹时,传动路线与车削英制螺纹时完全相同,但挂轮需换为 $\frac{64}{100} \times \frac{100}{97}$,它和移换机构轴 XⅣ – XⅥ间的齿轮副 $\frac{36}{25}$ 组合,得到传动比值为

$$\frac{64}{100} \times \frac{100}{97} \times \frac{36}{25} \approx \frac{25.4\pi}{84}$$

(5) 车削非标准螺纹。若将 M_3、M_4、M_5 全部结合,依靠改变挂轮传动比,即可加工非标准螺纹。

2) 机动进给

车削外圆柱或内圆柱表面时,可使用机动进给的纵向进给。车削端面时,可使用机动进给的横向进给。

(1) 传动路线。为了减少丝杠的磨损和便于操纵,机动进给是由光杠经溜板箱传动的。这时,将进给箱中的离合器 M_5 脱开,使轴 XⅧ的齿轮 Z_{28} 与轴 XⅦ左端的齿轮 Z_{56} 相啮合。运动由进给箱传至光杠 XX,再经溜板箱中的齿轮副 $\frac{36}{32} \times \frac{32}{56}$、超越离合器及安全离合器 M_8、轴 XⅫ、蜗杆蜗轮副 $\frac{4}{29}$ 传至轴 XXⅢ。当运动由轴 XXⅢ经齿轮副 $\frac{40}{48}$ 或 $\frac{40}{30} \times \frac{30}{48}$、双向离合器 M_6、轴 XXⅣ、齿轮副 $\frac{28}{80}$、轴 XXⅤ传至小齿轮 Z_{12} 时,由于小齿轮 Z_{12} 与固定在床身上的齿条相啮合,小齿轮转动时,就使刀架作机动纵向进给。当运动由轴 XXⅢ经齿轮副 $\frac{40}{48}$ 或 $\frac{40}{30} \times \frac{30}{48}$、双向离合器 M_7、轴 XXⅧ及齿轮副 $\frac{48}{48} \times \frac{59}{18}$ 传至横向进给丝杠 XXX 后,就使横刀架作机动横向进给。

为了避免发生事故,纵向机动进给、横向机动进给及车螺纹 3 种传动路线,同时只允许接通其中一种,这是由操纵机构及互锁机构来保证的,它们的工作原理将在后面介绍。

溜板箱中 M_6、M_7 用于变换进给运动方向。轴 XXX 上的手把用于横向移动刀架,轴 XXⅥ上的手轮用于纵向移动刀架。

（2）纵向机动进给量。机床的纵向机动进给量有64种，是由4种类型的传动路线来传动的。

① 当运动由主轴经正常导程的米制螺纹传动路线时，可获得从0.08mm/r～1.22mm/r的32种正常进给量。这时的计算位移为

主轴1(r)—— 刀架移动$f_{纵}$(mm)

运动平衡式为

$$f_{纵} = 1_{r(主轴)} \times \frac{58}{58} \times \frac{33}{33} \times \frac{63}{100} \times \frac{100}{75} \times \frac{25}{36} \times i_{基} \times \frac{25}{36} \times \frac{36}{25} \times i_{倍} \times \frac{28}{56}$$
$$\times \frac{36}{32} \times \frac{32}{56} \times \frac{4}{29} \times \frac{40}{30} \times \frac{30}{48} \times \frac{28}{80} \times \pi \times 2.5 \times 12(\text{mm/r})$$

化简，得

$$f_{纵} = 0.71 i_{基} i_{倍}(\text{mm/r})$$

② 运动由正常螺距的英制螺纹的传动路线传动时，这时

$$f_{纵} = 1.474 i_{倍} / i_{基}(\text{mm/r})$$

当$i_{倍} = \frac{28}{35} \times \frac{35}{28}$传动时，可得到从0.86mm/r～1.59mm/r的8种较大的纵向进给量。当$i_{倍}$为其他值时，得到的$f_{纵}$较小，与上述传动路线的进给量重复。

③ 运动由扩大导程机构及英制螺纹传动路线传动，且主轴处于较低的12级转速时，此时可将进给量扩大4倍或16倍，得到大的纵向进给量。

④ 运动经由扩大导程机构及公制螺纹传动路线传动，且主轴以高转速（450r/min～1500r/min，其中500r/min除外）运转时，当$i_{倍} = \frac{18}{45} \times \frac{15}{48}$，得

$$f_{纵} = 0.0315 i_{基}(\text{mm/r})$$

这时，可得从0.028r/mm～0.054r/mm的8种细进给量。

（3）横向机动进给量。通过计算可知，横向进给量是纵向进给量的1/2。

3）刀架快速移动

为了减轻工人劳动强度和缩短辅助时间，刀架可实现纵向和横向机动快速移动。按下快速移动按钮，快速电动机（0.25kW，1360r/min）经齿轮副$\frac{13}{29}$使轴XⅫ高速转动，再经蜗杆副$\frac{4}{29}$及溜板箱内的转换机构，使刀架实现纵向或横向的快速移动。快移方向仍由溜板箱中双向离合器M_6和M_7控制。

2. 进给传动系统主要结构

1）进给箱及其操纵机构

卧式车床进给箱的功用是变换车螺纹运动和纵、横向进给运动的进给速度，实现被加工螺纹种类和导程的变换，获得纵、横向机动进给所需的各种进给量。进给箱通常由变换螺纹导程和进给量的变速机构、变换螺纹种类的移换机构、丝杠和光杠运动转换机构及操纵机构等组成。加工不同种类的螺纹通常由调整进给箱中的移换机构和交换齿轮架上的挂轮来实现。

图4－16所示为CA6140型普通车床的进给箱装配图。CA6140车床进给箱内所有传

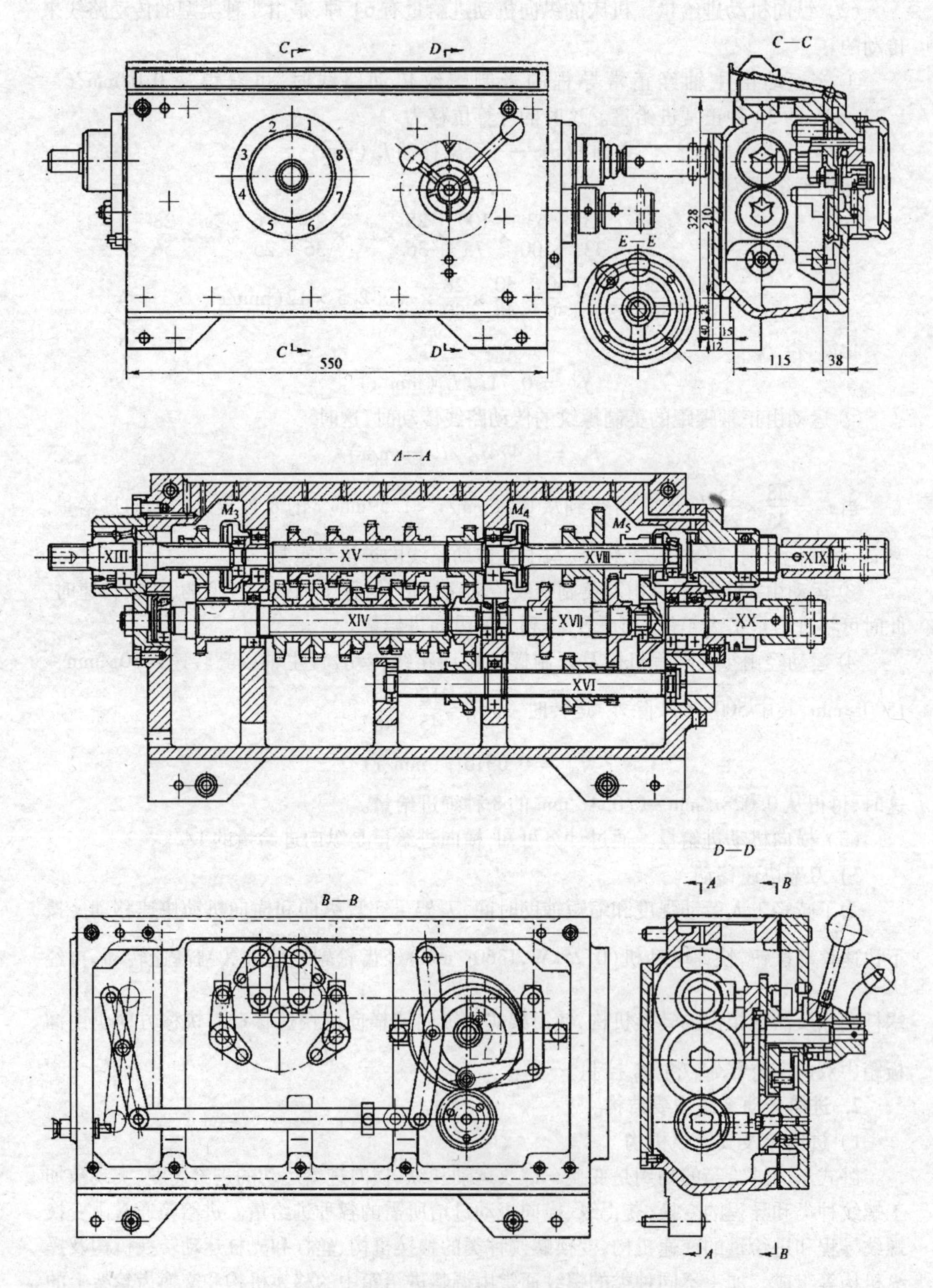

图 4－16　CA6140 型普通车床进给箱装配图

动轴的轴线都布置在同一垂直平面内，操纵机构和手柄全部装在进给箱的前盖板上。基本组的双轴滑移齿轮机构的4个滑移齿轮，仅用一个手柄集中操纵。增倍组的两组滑移齿轮也用一个手柄操纵。米、英制螺纹传动路线变换离合器 M_3 和滑移齿轮 Z_{25}，以及接丝杠、光杠的滑移齿轮 Z_{28}，用另一个手柄集中控制。

由图4－16可以看出，基本组的4个滑动齿轮是由一个手把集中操纵的。图4－17所示为基本组操纵机构工作原理图。基本组的4个滑动齿轮分别由4个拨块2来拨动。每个拨块的位置是由各自的销子4分别通过杠杆3来控制的。4个销子4均匀地分布在操纵手轮6背面的环形槽 E 中，环形槽中有两个间隔45°的孔 a 和 b，孔中分别安装带斜面的压块7和7′（图4－18），其中压块7的斜面向外斜，压块7′的斜面向里斜。这种操纵机构就是利用压块7、7′和环形槽 E，操纵销4及杠杆3，使每个拨块2及其滑移齿轮可以有左、中、右3种位置。在同一时间内基本组中只能有一对齿轮啮合。图4－18所示为操纵机构的立体（分解）图。

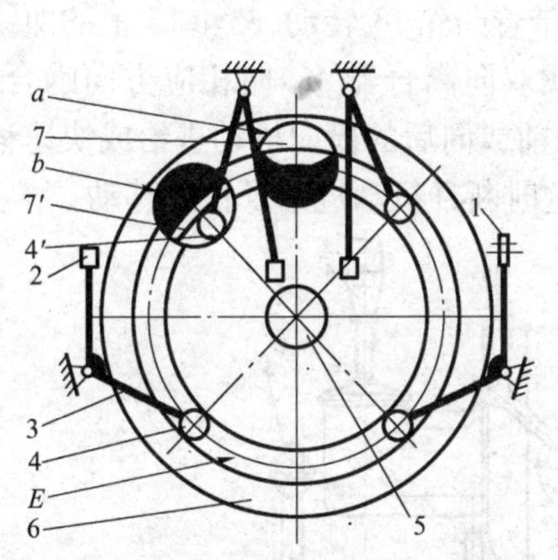

图4－17　进给箱基本组的操纵机构

1—齿轮；2—拨块；3—杠杆；4，4′—操纵销；5—固定轴；6—手轮；7，7′—压块。

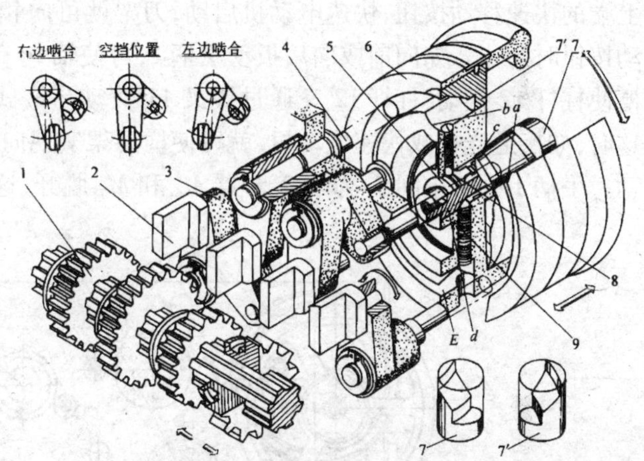

图4－18　基本组操纵机构立体图

1—齿轮；2—拨块；3—杠杆；4—操纵销；5—固定轴；6—手轮；7，7′—压块；8—钢球；9—螺钉。

手轮在圆周方向上有8个均布的位置，当它处于如图4－17所示位置时，只有左上角杠杆的销4′在压块7′的作用下靠在孔 b 的内侧壁上（此杠杆所操纵的滑移齿轮 Z_{28} 处于左端啮合位置，与轴XIV上的 Z_{26} 啮合），其余3个销子都处于环形槽 E 中，其相应的滑移齿轮都处于各自的中间（空挡）位置。如需要改变基本组的传动比时，先将手轮6向外拉（图4－17、图4－18），这时螺钉9的前端沿固定轴5的轴向槽移到轴端的环形槽 c 中，手轮6就可以自由转动进行变速。

这时销4还有一小段保留在槽 E 及孔 b 中，转动手轮6时，销4就沿槽 E 及孔 b 的内壁滑动，手轮6的周向位置可由固定环的缺口观察到（此处可以看到手轮标牌上的编号），当手轮转到所需位置后，例如，从图4－17所示位置逆时针转过45°（这时孔 a 正对准左上角杠杆的销4′），将手轮重新推入，这时孔 a 中压块7的斜面推动销4′向外，使左上角杠杆向顺时针方向摆动，于是便将相应的滑动齿轮 Z_{28} 推向右端（从机床前面看），与轴XIV上的 Z_{28} 相啮合。螺钉9是手轮6的周向定位装置。钢球8是手轮的轴向定位装置。

2）溜板箱及其操纵机构

图4－19所示为溜板箱外观图,图4－19中1为溜板纵向移动手轮,3为开合螺母操纵手柄,4为纵、横向进给操纵及快速移动按钮,控制纵向正、反和横向正、反4个方向的机动进给和刀架快速移动,5为主轴正、反转起动手柄,控制主轴箱内的摩擦离合器和制动器,使主轴获得正、反转和停车。2为手动油泵手柄,控制润滑床身,溜板导轨和溜板箱内各润滑点。溜板箱装配图如图4－20所示,其主要结构如下:

（1）纵向、横向机动进给及快速移动的操纵机构。纵向、横向机动进给及快速移动是由一个手柄集中操纵的(图4－20、图4－21)。当需要纵向移动刀架时,向相应方向(向左或向右)扳动操纵手柄1。由于轴14用台阶及卡环轴向固定在箱体上,操纵手柄1只能绕销a摆动,于是手柄1下部的开口槽就拨动轴3轴向移动。轴3通过杠杆7及拉杆8使凸轮9转动,凸轮9的曲线槽使拨叉10移动,于是便操纵轴ＸＸⅣ上的牙嵌式双向离合器M_6向相应方向啮合。这时,如光杠转动就可使刀架作纵向机动进给;如按下手柄1上端的快速移动按钮,快速电动机启动,刀架就可向相应方向快速移动,直到松开快速移动按钮时为止。如向前或向后扳动手柄1,可使轴14带着凸轮13转动,凸轮13上的曲线槽使杠杆12摆动,杠杆12又通过拨叉11拨动牙嵌式双向离合器M_7向相应方向啮合。这时,如接通光杠或快速电动机,就可使横刀架实现向前或向后的横向机动进给或快速移动。手柄1处于中间位置时,离合器M_6和M_7脱开,这时断开机动进给及快速移动。

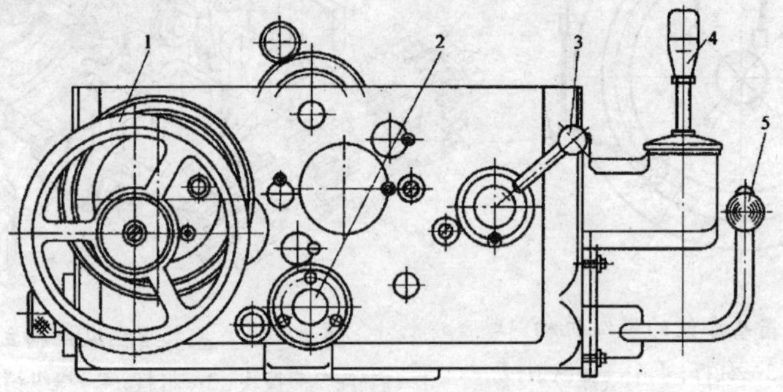

图4－19　CA6140型车床溜板箱外观图

1—纵向移动手轮；2—手动油泵手柄；3—开合螺母操纵机构；

4—纵、横进给操纵手柄；5—主轴正反转起动手柄。

为了避免同时接通纵向和横向的运动,在盖2上开有十字形槽,十字形槽限制了手柄1的位置,使它不能同时接通纵向和横向运动。

（2）开合螺母机构。对开螺母的功用是接通或断开从丝杠传来的运动。车螺纹时,对开螺母合上,丝杠通过对开螺母带动溜板箱及刀架。

对开螺母的结构如图4－20的$A—A$剖面。对开螺母由上、下半螺母19和18组成。18和19可沿溜板箱的垂直燕尾导轨上下移动,每个半螺母上装有3个圆柱销20,它们分别插入槽盘21的两条曲线槽d中($B—B$视图)。车削螺纹时,顺时针方向扳动手柄15,使盘21转动,盘21上的偏心圆弧槽d使两个圆柱销20带动半螺母18和19互相靠拢,于是对开螺母与丝杠啮合。逆时针方向扳动手柄,则螺母与丝杠脱开。盘21的槽d接近盘中心部分的倾斜角比较小,使对开螺母闭合后能自锁,不会因为螺母上的径向力而自动脱开。螺钉17($A—A$剖面)的作用是限定对开螺母的啮合位置。拧动螺钉17,可以调整

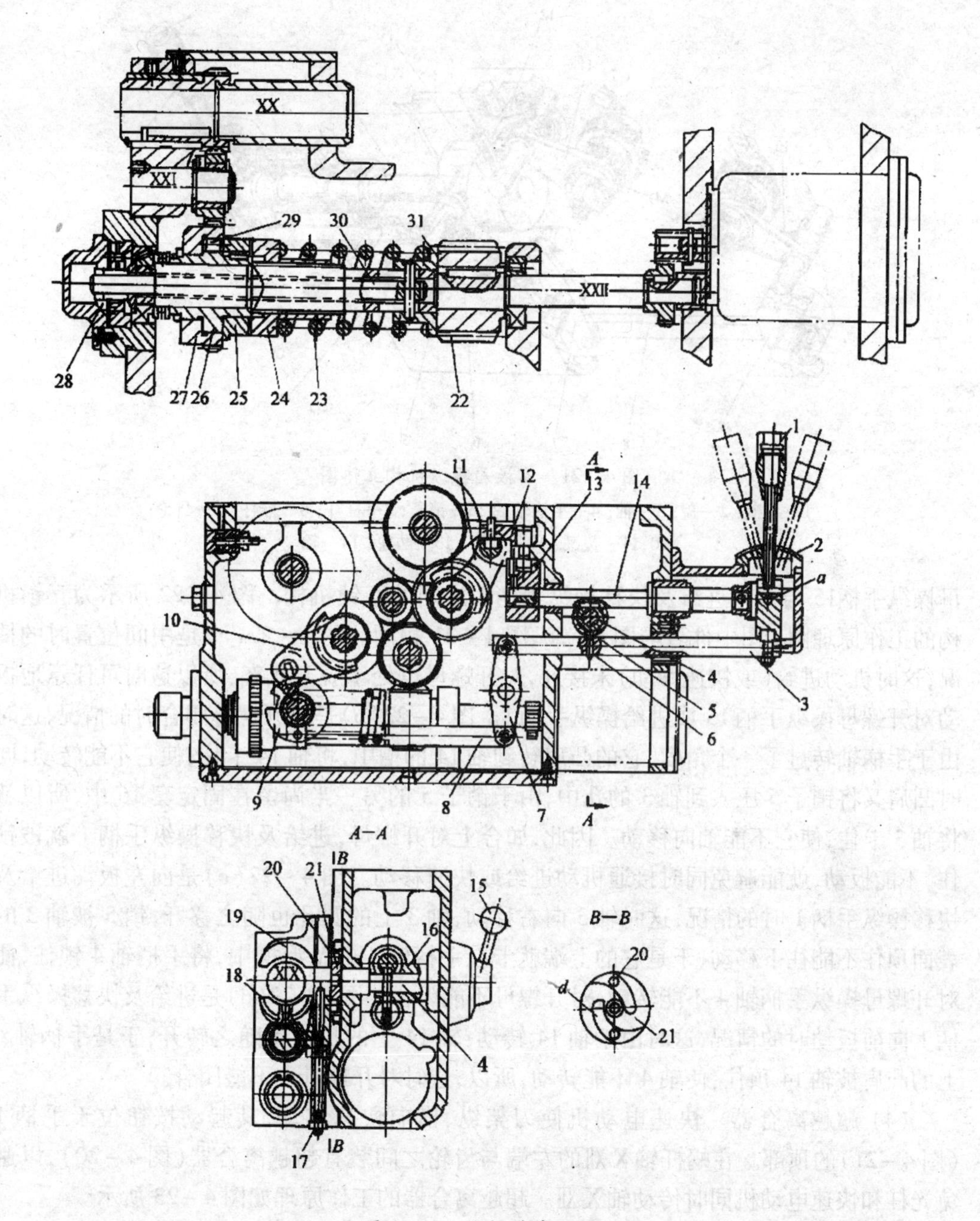

图 4-20　溜板箱装配图

1—手柄；2—盖；3—轴；4—手柄轴；5,6—销子；7—杠杆；8—推杆；9—凸轮；10、11—拨叉；12—杠杆；13—凸轮；14—轴；15—手柄；16—固定套；17—螺钉；18,19—上下对开螺母；20—圆柱销；21—槽盘；22—齿轴；23—弹簧；24,25—离合器；26—星形体；27—齿轮；28—螺母；29—圆柱滚子；30—杆；31—压套。

丝杠与螺母间的间隙。对开螺母的功用是接通或断开从丝杠传来的运动。车螺纹时，对开螺母合上，丝杠通过对开螺母带动溜板箱及刀架。

(3) 互锁机构。为了避免损坏机床，在接通机动进给或快速移动时，对开螺母不应闭合。反之，合上对开螺母时，就不允许接通机动进给和快速移动。图 4-20 表示了对开螺

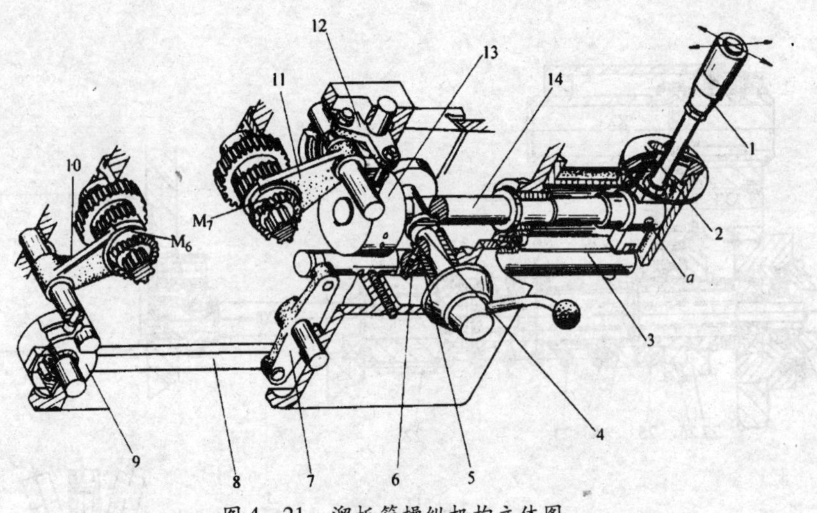

图 4-21 溜板箱操纵机构立体图

1—手柄；2—盖；3—轴；4—手柄轴；5,6—销子；7—杠杆；8—推杆；9—凸轮；
10,11—拨叉；12—杠杆；13—凸轮；14—轴。

母操纵手柄15 与刀架进给及快移操纵手柄 1 之间的互锁机构。图 4-22 所示为互锁机构的工作原理图。图中件号与图 4-20、图 4-21 相同。图 4-22(a)是中间位置时的情况,这时机动进给(或快速移动)未接通,对开螺母也处于脱开状态,所以这时可任意地扳动对开螺母操纵手柄 15 或进给操纵手柄 1。图 4-22(b)是对开螺母闭合时的情况,这时由于手柄轴转过了一个角度,它的凸肩转到轴 14 的槽中,将轴 14 卡住,使它不能转动,同时凸肩又将销子 5 压入到轴 3 的孔中,由于销子 5 的另一半尚留在固定套 16 中,所以就将轴 3 卡住,使它不能轴向移动。因此,如合上对开螺母,进给及快移操纵手柄 1 就被锁住,不能扳动,就能避免同时接通机动进给或快速移动。图 4-22(c)是向左扳动进给及快移操纵手柄 1 时的情况,这时轴 3 向右移动,轴 3 上的圆孔也随之移开,销 5 被轴 3 的表面顶住不能往下移动,于是它的上端就卡在手柄轴 4 的 V 形槽中,将手柄轴 4 锁住,使对开螺母操纵手柄轴 4 不能转动,对开螺母不能闭合。图 4-22(d)是进给及快移操纵手柄 1 向前扳动时的情况,这时由于轴 14 转动,轴 14 上的长槽也随之转开,于是手柄轴 4 上的凸肩被轴 14 顶住,使轴 4 不能转动,所以,这时对开螺母也不能闭合。

(4) 超越离合器。快速电动机使刀架纵、横向快速移动,其起动按钮位于手柄 1(图 4-21)的顶部。在蜗杆轴 XXII 的左端与齿轮之间装有超越离合器(图 4-20),以避免光杠和快速电动机同时传动轴 XXII。超越离合器的工作原理如图 4-23 所示。

机动进给时,由光杠传来的低速进给运动,使齿轮 27(即超越离合器的外环)按图示逆时针方向旋转。3 个圆柱滚子 29 在弹簧 33 的弹力和摩擦力的作用下,楔紧在齿轮 27 和星形体 26 之间。齿轮 27 就可经滚子 29 带动星形体 26 一起转动。进给运动再经超越离合器右边的安全离合器 24、25 传至轴 XXII。按下快速按钮,快速电动机经齿轮副 18/24 传动轴 XXII 经安全离合器使星形体 26 得到一个与齿轮 27 转向相同但转速高得多的转动。这时,摩擦力使滚子经销 32、压缩弹簧 33,向楔形槽的宽端滚动,脱开了外环与行星体之间的联系。因此,快速时可以不用脱开进给链。

(5) 安全离合器。机动进给时,如进给力过大或刀架移动受阻,则有可能损害机件。

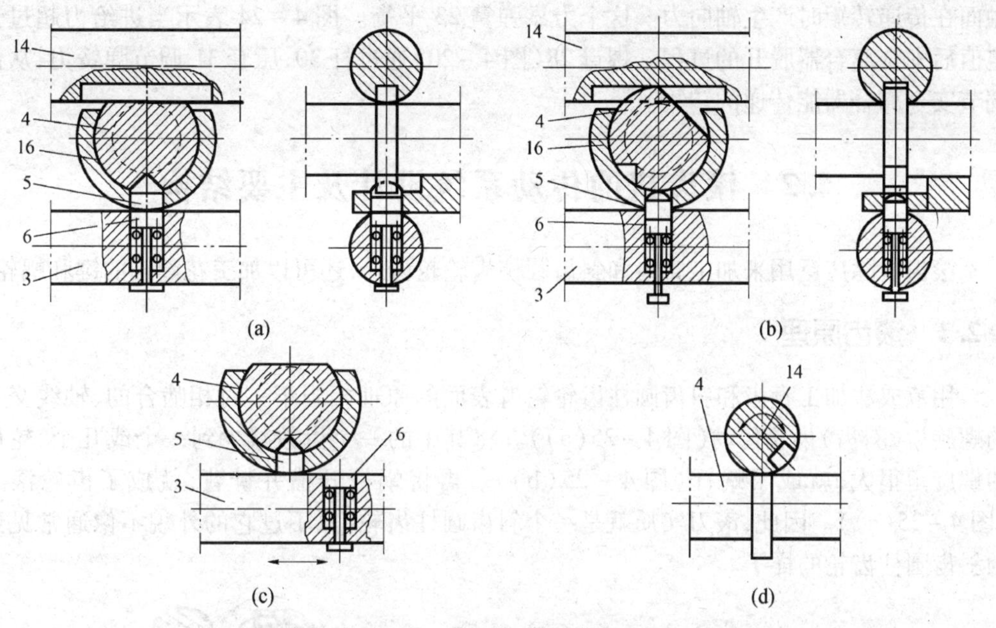

图 4-22 互锁机构的工作原理

(a) 中间位置；(b) 车螺纹状态；(c) 纵向进给状态；(d) 横向进给状态。

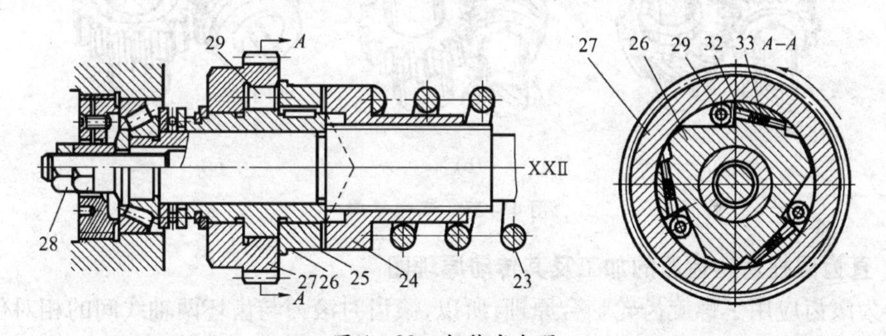

图 4-23 超越离合器

23—弹簧；24—离合器的右部；25—离合器的左部；26—星形体；
27—齿轮；28—螺母；29—圆柱滚子；32—销；33—弹簧。

为此，在进给链中设置安全离合器来自动地停止进给。

超越离合器的星形体 26 空套在轴 X Ⅻ上，安全离合器的左半部 25 用键固定在星形体上。安全离合器的右半部 24 经花键与轴 X Ⅻ相联。运动经 26、25、安全离合器左、右半间的齿以及 24 传给轴 X Ⅻ。

安全离合器的工作原理如图 4-24 所示。左、右半之间有螺旋形端面齿。倾斜的接

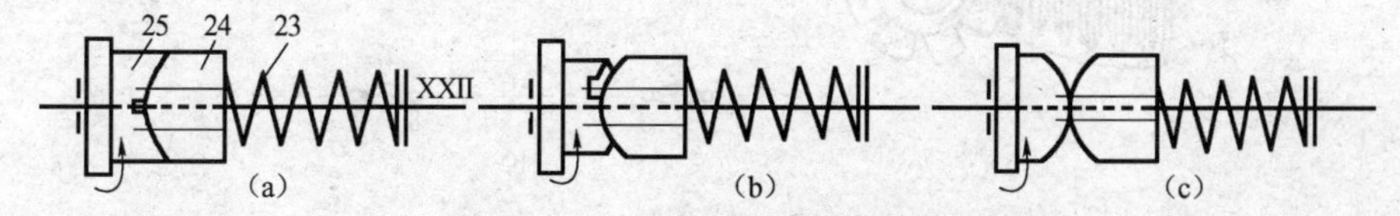

图 4-24 安全离合器工作原理

(a) 正常传递扭矩；(b) 开始脱开；(c) 完全脱开。
23—弹簧；24—离合器的右半部；25—离合器的左半部。

触面在传递转矩时产生轴向力。这个力靠弹簧23平衡。图4－24表示当进给力超过预定值后安全离合器脱开的过程。螺母28(图4－20)通过杆30、压套31调节弹簧力,从而调节安全离合器能传递的转矩。

4.2 滚齿机的传动系统设计及主要结构

滚齿机除广泛用来加工直齿和斜齿圆柱齿轮轮齿外,还可以加工花键轴的键和蜗轮。

4.2.1 滚齿原理

用范成法加工直齿和斜齿圆柱齿轮轮齿表面的原理相当于一对相啮合的、轴线交叉的螺旋齿(斜齿)齿轮传动(图4－25(a))。将其中的一个齿数减少到一个或几个,轮齿的螺旋角很大,就成了蜗杆(图4－25(b))。再将蜗杆开槽并铲背,就成了齿轮滚刀(图4－25(c))。因此,滚刀实质就是一个斜齿圆柱齿轮,只不过它的外貌不像通常见到的斜齿圆柱齿轮的样子。

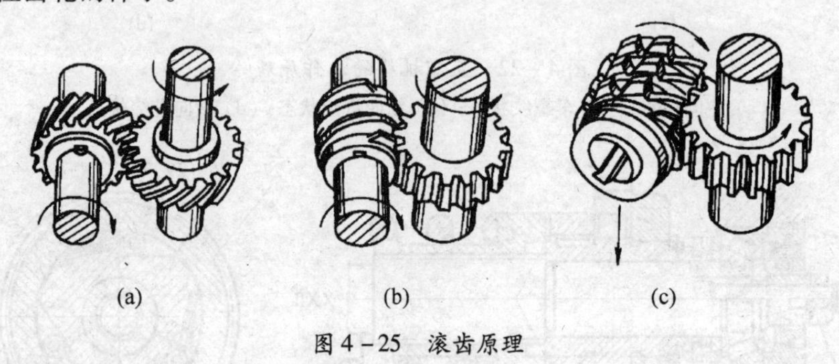

图4－25 滚齿原理

1. 直齿圆柱齿轮齿面的加工及其传动原理图

因为滚齿应用了螺旋齿轮啮合原理,所以,滚齿时滚刀与齿坯两轴线间的相对位置应相当于两个螺旋齿轮相啮合时轴线的相对位置。只是在滚切直齿圆柱齿轮时把被加工齿轮看作是螺旋角为零的特殊情况。图4－26所示为滚切直齿圆柱齿轮所需表面成形运动及传动原理图。

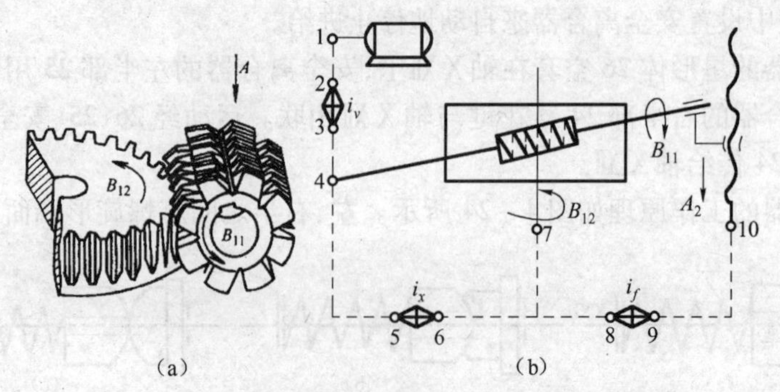

图4－26 滚切直齿圆柱齿轮所需表面成形运动及传动原理图

根据前面表面成形运动分析可知:用展成法形成渐开线(母线),需要一个复合的成形运动,这个运动需要一条“内联系”传动链(展成运动链)和一条“外联系”传动链(主运动链);用相切法形成导线(齿宽方向的直线),需要两个简单的成形运动:一个是滚刀的旋转,与展成法成形运动重合(B_{11});另一个是直线运动,需要一条外联系传动链(进给传动链)。

滚刀旋转 B_{11} 和工件旋转 B_{12} 是同一个独立的复合成形运动(范成运动)的两个运动单元,因而,它们之间的传动联系性质属于"内联系"传动,它们之间的相对运动关系应有一个严格的传动比关系,即当滚刀转过一个齿时,工件应该相应地转过一个齿,也就是在滚刀转过 $\frac{1}{k}$ 转(k 为滚刀头数)时,工件应转过 $\frac{1}{Z_{工}}$ 转($Z_{工}$ 为工件齿数)。在传动原理图(图4-26)中,这个传动联系包括由点4至点5,点6至点7的传动比为固定值的传动以及点5至点6传动比 i_x 可变换的换置机构。这个传动联系称为范成运动传动链。根据选择的滚刀头数 k 和被加工齿轮齿数 $Z_{工}$ 来调整换置机构的传动比 i_x。所以,这个换置机构影响所加工的渐开线形状,是用来调整渐开线成形运动的轨迹参数的。

要使滚刀和工件能实现范成运动,还需要接上动力源,即从电动机通过传动件把运动和动力传至范成运动传动链。在传动原理图中,这个传动联系是由点1至点4,其中包括换置机构 i_v(点2至点3)。传动比值 i_v 用来调整渐开线成形运动速度的快慢。显然,调整这个换置机构是属于渐开线成形运动速度参数的调整。它取决于滚刀材料及其直径、工件材料、硬度、模数、精度和表面粗糙度。由电动机至刀具主轴的传动链习惯上称为主运动传动链,其传动性质属于"外联系"传动。

渐开线成形运动是作连续地旋转运动的,因此,它的起点参数和行程大小参数就不需要专门的调整。

刀架沿工件轴线平行移动 A_2 是一个独立的、简单的成形运动,因此,它可以使用独立的动力源来驱动。但是,工件转速和刀架移动快慢之间的相对关系,会影响到齿面加工的粗糙度,因此,可以把加工工件(也就是装工件的工作台)作为间接动力源,传动刀架使它作轴向移动(图4-26的7—8—9—10),这个传动联系称为刀架沿工件轴向进给传动链(简称轴向进给传动链),它属于"外联系"传动性质。刀架移动的速度会影响加工表面的粗糙度,因此在确定刀架移动速度时,以工件每转一转的刀架轴向移动量来计算,称为轴向进给量。由选择换置机构的传动比 i_f 保证。

形成渐开线齿面导线(直线)的成形运动虽然是一个简单的成形运动,但是它是一个独立的运动,因此确定这个运动时,同样需要从5个运动参数把它确定下来。除上述由换置机构传动比 i_f 确定刀架轴向移动的速度参数外,还有轨迹参数、方向参数、起点参数和行程大小参数。由于运动的轨迹是一条与工件轴向平行的直线,在机床上是由刀架的导轨来保证,因此不需要专门的调整。运动的方向,对于工件是垂直安装在工作台上的机床来说,是刀架在加工时是由上而下移动,或是由下而上移动,应根据齿轮加工工艺是采用逆铣还是顺铣来确定。在调整机床时,通过进给挂轮架中"用"或"不用"惰轮实现(哪一种情况下使用惰轮,根据机床说明书的规定)。运动起点和行程大小,是依靠操作工人来掌握的,如果是自动化操作则在加工前就需要调整整好刀架行程开关的位置。

2. 斜齿圆柱齿轮齿面的加工及其传动原理图

斜齿圆柱齿轮的轮齿,端面上的齿廓是渐开线,而在轮齿齿长方向,看起来是一条倾斜的直线,但实际上是一条螺旋线。

斜齿圆柱齿轮齿面的成形与滚切直齿圆柱齿轮轮齿的差别仅在于导线的形状不同：直齿圆柱齿轮的导线是直线；而斜齿圆柱齿轮的导线是螺旋线。因此，只需分析螺旋线的成形方法就能了解滚切斜齿圆柱齿轮齿面的成形方法和传动原理图。

图4－27所示为滚切直齿和滚切斜齿圆柱齿轮在形成导线时的差别。图中所表示的运动方向是根据使用右旋滚刀（滚刀在工件的前面，图中没画出）判定。图4－27(a)中的ac是直齿圆柱齿轮轮齿的齿线；ac'是斜齿圆柱齿轮轮齿齿线。滚切时使用右旋滚刀，安装在图中工件的前面（图中没有表示出来）。该刀在位置Ⅰ时，切削点正好是a点。当该刀下降Δf距离后（到达位置Ⅱ），要切削的直齿齿轮轮齿b点正对着滚刀的切削点。但是如若滚切的是斜齿轮齿需要切削的是b'点，而不是b点。因此，要求在滚刀直线下移Δf的过程中，工件的转速应比滚切直齿轮齿时要快一些，也就是要把切削的b'点转到现在图中该刀对着的b点位置上。图4－27(b)由于斜齿圆柱齿轮的轮齿旋向（左旋）与图4－27(a)的齿轮旋向相反，因此，滚切时工件转速应比滚切直齿圆柱齿轮时要稍慢一些。

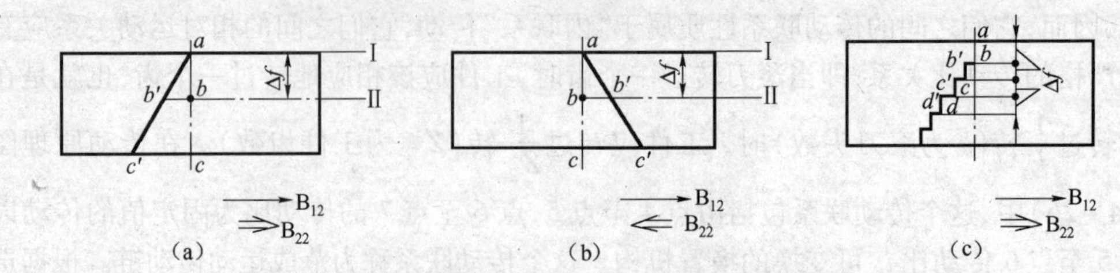

图4－27　滚切斜齿圆柱齿轮时，导线（螺旋线）的成形原理

→加工直齿圆柱时，范成运动工件的旋转运动方向；

⇒加工斜齿圆柱时，工件附加的旋转运动方向。

由以上解释说明：在滚切斜圆柱齿轮时，需要给工件一个附加转动B_{22}（脚标写成22，是因为它是由形成螺旋线的复合成形运动分解出来的。这个复合成形运动的另一部分是刀架直线移动，可写成A_{21}，亦即前面所说的刀架移动Δf）。工件附加转动B_{22}是随着刀架直线移动连续地加进工件的。由于通过工件附加转动B_{22}和刀架直线移动A_{21}来形成斜齿圆柱齿轮的螺旋线，因而，在刀架移动与工件旋转之间要有一个传动联系，以保证当刀架直线移动距离为螺旋线的一个导程T时，工件的附加转动正好转过一转。因为工件旋转在范成运动中是以B_{12}转动，所以，将附加转动B_{22}传给工件时，在传动链中用要采用合成机构。因此，构成这个传动联系的传动机构一般称为差动传动链。差动传动链是“内联系”传动链。

图4－28所示为滚切斜齿圆柱齿轮的传动原理图，图中，差动传动链是由12经13、14、15，通过合成机构及6、7、8至9。传动链中的换置机构（13～14）的传动比i_y应根据工件的导程T调整，这是属于螺旋线成形运动的轨迹参数调整。除此之外，滚切斜齿圆柱齿轮的传动联系和实现传动联系的各条传动链，都与滚切直齿圆柱齿轮时相同。

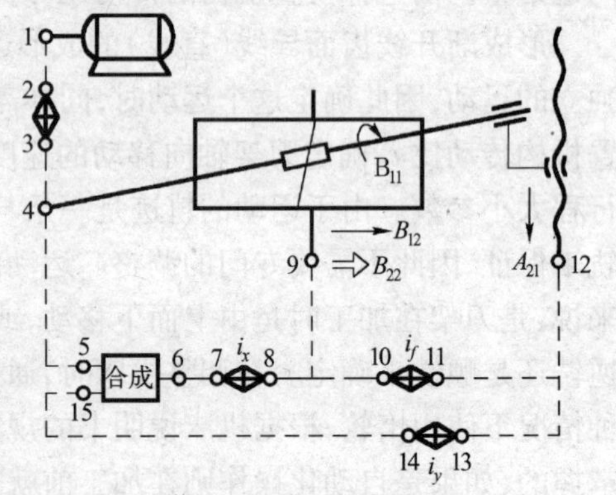

图4－28　滚切斜齿圆柱齿轮传动原理图

滚齿机既可用来加工直齿圆柱齿轮，又可用来滚切斜齿圆柱齿轮，因此，滚齿机的传动设计必须满足两者的要求，滚齿机就是根据滚切斜齿圆柱齿轮的传动原理图设计的。

4.2.2 几种传动原理图的分析与比较

传动原理图除应该能形成所要加工的表面之外，还必须尽可能地满足以下几点要求：

(1) 末端件的运动形式要尽可能简单，易于实现，以简化机床的构造。

(2) 传动链要短，使传动件尽可能少，效率高，误差小。

(3) 换置公式要简单，变量少，使加工效率高，易于调整。

下面将从几个方面进行分析比较。

1. 末端件的运动形式

滚切斜齿圆柱齿轮时，形成螺旋线是用相切法，需要滚刀回转以及刀架和工件之间的相对空间螺旋运动。根据运动分配情况，可能有的方案有4种，如表4-3所列。

表4-3 末端件的运动形式

末端件 / 方案	滚刀	工件	刀架
	运动形式		
1	旋转	旋转	直线移动
2	旋转	直线移动、旋转	
3	旋转		直线移动、旋转
4	旋转	直线移动	旋转

第3、4方案要求刀架绕工件旋转，实际是不可能实现的，所以，只有第1、2方案可以采用。两个方案的简图如图4-29所示。现行滚齿机末端件的运动形式为方案1。

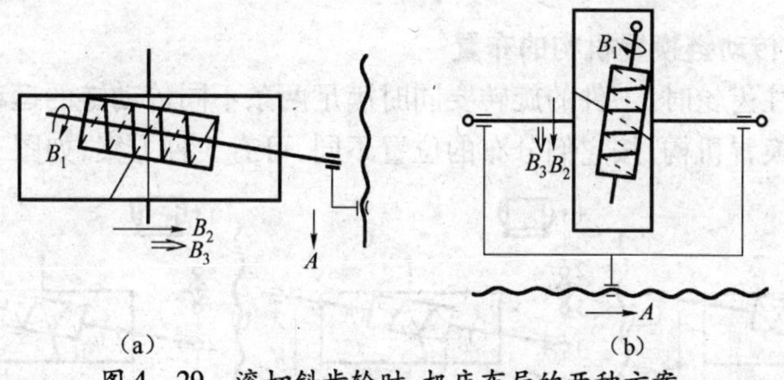

图4-29 滚切斜齿轮时，机床布局的两种方案

(a) 方案1；(b) 方案2。

方案比较如下：

方案1	方案2
① 受力状况较好。切削力和工件的质量都作用在工作台上，工作台支承在床身导轨上，故可承受较大的切削力和较重的工件质量； ② 工件径向尺寸可以较大； ③ 适用于加工中等和较大模数的齿轮	① 受力状况较差。切削力作用在头架上，工件质量会引起轴弯曲，工件太重时，会产生较大误差，适用于加工轻小的工件； ② 工件径向尺寸受工件头架中心高限制，轴向尺寸可以较大； ③ 适用于加工仪表齿轮或直径不大的齿轮，花键轴铣床多采用这一方案

2. 主运动传动链换置机构的布置

“外联系”传动链与“内联系”传动链有公用段时，“外联系”传动链的换置机构不得布置在公用段内。图 4－30 所示为滚齿机的主传动链和展成链传动原理图，其中 4－5 段是两传动链的公用部分。图 4－30(a)是正确的，图 4－30(b)是错误的。因为，如把主运动链的换置机构 i_v 置于公用段，则当改变的传动比 i_v 以改变滚刀转速时，展成链的传动比也随之改变。

3. 轴向进给传动链的独立驱动

刀架沿工件轴向进给运动是一个独立的、简单的成形运动。它可以使用独立的运动源，如图 4－31 所示。但是，在实现展成运动时已有运动源，并且在工件转动过程中，由于刀架移动的速度会影响到加工表面的粗糙度，因此，确定刀架轴向进给量是以工件转 1 圈时，刀架的移动来计算的。这个传动联系仍属于“外联系”传动。为了简化结构，调整方便，实际滚齿机传动原理图中，轴向进给传动链采用的是间接动力源，通过传动件与它联系，如图 4－26 和图 4－28 所示。

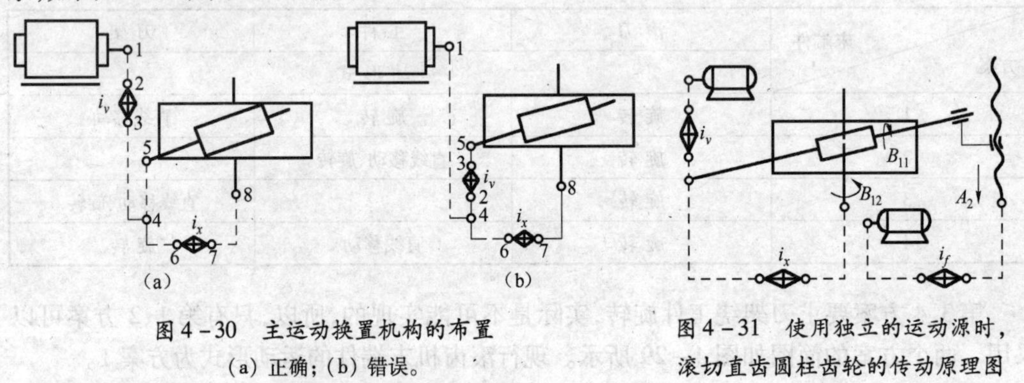

图 4－30 主运动换置机构的布置

(a) 正确；(b) 错误。

图 4－31 使用独立的运动源时，滚切直齿圆柱齿轮的传动原理图

4. 滚齿机内传动链换置机构的布置

滚切斜齿圆柱齿轮时，工件的旋转要同时满足两条不同传动链的运动要求，这两条传动链各有自己的换置机构，按它们分布的位置不同，可有 3 种方案，如图 4－32 所示。

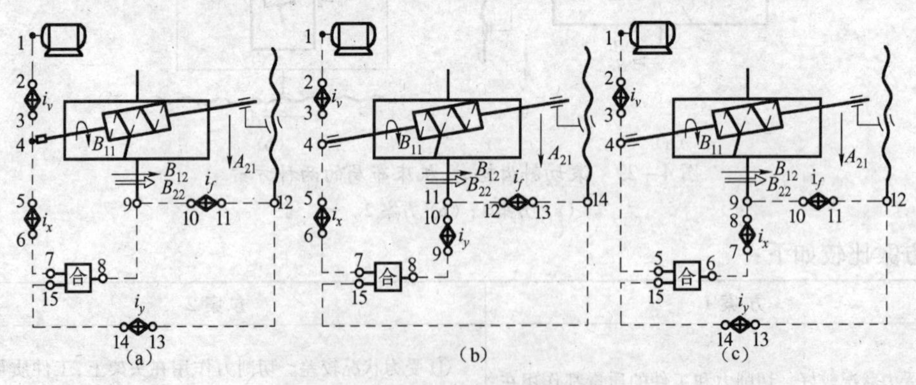

图 4－32 换置机构的布置方案

1) 第 1 方案(图 4－32(a))

(1) 展成运动链 i_{xa} 的换置公式

a. 末端件　　　　　　　　　　　　滚刀—工件

b. 确定计算位移 $Z_{工}/k(r_{滚刀}) - 1(r_{工件})$

c. 列出运动平衡式

$$Z_{工}/kr_{(滚刀)} \times i_{4-5} \times i_{xa} \times i_{6-7} \times i_{合成} \times i_{8-9} = 1r_{(工件)}$$

式中 $i_{4-5}, i_{6-7}, i_{合成}, i_{8-9}$——固定常数。

d. 整理后得换置公式

$$i_{xa} = C_{xa}\frac{k}{Z_{工}}$$

式中 C_{xa}——常数

（2）差动运动链 i_{ya} 的换置公式

a. 末端件 刀架—工件

b. 确定计算位移 T_{mm}(刀架轴向位移) $-1r_{(工件)}$

c. 列出运动平衡式

$$T/t \times i_{12-13} \times i_{ya} \times i_{14-15} \times i_{合成} \times i_{8-9} = 1r_{(工件)}$$

式中 T——被加工斜齿轮螺旋线导程(mm)；

$$T = \frac{\pi m_{法} Z_{工}}{\sin\beta}$$

d. 整理后得换置公式

$$i_{ya} = C_{ya}\frac{\sin\beta}{m_{法} Z_{工}}$$

式中 C_{ya}——常数。

2）第 2 方案(图 4-32(b))

用同样的推导方法，i_{xb}、i_{yb} 的换置公式分别为

$$i_{xb} = C_{xb}\frac{m_{法} k}{\sin\beta}$$

$$i_{yb} = C_{yb}\frac{\sin\beta}{m_{法} Z_{工}}$$

式中 C_{xb}, C_{yb}——常数。

3）第 3 方案(图 4-32(c))

同样可得出 i_{xc}、i_{yc} 换置公式分别为

$$i_{xc} = C_{xc}\frac{k}{Z_{工}}$$

$$i_{yc} = C_{yc}\frac{\sin\beta}{m_{法} k}$$

式中 C_{xc}, C_{yc}——常数。

对比这 3 个方案可知：

（1）展成链是一条分齿运动链，只与被加工齿轮的齿数有关，与螺旋角不应发生关系。而方案 2 的展成链换置公式 i_{xb} 中有 $\sin\beta$ 无理数因子，这是不应该的，故方案 2 不可取。

（2）在方案 1 和方案 3 中 i_{xa}、i_{xc} 均符合分齿链与齿轮齿数有关的计算要求。方案 1 和方案3 的不同点是差动链换置式 i_{ya} 中包含有齿数 Z 的因子，而 i_{yc} 中没有齿数 Z 的因

子。在差动链换置公式中存在齿数 Z 是不应该的。因此，方案3的 i_{yc} 中没有齿数 Z，在加工另一个相啮合的齿轮时，不需改变 i_{yc}。为解决旋向相反的问题，只要在挂轮架中加上或去掉一个惰轮以更改其旋向即可。虽然 i_{yc} 中有 $\sin\beta$ 的影响，但一对齿轮用同一套差动挂轮，误差是相同的，仍能很好地啮合。

根据上述分析，目前滚齿机传动原理图采用的是第3方案。

4.2.3 Y3150E型滚齿机的传动系统分析

1. 机床的用途及外形

Y3150E型滚齿机主要用于滚切直齿和斜齿圆柱齿轮。此外，使用蜗轮滚刀时，还可以用手动径向进给法滚切蜗轮。在机床上也可加工花键轴。

图4-33所示为机床的外形图。刀架可以沿立柱上的导轨上下直线移动，还可以绕自己的水平轴线转位，以调整滚刀和工件间的相对位置，使它们相当于一对轴线交叉的螺旋齿轮啮合；滚刀装在滚刀主轴上作旋转运动，小立柱可以连同工作台一起作水平方向移动，以适应不同直径的工件及在用径向进给法切削蜗轮时作进给运动；工件装入在工件心轴上随工作台一起旋转。

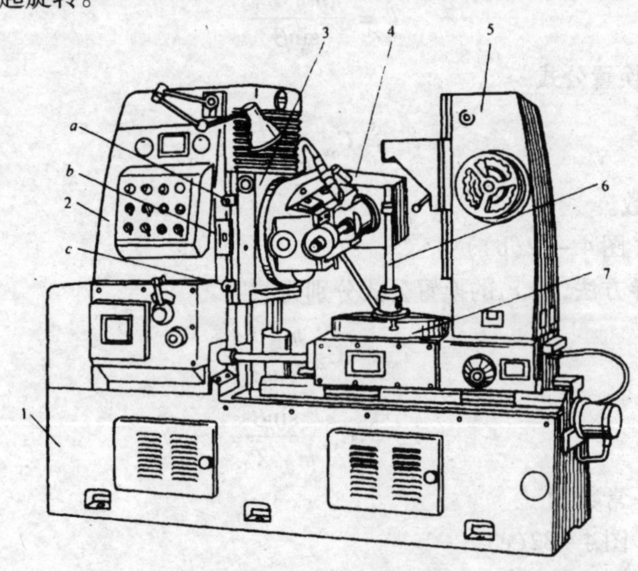

图4-33 Y3150E型滚齿机

1—床身；2—立柱；3—刀架；4—滚刀主轴；5—小立柱；6—工件心轴；7—工作台。

2. 机床的主要技术性能

工件最大直径	500mm
工件最大加工宽度	250 mm
工件最大模数	8 mm
工件最小齿数	$Z_{\min}=5\times k_{滚刀头数}$
滚刀主轴转数	40、50、63、100、125、160、200、260r/min
刀架轴向进给量	0.4、0.56、0.63、0.87、1.1、

1. 6、1. 8、2. 5、2. 9、4 mm

机床轮廓尺寸(长×宽×高)　　2439mm×1272mm×1770mm

机床重量　　约 3450kg

3. 机床传动系统分析

滚齿机是一种运动比较复杂的机床,因而机床的传动系统也比较复杂,认识机床的传动必须掌握一定的方法。

读机床传动系统图时,并不是一开始就从运动源(一般为电动机)顺着传动件往下读,如果是这样,往往就会碰到传动的"分支"。例如,Y3150E 型滚齿机从电动机传到Ⅳ轴后,就分两条路线,一条到轴Ⅴ,另一条到轴Ⅸ(见图 4-34)。那么先读哪一头?若再遇到传动"分支"时,又怎样读?

对于运动关系复杂的机床正确阅读传动系统图的方法,也就是通过正确阅读传动系统图去认识机床的方法,必须根据对机床的运动分析,从确定每一个独立运动的 5 个运动参数,结合机床的传动原理图,在传动系统图上对应地找到每一个独立运动的传动路线以及相关参数的换置机构。有些机床传动件很多,传动路线很长,看起来很复杂,但是,只要正确地掌强了阅读传动系统图的方法,是容易理解的。

1) Y3150E 型滚齿机的传动系统图。

图 4-34 所示为 Y3150E 型滚齿机的传动系统图。

2) 滚切直齿圆柱齿轮的传动链及其换置公式。

用滚刀滚切直齿圆柱齿轮时,机床上共需要两个独立的成形运动,共计有 3 条传动链:

① 形成渐开线(母线)的成形运动,即滚刀与工件之间的范成运动 $B_{11}+B_{12}$(图 4-26)。为了实现这一个运动,在机床传动中,包括一条确定它的轨迹(渐开线)的传动链,以及另一条确定它的运动速度的传动链。前者属于"内联系"传动,称为范成运动传动链;后者属于"外联系"传动,称为主运动传动链。

② 形成直线(导线)的成形运动,即刀架作轴向直线移动 A_2,在机床的传动中,它只包括一条确定这个运动的运动速度的"外联系"传动链,称为轴向进给传动链。

下面分别介绍各条传动链的传动路线及其换置公式:

(1) 范成运动传动链。从图 4-34 的传动系统图中可以看出,这条传动链是从滚刀旋转 B_{11} 连接到工件旋转 B_{12},中间经过一系列传动比固定的传动件(图中点 4—点 5、点 6—点 7、点 8—点 9),还要经过"合成机构"和传动比 i_x 可以变换的换置机构。在传动系统图中,可以很容易地找到相对应的传动链。其传动路线见机床传动路线表达式。

下面按 4 个步骤来进行调整计算:

① 找出末端件

滚刀 — 工件

② 确定计算位移

$$Z_{\text{工}}/k\text{r}_{(\text{滚刀})} - 1\text{r}_{(\text{工件})}$$

③ 列出运动平衡式。

根据计算位移关系及传动链的传动路线,可列出范成运动的运动平衡式:

$$Z_{\text{工}}/k(\text{r}_{\text{滚刀}}) \times \frac{80}{20} \times \frac{28}{28} \times \frac{28}{28} \times \frac{28}{28} \times \frac{42}{56} \times i_{\text{合成}} \times \frac{e}{f} \times \frac{a}{b} \times \frac{c}{d} \times \frac{1}{72} = 1(\text{r}_{\text{工件}})$$

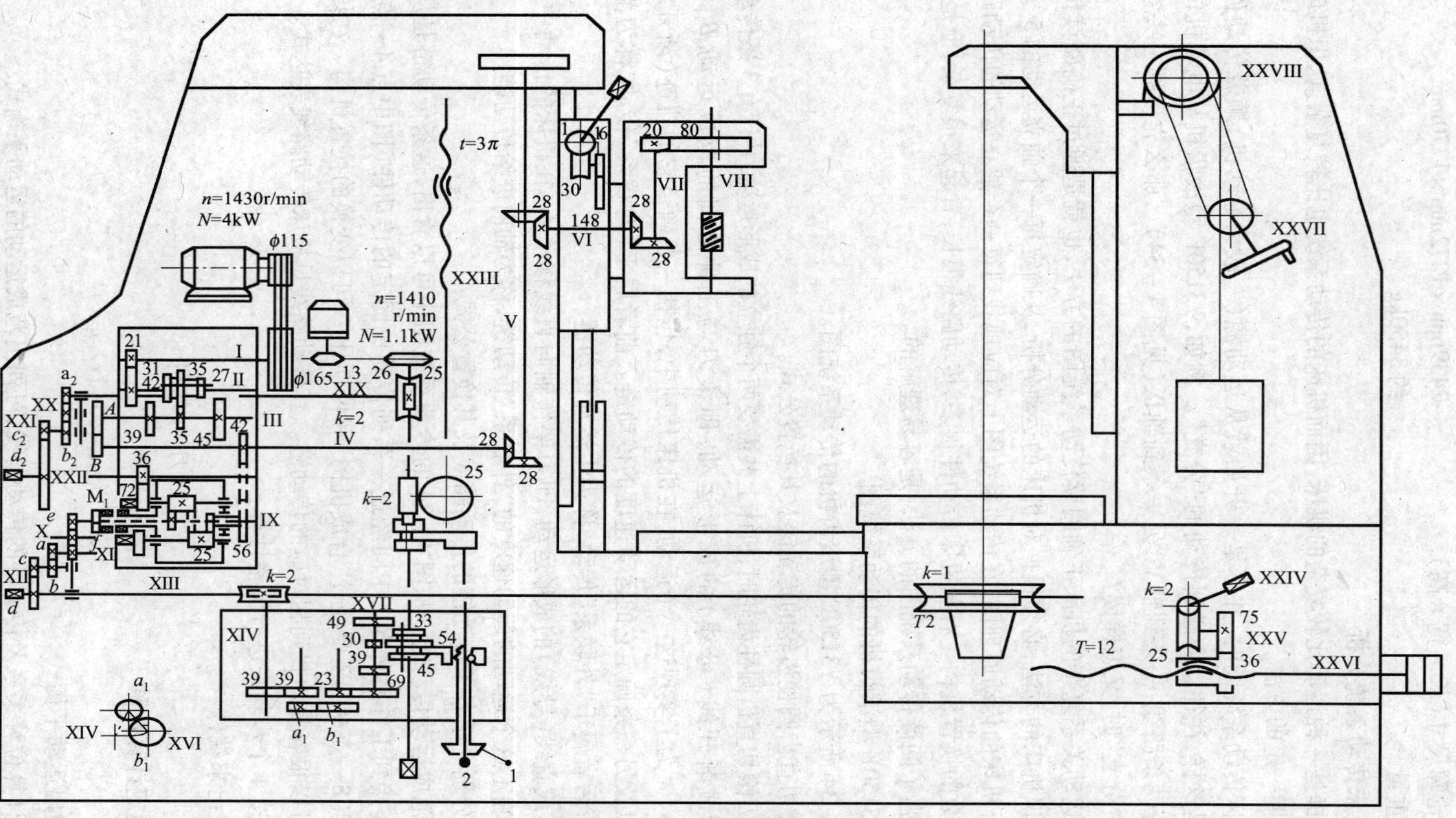

图4-34 Y3150E型滚齿机传动系统图

式中　$i_{合成}$——通过合成机构的传动比。

Y3150E 型滚齿机在滚切直齿圆柱齿轮时，要在轴Ⅸ端使用 M_1 爪式（牙嵌）离合器。M_1 通过花键与轴Ⅸ连接，又通过端面爪（牙嵌）与合成机构壳体上的端齿接合，这样合成机构就如同一个联轴器一样，如图 4-35(a)所示。因此，式中的 $i_{合成}=1$。

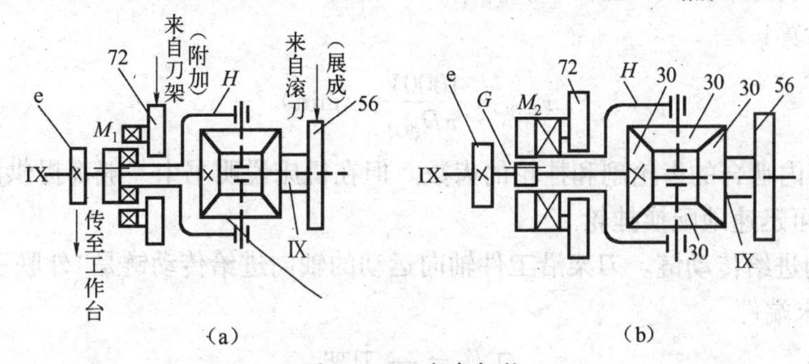

图 4-35　合成机构

(a) 滚切直齿轮；(b) 滚切斜齿轮。

④ 计算换置公式。

根据上式可以得出换置机构传动比 i_x 的计算公式（换置公式）：

$$i_x=\frac{a}{b}\times\frac{c}{d}=\frac{f}{e}\times\frac{24k}{Z_{工}}$$

式中　e、f 挂轮——一对“结构性挂轮”，根据被加工齿轮齿数选取。

当 $5\leqslant\frac{Z_{工}}{k}\leqslant 20$ 时，取 $e=48$，$f=24$；

当 $21\leqslant\frac{Z_{工}}{k}\leqslant 142$ 时，取 $e=36$，$f=36$；

当 $143\leqslant\frac{Z_{工}}{k}$ 时，取 $e=24$，$f=48$。

从换置公式可以看出，当分齿挂轮传动比 i_x 的分子和分母相差倍数过大时，对选取挂轮齿数及安装都不太方便，这时会出现一个小齿轮带动一个很大的齿轮（$Z_{工}$ 很大，i_x 就很小）；或是一个很大的齿轮带动一个小齿轮（$Z_{工}$ 很小，i_x 就很大）的情况，以致使挂轮架的结构很庞大。所以“结构性挂轮”e、f 是用来调整挂轮传动比数值的，使挂轮传动比 i_x 在适中的范围内。

(2) 主运动传动链。主运动传动链的传动路线见机床传动路线表达式。其传动链的换置公式计算步骤如下：

① 找末端件

电动机 — 滚刀

② 确定计算位移

$$n_{电动机}\ (\mathrm{r/min})\ -\ n_{滚刀}\ (\mathrm{r/min})$$

③ 列出运动平衡式

$$1430_{电动机}\times\frac{115}{165}\times\frac{21}{42}\times i_{变速箱}\times\frac{A}{B}\times\frac{28}{28}\times\frac{28}{28}\times\frac{28}{28}\times\frac{20}{80}=n_{滚刀}$$

④ 计算换置公式

$$i_v = i_{变速箱} \times \frac{A}{B} = \frac{n_{滚刀}}{124.583}$$

滚刀主轴转速是根据工艺要求确定的。在选定切削速度后，根据选用的滚刀直径，可按下列公式计算：

$$n_{滚刀} = \frac{1000V}{\pi D_{滚刀}}(\mathrm{r/min})$$

i_v 决定变速箱内啮合的齿轮副和挂轮的齿数。但在机床说明书中一般都提供滚刀主轴转速的挂轮表，可迅速地配换挂轮。

(3) 轴向进给传动链。刀架沿工件轴向运动的轴向进给传动链是"外联系"传动链。

① 找出末端件

工作台 — 刀架

② 确定计算位移

$$1(\mathrm{r}_{工作台}) - f(\mathrm{mm})_{(刀架轴向位移)}$$

③ 列出运动平衡式

$$1(\mathrm{r}_{工作台}) \times \frac{72}{1} \times \frac{2}{25} \times \frac{39}{39} \times \frac{a_1}{b_1} \times \frac{23}{69} \times i_{进给箱} \times \frac{2}{25} \times 3\pi = f(\mathrm{mm})_{(刀架轴向进给)}$$

④ 计算换置公式

整理上式，得

$$i_f = \frac{a_1}{b_1} \times i_{进给箱} = \frac{f}{0.4608\pi}$$

刀架轴向进给量 f 的数值是根据齿坯材料、齿面粗糙度要求、加工精度及铣削方式(顺铣或逆铣)等情况选择。确定了 f 值后，挂轮 a_1/b_1 及进给箱手柄的位置，可根据机床上的标牌或说明书的说明进行换置。

3) 滚切斜齿圆柱齿轮的传动链及换置计算

从前面的分析已知，滚切直齿圆柱齿轮与滚切斜齿齿轮的差别仅在于导线的形状不同，在滚切斜齿齿轮时，在刀架直线移动与工件旋转之间需要一条传动链以形成螺旋线，称为差动传动链。除此之外，其他传动链与滚切直齿圆柱齿轮时相同。

(1) 范成运动传动链。与滚切直齿圆柱齿轮时完全相同。但由于滚切斜齿齿轮时需要运动合成，如图 4-35(b) 所示，轴Ⅸ左端应使用长爪(牙嵌)离合器 M_2。M_2 的端面齿长度能够同时和合成机构的壳体 H 的端面齿及空套在壳体上的齿轮 Z_{72} 的端面齿相啮合，使它们连接在一起，并且 M_2 本身是空套在轴Ⅸ上的。所以，在所列运动平衡式中的"通过合成机构的传动比"$i_{合成}$是以 $i_{合成} = -1$ 代入的，这与滚切直齿圆柱齿轮时不同。

由于使用合成机构后的旋转方向改变，所以范成运动传动链的分齿挂轮使用惰轮的情况亦不相同(见机床说明书)。

(2) 主运动传动链与轴向进给传动链。与滚切直齿轮时完全相同。

(3) 差动传动链。差动传动链是联系螺纹成形运动所分解的两个部分：刀架直线移动 A_{21} 和工件附加转动 B_{22} 之间的传动链。推导差动传动链的换置计算公式步骤如下：

① 找出末端件

$$\text{刀架}—\text{工作台}$$

② 确定计算位移

$$T(\text{mm})_{(\text{刀架轴向位移})} - 1(\text{r}_{\text{工件}})$$

③ 列出运动平衡式

$$T/3\pi(\text{r}_{\text{丝杠}}) \times \frac{25}{2} \times \frac{2}{25} \times \frac{a_2}{b_2} \times \frac{c_2}{d_2} \times \frac{36}{72} \times i_{\text{合成}} \times \frac{e}{f} \times i_x \times \frac{1}{72} = 1(\text{r}_{\text{工件}})$$

式中 3π——丝杠导程；

T——被加工斜齿轮螺旋线导程(mm)；

$i_{\text{合成}}$—— 合成机构的传动比，$i_{\text{合成}}=2$。

因为
$$T = \frac{\pi m_{\text{端}} Z_{\text{工}}}{\tan\beta} \quad (\text{图 } 4-36)$$

$$m_{\text{端}} = \frac{m_{\text{法}}}{\cos\beta}$$

所以
$$T = \frac{\pi m_{\text{法}} Z_{\text{工}}}{\tan\beta\cos\beta} = \frac{\pi m_{\text{法}} Z_{\text{工}}}{\sin\beta}$$

式中 $m_{\text{端}}$——齿轮的端面模数；

$m_{\text{法}}$——齿轮的法面模数；

β——齿轮的螺旋角。

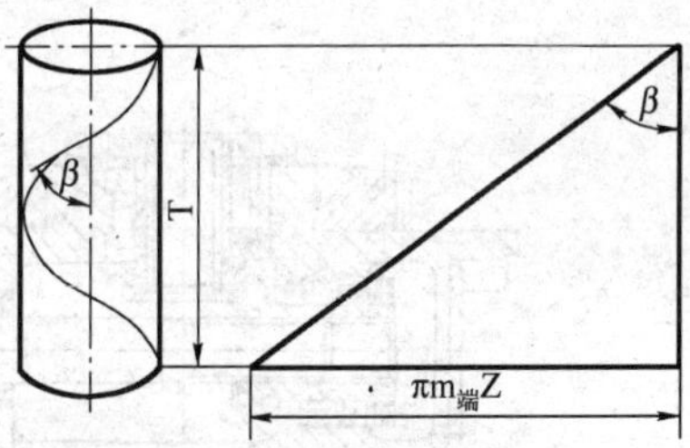

图 4-36 螺旋线的展开

④ 计算换置公式

整理上列运动平衡式，得

$$i_y = \frac{a_2}{b_2} \times \frac{c_2}{d_2} = \frac{216\pi}{Ti_x} \cdot \frac{f}{e} \qquad i_x = \frac{f}{e} \times \frac{24k}{Z_{\text{工}}}$$

$$i_y = \frac{a_2}{b_2} \times \frac{c_2}{d_2} = \frac{9\sin\beta}{m_{\text{法}}\,k}$$

由差动传动链传给工件的附加旋转运动 B_{22} 的方向，可能与展成运动中的工件旋转运动 B_{12} 的方向相同，也可能相反（见图 4-27），因此在安装差动挂轮时，要按说明书的规定使用惰轮。

4.2.4 Y3150E 型滚齿机的主要结构

1. 滚刀刀架的结构

滚刀刀架的作用是支撑滚刀主轴，并带动安装在主轴上的滚刀作沿着工件轴向的进给运动。由于在不同加工情况下，滚刀旋转轴线需对工件旋转轴线保持不同的相对位置，或者说滚刀需要不同的安装角度，所以，通用滚齿机的滚刀刀架都由刀架体和刀架溜板两部分组成。装有滚刀主轴的刀架体可相对刀架溜板转一定角度，以便使主轴轴线处于所需位置，刀架溜板则可沿立柱导轨做直线运动（图 4-33）

图 4-37 所示为 Y3150E 型滚齿机滚刀刀架的结构。刀架体 1 用装在环形 T 形槽内的 6 个螺钉 4 固定在刀架溜板（图中未标出）上。调整滚刀安装角度时，先松开螺钉 4，然

后用扳手转动刀架溜板上的方头操作手柄,经蜗杆蜗轮副$\frac{1}{36}$及齿轮 Z_{16} 带动固定在刀架体上的齿轮 Z_{148},使刀架体 1 回转至所需的滚刀安装角。调整完毕后,应重新拧紧螺钉 4 上的螺母。

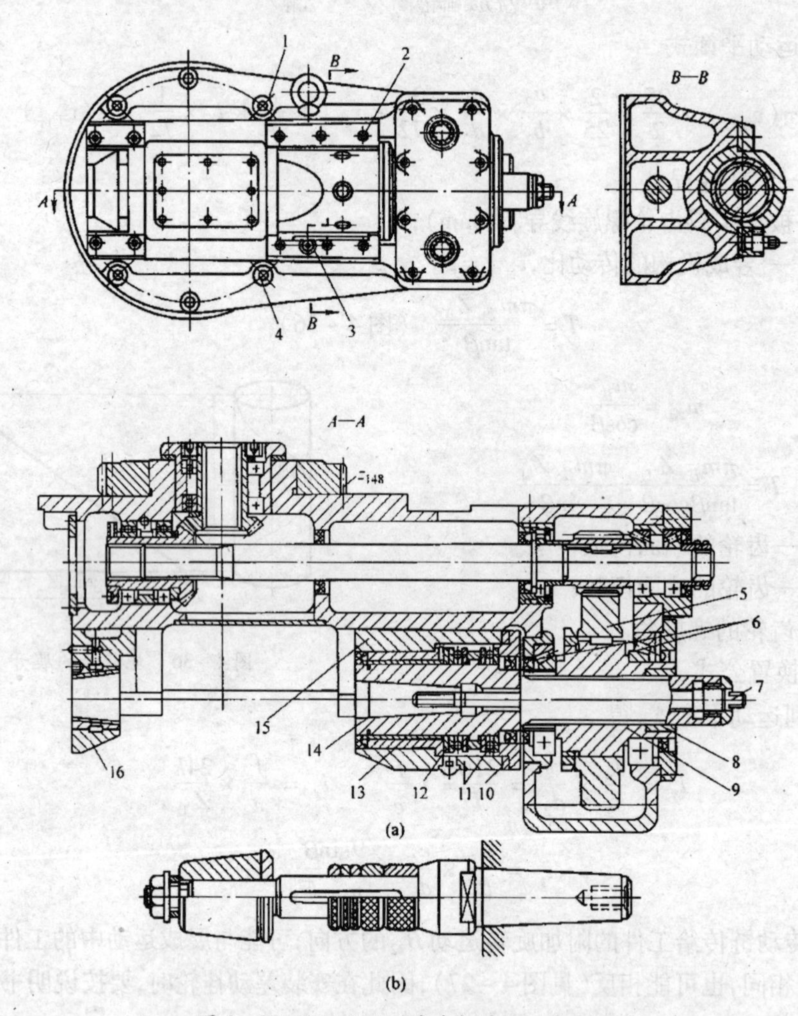

图 4-37　Y3150E 型滚齿机滚刀刀架的结构

1—刀架体；2,4—螺钉；3—方头轴；5—齿轮；6—圆锥滚子轴承；7—拉杆；8—铜套；9—花键套筒；10,12—垫片；11—推力球轴承；13—滑动轴承；14—主轴；15—轴承座；16—支架。

主轴 14 前(左)端用内锥外圆的滑动轴承 13 支承,以承受径向力,并用两个推力球轴承 11 承受轴向力。主轴后(右)端通过铜套 9 支承在两个圆锥滚子轴承 6 上。当主轴前端的滑动轴承 13 磨损引起主轴径向跳动超过允许值时,可拆下垫片 10 及 12,磨去相同的厚度,调配至符合要求为至。如需调整主轴的轴向窜动,则只要将垫片 10 适当磨薄即可。安装滚刀的刀杆(图 4-37(b))用锥柄安装在主轴前端的锥孔内,并用拉杆 7 将其拉紧。刀杆左端支承在刀架 16 上的内锥套支承孔中,支架 16 可在刀架体上沿主轴轴线方向调整位置,并用压板固定在所需位置上。

安装滚刀时,为使滚刀的刀齿(或齿槽)对称于工件的轴线,以保证加工出的齿廓两侧齿面对称。另外，为使滚刀的磨损不过于集中在局部长度上，而是沿全长均匀地磨损以提高其使用寿命，都需要调整滚刀轴向位置，这就是串刀。调整时，先松开压板螺钉2（图4－37），然后用手柄转动方头轴3，通过方头轴3上的齿轮和主轴套筒上的齿条带动主轴套筒连同滚刀主轴一起轴向移动。调整合适后，应拧紧压板螺钉。Y3150E型滚齿机滚刀最大串刀范围为55mm。

2. 滚刀安装角的调整

滚齿时，为了切出准确的齿形，应使滚刀和工件处于准确的"啮合"位置，即滚刀在切削点的螺旋线方向应与被加工齿轮齿槽方向一致。为此，需将滚刀轴线与工件端面安装成一定的角度，即为安装角δ。如图4－38所示为滚切斜齿圆柱齿轮时滚刀轴线的偏转情况，其安装角为

$$\delta = \beta \pm \omega$$

式中 β——被加工齿轮的螺旋角；

ω——滚刀的螺旋升角。

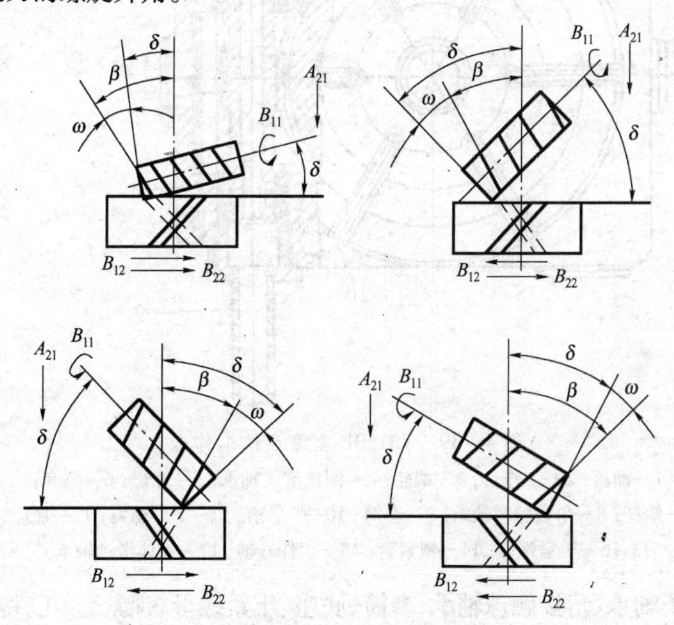

图4－38 滚刀的安装角

当被加工的斜齿轮与滚刀的螺旋线方向相反时取"+"号，螺旋线方向相同时取"－"号，滚切斜齿轮时，应尽量采用与工件螺旋线方向相同的滚刀，使滚刀安装角较小，有利于提高机床运动平稳性及加工精度。

当加工直齿圆柱齿轮时，因$\beta = 0$，所以滚刀的安装角为

$$\delta = \pm \omega$$

这说明在滚齿机上切削直齿圆柱齿轮时，滚刀的轴线也是倾斜的，与水平面成ω角（对立式滚齿机而言），倾斜的方向取决于滚刀的螺旋线方向。

3. 工作台

如图4－39所示，工作台为箱形结构，装在床身的方形导轨上，其主要由溜板、工作

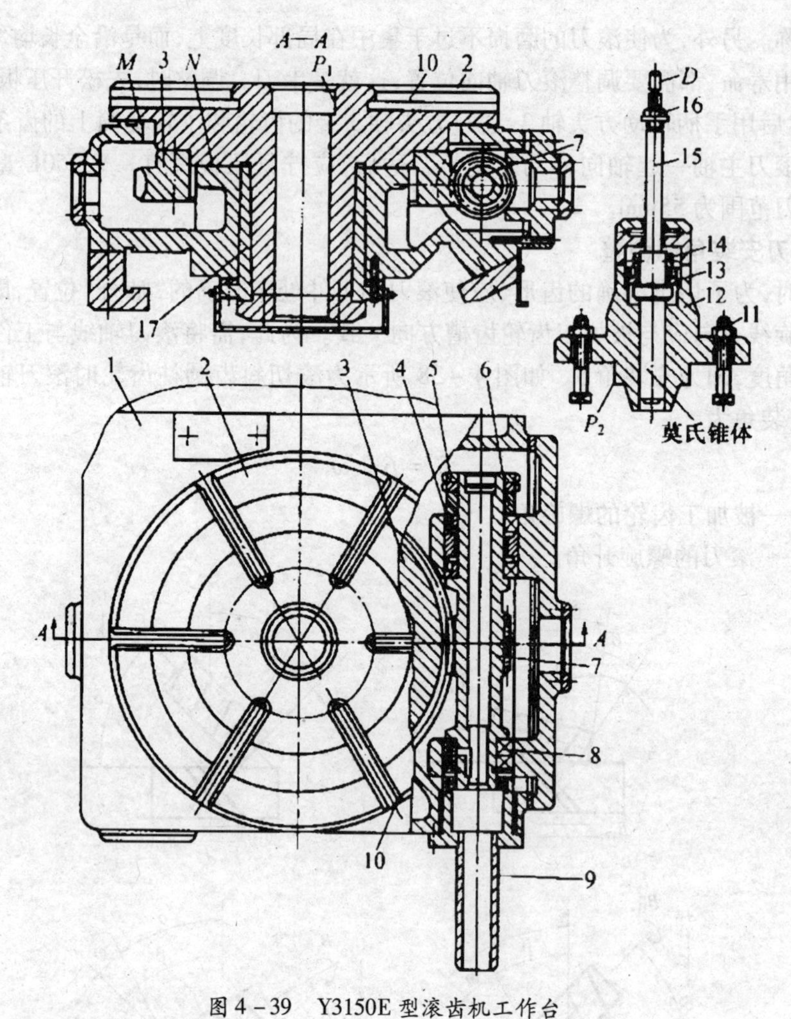

图 4-39 Y3150E 型滚齿机工作台

1—溜板；2—工作台；3—蜗轮；4—圆锥滚子轴承；5—螺母；6—隔套；7—蜗杆；8—角接触球轴承；9—套筒；10—T 形槽；11—T 形螺钉；12—底座；13,16—压紧螺母；14—锁紧套；15—工件心轴；17—锥体滑动轴承。

台、蜗轮圆锥滚子轴承、角接触球轴承、套筒、底座、压紧螺母、锁紧套、工件心轴、锥体滑动轴承等零部件组成。

工作台 2 的下部有一圆锥体，与溜板 1 壳体上的锥体滑动轴承 17 精密配合，以定中心。工作台支承在溜板壳体的环形平面导轨 M 和 N 上作旋转运动。分度蜗轮 3 用螺栓及定位销固定在工作台的下平面上，与分度蜗轮相啮合的蜗杆 7 由两个圆锥滚子轴承 4 和两个角接触球轴承 8 支承着，通过双螺母 5 可以调节圆锥滚子轴承 4 的间隙。底座 12 用它的圆柱表面 P_2 与工作台中心孔上的 P_1 孔配合定中心，并用 T 形螺钉 11 紧固在工作台 2 上；工件心轴 15 通过莫氏锥孔配合，安装在底座 12 上，用其上的压紧螺母 13 压紧，用锁紧套 14 两旁的螺钉锁紧以防松动。分度蜗轮副的精度直接影响着被加工齿轮的精度，所以，磨损后应及时调整其啮合间隙。在工作台底座内装有润滑液，用来润滑分度蜗轮副，工作台上还装了一个专用于接引冷却液及铁屑的油盘，它并与工作台的上环形面接合，保证了工作台的运转精度。

4.3 X6132 型卧式万能升降台铣床的传动系统及主要结构

4.3.1 概述

X6132 型铣床是目前应用最广泛的一种升降台式铣床。在铣床上可采用多种类型的铣刀(如圆柱铣刀、圆盘铣刀、角度铣刀、成形铣刀和端铣刀等)加工平面、沟槽和成形面等。如果使用万能铣头、分度头、圆工作台等铣床附件,还可以扩大机床的使用范围,如加工齿轮、螺旋面和凸轮等。

1. 机床主要部件(图 4-40)

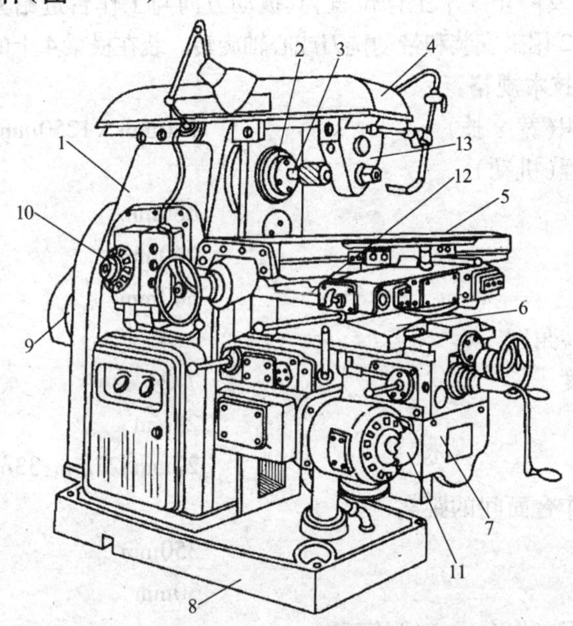

图 4-40 X6132 型万能升降台铣床外形图

1—床身; 2—主轴; 3—刀杆; 4—横梁; 5—工作台; 6—床鞍; 7—升降台; 8—底座;
9—主电动机; 10—手柄和转速盘; 11—蘑菇形手柄; 12—回转盘; 13—支架。

(1) 床身:床身 1 安装在底座 8 上,内部为主运动变速箱,顶部有燕尾形导轨,供横梁 4 调整滑动,前面有垂直导轨,供升降台 7 垂直移动。床身的后面装有主电动机 9,通过安装在床身内部的主传动装置和变速操纵机构,使主轴旋转。床身的左侧壁上有一手柄和转速盘 10,用以变换主轴转速,变速应在停机状态下进行。

(2) 横梁:横梁 4 可以借助齿轮、齿条前后移动,沿燕尾导轨调整前后位置,并用两个偏心螺杆机构夹紧。在横梁上安装着支架 13,用来支承刀杆的悬伸端,以增加刀杆的刚性。支架的位置,可以根据需要进行调整并锁紧。支架内装有滑动轴承,轴承与刀杆的间隙可手动调整。

(3) 升降台:升降台 7 安装在床身前侧面垂直导轨上,可作上下移动,是工作台的支座。它上面安装着工作台 5、床鞍 6 和回转盘 12。它的内部有进给电动机和进给变速机构,以使升降台、工作台、床鞍做进给运动和快速移动。升降台前面左下角有一蘑菇形手柄 11,用以变换进给速度。变速允许在机床运行中进行。

(4) 床鞍:床鞍6安装在升降台的横向水平导轨上,可沿平行于主轴轴线方向(横向)移动,使工作台作横向进给运动。安装在工作台上的工件,通过工作台5、床鞍6和升降台7在3个互相垂直方向的移动来满足加工的要求。

(5) 回转盘:回转盘在工作台5和床鞍6之间,它可以带动工作台绕床鞍的圆形导轨中心,在水平面内转动±45°,以便铣削螺旋槽等特殊表面。

(6) 工作台:工作台5安装在回转盘12的纵向水平导轨上,可沿垂直于或交叉于(当工作台被扳转角度时)主轴轴线的方向移动,使工作台作纵向进给运动。工作台的面上有3条T形槽用来安装压板螺柱,以固定夹具或工件。工作台前侧面有一条小T形槽,用来安装行程挡块。工作台的机动操纵手柄也有两个,分别在回转盘的中间和左下方。操纵手柄有向左、向右及停止3个工作位置,其扳动方向与工作台进给方向一致。

(7) 主轴:主轴2用来安装和带动铣刀或心轴旋转。装在横梁4上的挂脚用以支承心轴。

2. 机床的主要技术规格

工作台工作面积(宽×长)	320mm×1250mm
工作台最大行程(机动)	
纵向	680mm
横向	240mm
垂直	300mm
工作台最大回转角度	±45°
主轴锥孔的锥度	7:24
主轴孔径	29mm
刀杆直径	22mm;27mm;33mm
主轴中心至工作台面间的距离	
最大	350mm
最小	30mm
床身垂直导轨至工作台中心线的距离	
最大	470m
最小	215mm
主轴转速(18级)	30r/min~1500r/min
进给量(21级)	
纵向和横向	10mm/min~1000mm/min
垂直	3.3mm/min~333mm/min
工作台纵向和横向快速移动量	2300mm/min
工作台垂直快速移动量	766.6mm/min
主电机	7.5kW、1450r/min
进给电动机	1.5kW、1410r/min
机床工作精度	
加工表面平面度	0.02mm/150mm
加工表面平行度	0.02mm/150mm
加工表面垂直度	0.02mm/150mm

4.3.2 X6132 型万能升降台铣床的传动系统

铣床上加工时，由主轴带动刀具作旋转运动即主运动；工作台带动工件作直线运动即进给运动，另外还有工作台带动工件的快速运动。X6132 型万能升降台铣床的主运动和进给运动是由两个电动机分别驱动的。其传动系统由主运动传动链、进给运动传动链及工作台快速移动传动链组成，传动框图如图 4－41 所示。图 4－42 所示为根据该机床传动框图设计的传动系统图。

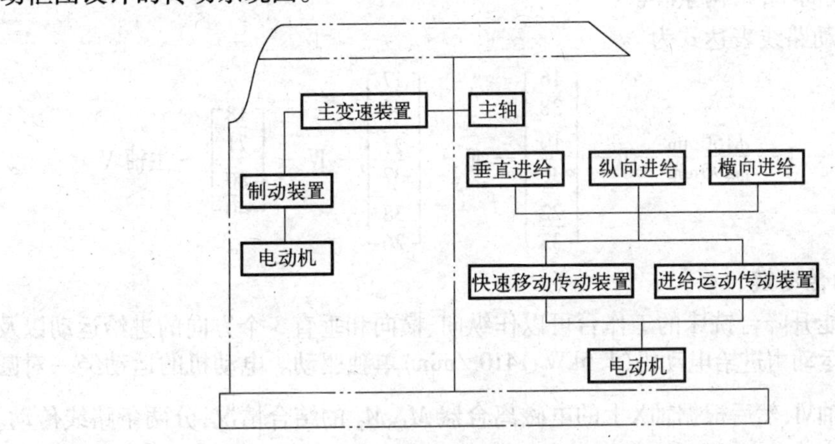

图 4－41 X6132 型万能升降台铣床的传动框图

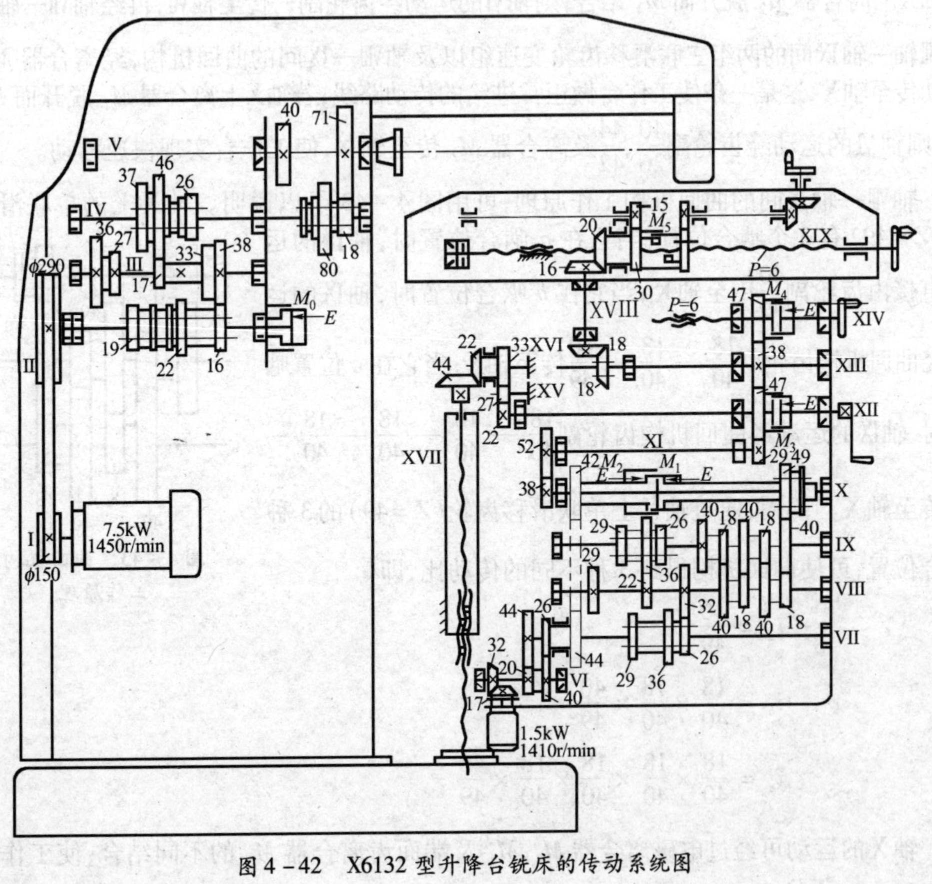

图 4－42 X6132 型升降台铣床的传动系统图

1. 主运动传动链

主运动传动链，是由电动机传给主轴。法兰盘式电动机（N = 7.5kW，n_1 = 1450r/min）通过弹性联轴器（起缓冲减震作用）与轴Ⅰ相连。移动Ⅱ轴和Ⅳ轴上的滑移齿轮（两个三联齿轮和一个双联齿轮），可使主轴获得 3×3×2 = 18 级转速，其转速范围为 30r/min ~ 1500r/min。主轴旋转方向的改变由主电动机正、反转实现。主轴的制动由电磁制动器 M_0 来控制。X6132 铣床传动链由 3 个滑移齿轮变速组组成，由一个操纵机构控制，无换向机构，传动路线简单，结构紧凑。

主运动的传动路线表达式为

$$\text{主电动机} - \text{I} - \frac{\phi 150\text{mm}}{\phi 290\text{mm}} - \text{II} - \begin{bmatrix} \frac{16}{38} \\ \frac{19}{36} \\ \frac{22}{33} \end{bmatrix} - \text{III} - \begin{bmatrix} \frac{17}{46} \\ \frac{27}{37} \\ \frac{38}{26} \end{bmatrix} - \text{IV} - \begin{bmatrix} \frac{18}{71} \\ \frac{80}{40} \end{bmatrix} - \text{主轴 V}$$

2. 进给运动传动链

X6132 型万能升降台铣床的工作台可以作纵向、横向和垂直 3 个方向的进给运动以及快速移动。进给运动由进给电动机（1.5kW、1410r/min）单独驱动。电动机的运动经一对圆锥齿轮副$\frac{17}{32}$传至轴Ⅵ，然后根据轴Ⅹ上的电磁离合器 M_1、M_2 的结合情况，分两条路线传动。若轴Ⅹ上离合器 M_2 脱开而 M_1 结合，则轴Ⅵ的运动经齿轮副$\frac{20}{44}$传至轴Ⅶ，再经轴Ⅶ—轴Ⅷ间和Ⅷ轴—轴Ⅸ间的两组三联滑移齿轮变速组以及轴Ⅷ—Ⅸ间的曲回机构，经离合器 M_1，将运动传至轴Ⅹ，这是一条使工作台做正常进给的传动路线；若轴Ⅹ上离合器 M_1 脱开而 M_2 啮合，则轴Ⅵ的运动经齿轮副$\frac{40}{26}$、$\frac{44}{42}$及离合器 M_2 传至轴Ⅹ，使工作台实现快速移动。

轴Ⅷ—轴Ⅸ间的曲回机构工作原理，可用图 4-43 予以说明。轴Ⅹ上的单联滑移齿轮（Z = 49）有 3 个啮合位置，当它在 a 啮合位置时，轴Ⅸ的运动直接由齿轮副$\frac{40}{49}$传至轴Ⅹ；当它在 b 啮合位置时，轴Ⅸ的运动经曲回机构齿轮副$\frac{18}{40}-\frac{18}{40}-\frac{40}{49}$传至轴Ⅹ；当它在 c 位置啮合时，轴Ⅸ的运动经曲回机构齿轮副$\frac{18}{40}-\frac{18}{40}-\frac{18}{40}-\frac{18}{40}-\frac{40}{49}$传至轴Ⅹ。因而，通过轴Ⅹ上单联滑移齿轮（Z = 49）的 3 种啮合位置，可使曲回机构得到 3 种不同的传动比，即

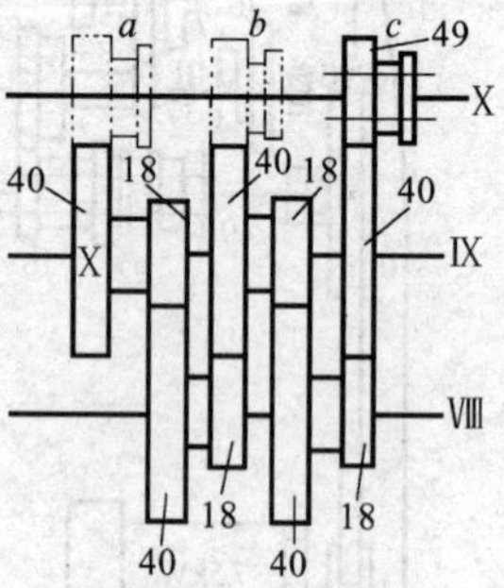

图 4-43 曲回机构工作原理

$$i_a = \frac{40}{49}$$

$$i_b = \frac{18}{40} \times \frac{18}{40} \times \frac{40}{49}$$

$$i_c = \frac{18}{40} \times \frac{18}{40} \times \frac{18}{40} \times \frac{18}{40} \times \frac{40}{49}$$

轴Ⅹ的运动可经过电磁离合器 M_3、M_4 及端面齿离合器 M_5 的不同结合，使工作台分

别获得横向、垂直及纵向 3 个方向的进给运动。进给运动的传动路线表达式为

$$\text{电动机}-\frac{17}{32}-\text{Ⅵ}-\left[\begin{array}{l}\dfrac{20}{44}\text{Ⅶ}-\left[\begin{array}{c}\dfrac{29}{29}\\ \dfrac{36}{22}\\ \dfrac{26}{32}\end{array}\right]-\text{Ⅷ}-\left[\begin{array}{c}\dfrac{29}{29}\\ \dfrac{22}{36}\\ \dfrac{32}{26}\end{array}\right]-\text{Ⅸ}-\left[\begin{array}{l}\dfrac{40}{49}\\ \dfrac{18}{40}\times\dfrac{18}{40}\times\dfrac{18}{40}\times\dfrac{18}{40}\times\dfrac{40}{49}\\ \dfrac{18}{40}\times\dfrac{18}{40}\times\dfrac{40}{49}\end{array}\right]-\text{M}_1\text{ 合(工作进给)}\\ \dfrac{40}{26}\times\dfrac{44}{42}-M_2\text{ 合(快速移动)}-\end{array}\right]$$

$$-\text{Ⅹ}-\frac{38}{52}-\text{Ⅺ}-\frac{29}{47}\left[\begin{array}{l}\dfrac{47}{38}-\text{XⅢ}-\left[\begin{array}{l}\dfrac{18}{18}-\text{XⅧ}-\dfrac{16}{20}-M_5\text{ 合}-\text{XⅨ(纵向进给)}\\ \dfrac{38}{47}-M_4\text{ 合}-\text{XⅣ(横向进给)}\end{array}\right]\\ M_3\text{ 合}-\text{Ⅻ}-\dfrac{22}{27}-\text{XⅤ}-\dfrac{27}{33}-\text{XⅥ}-\dfrac{22}{44}-\text{XⅦ(垂向进给)}\end{array}\right]$$

此外，由进给电动机驱动，经锥齿轮副$\frac{17}{32}$传至轴Ⅵ，经齿轮副$\frac{40}{26}$、$\frac{44}{42}$并经电磁离合器 M_2 将运动传至Ⅹ轴，使Ⅹ轴快速旋转，经齿轮副$\frac{38}{52}$传出，利用离合器 M_3、M_4、M_5 接通垂直、横向和纵向的快速运动，最终使工作台获得快速移动。快速移动的方向变换由进给电动机正、反转控制。

4.3.3 X6132 型万能升降台铣床的主要部件结构

1. 主轴部件结构

由于铣床上使用的是多齿刀具，加工过程中通常有几个刀齿同时参加切削，就整个铣削过程来看是连续的，但就每个刀齿来看其切削过程是断续的，且切入与切出的切削厚度亦不等，因此，作用在机床上的切削力相应地发生周期性的变化，易引起振动，这就要求主轴部件应具有较高的刚性、抗振性，因此主轴采用三支承结构，如图 4－44 所示。前支承采用圆锥滚子轴承，用于承受径向力和向左的轴向力；中间支承采用圆锥滚子轴承，以承受径向力和向右的轴向力；后支承为单列深沟球轴承，只承受径向力。主轴的回转精度主要由前支承及中间支承来保证，后支承只起辅助支承的作用。

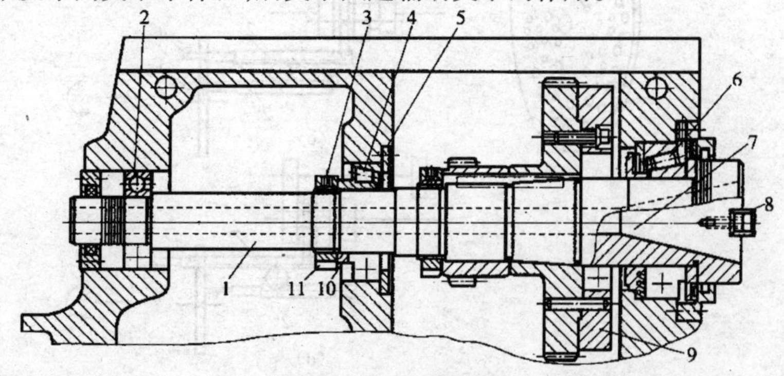

图 4－44　主轴部件结构

1—主轴；2—后支承；3—锁紧螺钉；4—中间支承；5—轴承盖；6—前轴承；7—主轴前锥孔；8—端面键；9—飞轮；10—隔套；11—螺母。

在主轴大齿轮上用螺钉和定位销紧固一飞轮 9，在切削加工中，可通过飞轮的惯性使主轴运转平稳，以减轻铣刀间断切削引起的振动。

主轴是中空轴，前端有 7:24 精密锥孔，用于安装铣刀刀柄或铣刀刀杆的定心轴柄。前端的端面上装有用螺钉固定的两个矩形端面键 8，以便嵌入铣刀刀柄的缺口中传递转矩。主轴前端的锥孔用于安装刀杆或面铣刀，其空心内孔用于穿过拉杆将刀杆或面铣刀拉紧。安装时先转动拉杆左端的六角头，使拉杆右端螺纹旋入刀具锥柄的螺孔中，然后用锁紧螺母锁紧。刀杆悬伸部分可支承在悬梁支架的滑动轴承内。铣刀安装在刀杆上的轴向位置，可用不同厚度的调整套进行调整。

当主轴的回转精度由于轴承磨损而降低时，需对主轴轴承进行调整。调整主轴轴承间隙时，先将悬梁移开，并拆下床身盖板，露出主轴部件。然后拧松中间轴承左侧螺母 11 上的锁紧螺钉 3，用专用勾头扳手勾住螺母 11 的轴向槽，再用一短铁棍通过主轴前端的端面键 8 扳动主轴作顺时针旋转，使中间支承的内圈向右移动，从而使中间支承 4 的间隙得以消除；如继续转动主轴，使其向左移动，并通过轴肩带动前轴承 6 的内圈左移，从而消除前轴承 6 的间隙。调整好后，必须拧紧锁紧螺钉 3，盖上盖板并恢复悬梁位置。主轴应以 1500r/min 转速试运转 1h，轴承温度不得超过 60°。

2. 孔盘变速操纵机构

X6132 型铣床的主运动及进给运动的变速都采用了孔盘变速操纵机构进行控制。下面以主变速操纵机构为例加以说明。

1）孔盘变速机构工作原理

图 4－45 所示为孔盘变速操纵机构的原理图。孔盘变速操纵机构主要由孔盘 4、齿条轴 2 和 2′、齿轮 3 及拨叉 1 组成（图 4－45（a））。

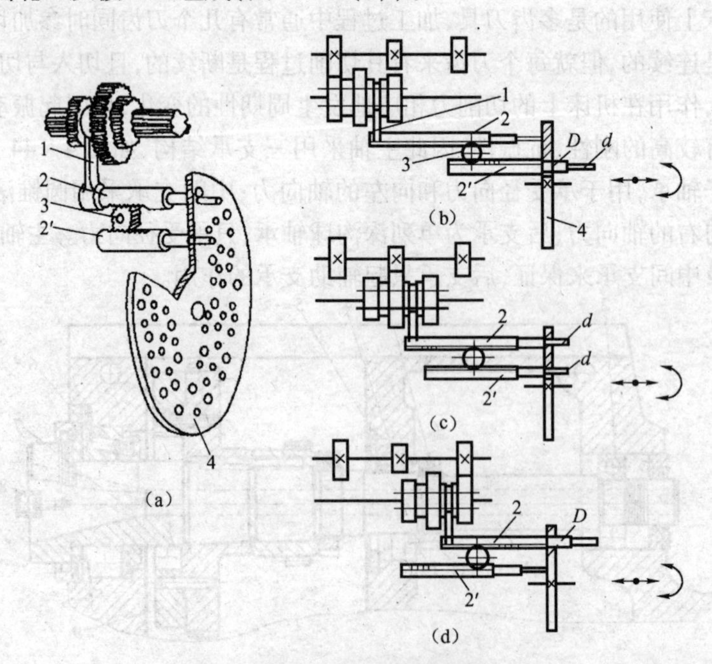

图 4－45 孔盘变速原理图

1—拨叉；2,2′—齿条轴；3—齿轮；4—孔盘。

孔盘4上划分了几组直径不同的圆周，每个圆周又划分成18等份，根据变速时滑移齿轮不同位置的要求，这18个位置分为钻有大孔、钻有小孔或未钻孔3种状态。齿条轴2和2′上加工出直径分别为D和d的两段台肩。直径为d的台肩能穿过孔盘上的小孔，而直径为D的台肩只能穿过孔盘上的大孔。变速时，先将孔盘右移，使其退离齿条轴，然后根据变速要求，转动孔盘一定角度，再使孔盘左移复位。孔盘在复位时，可通过孔盘上对应齿条轴之处为大孔、小孔或无孔的不同情况，而使滑移齿轮获得3种不同位置，从而达到变速目的。

3种工作状态：①孔盘上对应齿条轴2的位置无孔，而对应齿条轴2′的位置为大孔，孔盘复位时，向左顶齿条轴2，并通过拨叉将三联滑移齿轮推到左位，齿条轴2′则在齿条轴2及小齿轮3的共同作用下右移，台肩D穿过孔盘上的大孔（图4-45(b)）；②孔盘对应两齿条轴的位置均为小孔，齿条轴上的小台肩d穿过孔盘上的小孔，两齿条轴均处于中间位置，从而通过拨叉使滑移齿轮处于中间位置（图4-45(c)）；③孔盘上对应齿条轴2的位置为大孔，对于齿条轴2′的位置为无孔，这时孔盘将顶齿条轴2′左移，从而通过齿轮3使齿条轴2的台肩穿过大孔右移，并使齿轮处于右位（图4-45(d)）。

2）主变速操纵机构的结构及操作

X6132型万能升降台铣床的变速操纵机构立体示意图如图4-46所示。该变速机构操纵了主运动传动链的两个三联滑移齿轮和一个双联滑移齿轮，使主轴获得18级转速，孔盘每转20°改变一种速度。变速是由手柄1和速度盘4联合操纵。变速时，将手柄1向外拉出，手柄1绕销子3摆动而脱开定位销2；然后逆时针转动手柄1约250°，经操纵盘5、平键带动齿轮套筒6转动，再经齿轮9使齿条轴10右移，其上拨叉11拨动孔盘12右移并脱离各组齿条轴；接着转动速度盘4，经心轴、一对锥齿轮13使孔盘12转过相应的角度（由速度盘4的速度标记确定）；最后反向转动手柄1，通过齿条轴10，由拨叉将孔盘12向左推入，推动各组变速齿条轴作相应的移位，改变三组滑移齿轮的位置，实现变速，当手柄1转回原位并由定位销2定位时，各滑移齿轮达到正确的啮合位置。

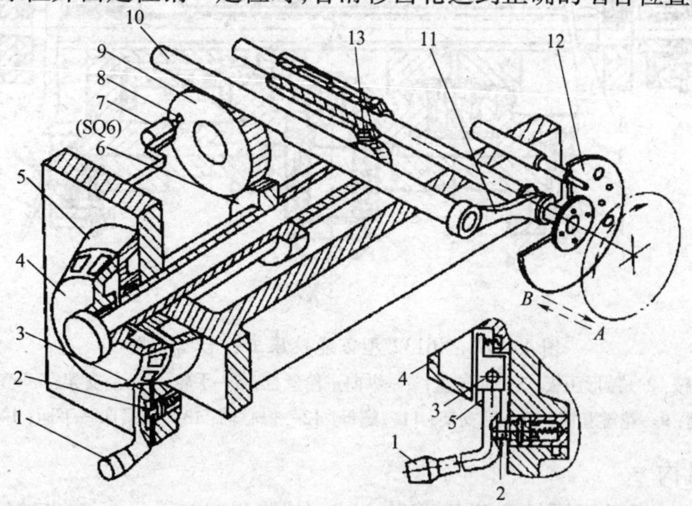

图4-46 X6132型铣床主变速操纵机构

1—手柄；2—定位销；3—销子；4—速度盘；5—操纵盘；6—齿轮套筒；7—微动开关；8—凸块；9—齿轮；10—齿条轴；11—拨叉；12—孔盘；13—锥齿轮。

变速时，为了使滑移齿轮在移位过程中易于啮合，变速机构中设有主电动机瞬时点动控制。变速操纵过程中，齿轮9上的凸块8压动微动开关7(SQ6)，瞬时接通主电动机，使之产生瞬时点动，带动传动齿轮慢速转动，使滑移齿轮容易进入啮合。

3. 工作台及顺铣机构

1）工作台的结构

X6132型万能铣床工作台的结构如图4-47所示。整个工作台部件由工作台7、床鞍1及回转盘3等3层组成。工作台7可沿回转盘3上的燕尾导轨做纵向移动，并可通过床鞍1与升降台相配的矩形导轨作横向移动。工作台不作横向移动时，可通过手柄13经偏心轴12的作用将床鞍夹紧在升降台上。工作台可连同回转盘，一起绕圆锥齿轮轴XⅧ的轴线回转±45°。回转盘转至所需位置后，可用螺栓14和两块弧形压板2固定在床鞍1上。工作台7的纵向进给和快速移动都是由纵向进给丝杠螺母传动副传动。纵向进给丝杠4支承在前支架6、后支架10的轴承上。前支承为滑动轴承，后支承由一个推力球轴承和一个圆锥滚子轴承组成，用以承受径向力和向左、向右的轴向力。后支承的间隙可通过螺母11进行调整。回转盘左端安装有双螺母，右端装有带端面齿的空套圆锥齿轮。离合器M_5以花键与花键套筒9相连，而花键套筒9又以滑键8与铣有长键槽的进给丝杠相连。因此，当M_5左移与空套圆锥齿轮的端面齿啮合，轴XⅧ的运动就可由圆锥齿轮副、离合器M_5、花键套筒9传至进给丝杠，使其转动。由于双螺母既不能转动又不能轴向移动，所以丝杠在旋转时，同时作轴向移动，从而带动工作台7纵向进给。进给丝杠4的左端空套有手轮5，将手轮向前推，压缩弹簧，使端面齿离合器结合，便可手摇工作台纵向移动。纵向丝杠的右端有带键槽的轴头，可以安装配换挂轮。

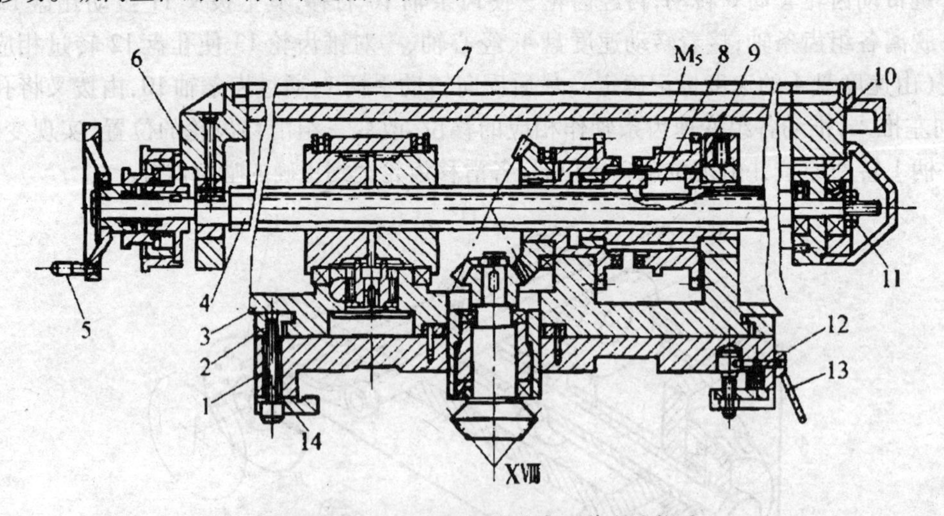

图4-47 X6132型万能铣床工作台结构图

1—床鞍；2—弧形压板；3—回转盘；4—纵向进给丝杠；5—手轮；6—前支架；7—工作台；8—滑键；9—花键套筒；10—后支架；11—螺母；12—偏心轴；13—锁紧床鞍手柄；14—螺栓。

2）顺铣机构

铣床工作时，常采用顺铣和逆铣两种方式，如图4-48所示。逆铣时(图4-48(a))，切削速度v、水平分力F_x的方向与工作台进给方向相反；顺铣时(图4-48(b))，切削速度v、水平分力F_x的方向与工作台进给方向相同。当丝杠(右旋)按图示方向转动时，丝杠连同工作台一起向右进给，此时丝杠螺纹左侧与螺母螺纹右侧接触，而在另一侧则存在着间隙。逆铣时，水平分力 F_x 使丝杠螺纹的左侧始终与螺母右侧接触，因此在切削过程中工作平稳。顺铣时，水平分力 F_x 通过工作台带动丝杠向右窜动，且由于 F_x 是变化的，又将会使工作台产生振动，影响切削过程的稳定性，甚至会造成铣刀刀齿折断等现象。因此，在铣床工作台纵向进给丝杠和螺母间必须设置顺铣机构，来消除丝杠螺母之间的间隙，以便能采用顺铣方式。

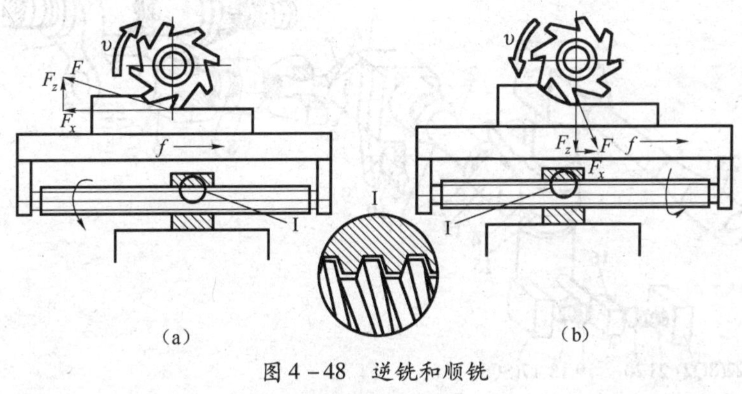

图 4－48　逆铣和顺铣

(a) 逆铣；(b) 顺铣。

图 4－49 所示为 X6132 型万能升降台铣床顺铣机构，该机构由右旋丝杠 3、左螺母 1、右螺母 2、冠状齿轮 4 及齿条 5、弹簧 6 组成。齿条 5 在弹簧 6 的作用下右移，推动冠状齿轮 4 沿箭头所示方向回转，并通过左、右螺母 1、2 外圆的轮齿，使二者做相反方向转动，从而使螺母 1 的螺纹左侧与丝杠螺纹右侧面靠紧，螺母 2 螺纹右侧与丝杠螺纹左侧面靠紧。顺铣时，丝杠的轴向力由螺母 1 承受。由于丝杠与螺母 1 之间摩擦力的作用，使螺母 1 有随丝杠转动的趋势，并通过冠状齿轮使螺母 2 产生与丝杠反向旋转的趋势，从而消除了螺母 2 与丝杠间的间隙，不会产生轴向窜动，切削过程平稳，保证了顺铣的加工质量。

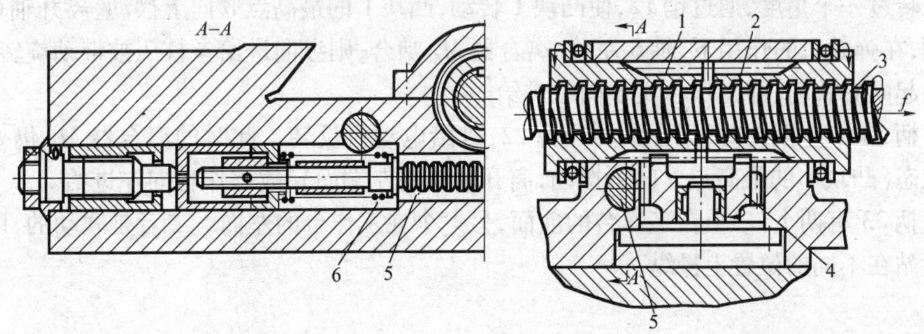

图 4－49　X6132 型万能卧式升降台铣床顺铣机构工作原理

1—左螺母；2—右螺母；3—右旋丝杠；4—冠状齿轮；5—齿条；6—弹簧。

合理的顺铣机构不仅能消除丝杠螺母间的间隙，还应在逆铣或快速移动时，能自动使丝杠和螺母松开，以减少丝杠与螺母的磨损。该机构在逆铣时，丝杠的轴向力由螺母 2 承受，因右螺母 2 与丝杠 3 间的摩擦力较大，右螺母 2 有随丝杠一起转动的趋势，从而通过冠状齿轮 4 传动左螺母 1，使左螺母 1 作与丝杠相反方向的转动，因此在左螺母 1 的螺纹左侧与丝杠螺纹右侧之间产生间隙，从而减少了丝杠的磨损。

4. 工作台纵向进给操纵机构

工作台纵向进给运动操纵机构的作用是控制进给电动机正、反转开关 SQ_1 或 SQ_2 的压合和离合器 M_5 的结合，从而获得工作台的纵向进给运动。工作台纵向进给运动操纵机构如图 4-50 所示。

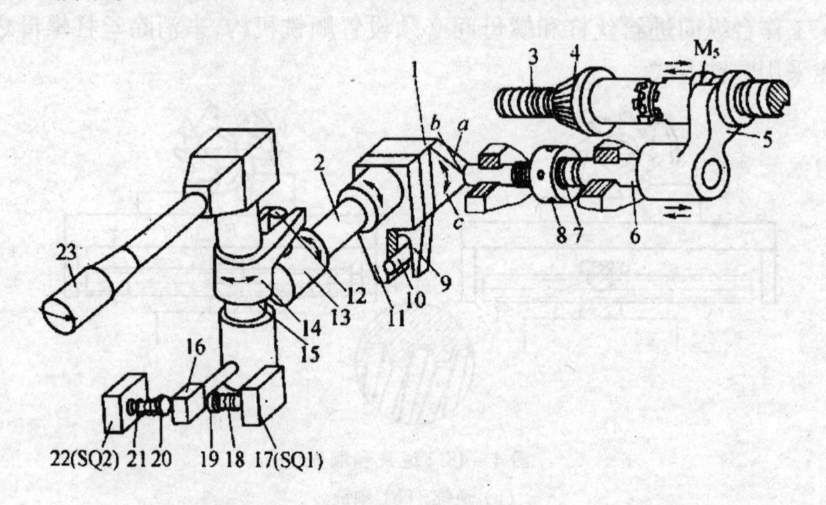

图 4-50　工作台纵向进给运动操纵机构

1—凸块；2—凸块回转轴；3—纵向丝杠；4—空套圆锥齿轮；5—拨叉；6—轴；7,21—弹簧；8—调整螺母；9—凸块下的拨叉；10—摆块上的销；11—摆块；12—销；13—套筒；14—叉子；15—垂直轴；16—压块；17,22—微动开关；18—弹簧；19,20—可调螺钉；23—手柄。

当手柄 23 处于中间位置时（图 4-50 所示位置），微动开关 22、17 均未被压合，进给电动机不转（无动力），并且离合器 M_5 处于脱离位置，故此时工作台无纵向进给运动。

手柄 23 向右扳动时，压合微动开关 17，进给电动机正转。同时手柄轴带动叉子 14 逆时针转过一个角度，通过销 12，使凸块 1 转动，凸块 1 的最高点 b 向上摆动，离开轴 6 的左端面，在弹簧 7 的作用下，轴 6 左移，离合器 M_5 啮合，则纵向进给丝杠 7 被带动旋转，工作台一起向右移动，即工作台实现向右进给。

手柄 23 向左扳动时，压合微动开关 22，进给电动机反转。此时的离合器 M_5 仍处于结合状态（凸块 1 的最高点 b 向下摆动，离开轴 6 的左端面），故工作台向左进给。

手柄 23 有两个：一个在工作台的前面，另一个在工作台的左面。二者是联动的，以便操作者站在不同的位置上操纵。

习题及思考题

4-1　分析 CA6140 型卧式车床的主传动系统，试

（1）写出主运动传动路线表达式；

（2）计算主轴的转速级数 z，最高转速 n_{max} 和最低转速 n_{min}。

4-2　在 CA6140 型卧式车床的主运动、车螺纹运动、纵向和横向进给运动、快速运动等传动链中，哪些传动链的两末端件之间具有严格的传动比要求？哪些传动链是“内

联系”传动链？

4-3 CA6140型卧式车床加工大螺距螺纹时，对主轴的转速有哪些限制？

4-4 欲在CA6140型卧式车床上车削S=10mm的米制螺纹，试指出能够加工这一螺纹的传动路线有哪几条？分别写出传动路线的表达式。

4-5 CA6140型卧式车床主传动链中，能否用双向牙嵌式离合器或双向齿轮式离合器代替双向多片式摩擦离合器实现主轴的开停及换向？在进给传动链中，能否用单向摩擦离合器代替齿轮式离合器M_3、M_4、M_5？为什么？

4-6 CA6140型卧式车床进给传动系统中，为何既有光杠又有丝杠来实现刀架的直线运动？可否单独设置丝杠或光杠？为什么？

4-7 试分析CA6140型卧式车床动力由电动机传到轴Ⅰ时为什么要采用卸荷带轮？说明扭矩是如何传递到轴Ⅰ的？

4-8 片式摩擦离合器传递功率的大小与哪些因素有关？如何传递扭矩？怎样调整？

4-9 为了提高传动精度，车螺纹的进给运动传动链中不应有摩擦传动件，而超越离合器却是靠摩擦传动的，为什么可以用于进给传动链中？

4-10 CA6140型卧式车床中，如果快速电动机的转动方向接(电源)反了，机床能否正常工作？

4-11 试写出X6132型铣床的主运动和进给运动传动路线表达式？

4-12 如何调整铣床主轴轴承间隙？

4-13 分析比较应用展成法与成形法加工圆柱齿轮各有何特点？

4-14 画出滚切直齿圆柱齿轮时机床运动和传动原理图。说明各传动链的性质及作用？

4-15 滚切直齿与斜齿圆柱齿轮的传动链有何区别？说明滚切斜齿圆柱齿轮的差动链是外传动链还是内传动链？说明其作用。

4-16 滚齿机中的合成机构起什么作用？滚切直齿时合成机构如何调整？作用是什么？

4-17 在滚齿机上加工直齿圆柱齿轮的过程中，当需要快速退刀时，若停下主电动机，工件轴转不转？为什么？当加工斜齿轮呢？

4-18 在滚齿机上加工一对斜齿轮时，当一个齿轮加工完以后，在加工另一个齿轮前应当进行哪些挂轮计算和机床调整工作？

4-19 在Y3150E机床上滚切斜齿圆柱齿轮、用右旋滚刀加工左旋齿轮。若已知工件螺旋角β、滚刀螺旋升角ω、用顺铣的方式，试用简图表明：

(1) 滚刀安装角δ；(2)滚刀旋转方向B_{11}；(3)工件旋转方向B_{12}；

(4)工件附加转动方向B_{22}；(5)滚刀进给运动方向A_{21}。

第5章 典型数控机床的传动系统及主要结构

5.1 CK7815 数控车床的传动系统及主要结构

5.1.1 概述

CK7815 型数控卧式车床具有加工精度高、稳定性好、生产率高、工作可靠等优点。其主要用于加工圆柱面、圆锥面和各种成形表面和各种螺纹,也可对盘形零件进行钻、扩、铰和镗孔等加工。数控车床加工零件的尺寸精度可达 IT5 ~ IT6,表面粗糙度可达 1.6μm 以下,是目前使用较为广泛的数控机床。

1. 机床的组成及布局

图 5-1 所示为 CK7815 型数控车床外形图,它主要由以下部件组成:

(1) 主轴箱(床头箱):主轴箱固定在床身 4 的最左边,在数控操作面板之后。主轴箱的功能是支承主轴并传动主轴,使主轴带动工件按照规定的转速旋转,以实现机床的主运动。装在主轴箱中的主轴由交流调速主轴电动机驱动,可以无级调速和实现恒线速度切削,有利于降低端面切削时的表面粗糙度,且便于选取能发挥刀具切削性能的切削速度。主轴通过装在主轴中的卡盘 2 装夹工件。卡盘为高速液压夹盘,松夹工件由液压系统控制。

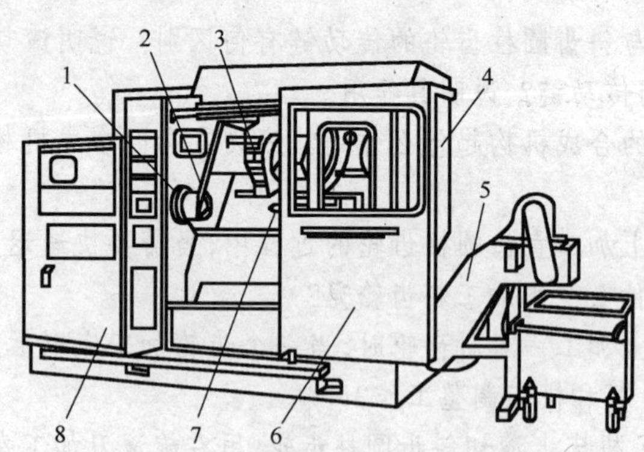

图 5-1 CNC7815 型数控车床的外形与组成部件

1—主轴箱; 2—卡盘; 3—刀架; 4—床身; 5—排屑装置; 6—自动拉门; 7—尾架; 8—电控柜。

(2) 机械式转塔刀架:机械式转塔刀架安装在机床的刀架滑板上,在它上面可安装 8 把刀具,加工时可实现自动换刀。刀架的作用是装夹车刀、孔加工刀具及螺纹刀具,并在加工时能准确、迅速选择刀具。

(3) 刀架滑板:刀架滑板由纵向(*Z* 向)滑板和横向(*X* 向)滑板组成。纵向滑板安装在床身导轨上,沿床身导轨实现纵向(*Z* 向)运动;横向滑板安装在纵向滑板上,沿纵滑板上的横向导轨实现横向(*X* 向)运动。刀架滑板的作用是实现安装在其上的刀具在加工中实现纵向进给和横向进给运动。

(4) 尾座:尾座安装在床身4的纵向矩形导轨上,并沿导轨可进行纵向移动调整位置。尾座的作用是安装顶尖支撑工件,在加工中起辅助支承作用。尾座套筒的旋转与伸缩由液压系统控制。

(5) 床身:床身固定在机床底座上,是机床的基本支承件,在床身上安装着车床的各主要部件。床身的作用是支承各主要部件并使它们在工作中保持准确的相对位置。数控车床的床身按照床身导轨面与水平面的相关位置,主要可分为平床身、斜床身、平床身斜滑板和立床身4种布局形式,如图5-2所示。考虑到机床和刀具的调整、工件的装卸、机床操作的方便性及机床的加工精度,并且还考虑到排屑性和抗振性,导轨宜采用倾斜式。一般来说,中小规格的数控车床采用斜床身和平床身——斜滑板居多,少数采用立床身。只有大型数控车床和经济性数控车床或者小型精密数控车床才采用平床身。

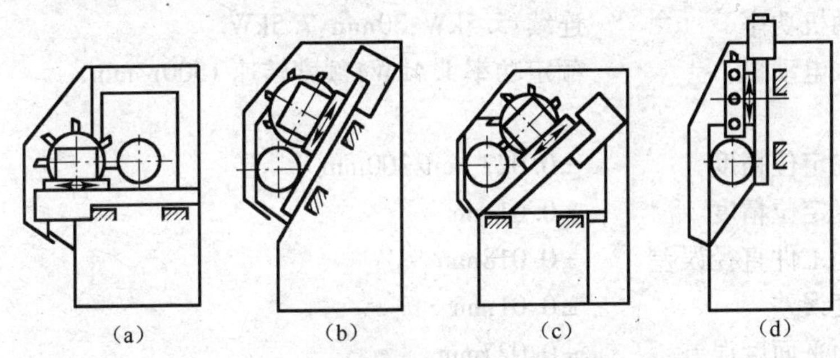

图5-2 数控卧式车床的布局形式

(a) 平床身—平滑板;(b) 后斜床身—斜滑板;(c) 平床身—斜滑板;(d) 立床身—立滑板。

斜床身按导轨相对于地面倾斜角度不同,可分为30°、45°、60°、75°和90°。其中,30°、45°多为小型数控机床采用;60°适合于中等规格的数控车床;75°多为大型数控车床采用。倾斜角度的大小将影响到机床的刚度、排屑,也影响到占地面积、宜人性、外观尺寸高度的比例,以及刀架重量作用于导轨面垂直分力的大小等。CK7815型数控车床属于中型数控车床,其床身为75°形式。

(6) 底座:底座是车床的基础,用于支承机床的各部件,连接电气柜,支撑防护罩和安装排屑装置。

(7) 数控系统:它安装在电控柜8中,可配用日本生产的FANUC-6T、5T、6TB等CNC系统。目前该机床的数控系统已换成FANUC-OT、OTC等CNC系统。

(8) 排屑装置:使用它可实现排屑自动化。

(9) 自动拉门:加工时,拉门自动关闭,防止铁屑、冷却液溅到机床外;加工结束,拉门自动打开,以便装卸工件。

2. CK7815型数控车床的主要技术参数

最大回转直径	540/260mm
最大切削直径	
轴类零件	150 mm
盘类零件	400 mm
最小外圆车削直径	10 mm

最大车削长度	500 mm
主轴转速范围	
高速区域	直流电动机 38r/min ~ 3000r/min
	交流电动机 37.5r/min ~ 5000r/min
低速区域	直流电动机 22r/min ~ 1800r/min
	交流电动机 1.5r/min ~ 2000r/min
锥孔锥度	莫氏 5 号
工作进给速度	0.01mm/r ~ 500 mm/r,0.0001 英寸/r[①] ~ 50 英寸/r
	1m/min ~ 2000m/min,0.01 英寸/min ~ 600 英寸/min
快速移动速度	纵向 12m/min,横向 9m/min
刀具数	8 或 12 把
主轴电动机功率	连续:5.5kW;30min:7.5kW
进给伺服电动机	额定功率 1.4kW;额度转速 1500r/min
精度	
横向定位精度	±0.027 mm/300mm
重复定位精度	±0.01mm
车削工件直径误差	±0.018mm
圆度误差	±0.01mm
端面平面度误差	±0.027mm

3. CNC 系统

CNC 系统中,计算机相当于一个软件控制器,将数控程序一次存入计算机的内存储器 RAM(随机储存器)中,不需要其他硬件将数控程序译成机器码。计算机使用常驻执行程序将数控代码处理成脉冲对机床进行控制。常驻执行程序称为固件,它写入 EPROM 中,没有专业设备不能将其擦去,只需要开机就能执行 EPROM 中的程序。而 RAM 中的程序关机后就会消失。

国外生产数控系统的公司很多,较著名的有日本富士通、德国西门子和美国 GE 公司。CK7815 机床使用的是日本生产的使用最普遍的 FANUC - 6T 系统。

5.1.2 CK7815 数控车床的传动系统

在数控车床上有 3 种运动传动系统,这就是主运动传动系统、进给运动传动系统和辅助运动传动系统,每种传动系统的组成和特点各不相同,它们一起构成了数控车床的传动系统。

数控车床主运动要求速度在一定范围内可调、有足够的驱动功率、主轴回转轴心线的位置准确稳定,并有足够的刚性和抗振性。

数控车床的主轴变速是按照加工程序指令自动进行的。为了确保机床主传动的精度,降低噪声,减小振动,主传动链要尽可能地缩短;为了保证满足不同的加工工艺要求并能获得最佳切削速度,主传动系统应能无级大范围变速;为了保证端面加工的生产率和加工质量,还应能实现恒线速度控制。主轴应能配合其他构件实现工件自动装夹。

---

① 1in(英寸) = 2.54cm(厘米)。

数控车床主传动系统主要有4种传动方式，如图5－3所示。图5－3(a)所示为带有变速齿轮的传动系统，在电动机和主轴之间经少数几对齿轮传动，可以扩大变速范围，一般用于大中型数控车床。图5－4(b)所示为带传动的主传动系统，这种传动平稳、无噪声，适用于高速、低转矩的传动，CK7815型数控机床的主传动属于此种方式。图5－3(c)所示为由两个电动机分别驱动主轴。高速时，电动机通过带传动主轴；低速时，电动机通过齿轮传动主轴，齿轮传动起降速、增大转矩和扩大变速的作用。图5－3（d)所示为内装主轴电动机结构，主轴和电动机链子装在一起，因为主轴和电动机之间无传动件，使主轴不受传动力的作用，提高了主轴的旋转精度，主要用于变速范围不大的高速主轴。

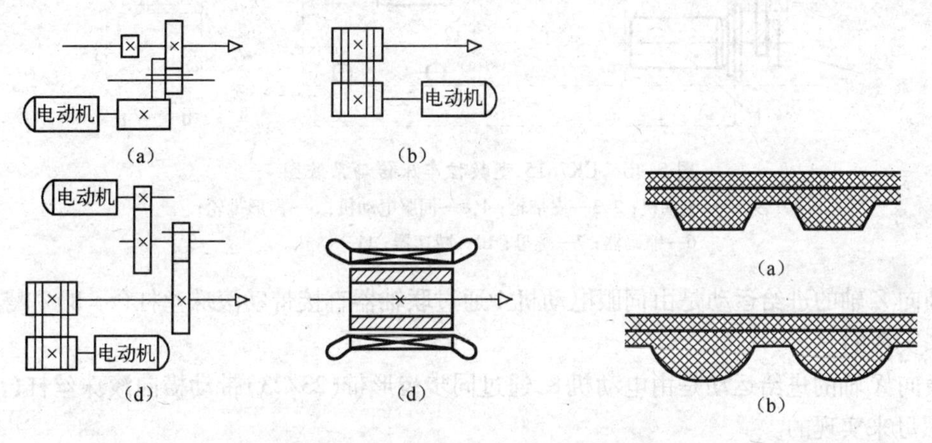

图5－3　数控车床主传动的4种配置方式

图5－4　同步齿形带的结构形式
(a)梯形齿；(b)圆弧齿。

数控机床传动主轴的带形式主要有同步齿轮形带、多楔带。图5－4所示为同步齿形带的结构形式，齿形带兼有带传动、齿轮传动及链传动的优点，无相对滑动，无需特别张紧，传动效率高；平均传动比准确，传动精度较高；有良好的减振性能，无噪声，无需润滑，传动平稳；带的强度高、厚度小、质量小，故可用于高速传动。

图5－5所示为多楔带(多联V形带)的结构形式。多联V形带综合了V形带和平带的优点，是一次成型的，不会因长度不一致而受力不匀，承载能力也比多根V形带高，最高线速度可达40m/min。这种V形带有双联和三联两种，每种都有3种不同的截面，根据所传递的功率查有关图表来选择不同规格截面的V形带。

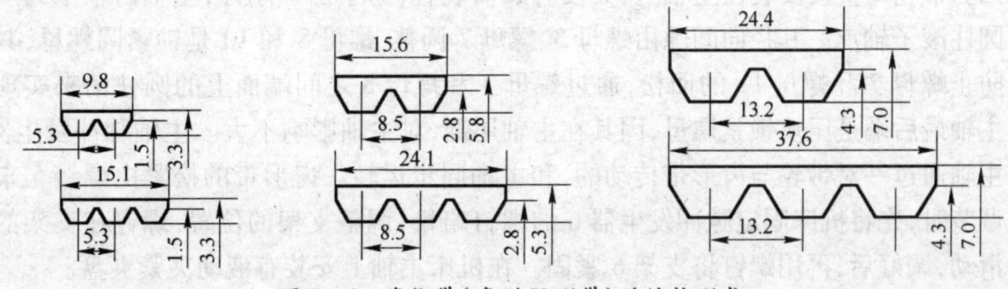

图5－5　多楔带(多联V形带)的结构形式

图5－6所示为CK7815型数控车床传动系统图。主轴由AC－6型5.5kW交流调速电动机或DC－8型1.1kW直流调速电动机1通过两级塔式皮带轮2、3直接带动，由电气系统无级调速。由于传动链中没有齿轮，故噪声很小。

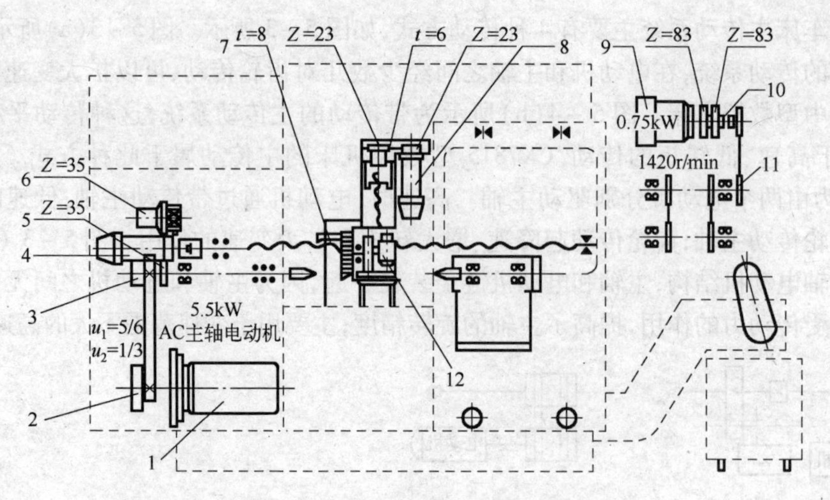

图 5-6 CK7815 型数控车床传动系统图

1,9,12—电动机；2,3—皮带轮；4,8—伺服电动机；5—齿形带轮；
6—缩码器；7—螺母；10—减速器；11—链轮。

轴向 Z 轴的进给运动是由伺服电动机 4 通过联轴器直接带动滚珠丝杠($t=8$)和螺母副 7 来实现的。

横向 X 轴的进给运动是由电动机 8，通过同步齿形带(23/23)带动横向滚珠丝杠($t=6$)和螺母来实现的。

尾座套筒内活顶尖支承在前后两组轴承上，由液压缸来操纵。

排屑机构是由电动机 9、减速器 10 就链轮 11 传动的。

5.1.3 CK7815 数控车床的主要结构

1. 主轴箱

图 5-7 所示为 CK7815 型数控车床的主轴箱展开图。电动机经过带轮 1、带轮 2 和三联 V 形带带动主轴。主轴 9 前端是 3 个角接触球轴承，前面两个大口向外(朝向主轴前端)，承受向前的轴向力；后面一个大口朝里(朝向主轴后端)，承受向后的轴向力，两者形成背靠背组合形式，共同承受径向力，轴承由圆螺母 11 预紧，预紧量在轴承制造时已调好。因为带轮 2 直接安装在主轴上，又没有卸荷装置，为了加强刚性，主轴后轴承为双列向心圆柱滚子轴承。其径向间隙由螺母 3、螺母 7 调整，螺母 8 和 10 是锁紧圆螺母，其作用是防止螺母 7 和螺母 11 的回松，通过螺母 7 和螺母 8 之间端面上的圆柱销来实现锁紧。主轴最后端是压块锁紧螺母，因其在主轴尾部，对主轴影响不大。主轴脉冲发生器 4 是由主轴通过一对带轮与齿形带传动的，和主轴同步运转。齿形带的松紧由螺钉 5 来调节。调节时，先将机床固定脉冲发生器 6 的螺钉略松，调整支架的位置，螺钉在支架的长槽中滑动，调好后，再用螺钉将支架 6 紧固。在机床主轴上安装有液动夹紧夹盘。

2. 尾座

CK7815 型数控车床尾架结构如图 5-8 所示。松开螺母 3，手动移动尾架到所需位置后，再用螺栓 16 进行精确定位，拧紧螺栓 16，使两楔块 15 上的斜面顶出销轴 14，使得尾架紧贴在矩形导轨的两内侧面上，然后用螺母 3、螺栓 4 和压块 5 将尾架紧固。这种结

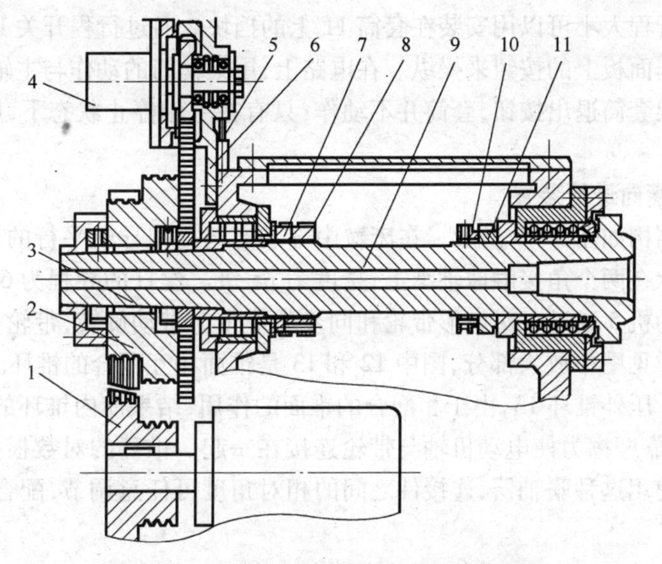

图 5-7　CK7815 型数控车床主轴箱展开图

1,2—带轮；3,7,11—螺母；4—脉冲发生器；5—螺钉；6—支架；8,10—锁紧螺母；9—主轴。

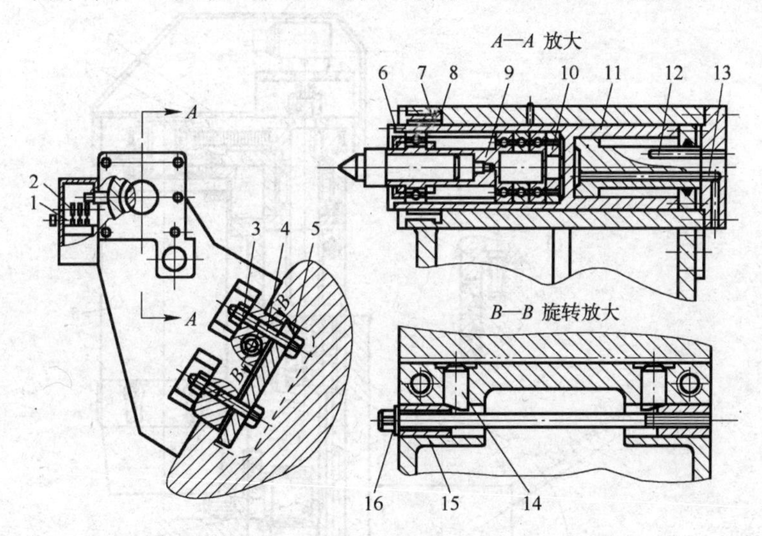

图 5-8　尾架

1—开关；2—挡块；3,6,8,10—螺母；4,16—螺栓；5—压块；7—锥套；9—套筒内轴；11—套筒；12,13—油孔；14—销轴；15—楔块。

构可以保证尾架定位精确。

尾架套筒内轴 9 上装有顶尖，因轴 9 能在尾架套筒内的轴承上转动，故顶尖是活顶尖。为了保证顶尖有高的回转精度，前轴承选用的是 NN3000K 双列短圆柱滚子轴承，轴承径向间隙用螺母 8 和螺母 6 调整；后轴承为 3 个角接触球轴承，由防松螺母 10 来固定。

尾架套筒与尾架孔的配合间隙用内外锥套 7 来作微量调整。当向内压内锥套时，可使外锥套 7 内孔缩小，即可使配合间隙减小；反之，变大。压紧力用端盖来调整。尾架套筒的移动用压力油驱动。当在孔 13 内通入压力油，则尾架套筒 11 向前运动；若在孔 12 内通入压力油，尾架套筒就向后移动，移动的最大行程为 90mm。夹紧力的大小用液压系统的压力来调整。在系统压力为$(5\sim15)\times10^5$Pa 时，油缸的推力为 1500N ~ 5000N。

尾架套筒行程大小可以用安装在套筒11上的挡块2通过行程开关1来控制,尾架套筒的进退由操作面板上的按钮来操纵。在电路上,尾架套筒的动作与主轴互锁,即在主轴转动时按动尾架套筒退出按钮,套筒并不动作;只有在主轴停止状态下,尾架套筒才能退出,以保证安全。

3. 床鞍和横向进给装置

机床床鞍结构如图5-9所示。在床鞍中部装有与横向导轨平行的外循环滚珠丝杠1,滚珠丝杠支承在两个角接触球轴承上,精度为p5级。丝杠的导程为6mm。由FB-15型直流伺服电动机5通过一对齿形带轮和同步齿形带3带动旋转,带轮与电动机轴用锥环无键连接。详见图中放大部分,图中12和13是锥面相互配合的锥环。当拧紧螺钉10时,经过法兰11压外锥环13,由于相配合的锥面的作用,结果使内锥环的外径膨胀、外锥环的内孔收缩,靠摩擦力使电动机轴与带轮连接在一起。锥环的对数根据所传递转矩的大小来选择。使用这种联轴器,连接件之间的相对角度可任意调节,配合无间隙,故对中性好。

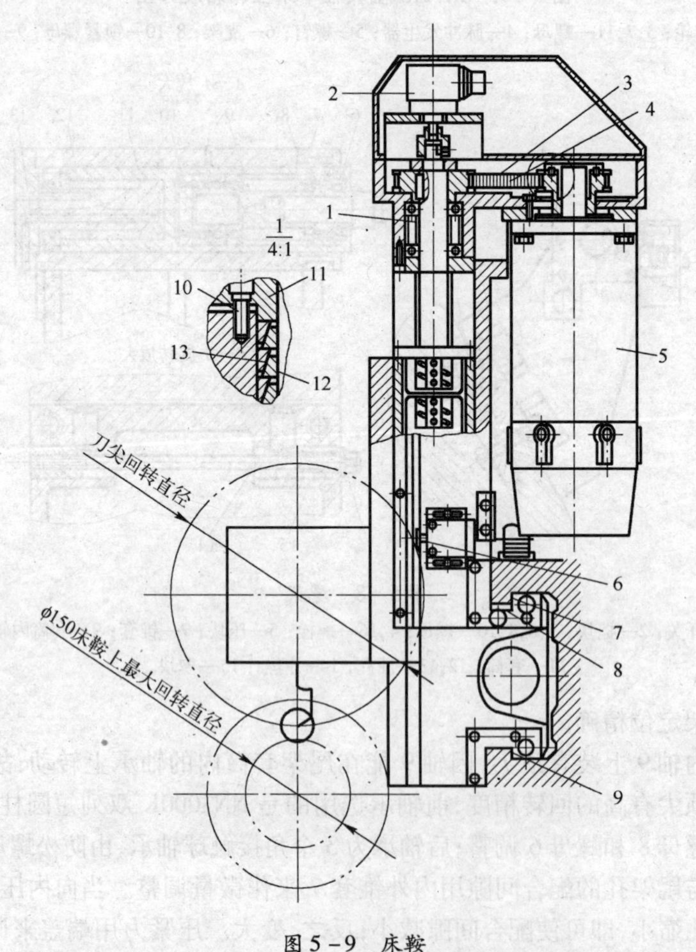

图5-9 床鞍

1—滚珠丝杠;2—脉冲编码器;3—带轮;4—螺钉;5—伺服电动机;6—档块;7,8,9—镶条;10—调节螺钉;11—法兰;12,13—内外锥环。

由于刀架为倾斜布置，而滚珠丝杠又不能自锁，为了防止刀架自动下滑，在直流伺服电动机的后端装有电磁制动器。

为了消除齿形带传动误差对精度的影响，采用了分离检测系统，把反馈元件脉冲编码器 2 与丝杠 1 连接，直接检测丝杠的回转角度，有利于系统精度的提高。齿形带的松紧用螺钉 4 来调整。

床鞍上与纵向导轨配合的表面均采用贴塑导轨，并用 3 根镶条 7、8、9 调整间隙。横向运动的机械原点、加工原点和超程限位点由 3 个可在槽内滑动的挡块 6 来调整。

4. 纵向(Z 轴)驱动装置

纵向驱动装置的结构如图 5－10 所示。床鞍的纵向移动由 FB－15 直流伺服电动机 1 带动丝杠 5 来实现。丝杠 5 的前端支承在成对安装的 p5 级角接触球轴承 4 上。后端支承在 p5 级深沟球轴承 6 上。前轴承由螺母 3 锁紧，后轴承由两个密封环的套筒和轴用弹簧卡圈定位。由图中可见，丝杠的前端轴向是固定的，后端轴向则是自由的，可以补偿由于温度引起的伸缩变形。

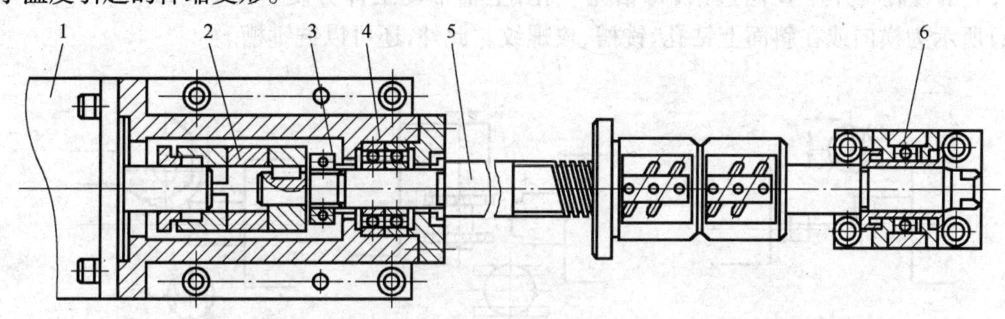

图 5－10　纵向驱动装置

1—伺服电动机；2—联轴节；3—螺母；4,6—轴承；5—丝杠。

滚珠丝杠螺母副为外循环方式，可以消除间隙的双螺母结构。丝杠前端与直流伺服电动机 1 之间用精密十字滑块联轴节 2 连接，可以消除电动机轴与丝杠轴间同轴度误差的影响。伺服电动机轴与十字滑块联轴节也采用锥环连接。

十字滑块联轴节由 3 件组成，与电动机轴和丝杠连接的左右两件上开有通过中心的端面键槽，中间一件的两端面上均有通过中心且相互垂直的凸键，分别与左右两件的键槽相配合，以传递运动和扭矩。凸键和凹键的配合很精确，间隙小于 0.003mm。由于中间件的键是十字形的，故能补偿电动机轴与丝杠轴线的同轴度误差。

CK7815 型数控车床的双循环螺母是按照预加负荷配置的，纵向滚珠丝杠的导程为 8mm。当伺服电动机转速为 1500r/min 时，快速进给速度可达 12m/min，最小移动单位为 0.001mm。

5.2　车削中心的传动系统及主要结构

车削中心也是一机多用的多工序加工机床，它是数控车床在扩大加工工艺范围方面的发展。不少回转体零件上常常有钻削、铣削等工序，例如，钻油孔、钻横向孔、铣键槽、铣扁方及铣油槽等。这些工序最好能在一次装夹下完成，这对于降低成本、缩短加工周期、保证加工精度等都有重要意义。特别是对重型机床，因为其加工的重型工件吊装不易，最好是工件在一次安装后能完成多工序的加工。

5.2.1　车削中心的工艺范围

为了便于深入理解车削中心的结构原理，图5－11给出了车削中心能完成的除一般车削以外的工序。图5－11(a)所示为铣端面槽，加工时，机床主轴不转，装在刀架上的铣削主轴带着铣刀旋转。端面槽有3种情况：①端面槽位于端面中央，则刀架带动铣刀作Z向进给，通过工件中心；②端面槽不在端面中央，如图(a)中的小图所示，则铣刀X向偏置；③端面不止一条槽，则需主轴带动工件分度。图5－11(b)所示为端面钻孔、攻螺纹，主轴或刀具旋转，刀架作Z向进给。图5－11(c)所示为铣扁方，机床主轴不转，刀架内的铣主轴带着刀具旋转，可以作Z向进给(如左图)，也可X向进给(如右图)。如需铣削加工多边形，则主轴分度。图5－11(d)所示为端面分度钻孔、攻螺纹，刀具主轴装在刀架上，上偏置旋转并作Z向进给，每钻完一孔，主轴带动工件分度。图5－11(e)、(f)、(g)所示为横向或在斜面上钻孔、铣槽、攻螺纹。此外，还可以铣键槽。

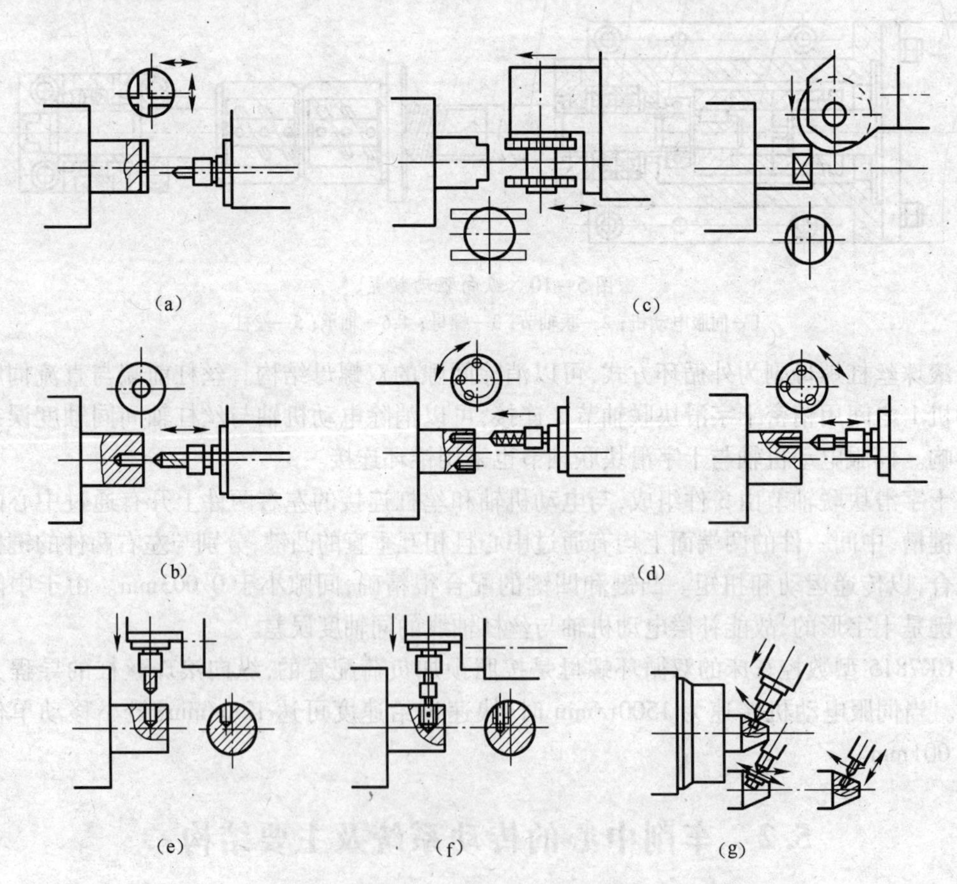

图5－11　车削中心能完成的除车削以外的工序

(a)铣端面槽；(b)端面钻孔；(c)铣扁方；(d)端面分度钻孔、攻螺纹；(e)横向钻孔；(f)横向攻螺纹；(g)斜面上钻孔、攻螺纹。

5.2.2 车削中心的 C 轴

根据以上对车削中心加工工艺的分析可知，车削中心在数控车床的基础上增加了两大功能。

（1）自驱动力刀具：在刀架上备有刀具主轴电动机，自动无级变速，通过传动机构驱动装在刀架上的刀具主轴。

（2）增加了主轴的 C 轴坐标功能：机床主轴旋转除作为车削的主运动外，还可以作分度运动，即定向停车和圆周进给，并在数控装置的伺服控制下，实现 C 轴与 Z 轴联动，或 C 轴与 X 轴联动，以进行圆柱面上或端面上任意部位的钻削、铣削、攻螺纹及平面或曲面铣削加工。图 5－12 所示为 C 轴功能示意图。

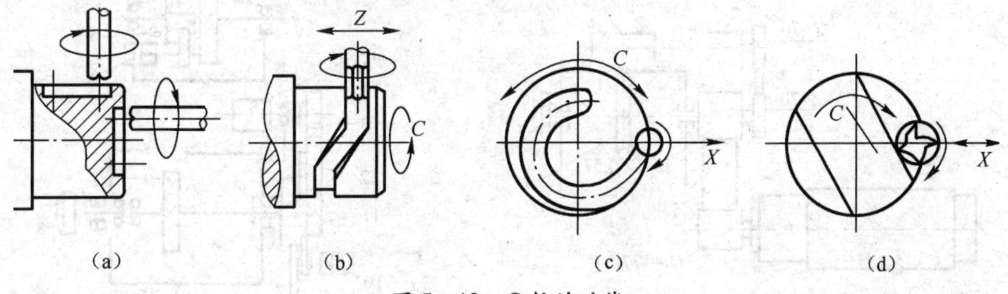

图 5－12　C 轴的功能

(a) C 轴定向时，在圆柱面或端面铣槽；(b) C 轴、Z 轴进给插补，在圆柱面上铣螺旋槽；(c) C 轴、X 轴进给插补，在端面上铣螺旋槽；(d) C 轴、X 轴进给插补铣直线和平面。

车削中心在加工过程中，驱动刀具主轴的伺服电动机与驱动车削运动的主电动机是互锁的。即当进行分度和 C 轴驱动时，脱开主电动机，接合伺服电动机；当进行车削时，脱开伺服电动机，接合主电动机。

5.2.3 车削中心的主传动系统

车削中心的主传动系统包括车削主传动和 C 轴控制传动，下面介绍几种典型的传动系统。

1. 精密蜗杆副 C 轴结构

车削柔性加工单元的主传动系统结构图（图 5－13(a)）和 C 轴传动及主传动系统传动链示意图（见图 5－13(b)）。C 轴的分度和伺服控制采用可啮合和脱开的精密蜗杆副结构。它有一个伺服电动机驱动蜗杆 1 及主轴上的蜗轮 3，当机床处于铣削和钻削状态时，即主轴需要通过 C 轴分度或对圆周进给伺服控制时，蜗杆与蜗轮啮合。该蜗杆蜗轮副由一个可固定的精确调整滑块来调整，以消除啮合间隙。C 轴的分度精度由一个脉冲编码器来保证。

2. 经滑移齿轮控制的 C 轴传动

图 5－14 所示为车削中心的 C 轴传动系统图，由主轴箱和 C 轴控制箱两部分组成。当主轴在一般车削状态时，换位液压缸 6 使滑移齿轮 5 与主轴齿轮 7 脱开，制动液压缸 10 脱离制动，主轴电动机通过 V 形带带动 V 形带轮使主轴 8 旋转。当主轴需要 C 轴控制作分度或回转时，主轴电动机处于停止状态，滑移齿轮 5 与主轴齿轮 7 啮合，在制动液压缸

10 未制动状态下，C 轴伺服电动机 15 根据指令脉冲值旋转，通过 C 轴变速箱变速，经滑移齿轮 5、主轴齿轮 7 使主轴分度，然后制动液压缸 10 工作使主轴制动。当进行铣削时，除制动液压缸制动主轴外，其他动作与上述相同，此时主轴按指令做缓慢的连续旋转进给运动。

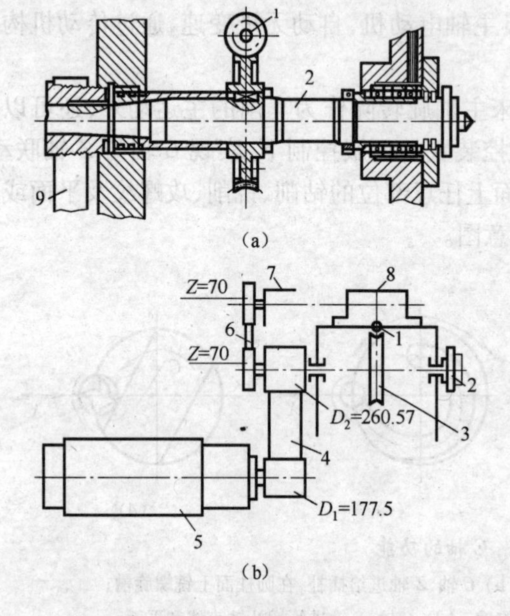

图 5-13　C 轴的传动系统(一)

1—蜗杆；2—主轴；3—蜗轮；4,6—齿形带；
5—主轴电动机；7—脉冲编码器；
8—C 轴伺服电动机；9—同步带。

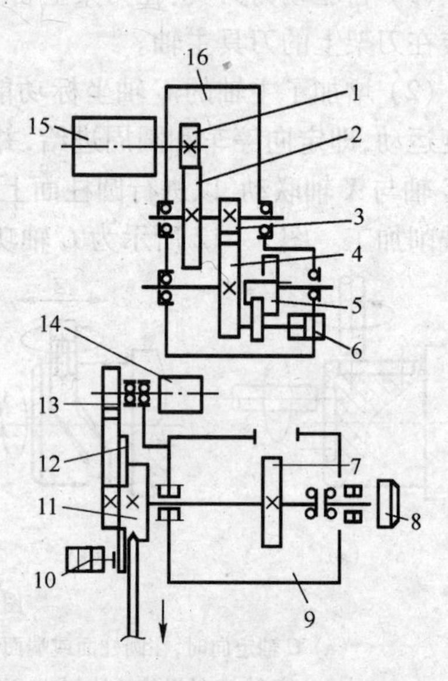

图 5-14　C 轴传动系统(二)

1,2,3,4—传动齿轮；5—滑移齿轮；
6—换位液压缸；7—主轴齿轮；8—主轴；
9—主轴箱；10—制动液压缸；11—V 带轮；
12—主轴制动惰轮；13—齿形带轮；
14—脉冲编码器；15—C 轴伺服电动机；
16—C 轴控制器。

图 5-15 所示的 C 轴传动也是通过安装在伺服电动机轴上的滑移齿轮带动主轴旋转的，可以实现主轴旋转进给和分度。当不用 C 轴传动时，伺服电动机上的滑移齿轮脱开，主轴由电动机带动，为了防止主传动与 C 轴传动之间产生干涉，在伺服电动机上滑移齿轮的啮合位置装有检测开关，利用开关的检测信号来识别主轴的工作状态。当 C 轴工作时，主轴电动机就不能起动。

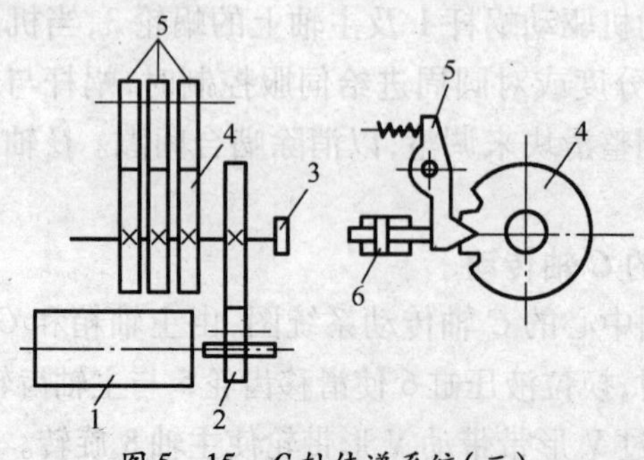

图 5-15　C 轴传递系统(三)

1—C 轴伺服电动机；2—滑移齿轮；3—主轴；4—分度齿轮；5—插销连杆；6—压紧液压缸。

主轴分度是采用安装在主轴上的3个120齿的分度齿轮来实现的。3个齿轮分别错开1/3个齿距，以实现主轴的最小分度值1°。主轴定位靠带齿的连杆来实现，定位后通过液压缸压紧。3个液压缸分别配合3个连杆协调动作，用电气实现自动控制。

*C*轴传动除了以上介绍的用伺服电动机通过机械结构实现外，还可以用带*C*轴功能的主轴电动机直接进行分度和定位。

5.3 XKA5750数控铣床的传动系统及主要结构

5.3.1 概述

1. 数控铣床的主要功能及加工对象

数控铣床应用广泛，不仅可以加工各种平面、沟槽、螺旋槽、成型面和孔，而且还能加工各种平面和空间等复杂型面，适合于各种模具、凸轮、板类及箱体类零件的加工。

不同的数控铣床的功能不尽相同，大致可分为一般功能和特殊功能。一般功能是指各类数控铣床普遍具有的功能，如点位控制功能、连续轮廓控制功能、刀具半径自动补偿功能、镜像加工功能、固定循环功能等。特殊功能是指数控铣床在增加了某些特殊装置或附件后，分别具有或兼备的一些特殊功能，如增加数控分度头后，可在圆柱面上加工曲线沟槽。配置万能数控转盘后还可以对工件侧面上的连续回转轮廓进行加工，若采用数控万能主轴（主轴头可以任意转换方向），就可以加工出与水平面成各种角度的工件表面，若采用数控回转工作台，还能对工件实现除定位面以外的5个面加工。目前三坐标数控铣床占多数，可以进行3个坐标联动加工，还有相当部分的铣床采用二坐标半控制（3个坐标中的任意两个坐标联动加工）。另外附加一个数控回转工作台（或数控分度头）就增加一个坐标，可进一步扩大加工范围。

数控铣削是机械加工中最常用和最主要的数控加工方法之一，它除了能铣削普通铣床所能铣削的各种零件表面外，还能铣削需要2个~5个坐标联动的各种平面轮廓和立体轮廓，如各种平面类零件、变斜角类零件及空间曲面类零件等。

2. 数控铣床的布局

数控铣床加工工件时，如同普通铣床一样，由刀具或者工件完成主运动，也可由刀具与工件进行相对的进给运动，以加工一定形状的工件表面。不同的工件表面，往往需要采用不同类型的刀具与工件一起进行不同的表面成型运动，因而就产生了不同类型的数控铣床。铣床的这些运动，必须由相应的执行部件（如主运动部件、直线或圆周进给部件）及一些必要的辅助运动（如转位、夹紧、冷却及润滑）部件等来完成。

图5-16(a)所示为加工工件较轻的升降台铣床，由工件完成3个方向的进给运动，分别由工作台、滑鞍和升降台来实现。

当加工工件较重或者尺寸较高时，则不宜由升降台带着工件进行垂直方向的进给运动，而是改由铣头带着刀具来完成垂直进给运动，如图5-16(b)所示。这种布局方案，铣床的尺寸参数即加工尺寸范围可以取得大一些。

如图5-16(c)所示的龙门式数控铣床，工作台载着工件进行一个方向的进给运动，其他两个方向的进给运动由多个刀架即铣头部件在立柱与横梁上移动完成。这样的布局

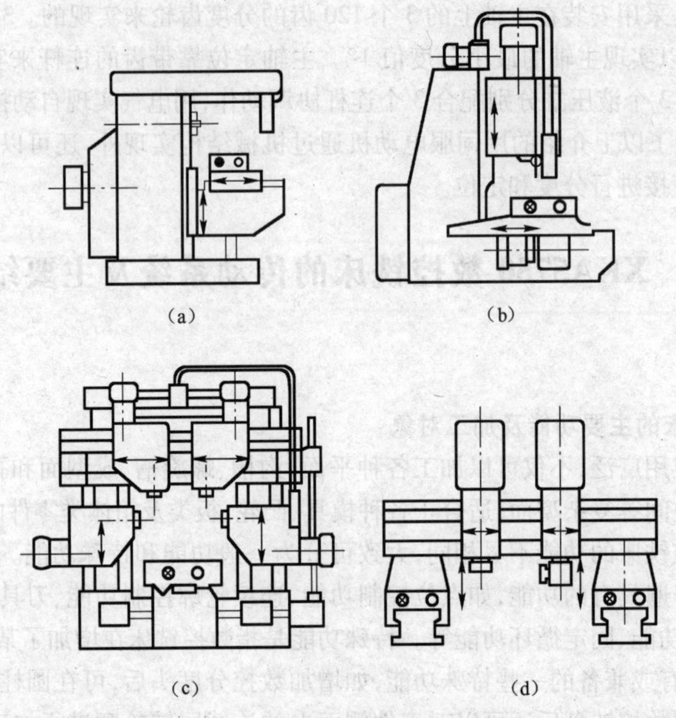

图 5-16　数控铣床总体布局示意图

不仅适用于重量大的工件加工，而且由于增加了铣头，使铣床的生产效率得到很大的提高。

当加工更大、更重的工件时，由工件进行进给运动，在结构上是难以实现的，因此，采用如图 5-16(d)所示的布局方案，全部进给运动均由铣头运动来完成，这种布局形式可以减小铣床的结构尺寸。

近年来，由于大规模集成电路、微处理机和微型计算机技术的发展，使数控装置和强电控制电路日趋小型化，不少数控装置将控制计算机、按键、开关、显示器等集中装在吊挂按钮上，其他的电器部分则集中或分散与主机的机械部分装在一体，而且还采用气—液传动装置，省去液压油泵站，从而实现了机、电、液一体化结构，减少了铣床的占地面积，又便于操作管理。

全封闭结构数控铣床的效率高，一般都采用大流量与高压力的冷却和排屑措施，铣床的运动部件也采用自动润滑装置，为了防止切屑与切削液飞溅，避免润滑油外泄，将铣床做成全封闭结构，只在工作区处留有可自动开闭的门窗，用于观察和装卸工件。

5.3.2　XKA5750 数控铣床的组成、基本运动及主要技术参数

XKA5750 数控立式铣床是带有万能铣头的立卧两用数控铣床，可以实现三坐标联动，能够铣削具有复杂曲线轮廓的零件，如凸轮、模具、样板、叶片、弧形槽等零件。

1. XKA5750 数控铣床的组成及运动

XKA5750 数控立式铣床外形如图 5-17 所示，图中 1 为底座，5 为床身，工作台 13 由伺服电动机 15 带动在升降滑座 16 上进行纵向(X 轴)左、右方向进给；伺服电动机 2 带动

升降滑座 16 进行垂直(Z 轴)上、下方向进给;滑枕 8 进行横向(Y 向)进给运动。用滑枕实现横向运动,可获得较大的行程。机床主运动由交流无级变速电动机驱动,万能铣头 9 不仅可以将铣头主轴调整到立式或卧式位置,而且还可以在前半球面内使主轴中心线处于任意空间角度。纵向行程式限位挡铁 3、14 起限位保护的作用,6、12 为横向、纵向限位开关,4、10 为强电柜和数控柜,悬挂按钮站 11 上集中了机床的全部操作和控制键与开关。

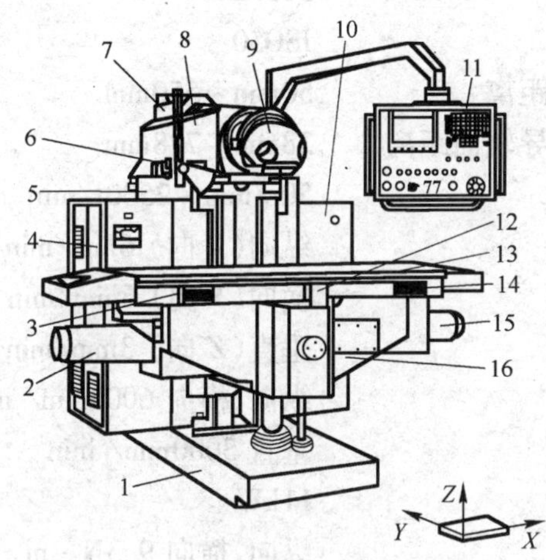

图 5-17 XKA5750 数控立式铣床

1—底座; 2—伺服电动机; 3,14—行程限位挡铁; 4—强电柜; 5—床身; 6—横向限位开关; 7—后壳体; 8—滑枕; 9—万能铣头; 10—数控柜; 11—按钮站; 12—纵向限位开关; 13—工作台; 15—伺服电动机; 16—升降滑座。

在图 5-17 所示的坐标系中,数控铣床存在以下 3 种运动:工作台 13 由伺服电动机 15 带动在升降滑座 16 上作纵向移动(X 轴方向);伺服电动机 2 带动升降滑座 16 作垂直升降运动(Z 轴方向);滑枕 8 作横向进给运动(Y 轴方向)。

XKA5750 数控立式铣床是立卧两用的数控铣床,其万能铣头不仅可以将铣头主轴调整到立式或卧式位置,而且还可以在前半球面内使主轴中心线处于任意空间角度。万能铣头立卧两个加工位置如图 5-18 所示。

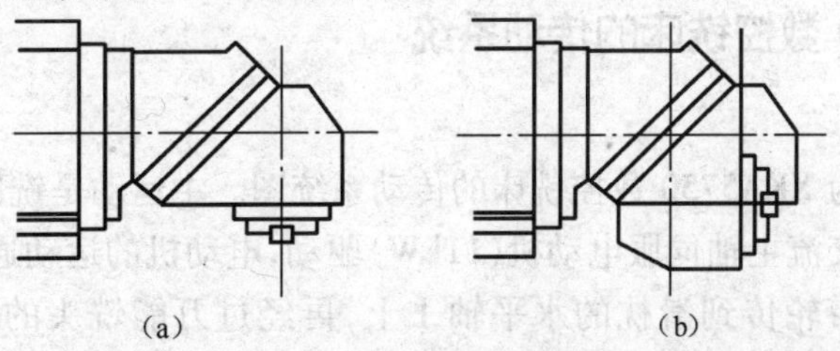

图 5-18 万能铣头立卧两个加工位置

机床的数控系统采用的是 AUTOCONTECH 公司的 DELTA 40M CNC 系统,可以附加坐标轴增加至四坐标联动,程序输入/输出可通过软驱和 RS232C 接口连接。主轴驱动和进给采用 AUTOCON 公司主轴伺服驱动和进给伺服驱动装置以及交流伺服电动机,检测装置为脉冲编码器,与伺服电动机装成一体,半闭环控制。主轴有锁定功能(机床有学习模式和绘图模式)。电气控制采用可编程控制器和分立电气元件相结合的控制方式,使

电动机系统由可编程控制器软件控制，结构件简单，提高了控制能力和运行可靠性。

2. 机床的主要技术参数

工作台面积(宽×长)	50mm×1600mm
工作台纵向行程	1200mm
滑枕横向行程	700mm
工作台垂直行程	500mm
主轴锥孔	ISO50
主轴端面到工作台面距离	50mm~550mm
主轴中心线到床身立导轨面距离	28mm~728mm
主轴转速	50r/min~2500r/min
进给速度	纵向(*X*向) 6mm/min~3000mm/min
	横向(*Y*向) 6mm/min~3000mm/min
	垂直(*Z*向) 3mm/min~1500mm/min
快速移动速度	纵向、横向 6000mm/min
	垂直 3000mm/min
主轴电动机功率	11kW
进给电动机转矩	纵向、横向 9.3N·m
	垂直 13N·m
润滑电动机功率	60W
冷却电动机功率	125W
机床外形尺寸(长×宽×高)	2393mm×2264mm×2180mm
控制轴数	3(可选4轴)
最大同时控制轴数	3
最小设定单位	0.001mm/0.0001英寸
插补功能	直线/圆弧
编程功能	多种固定循环、用户宏程序

5.3.3 XKA5750 数控铣床的传动系统

1. 主传动系统

图5-19所示为XKA5750数控铣床的传动系统图。主运动是铣床主轴的旋转运动，由装在滑枕后部的交流主轴伺服电动机(11kW)驱动，电动机的运动通过速比为1:2.4的一对弧齿同步齿形带轮传到滑枕的水平轴Ⅰ上，再经过万能铣头的两对弧齿锥齿轮副($\frac{33}{34}\times\frac{26}{25}$)将运动传到主轴Ⅳ，转速范围为50r/min~2500r/min(电机转速范围为120r/min~6000r/min)。当主轴转速为625r/min(电动机转速为1500r/min)以下时为恒转矩输出；主轴转速为625r/min~1875r/min时，为恒功率输出；超过1875r/min后输出功率下降，转速到2500r/min时，输出功率下降到额定功率的1/3。

2. 进给传动系统

工作台的纵向(*X*向)进给和滑枕的横向(*Y*向)进给传动系统，都是由交流伺服电动

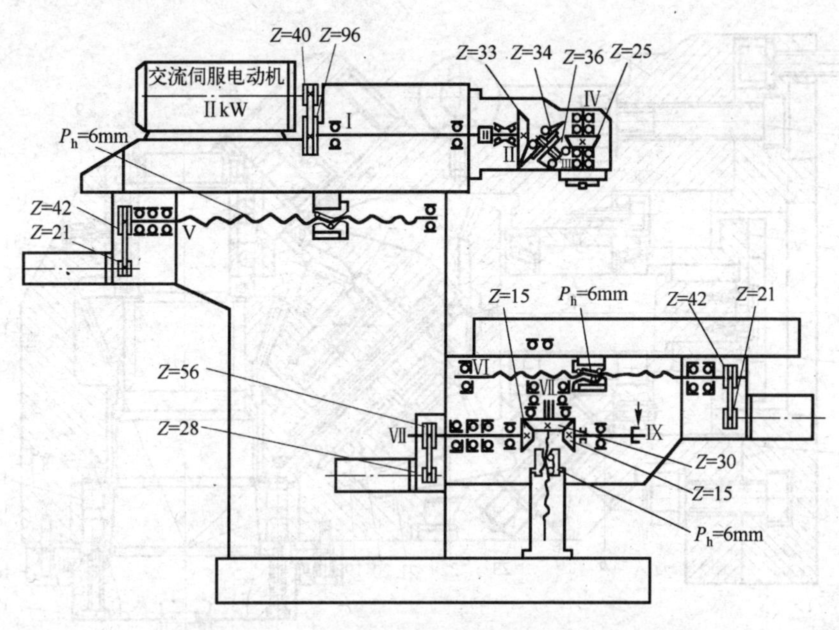

图 5－19 XKA5750 数控铣床的传动系统图

机通过速比为 1∶2 的一对同步圆弧齿形带轮，将运动传动至导程为 6mm 的滚珠丝杠轴Ⅵ。升降台的垂直（Z 向）的进给运动为交流伺服电动机通过速比为 1∶2 的一对同步圆弧齿形带轮将运动传到轴Ⅶ，再经过一对弧齿锥齿轮传到垂直丝杠上，带动升降台运动。垂直滚珠丝杠上的弧齿锥齿轮还带动轴Ⅸ上的锥齿轮，经单向超越离合器与自锁器相连，防止升降台因自重而下滑。

5.3.4 XKA5750 数控铣床的典型结构

1. 万能铣头部件结构

万能铣头部件结构如图 5－20 所示，主要由前、后壳体 12、5，法兰 3，传动轴Ⅱ、Ⅲ，主轴Ⅳ及两对弧齿锥齿轮组成。万能铣头用螺栓和定位销安装在滑枕前端。铣削主运动由滑枕上的传动轴Ⅰ（见图 5－19）的端面键传到轴Ⅱ，端面键与连接盘 2 的径向槽相配合，连接盘与轴Ⅱ之间由两个平键 1 传递运动。轴Ⅱ右端为弧齿锥齿轮，通过轴Ⅲ上的两个锥齿轮 22、21 和用花键连接方式装在主轴Ⅳ上的锥齿轮 27，将运动传到主轴上。主轴为空心轴，前端有 7∶24 的内锥孔，用于刀具或刀具心轴的定心；通孔用于安装拉紧刀具的拉杆通过。主轴端面有径向槽，并装有两个端面键 18，用于主轴向刀具传递转矩。

万能铣头能通过两个互成 45°的回转面 A 和 B 调节主轴Ⅳ的方位，在法兰 3 的回转面 A 上开有 T 形圆环槽 a，松开 T 形螺栓 4 和 24，可使铣头绕水平轴Ⅱ转动，调整到要求位置将 T 形螺栓拧紧即可；在万能铣头后壳体 5 的回转面 B 内，也开有 T 形圆环槽 b，松开 T 形螺栓 6 和 23，可使铣头主轴绕与水平轴线成 45°夹角的轴Ⅲ转动。绕两个轴线转动的综合结果，可使主轴轴线处于前半球面的任意角度。

万能铣头作为直接带动刀具的运动部件，不仅要能传递较大的功率，更要具有足够的旋转精度、刚度和抗振性。万能铣头除在零件结构、制造和装配精度要求较高外，还要选用承载力和旋转精度都较高的轴承。两个传动轴都选用了 D 级精度的轴承，轴上为一对

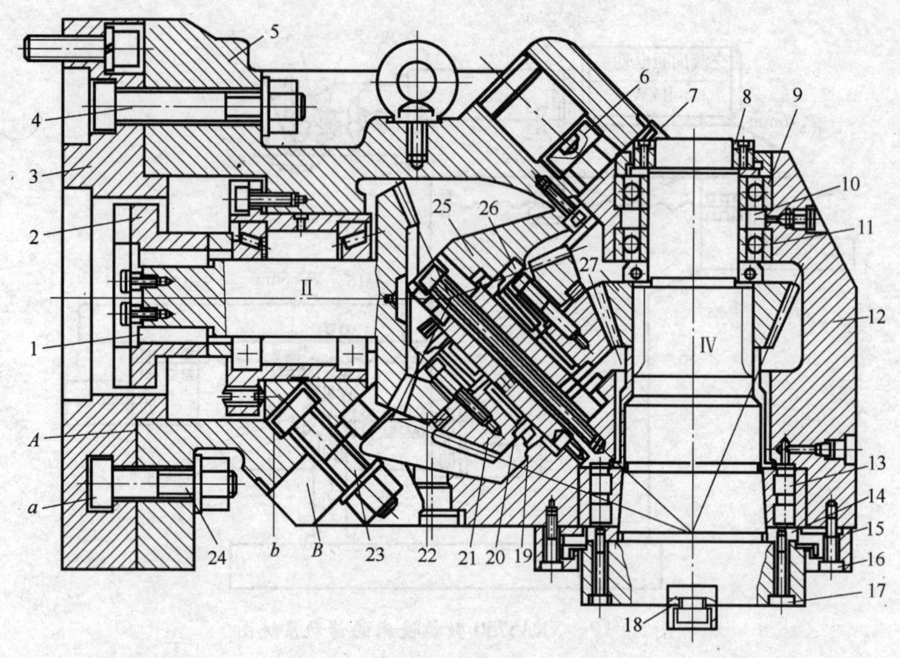

图 5-20　万能铣头部件结构

1—键；2—连接盘；3—法兰；4,6,23,24—T 形螺栓；5—后壳体；7—锁紧螺钉；8—螺母；9,11—向心推力球轴承；10—隔套；12—前壳体；13—轴承；14—半圆环垫片；15—法兰；16,17—螺钉；18—端面键；19,25—推力圆柱滚子轴承；20,26—滚针轴承；21,22,27—锥齿轮。

D7029 型圆锥滚子轴承，一对 D6354906 型向心滚针轴承 20、26，承受径向载荷，轴向载荷由两个型号分别为 D9107 和 D9106 的推力短圆柱滚子轴承 19 和 25 承受。主轴上前、后支承均为 C 级精度轴承，前支承为 C3182117 型双列圆柱滚子轴承，只承受径向载荷；后支承为两个 C36210 型向心推力球轴承 9 和 11，既承受轴向载荷，也承受径向载荷。

为了保证旋转精度，主轴轴承不仅要消除间隙，而且要有足够的预紧力，轴承磨损后也要进行间隙调整。前轴承消除和预紧的调整是靠改变轴承内圈在锥形颈上的位置，使内圈外胀实现的。调整时，先拧下 4 个螺钉 16，卸下法兰 15，再松开螺母 8 上的锁紧螺钉 7，拧松螺母 8，将主轴Ⅳ向前（向下）推动 2mm 左右，然后拧下两个螺钉 17，将半圆环垫片 14 取出，根据间隙大小磨薄垫片，最后将上述零件重新装好。后支承的两个向心推力球轴承背对背安装（轴承 9 开口向上，轴承 11 开口向下），进行消隙和预紧调整时，两轴承外圈不动，使用内圈的端面距离相对减少的办法实现。具体是通过控制两轴承内圈隔套 10 的尺寸。调整时取下隔套 10，修磨到合适尺寸，重新装好后，用螺母 8 预紧轴承内圈及隔套即可。最后要拧紧锁紧螺钉 7。

2. 工作台纵向传动机构

工作台纵向传动机构如图 5-21 所示。交流伺服电动机 20 的轴上装有圆弧齿同步齿形带轮 19，通过同步齿形带 14 和装在丝杠右端的同步齿形带轮 11 带动丝杠旋转，使底部装有螺母 1 的工作台 4 移动。装在伺服电动机中的编码器将检测到的位移量反馈回数控装置，这种连接方法不需要开键槽，而且配合无间隙，对中性好。滚珠丝杠两端采用角接触球轴承支承，右端支承采用 3 个 7602030TN/P4TFTA 轴承，精度等级 P4，径向载荷由 3 个轴承分担。两个开口向右的轴承 6、7 承受向左的轴向载荷，向左开口的轴承 8 承受向右的轴向载荷。轴承的预紧力由两个轴承7、8的内外圈轴向尺寸差实现,当用螺母10通过隔套将轴承内圈压紧时,外圈因比内圈轴向尺寸稍短,故仍有微量间隙,用螺钉9通过法兰盘12压紧轴承外圈时,就会产生预紧力。调整时修磨垫片13厚度尺寸即可。丝杠左端的角接触球轴承7602025TN/P4,除承受径向载荷外,还通过螺母3的调整,使丝杠产生预拉伸,以提高丝杠的刚度和减少丝杠的热变形。5为工作台纵向移动时的限位行程挡铁。

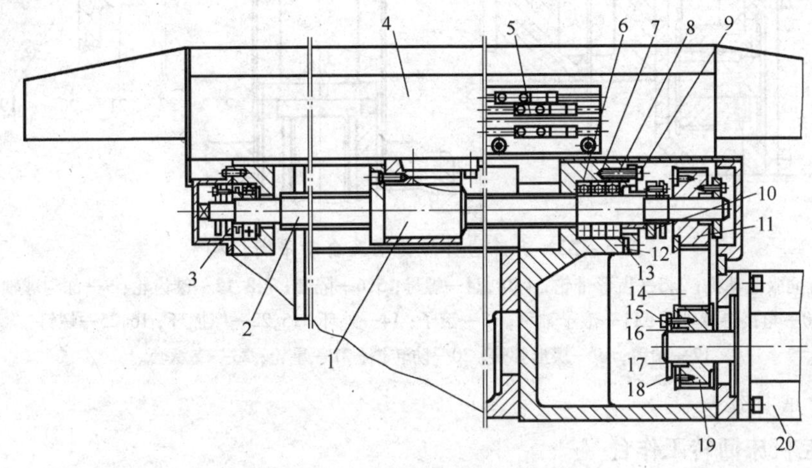

图5-21 工作台纵向传动机构

1,3,10—螺母;2—丝杠;4—工作台;5—限位挡铁;6,7,8—轴承;9,15—螺钉;11,19—同步齿形带轮;12—法兰盘;13—垫片;14—同步齿形带;16—外锥环;17—内锥环;18—端盖;20—交流伺服电动机。

3. 升降台传动机构及自动平衡机构

图5-22所示为升降台升降传动部分。交流伺服电动机1经一对齿形带轮2、3将运动传到传动轴Ⅶ,轴Ⅶ右端的弧齿锥齿轮7带动锥齿轮8使垂直滚珠丝杠Ⅷ旋转,升降台上升、下降。传动轴Ⅶ有左、中、右3点支承,轴向定位由中间支承的一对角接触球轴承来保证,由螺母4锁定轴承与传动轴的轴向位置,并对轴承预紧,预紧量用修磨两轴承的内、外圈之间的隔套5、6厚度来保证。传动轴的轴向定位由螺钉25调节。垂直滚珠丝杠螺母副的螺母24由支承套23固定在机床底座上,丝杠通过锥齿轮8与升降台连接,其支承由深沟球轴承9和角接触球轴承10承受径向载荷;由D级精度的推力圆柱滚子轴承11承受轴向载荷。图中轴Ⅸ的实际安装位置是在水平面内,与轴Ⅶ的轴线呈90°相交(图中为展开图画法)。其右端为自动平衡机构。因滚珠丝杠无自锁能力,当垂直放置时,在部件自重作用下,移动部件会自动下降。因此除升降台驱动电动机带有制动器外,还在传动机构中装有自动平衡机构,一方面防止升降台因自重下落,另外还可平衡上升、下降时的驱动力。机床由单向超越离合器和自锁器组成。工作原理:丝杠旋转的同时,通过锥齿轮12和轴Ⅸ带动单向超越离合器的星轮21转动。当升降台上升时,星轮的转向使滚子13与超越离合器的外环14脱开,外环14不随星轮21转动,自锁器不起作用;当升降台下降时,星轮21的转向使滚子楔在星轮与外环之间,使外环随轴一起转动,外环与两端固定不动的摩擦环15、22(由防转销20固定)形成相对运动,在蝶形弹簧19的作用下,产生摩擦力,增大升降台下降时的阻力,起自锁作用,并使上、下运动的力量平衡。调整时,先拆下端盖17,松开螺钉16,适当旋紧螺母18,压紧蝶形弹簧19,即可增大自锁力。调整前需用

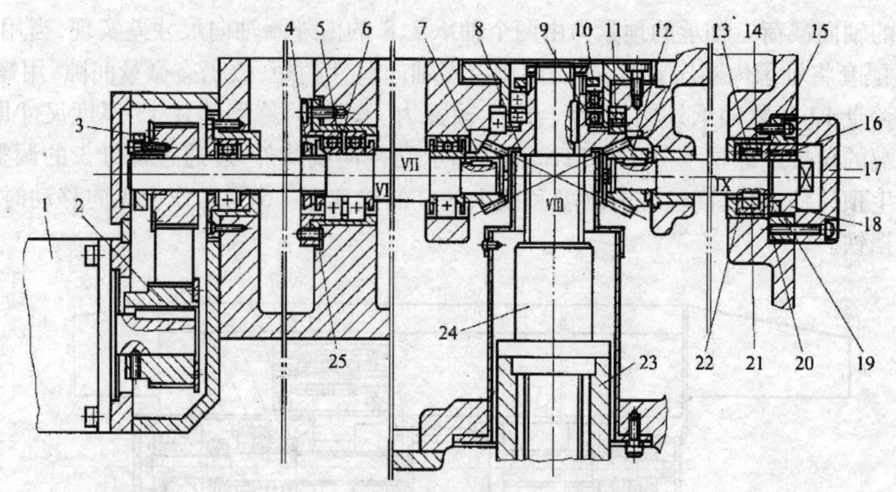

图 5-22　升降台升降传动及自动平衡机构

1—交流伺服电动机；2,3—齿形带轮；4,18,24—螺母；5,6—隔套；7,8,12—锥齿轮；9—深沟球轴承；10—角接触球轴承；11—滚子轴承；13—滚子；14—外环；15,22—摩擦环；16,25—螺钉；17—端盖；19—蝶形弹簧；20—防转销；21—星轮；23—支承套。

辅助装备支承升降台。

4. 数控机床回转工作台

数控回转工作台和数控分度头是数控铣床的常用附件，可使数控铣床增加一个数控轴，扩大数控铣床的功能，使机床不但有沿 X、Y、Z 3 个方向坐标直线运动之外，还可以沿工作台在圆周方向有进给运动和分度运动。通常回转工作台可以实现上述运动，用以进行圆弧加工或与直线联动进行曲面加工，以及利用工作台精确地自动分度，实现箱体在零件各个面的加工。数控回转工作台适用于板类和箱体类工件的连续回转表面和多面加工；数控分度头用于轴类、套类工件的圆柱面上和端面上的加工。数控回转工作台和数控分度头可通过接口由机床的数控装置控制，也可由独立的数控装置控制。

在自动换刀多工序数控机床、加工中心上，回转工作台已成为不可缺少的部件，为快速更换工件，带有托板交换装置的工作台应用也越来越多。

(1) 数控进给回转工作台。数控进给回转工作台的主要功能有两个：一是工作台进给分度运动，即在非切削时，装有工件的工作台在整个圆周(360°范围内)进行分度旋转；二是工作台进行圆周方向进给运动，即在进行切削时，与 X、Y、Z3 个方向坐标轴进行联动，加工复杂的空间曲面。

图 5-23 所示为立卧式数控回转工作台，有两个相互垂直的定位面，而且装有定位键 22，可方便地进行立式或卧式安装。工件可由主轴孔 6 定心，也可装夹在工作台 4 的 T 形槽内。工作台可以完成任意角度分度和连续回转进给运动。工作台的回转由直流伺服电动机 17 驱动，伺服电动机尾部装有检测用的每转 1000 个脉冲信号的编码器，实现半闭环控制。机械传动部分是两对齿轮副和一对蜗轮副。齿轮副采用双片齿轮错齿消隙法消隙，调整时卸下电动机 17 和法兰盘 16，松开螺钉 18，转动双片齿轮消除间隙，蜗轮副采用变齿厚双导程蜗杆消隙法消隙，调整时松开螺钉 24 和螺母 25，转动螺纹套 23，使蜗杆 21 轴向移动，改变蜗杆 21 与蜗轮 20 的啮合部位，消除间隙。工作台导轨面 7 贴有聚四氟乙烯，改善了导轨的动、静摩擦因数，提高了运动性能和减少了导轨磨损。

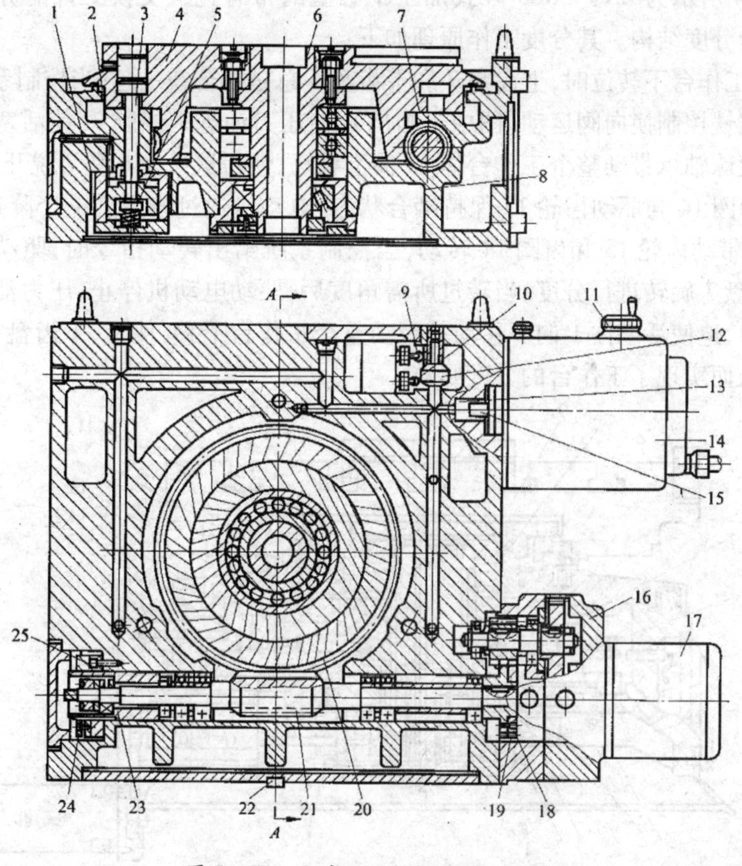

图 5-23 立卧两用数控回转工作台

1—夹紧液压缸；2—活塞；3—拉杆；4—工作台；5—弹簧；6—主轴孔；7—工作台导轨面；8—底座；9,10—信号开关；11—脉冲发生器；12—触头；13—油腔；14—气液转换装置；15—活塞杆；16—法兰盘；17—直流伺服电动机；18,24—螺钉；19—齿轮；20—蜗轮；21—蜗杆；22—定位键；23—螺纹套；25—螺母。

数控进给回转工作台主要应用于铣床，特别是在加工复杂的空间曲面方面（如航空发动机叶片、船用螺旋桨等），由于回转工作台具有圆周进给运动，易于实现与 X、Y、Z3 个方向坐标轴的联动，但需与高性能的数控系统相配套。

（2）分度回转工作台。数控机床的分度回转工作台与数控进给回转工作台的区别在于它能根据加工要求将工件回转至所需的角度，以达到加工不同面的目的。它不能实现圆周进给运动，故而结构有所差异。

分度回转工作台主要有两种形式，即定位销式分度工作台和鼠齿盘式分度工作台。前者的定位分度主要靠工作台的定位销和定位孔实现，分度的角度取决于定位孔在圆周上分布的数量，由于其分度角度的限制及定位精度低等原因，很少用于现代数控机床和加工中心上。鼠齿盘式分度工作台是利用一对上、下啮合的齿盘，通过上、下齿盘的相对旋转来实现工作台的分度，分度的角度范围依据齿盘的齿数而定。其优点是定位刚度好，重复定位精度高，且结构简单。其缺点是鼠齿盘的制造精度要求很高，目前鼠齿盘式工作台已经广泛应用于各类加工中心上。

图 5－24 所示为 ZHS－K63 卧式加工中心上的带有托板交换工件的分度回转工作台，用鼠齿盘分度结构。其分度工作原理如下：

当回转工作台不转位时，上齿盘 7 和下齿盘 6 总是啮合在一起，当控制系统给出分度指令后，电磁铁控制换向阀运动（图中未画出），使压力油进入油腔 3，使活塞体 1 向上移动，并通过滚珠轴承带动整个工作台体 13 向上移动，使得鼠齿盘 6 和 7 脱开，装在工作台体 13 上的齿圈 14 与驱动齿轮 15 保持啮合状态，电动机通过皮带和一个降速比为 $i=1/30$ 的减速箱带动齿轮 15 和齿圈 14 转动，当控制系统给出转动指令时，驱动电动机旋转并带动上齿盘 7 旋转进行分度，当转过所需角度后，驱动电动机停止，压力油通过液压阀 5 进入油腔 4，迫使活塞体 1 向下移动并带动整个工作台下移，使上、下齿盘相啮合，可准确地定位，从而实现了工作台的分度回转。

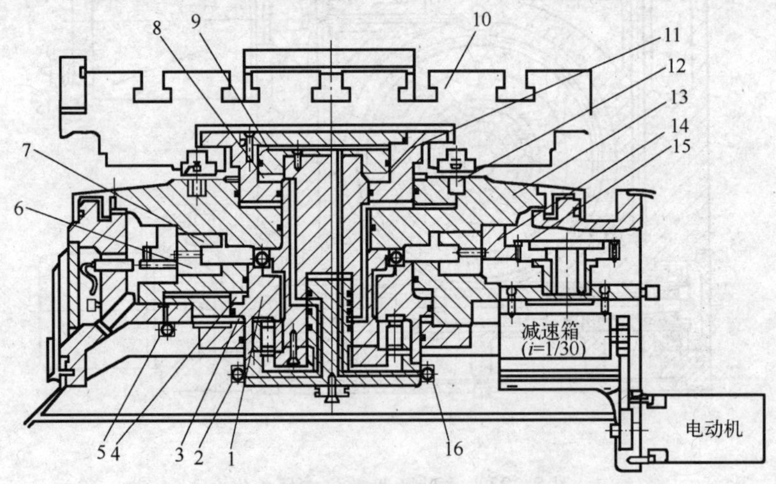

图 5－24　带有托板交换工件的分度回转工作台

1—活塞体；2,5,16—液压阀；3,4,8,9—油腔；6,7—鼠齿盘；10—托板；
11—液压缸；12—定位销；13—工作台体；14—齿圈；15—齿轮。

驱动齿轮 15 上装有剪断销（图中未画出），如果分度工作台发生超载或碰撞等现象，剪断销将自动切断，从而避免了机械部分的损坏。

分度工作台根据编程指令可以正转，也可以反转，由于该齿盘有 360 个齿，故最小分度单位为 1°。

分度工作台上的两个托板是用来交换工件的，托板规格为 ϕ360mm。托板台面上有 7 个 T 形槽，两个边缘定位块用来定位夹紧，托板台面利用 T 形槽可安装夹具和零件，托板是靠 4 个精磨的圆锥定位销 12 在分度工作台上定位的，由液压夹紧。

5.4　加工中心的传动系统及主要结构

加工中心是一种带有刀库和自动换刀装置的数控机床，可使工件在一次装夹后，能自动连续完成铣削、钻孔、镗孔、铰孔、攻螺纹、切槽等多种工序加工，如果加工中心带有自动分度回转工作台或者主轴箱能自动改变角度，还可使工件在一次装夹后自动完成多个表面的多工序加工。因此，加工中心除可加工各种复杂曲面外，特别适用于各种箱体类和板类等复杂零件的加工。

与其他机床相比,加工中心大大缩短了工件装夹、测量和机床的调整时间。缩短工件的周转、搬运和存放时间,使机床的切削时间利用率高于普通机床的3倍~4倍;具有较好的加工一致性,并且能排除工艺过程中人为干扰因素,从而提高了加工精度和加工效率,缩短生产周期;此外,加工中心机床解决了刀具问题并具有高度自动化的多工序加工质量,它是构成柔性制造系统的重要单元。

5.4.1 加工中心的分类

1. 按加工范围分类

按加工范围可分为:车削加工中心、钻削加工中心、镗铣加工中心、磨削加工中心、电火花加工中心等。一般镗铣加工中心简称加工中心。其余种类加工中心要有前面的定语。

2. 按照加工中心布局方式分类

(1) 卧式加工中心。卧式加工中心是指主轴轴线为水平状态位置的加工中心,如图5-25所示,通常都带有可进行分度回转运动的正方形分度工作台。卧式加工中心一般具有3个~5个运动坐标,常见的是3个直线运动坐标(沿X、Y、Z轴方向)加一个回转运动坐标(回转工作台),它能够使工件在一次装夹后完成除安装面和顶面以外的其余4个面的加工,最适合箱体类工件的加工。

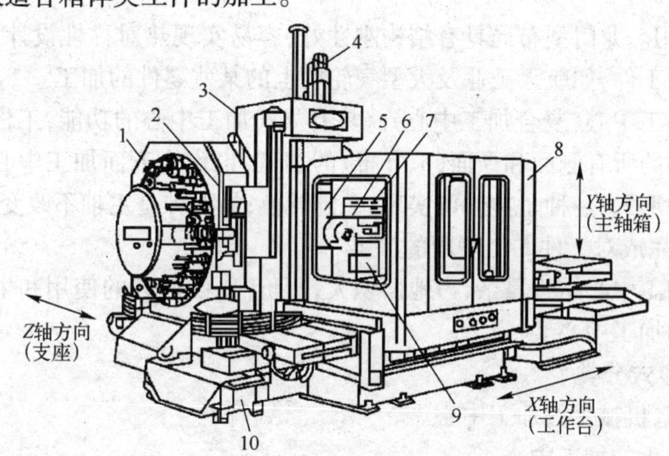

图5-25 卧式加工中心外形图

1—刀库;2—换刀装置;3—支座;4—Y轴伺服电动机;5—主轴箱;6—主轴;7—数控装置;8—防溅挡板;9—回转工作台;10—切屑槽。

卧式加工中心的结构复杂,占地面积大,重量大,价格也较高。

(2) 立式加工中心。立式加工中心是指主轴轴心线为垂直状态设置的加工中心,其结构形式多为固定立柱式,工作台为长方形,无分度回转功能,适合加工盘类零件,具有3个直线运动坐标(沿X、Y、Z轴方向),如在工作台上安装一个水平轴的数控回转台,可用于加工螺旋线类零件。图5-26所示的JCS-018A立式镗铣加工中心就属于此类。

与卧式加工中心相比较,立式加工中心的结构简单,占地面积小,价格低。

(3) 龙门式加工中心。如图5-27所示,龙门式加工中心形状与龙门铣床相似,主轴多为垂直设置。带有自动换刀装置及可更换的主轴头附件,数控装置的软件功能也较齐

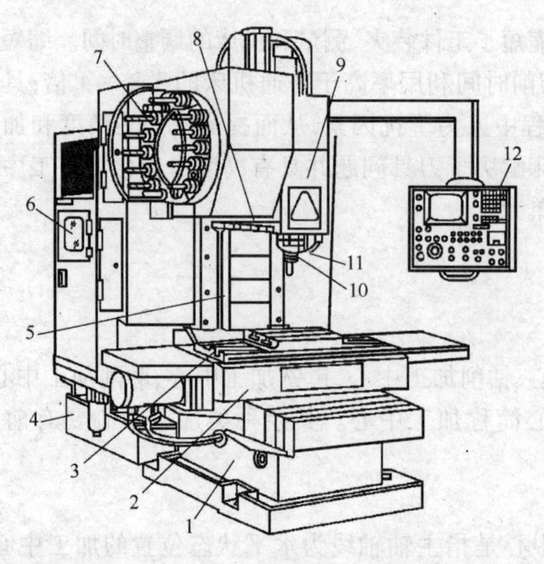

图 5-26 JCS-018A 立式镗铣加工中心外形图

1—床身；2—滑座；3—工作台；4—润滑油箱；5—立柱；
6—数控柜；7—刀库；8—机械手；9—主轴箱；
10—主轴；11—控制柜；12—操作面板。

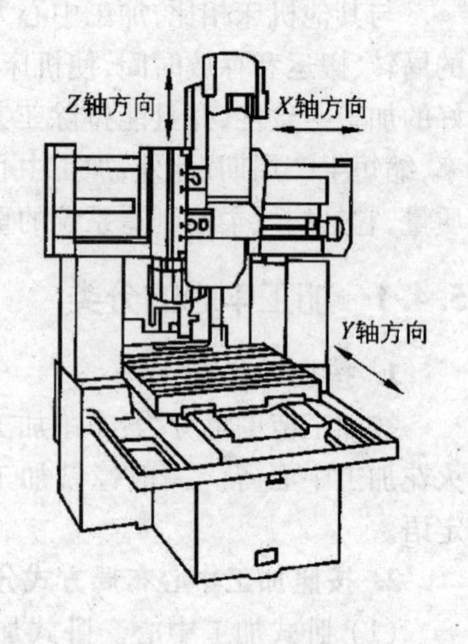

图 5-27 龙门式加工中心外形图

全，能够一机多用。龙门型布局具有结构刚性好，容易实现热对称性设计，尤其适用于大型或形状复杂的工件，如航天工业及大型气轮机上的某些零件的加工。

(4) 万能加工中心(复合加工中心)。具有立式加工中心的功能，工件一次装夹后能完成除安装面外的所有侧面和顶面(5 个面)的加工，也称为五面加工中心。常见的五面加工中心有两种形式，一种是主轴可实现立、卧转换；另一种是主轴不改变方向，工作台带着工件旋转 90°完成对工件 5 个表面的加工。

由于五面加工中心结构复杂，占地面积大，造价高，因此它的使用和生产在数量上远不如其他类型的加工中心。

3. 按换刀形式分类

(1) 带刀库、机械手的加工中心。

(2) 无机械手的加工中心。

(3) 转塔刀库式加工中心。

5.4.2 JCS-018A 型立式加工中心的传动系统和主要结构

JCS-018A 型小型立式加工中心(图 5-28)是由北京机床研究所研制的。它集中了平面加工(通常为端铣)和孔加工，不仅能完成半精和精加工，还可进行粗加工。工件以底面为安装基准，一次装夹后，可连续地进行铣、钻、镗、铰、锪、攻丝等多种工序的加工。该机床适用于小型板件、盘件、壳体件、模具和箱体件等复杂零件的多品种、小批量加工。

JCS-018A 型立式加工中心主要部件如图 5-28 所示，床身 1、立柱 15 为该机床的基础部件，交流变频调速电动机将运动经主轴箱 5 内的传动件传给主轴，实现旋转运动。3 个宽调速直流伺服电动机 10、17、13 分别经过滚珠丝杠螺母副将运动传给工作台 8、滑座 9，实现 X、Y 坐标的进给运动，传给主轴箱 5 使其沿立柱导轨作 Z 坐标的进给运动。立柱

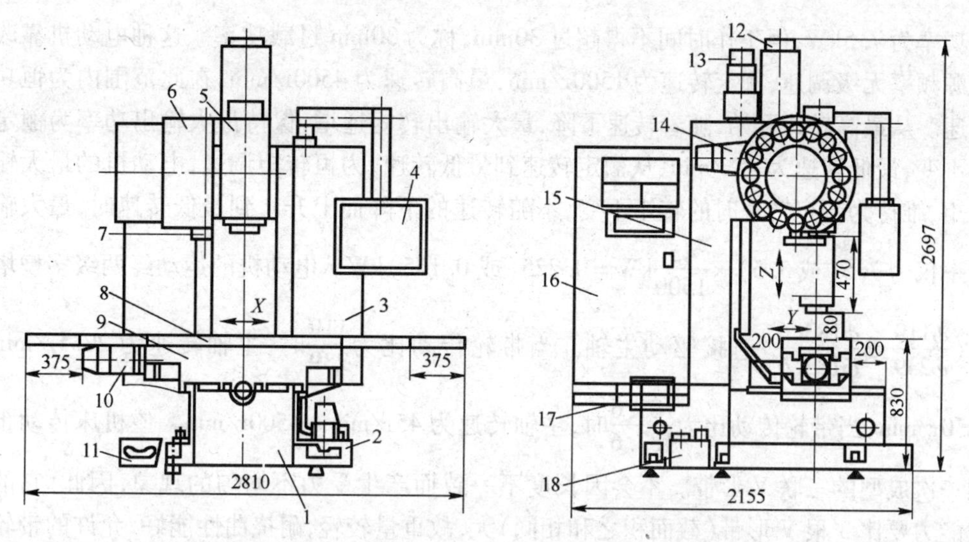

图 5-28 JCS-018A 型立式加工中心主要结构

1—床身；2—切削液箱；3—驱动电柜；4—操纵面板；5—主轴箱；6—刀库；7—机械手；8—工作台；9—滑座；10—X 轴伺服电动机；11—切屑箱；12—主轴电动机；13—Z 轴伺服电动机；14—刀库电动机；15—立柱；16—数控柜；17—Y 轴伺服电动机；18—润滑油箱。

左上侧的圆盘形刀库 6 可容纳 16 把刀，由机械手 7 进行自动换刀。立柱的左后部有数控柜 16，左下侧为润滑油箱 18。

JCS-018A 型小型立式加工中心的主要技术参数有：工作台面（宽×长）为 320mm×1000mm；坐标行程为工作台面（X 轴）行程 750mm、滑座横向（Y 轴）行程 400mm、主轴箱垂向（Z 轴）行程 470mm；主轴转速为低速 22.5r/min～2250r/min、高速 45r/min～4500r/min；进给速度为 1mm/min～4000mm/min；刀库容量 16 把；交流主轴电动机功率连续加工 5.5kW、可 30min 过载 7.5kW；直流进给伺服电动机功率 1.4kW。

JCS-018A 机床的特点：

(1) 可进行强力切削。机床主轴电动机变速范围中恒功率范围宽，低转速扭矩大，机床主要构件刚度高，可进行强力切削。

(2) 高速定位。工作台由直流伺服电动机、通过联轴节、滚珠丝杠带动，X、Y 方向移动速度可达 14m/min，主轴箱 Z 方向移动可达 10m/min，定位精度可达（0.006～0.015）mm/300mm。

(3) 采用随机换刀。随机换刀由数控系统管理，刀具和刀座上不设固定编号，换刀由机械手执行，结构简单、可靠。

(4) 机床采用 CNC 系统。换刀和主轴准停由程序控制器控制，有自诊断功能。

JCS-018A 型立式加工中心的传动系统如图 5-29 所示，共有 5 条传动链，即主运动链，纵向、横向、垂直进给传动链，刀库的旋转运动传动链，分别用来实现刀具的旋转运动、工作台的纵横向进给运动、主轴箱的升降运动以及选择刀具时刀库的旋转运动。

1. 主传动系统及结构

1）主传动系统

主轴电动机采用 FANUC AC12 型交流伺服电动机，连续输出额定功率为 5.5kW、最大功率为7.5kW，但工作时间不得超过30min，称为30min过载功率。这种电动机靠改变电源频率无级调速，额定转速为1500r/min，最高转速为4500r/min，在此范围内为恒功率调速。从最高转速开始，随着转速下降，最大输出转矩递增，保持最大输出功率为额定功率不变，最低转速为45r/min、从额定转速到最低转速，为恒转矩调速，电动机的最大输出转矩，维持为额定转速时的转矩不变，不随转速的下降而上升。到最低转速时，最大输出功率仅为7.5（或5.5）$\times \frac{45}{1500}$kW = 0.225（或0.165）kW。电动机的运动经两级多楔塔带轮（$\frac{\phi 119}{\phi 239}$或$\frac{\phi 183.6}{\phi 183.6}$）直接驱动主轴。当带轮传动比为$\frac{119}{239}$时，主轴转速为22.5r/min ~ 2250r/min；当带轮传动比为$\frac{183.6}{183.6}$时，主轴转速为45r/min ~ 4500r/min。该机床传动带采用一次成型的三联V形带。不会因长度不一致而产生受力不均匀的现象，因此，它的承载能力要比3根V形带（截面积之和相同）大，故重量较轻，耐挠曲性能好，允许的带轮最小直径小，线速度高，传动平稳。且机床主要构件刚度高，可进行强力切削，因主轴箱内无齿轮传动，所以主轴运转时噪声低、振动小、热变形小。

2）JCS－018A的主轴箱结构

以下介绍JCS－018A的主轴箱结构。

数控机床主轴组件的精度、刚度和热变形尤为重要，对加工精度、表面质量和生产率都有直接影响。

图5－30所示为主轴箱的结构简图。为了适应主轴转速高和工作性能要求，主轴1的前、后支承都采用了向心推力球轴承。前支承是3个C级向心推力球轴承，背对背安装，前面两个轴承大口朝向主轴前端，后一个轴承大口朝向主轴尾部。前支承既承受径向载荷，又承受两个方向的轴向载荷。后支承为两个D级向心推力轴承，也是背对背安装，小口相对。后支承仅承受径向载荷，故轴承外圈轴向不定位。该主轴选择的轴承类型和配置形式，满足主轴高转速和承受较大轴向载荷的要求。主轴受热变形向后伸长，不影响加工精度。主轴轴承采用油脂润滑方式，迷宫式密封。

为了实现自动换刀，主轴组件具有刀具自动夹紧装置、自动吹净装置和主轴准停装置。

（1）刀具自动夹紧机构。如图5－30所示，主轴内部和后端安装的是刀具自动夹紧机构。它主要由拉杆4、拉杆端部的4个钢球3、蝶形弹簧5、活塞8等组成。该机床采用锥柄刀具，刀柄的锥度为7:24，它与以主轴前端锥孔锥面定心，且装卸方便。夹紧时，活塞8上端接通回油路无油压，螺旋弹簧7使活塞8向上移动至图示位置，拉杆4在蝶形弹簧5压力作用下也向上移动，钢球3被迫进入刀柄尾部拉钉2的环形槽内，将刀具的刀柄拉紧。放松时，即需要换刀松开刀柄时，油缸上腔通入压力油，使活塞8向下移动，推动拉杆4也向下移，直到钢球3被推至主轴孔径较大处，便松开了刀柄，机械手将刀具连同刀柄从主轴锥孔中取出。

刀具的刀柄是靠弹簧的拉紧力进行夹紧的，以防止在工作中突然断电时刀柄自动脱落。在活塞8上下移动的两个极限位置上，安装有行程开关，用来发出刀柄夹紧和松开信号。

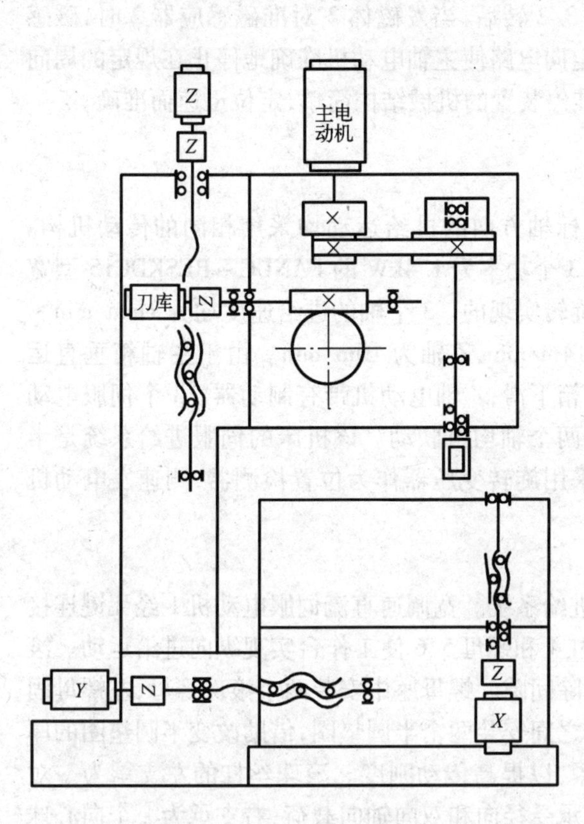

图 5-29 JCS-018 型立式加工中心传动系统图

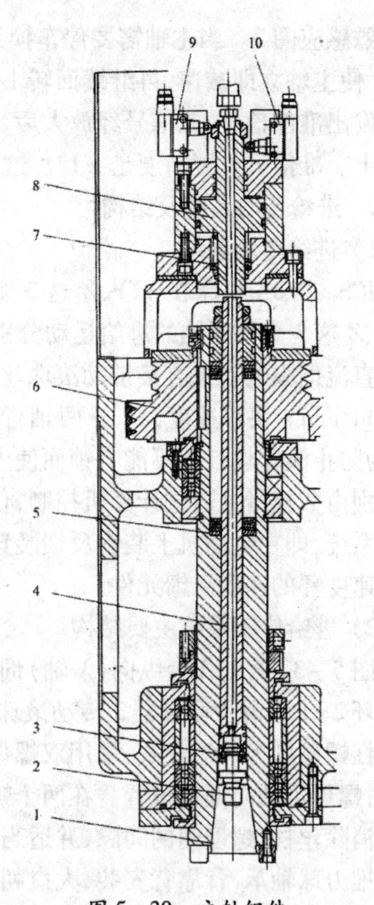
图 5-30 主轴组件

1—主轴；2—拉钉；3—钢球；4—拉杆；5—蝶形弹簧；6—塔带轮；7—螺旋弹簧；8—活塞；9,10—行程开关。

在夹紧时，活塞 8 下端的活塞杆端部与拉杆 4 的上端面之间留有一定的间隙，约为 4mm，以防止主轴旋转时引起端面摩擦。

（2）自动吹净装置。自动换刀时，需自动清除主轴装刀锥孔内的切屑或灰尘以便保护主轴锥孔和刀柄表面，确保刀具定位安装精度。因此，该机床采用压缩空气吹净装置，当机械手将刀柄从主轴锥孔拔出后，压缩空气通过活塞杆上端喷嘴经活塞 8 和拉杆 4 的中心孔，自动吹净主轴锥孔。

（3）主轴准停装置。主轴自动换刀时，需保证主轴上的端面键对准刀柄上的键槽，以实现刀具正确定位和传递扭矩。因此，主轴在每次自动装卸刀具时，都应停在一定的周向位置上，即要求主轴具有准确定位的功能。该机床主轴定向准停装置设在主轴的尾部。图 5-31所示为主轴定向准停装置原理图。在主轴三联塔带轮 1 的上端面上，安装一个厚垫片 4，在垫片 4 上装有一个体积很小的发磁体 3，在主轴箱的准停位置上装

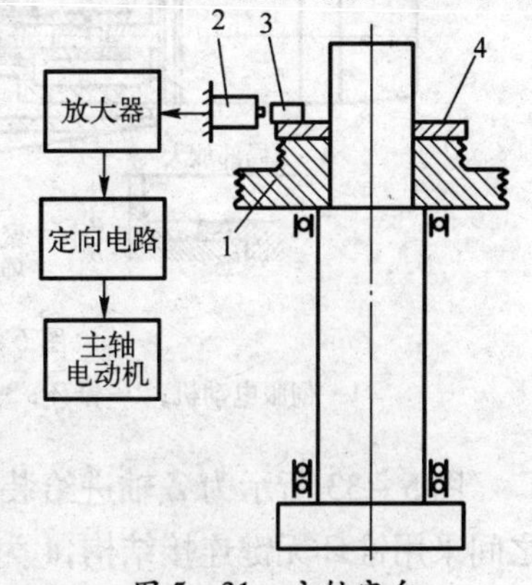

图 5-31 主轴定向准停装置原理图

1—塔带轮；2—磁感应器；3—发磁体；4—垫片。

一个磁感应圈2。当主轴需要停车换刀时,数控系统发出主轴准停指令,控制主轴电动机降速,使主轴立即减速,再继续回转1/2~3/2转后,当发磁体3对准磁感应器2时,磁感应器发出准停信号,此信号经放大后,由定向电路使主轴电动机准确地停止在规定的周向位置上。准停的位置精度是±1°。这种准停装置的机械结构简单,定位迅速而准确。

2. 进给传动系统及结构

1) 进给传动系统

JCS-018A机床在X、Y、Z这3个坐标轴方向的进给运动均采用相同的传动机构。X、Y、Z这3个坐标轴的进给运动分别由3个功率为1.4kW的FANUC-BESKDC15型宽调速直流伺服电动机直接带动滚珠丝杠旋转实现的。3个轴的进给速度均为1mm/min~400mm/min。快移速度,X、Y两轴皆为14m/min,Z轴为10m/min。由于主轴箱垂直运动,为防止滚珠丝杠因不能自锁而使主轴箱下滑,Z轴电动机带有制动器。3个伺服电动机分别由数控指令通过计算机控制,任意两个轴均可联动。该机床的伺服进给系统是半闭环系统,即在电动机上装有反馈装置,采用旋转变压器作为位置检测器,测速发电动机作为速度环的速度反馈元件。

2) 进给传动系统主要结构

图5-32为工作台纵向(X轴)伺服进给系统。宽调速直流伺服电动机1经无键连接的锥环2、十字滑块联轴器3传动滚珠丝杠4和螺母5、6使工作台实现纵向进给运动。滚珠丝杠螺母副为外循环式,采用双螺母消除间隙。螺母座中安装两个滚珠螺母,左螺母固定,右螺母可轴向调整位置。在两个螺母之间安装两个半圆垫圈,借助改变半圆垫圈的厚度来消除丝杠、螺母间的间隙,并适当预紧,以提高传动刚度。滚珠丝杠的左支承为一对向心推力球轴承,背靠背安装,大口朝外,承受径向和双向轴向载荷;右支承为一个向心球轴承,外圈轴向不固定,仅承受径向载荷。这种支承方式,结构简单,但丝杠温升后向右伸长,其轴向刚度要比两端轴向固定方式低。

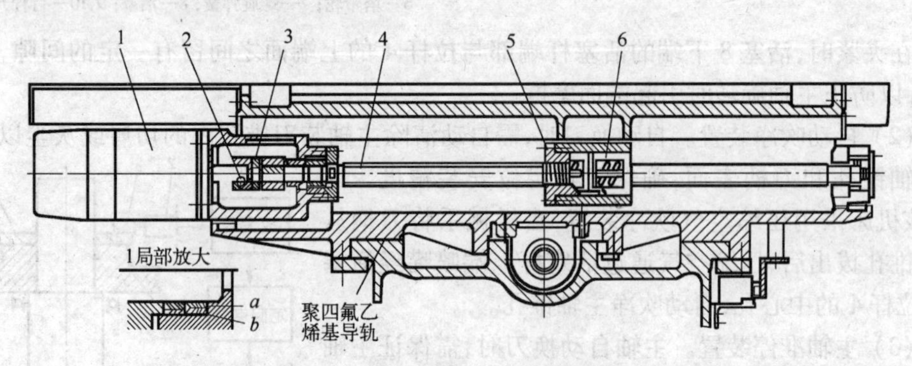

图5-32 工作台纵向伺服进给系统

1—伺服电动机;2—锥环;3—十字滑块联轴节;4—滚珠丝杠;5—左螺母;6—右螺母。

图5-33所示为Z轴进给装置中电动机与丝杠连接的局部视图。电动机轴与轴套3之间采用锥环无键连接结构,4为相互配合的锥环。锥面互相配合的内外锥环,当拧紧螺钉时,外锥环向外膨胀,内锥环受力向后电动机轴收缩,从而使电动机轴与轴套连接在一起。这种连接方式无须在连接件上开键槽,两锥环的内、外锥面压紧后,可以实现无间隙传动,而且对中性较好,传递动力平稳,加工工艺性好,安装与维修方便。选用锥环对数的

多少，取决于所传递扭矩的大小。高精度十字联轴器由3件组成，其中与电动机轴连接的轴套3的端面有与中心对称的凸键，与丝杠连接的轴套6上开有与中心对称的端面键槽，中间一件联轴节5的两端上分别有与中心对称且互相垂直的凸键和键槽，它们分别与件3和件6相配合，用来传递运动和扭矩。为了保证十字联轴器的传动精度，在装配时凸键与凹键的径向经过配研，以便消除反向间隙和传递动力平稳。

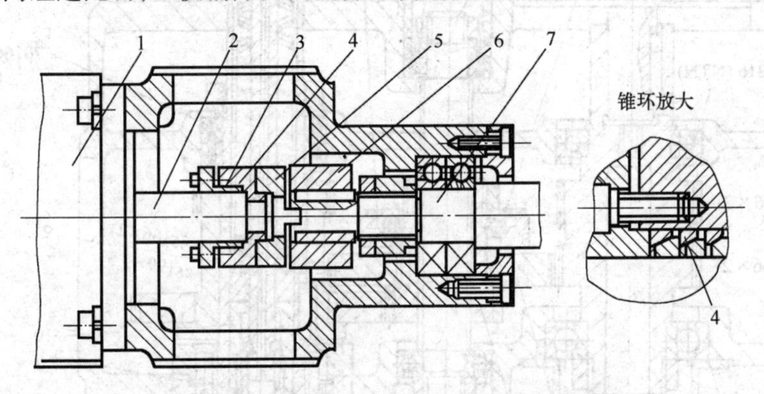

图5-33　电动机轴与滚珠丝杠的连接结构

1—直流伺服电动机；2—电动机轴；3—轴套；4—锥环；5—联轴节；6—轴套；7—滚珠丝杠。

由于机床基础件的刚度高，且采用贴塑导轨，因此，机床在高速移动时振动小，低速移动时无爬行，并有高的精度和稳定性。

5.4.3　VR5A 型立式加工中心主轴箱的结构

图5-34所示为VR5A型立式加工中心的主轴箱展开图。图中，1为交流调频电动机，连续输出功率为7.5kW。经齿轮$\frac{Z_1}{Z_3}\times\frac{Z_3}{Z_5}=\frac{66}{109}\times\frac{109}{66}=1$和$\frac{Z_2}{Z_3}\times\frac{Z_4}{Z_6}=\frac{66}{109}\times\frac{41}{99}\approx\frac{1}{4}$，传动主轴9，使主轴获得高速（876r/min ~ 3500r/min），传动比为$\frac{1}{4}$。分级变速级比为4。

轴Ⅰ的上端有孔，并有键槽，电动机1的轴就插在这个孔内，靠键传递转矩。这种连接方式可以不用联轴节，结构简单。但轴Ⅰ不得不做得很粗，齿轮Z_1和Z_2只得与轴制成一体。这样的结构虽然能简化机构，但是轴Ⅰ的材料决定于齿轮。为减少淬火变形，齿轮常用低合金钢制造。而传动轴本身是不需要用合金钢（常用45钢）。若齿轮磨损，大修时轴就得一起随之更换。齿轮Z_1和Z_2都与Z_3啮合，但工作区只是上、下两段，中间一段是不工作的，所以在Z_1和Z_2之间车了一个环形槽，以减少加工齿轮时滚切齿轮的工作量。轴Ⅰ的螺纹孔A用于拆卸。在螺纹孔A内拧入一个螺钉，螺钉头顶在电动机轴的端面上，拧紧螺钉便能把轴Ⅰ从电动机轴上顶下来。因螺钉孔不宜太长，故下段钻一大孔B。轴Ⅰ较粗，这个孔不致影响其刚度。轴Ⅰ转速较高，孔又很难保证与轴的外径严格同心，故应进行动平衡。轴Ⅰ用两个深沟球轴承支承在箱体内。下轴承的内圈上端顶在轴的台阶上，下端靠螺母压紧在轴上，外圈的上端面顶在箱体的台阶上，下端面由压盖压紧，这样轴的轴向位置就完全确定了。上轴承内圈的下端面顶在轴Ⅰ的台阶上，上端面靠弹簧挡圈与轴Ⅰ定位，这时，轴承的外圈与箱体孔之间就不用任何轴向定位装置了。箱体上轴Ⅰ的上轴承孔便可以做成光孔，使箱体加工工艺性好。

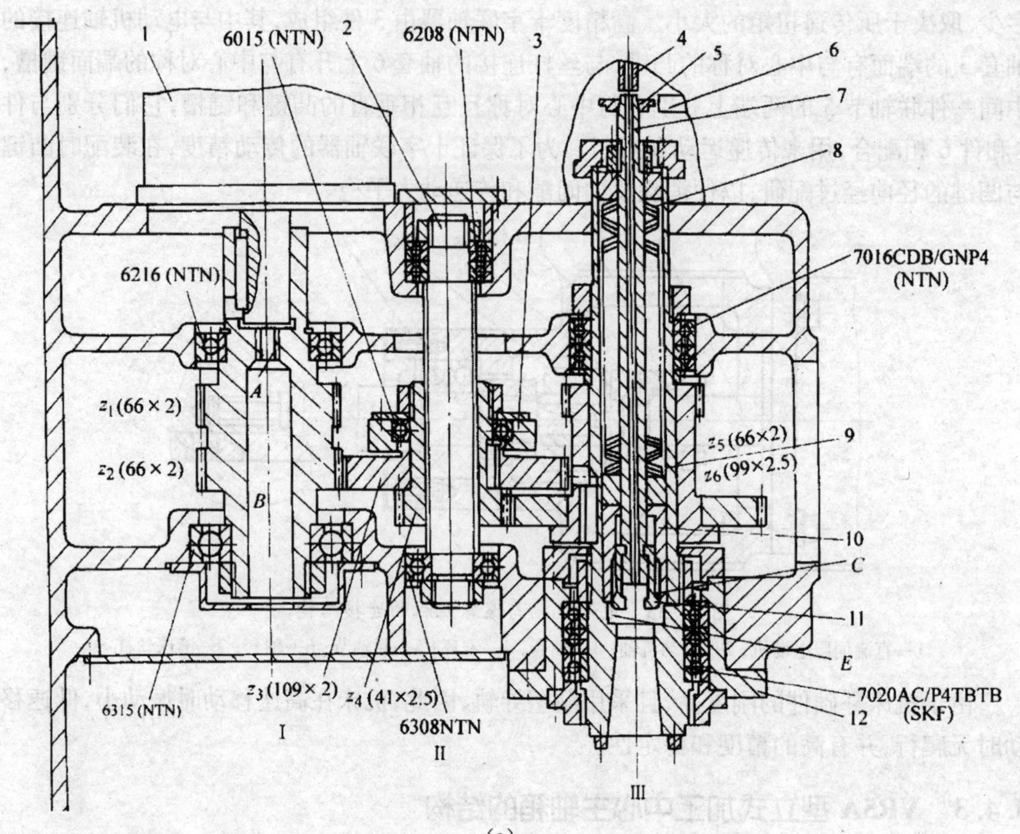

(a)

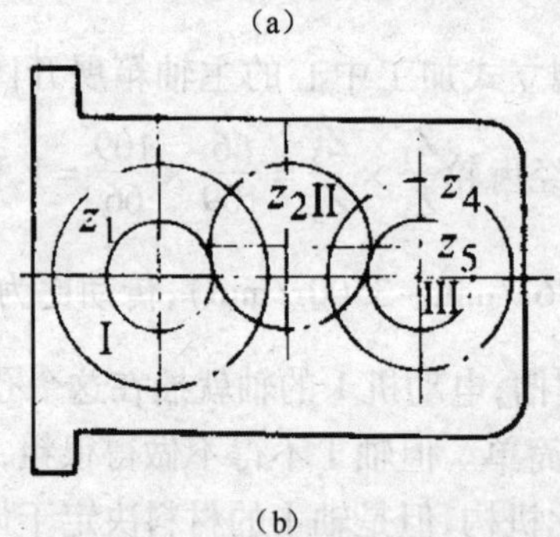

(b)

图 5-34 VR5A 型立式加工中心主轴箱展开图

(a) 展开图；(b) 展开图的剖面图。

1—交流主轴电动机；2—中间传动轴；3—拨叉；4—卸刀活塞杆；5—磁感应盘；6—磁感应器；7—拉杆；8—蝶形弹簧；10—套；11—弹力卡爪；12—下轴承套筒。

齿轮 Z_3、Z_4在中间传动轴 2 上滑移，故轴 2 是花键轴，这两个齿轮都需要磨削，不能制成整体双联齿轮，采用套装结构。齿轮 Z_4 有较长的轮毂，内为花键孔，齿轮 Z_3 套在外面，并用键传递转矩。3 为拨叉，由液压缸（图中未表示）提拉。拨叉需支承齿轮的重力，为了减少磨损和发热，拨叉和齿轮之间装有深沟球轴承，这个轴承仅承受齿轮的重力，故采用了特轻型。

传动轴 2 上端有轴向定位，下端轴向是自由的。上端用了两个轻型的深沟球轴承，考虑到两个轴承受力不均，承受能力通常等于一个轴承的1.5倍。

图5－34(b)所示为主轴箱各轴在空间的实际位置。

习题及思考题

5－1 数控车床的布局形式主要分为哪几种？分别应用于什么场合？

5－2 车削中心能完成哪些工序？

5－3 根据图5－3分析车削中心的主运动及C轴运动传动链？

5－4 分析XKA5750型数控铣床的各条传动链？

5－5 加工中心与一般数控机床有何异同？

5－6 结合JCS－018A型加工中心说明加工中心的基本组成？

第2篇 工艺装备及其设计

第6章 机床夹具设计的基本知识

6.1 概 述

6.1.1 工件的装夹与机床夹具

在机床上加工工件时,为了使工件在该工序所加工表面能达到规定的尺寸与形位公差要求,在开动机床进行加工之前,必须首先将工件放在机床上,使它相对于机床或刀具占有某一正确的位置,此过程称为定位。工件在定位之后还不一定能承受外力的作用,为了使工件在加工过程中总能保持其正确位置,还必须把它压紧,此过程称为夹紧。工件的装夹过程就是定位过程和夹紧过程的综合。定位的任务是使工件相对于机床占有某一正确的位置,夹紧的任务则是保持工件的定位位置不变。定位过程与夹紧过程都可能使工件偏离所要求的正确位置而产生定位误差与夹紧误差。定位误差与夹紧误差之和称为装夹误差。

在机床上对工件进行加工,由于工件的形状大小和加工的数量不同,安装的方法也不同,工件的安装方法如下:

1. 直接找正装夹

将工件装在机床上,然后按工件的某个(或某些)表面,用划针或用百分表等量具进行找正,以获得工件在机床上的正确位置。直接找正装夹效率较低,但找正精度可以很高,适用于单件小批生产或定位精度要求特别高的场合。

2. 划线找正装夹

这种装夹方法是按图纸要求在工件表面上事先划出位置线、加工线和找正线,装夹工件时,先按找正线找正工件的位置,然后夹紧工件。划线找正装夹不需要专用设备,通用性好,但效率低,精度也不高,通常划线找正精度只能达到0.1mm~0.5mm。此方法多用于单件小批生产中铸件的粗加工工序。

3. 使用夹具装夹

使用夹具装夹,工件在夹具中可迅速的进行正确的定位和夹紧。这种装夹方式效率高,定位精度好,定位可靠性好,还可以减轻工人的劳动强度和降低对工人技术水平的要求,因而广泛用于各种生产类型。

在机床上装夹工件所使用的工艺装备称为机床夹具。机床夹具是工艺系统的重要组成部分，它在生产中应用极为广泛。图6－1所示为在车床尾座套筒零件上铣一键槽的工序简图。

为满足本工序加工要求所设计的专用夹具如图6－2所示。加工前，首先将夹具放在铣床工作台上（使夹具体5的底面与工作台面相接触，定位键7嵌在工作台T形槽内）并用螺钉将之固定，然后用对刀装置6及塞尺调整刀具相对于夹具的位置，使铣刀侧刃和周刃对对刀装置6的距离正好为3mm（此为塞尺厚度）。加工时，每次装夹两个工件，分别放在两副V形块8上，工件右端顶在限位螺钉9上，使工件在夹具中占有所要求的正确位置，从而保证键槽的位置尺寸以及平行度、对称度要求。键槽的宽度尺寸12H8由刀具宽度直接保证，沿工件轴向的位置尺寸285则由工作台纵向走刀的终了位置（可利用行程挡铁位置来控制）来确定。夹紧动力从油缸1通过杠杆2将两根拉杆3拉下，使两块压板4同时将两个工件夹紧，以便加工。

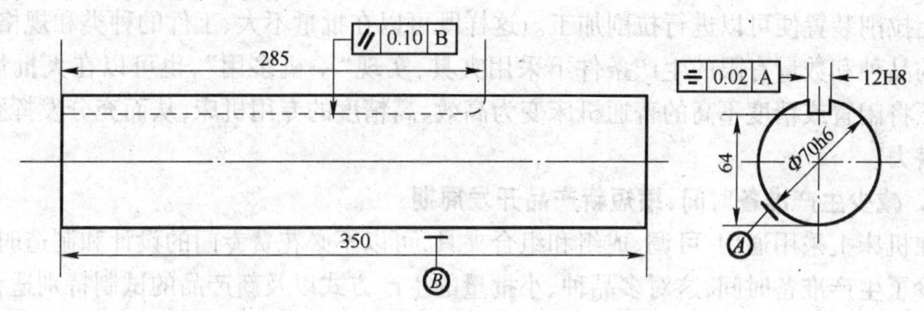

图6－1　车床尾座套筒上铣槽工序简图

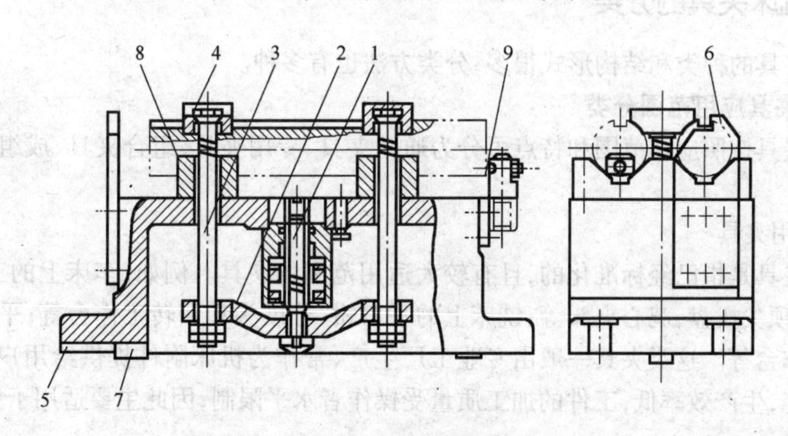

图6－2　尾座套筒铣键槽夹具

1—油缸；2—杠杆；3—拉杆；4—压板；5—夹具体；
6—对刀装置；7—定位键；8—V形块；9—限位螺钉。

6.1.2　机床夹具的作用

1. 能稳定地保证工件的加工精度

用夹具装夹工件时，能准确确定工件与刀具、机床之间的相对位置关系，此时，工件相对于刀具及机床的位置精度由夹具保证，不受工人技术水平的影响，使一批工件的加工精度趋于一致。

2. 能减少辅助工时,提高劳动生产率

使用夹具装夹工件方便、快速,工件不需要划线找正,可显著减少辅助工时;工件在夹具中装夹后提高了工件的刚性,可加大切削用量;可使用多件、多工位装夹工件的夹具,并可采用高效夹紧机构,进一步提高劳动生产率。

3. 能减轻工人的劳动强度

机床夹具采用机械、气动、液动等夹紧装置,工人操作简便、省时省力,可以减轻工人的劳动强度,改善工作条件。根据加工要求,夹具上还可设置安全防护装置,以保证生产安全。

4. 能扩大机床的使用范围,实现一机多能

根据加工机床的成形运动,附以不同类型的夹具,可扩大机床原有的工艺范围。例如在车床的溜板上或摇臂钻床工作台上装上镗模,就可以进行箱体零件的镗孔加工;在车床上装上拉削装置便可以进行拉削加工。这样既可以在批量不大、工件的种类和规格增多、机床的品种和数量有限的生产条件下采用夹具,实现“一机多用”,也可以在大批量生产条件下将闲置或精度不高的普通机床变为高效、高精度的专用机床,从而充分发挥企业生产的潜力。

5. 减少生产准备时间,缩短新产品开发周期

在机床上采用通用、可调、成组和组合夹具,可以不必花费专门的设计和制造时间,因此减少了生产准备时间,这对多品种、小批量的生产方式以及新产品的试制特别适合。

6.1.3 机床夹具的分类

机床夹具的种类和结构形式很多,分类方法也有多种。

1. 按夹具应用范围分类

机床夹具按照应用范围和特点可分为通用夹具、专用夹具、组合夹具、成组夹具和随行夹具。

1) 通用夹具

通用夹具是指已经标准化的,且有较大适用范围的夹具。例如,车床上的三爪卡盘、四爪卡盘、顶尖拨盘,鸡心夹头等;铣床上的平口钳、分度头和回转工作台等;平面磨床上的磁力工作台等。这类夹具一般由专业工厂生产,常作为机床附件提供给用户。其特点是适应性广,生产效率低,工件的加工质量受操作者水平限制,因此主要适用于单件、小批量的生产中。

2) 专用夹具

专用夹具是指专为某一工件的某一工序而专门设计的夹具,如图6-2所示的夹具就是专用夹具。专用夹具的特点是结构紧凑,操作迅速、方便、省力,可以保证较高的加工精度和生产效率,但设计制造周期较长,制造费用也较高。由于设计时未考虑通用性,当产品变更时,夹具将由于无法再使用而报废。只适用于产品固定且批量较大的生产中。

3) 组合夹具

组合夹具是指按零件的加工要求,由一套事先制造好的标准元件和合件组装而成的夹具。这些元件和合件的用途、形状和尺寸规格各不相同,具有较好的互换性,能根据工件的加工要求,很快地组装出所需要的夹具。夹具使用完毕后,可以将各组成元件、合件等拆开，经清洗后保存，以备再次组合使用。其特点是结构灵活多变，万能性强，制造周期短，元件能反复使用，特别适用于单件小批生产、新产品的试制和完成临时突击性任务。

4）成组夹具

成组夹具是在采用成组加工时，为每个零件组设计制造的夹具，当改换加工同组内另一种零件时，只需调整或更换夹具上的个别元件，即可进行加工。其特点是夹具的部分元件可以更换，部分装置可以调整，以适应不同零件的加工。成组夹具适用于多品种、中小批生产中。

5）随行夹具

随行夹具是一种在自动线上使用的移动式夹具。该夹具既要起到装夹工件的作用，又要与工件成为一体沿着自动线从一个工位移到下一个工位，进行不同工序的加工。设计随行夹具时，既要考虑工件在随行夹具中的定位和夹紧问题，又要考虑随行夹具在机床夹具上的定位和夹紧以及在自动线上的输送等问题。

2. 按使用的机床分类

由于各类机床自身工作特点和结构形式各不相同，对所用夹具的结构也相应地提出了不同的要求。按所使用的机床不同，夹具又可分为车床夹具、铣床夹具、钻床夹具、镗床夹具、磨床夹具、齿轮机床夹具和其他机床夹具等。

3. 按夹紧动力源分类

根据夹具所采用的夹紧动力源不同，可分为手动夹具、气动夹具、液压夹具、气液联动夹具、电动夹具、磁力夹具、真空夹具等。

6.1.4 机床夹具的组成

虽然机床夹具的种类繁多，但它们的工作原理基本上是相同的。机床夹具一般由以下几个部分组成：

1. 定位元件

定位元件与工件的定位基准相接触，用于确定工件在夹具中的正确位置，从而保证加工时工件相对于刀具和机床占有一个相对正确的位置。如图6－2中的V形块8和限位螺钉9。

2. 夹紧装置

夹紧装置的作用是将工件压紧夹牢，并保证在加工过程中工件的正确位置不变。如图6－2中由油缸1、杠杆2、拉杆3及压板4等组成的夹紧装置。

3. 对刀、导向元件

这些元件的作用是保证工件与刀具之间的正确位置。用于确定刀具在加工前正确位置的元件，称为对刀元件，如对刀块。用于确定刀具位置并导引刀具进行加工的元件，称为导向元件，如钻套、镗套等。如图6－2中的对刀装置6。

4. 连接元件

夹具连接元件是指使夹具与机床相连接的元件，用于保证机床与夹具之间的相互位置关系。例如安装在铣床夹具底面上的定位键，如图6－2中的定位键7。

5. 其他元件及装置

有些夹具根据工件的加工要求，要有分度转位装置、靠模装置、工件抬起装置和辅助支承等装置。

6. 夹具体

用于连接或固定夹具上各元件及装置,使其成为一个整体的基础件。它与机床有关部件进行连接、对定,使夹具相对机床具有确定的位置。如图 6-2 中的夹具体 5。

以上这些组成部分,并不是对每种机床夹具都是缺一不可的,但是定位元件、夹紧装置和夹具体是夹具的基本组成部分,它们是保证工件加工精度的关键,目的是使工件定准、夹牢,其他部分可根据需要设置。

6.1.5 机床夹具的发展方向

现代机床夹具的发展方向主要表现为标准化、精密化、高效化、通用化和柔性化等。

1. 标准化

机床夹具的标准化是简化夹具设计、制造和装配工作的有力手段,有利于缩短夹具的生产准备周期,降低生产总成本。我国夹具的标准化工作已有一定的基础,目前我国已有夹具零件及部件的国家标准:GB/T 2148 ~ T2259 - 91 及各类通用夹具、组合夹具标准等。机床夹具的标准化可为夹具计算机辅助设计与组装打下基础,应用 CAD 技术,可建立元件库、典型夹具库、标准和用户使用档案库,进行夹具优化设计。

2. 精密化

由于产品的机械加工精度日益提高,不仅要求采用高精密的机床,同样也要求机床夹具越来越精密。机床夹具的精度已提高到微米级,高精度夹具的定位孔距精度高达 ±5μm,夹具支承面的垂直度达到 0.01mm/300mm,平行度高达 0.01mm/500mm。精密平口钳的平行度和垂直度在 5μm 以内,夹具重复安装的定位精度高达 ±5μm。

3. 高效化

高效化夹具主要用来减少工件加工的基本时间和辅助时间,以提高劳动生产率,减轻工人的劳动强度。为了减少工件的安装时间,各种自动定心夹紧、精密平口钳、杠杆夹紧、凸轮夹紧、气动和液压夹紧,快速夹紧等功能部件不断地推陈出新。例如,在铣床上使用电动虎钳装夹工件,效率可提高 5 倍左右;在车床上使用高速三爪自定心卡盘,可保证卡爪在试验转速为 9000r/min 的条件下仍能牢固地夹紧工件,从而使切削速度大幅度提高。目前,除了在生产流水线、自动线配置相应的高效、自动化夹具外,在数控机床上,尤其在加工中心上出现了各种自动装夹工件的夹具以及自动更换夹具的装置,充分发挥了机床夹具的高效率。

4. 通用化

专用夹具设计制造周期长,成本高,一旦产品稍有变更,夹具将由于无法再使用而报废,不适应于单件小批生产和产品更新换代周期越来越短的要求。夹具的通用性直接影响其经济性。因此,扩大夹具的通用化程度势在必行。扩大夹具通用化程度的主要措施如下:

(1) 改变专用夹具的不可拆结构为可拆结构,使其拆开后可以重新组合用于新产品的加工,由此应运而生的组合夹具得到迅速发展。采用组合夹具,一次性投资比较大,但夹具系统可重组性、可重构性及可扩展性功能强,应用范围广,通用性好,夹具利用率高,收回投资快,经济性好,很适合单件小批生产和新产品的试制。

（2）发展可调夹具结构。当产品变更时，只要对原有夹具进行调整，或更换部分定位、夹紧元件，就可适用于加工新的产品。

5. 柔性化

机床夹具的柔性化主要是指夹具的结构柔性化，夹具设计时采用可调或成组技术和计算机软件技术，只需对结构做少量的重组、调整和修改，或修改软件，就可以快速的推出满足不同工件或相同工件的相似工序加工要求的夹具。具有柔性化特征的新型夹具种类主要有：组合夹具、通用可调夹具、成组夹具、模块化夹具、数控夹具等。为适应现代机械工业多品种、中小批量生产的需要，扩大夹具的柔性化程度，改变专用夹具的不可拆结构为可拆结构，发展可调夹具结构，将是当前夹具发展的主要方向。

6.2 基 准

用来确定生产对象几何要素间几何关系所依据的那些点、线、面称为基准。基准可分为设计基准和工艺基准。

6.2.1 设计基准

设计基准是设计图样上标注设计尺寸所依据的基准。如图6-3(a)中，平面2、3的设计基准是平面1，平面5、6的设计基准是平面4，孔7的设计基准是平面1和平面4，而孔8的设计基准是孔7的中心和平面4。图6-3(b)中，中心线是内孔ϕ30H7mm、齿轮分度圆ϕ48mm和顶圆ϕ50h8mm的设计基准。

6.2.2 工艺基准

工艺基准是在工艺过程中所使用的基准。工艺过程是一个复杂的过程，按用途不同，工艺基准分为工序基准、定位基准、测量基准、装配基准。

1. 工序基准

在工序图上用来确定本工序加工表面尺寸、形状和位置所依据的基准（又称原始基准）。图6-4所示为一个工序简图，图中端面C是端面T的工序基准，端面T是端面A、B的工序基准，孔中心线为外圆D和内孔d的工序基准。为减少基准转换误差，应尽量使工序基准和设计基准重合。

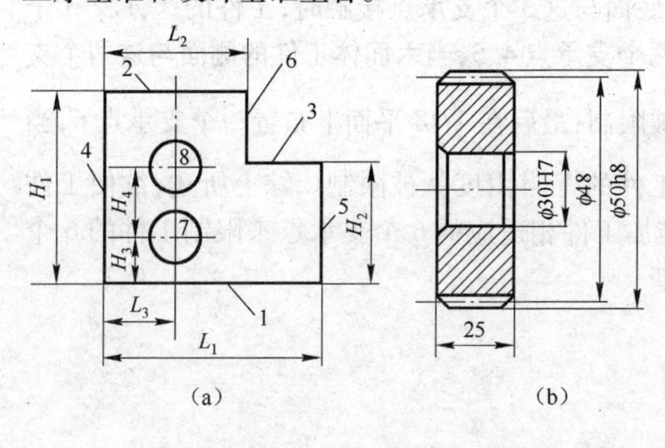

图6-3 设计基准

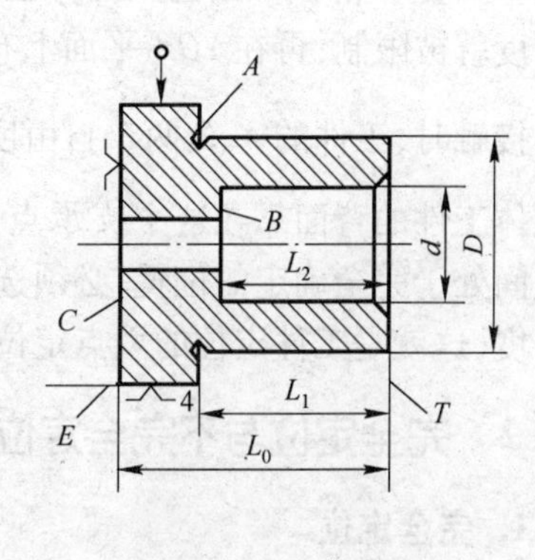

图6-4 工序简图

2. 定位基准

在加工中用作定位的基准。作为定位基准的点、线、面,在工件上有时不一定具体存在(例如,孔的中心线、轴的中心线、平面的对称中心面等),而常由某些具体的定位表面来体现,这些定位表面称为定位基面。例如,在图 6-4 中,工件被夹持在三爪卡盘上车外圆 D 和镗内孔 d,此时 D 和 d 的设计基准与定位基准皆为中心线,而定位基面则为外圆面 E。

3. 测量基准

工件在加工中或加工后,测量尺寸和形位误差所依据的基准。在图 6-4 中,尺寸 L_1 和 L_2 可用深度卡尺来测量。端面 T 就是端面 A、B 的测量基准。

4. 装配基准

装配时用来确定零件或部件在产品中相对位置所依据的基准。如图 6-3(b)所示,齿轮的内孔 ϕ30H7mm 就是齿轮的装配基准。

6.3 工件在夹具中的定位

在加工之前,使工件在机床或夹具上占有某一正确位置的过程称为定位。要解决工件在夹具中的定位问题,必须首先搞清楚以下几个问题:工件在空间有几个自由度,如何限制这些自由度?工件的工序加工精度与自由度之间有什么关系?对工件自由度的限制有什么要求?这些是本节要解决的主要问题。

6.3.1 六点定位原理

任何一个物体,如果对其不加任何限制,那么它在空间的位置是不确定的,可以向任何方向移动或转动。物体所具有的这种运动的可能性,即一个物体在三维空间中可能具有的运动,称为自由度。物体在 $OXYZ$ 坐标系中具有 6 个自由度,即沿 3 个坐标轴的移动(分别用符号 $\vec{X}$、$\vec{Y}$、$\vec{Z}$ 表示)和绕三个坐标轴的转动(分别用符号 $\hat{X}$、$\hat{Y}$、$\hat{Z}$ 表示),如图 6-5(a)所示。如果完全限制了物体的这 6 个自由度,则物体在空间的位置就完全确定了。

理论上讲,工件的 6 个自由度可用 6 个支承点加以限制,前提是这 6 个支承点在空间按一定规律排布,并保持与工件的定位基面相接触。如图 6-5(b)所示,在 XOY 平面上布置 3 个支承点 1、2、3,当六面体工件的底面与这 3 个支承点接触时,工件的 $\hat{X}$、$\hat{Y}$、$\vec{Z}$ 3 个自由度就被限制;再在 YOZ 平面上布置两个支承点 4、5,当六面体工件的侧面与这两个支承点接触时,工件的 $\vec{X}$、$\hat{Z}$ 两个自由度就被限制;最后在 XOZ 平面上布置一个支承点 6,当六面体工件的背面靠在这个支承点上,工件的 $\vec{Y}$ 自由度就被限制。综上所述,欲使工件在空间处于完全确定的位置,必须选用与加工件相适应的 6 个支承点来限制工件的 6 个自由度,这就是工件定位的六点定位原理。

6.3.2 完全定位与不完全定位

1. 完全定位

工件的 6 个自由度完全被限制的定位称为完全定位。例如,图 6-6 所示为加工连杆大头孔时的定位情况。连杆以其底面安装在支承板 2 上,一个支承板平面相当于 3 个支承点,限制了工件的 3 个自由度 $\hat{X}$、$\hat{Y}$、$\vec{Z}$;小头孔的短圆柱销 1 限制了工件的两个自由度 $\vec{X}$、$\vec{Y}$,相当于两个支承点;与连杆大头侧面接触的圆柱销 3 限制了工件的一个自由度 $\hat{Z}$,相当于一个支承点。这样,工件的 6 个自由度完全被限定了,即完全定位。

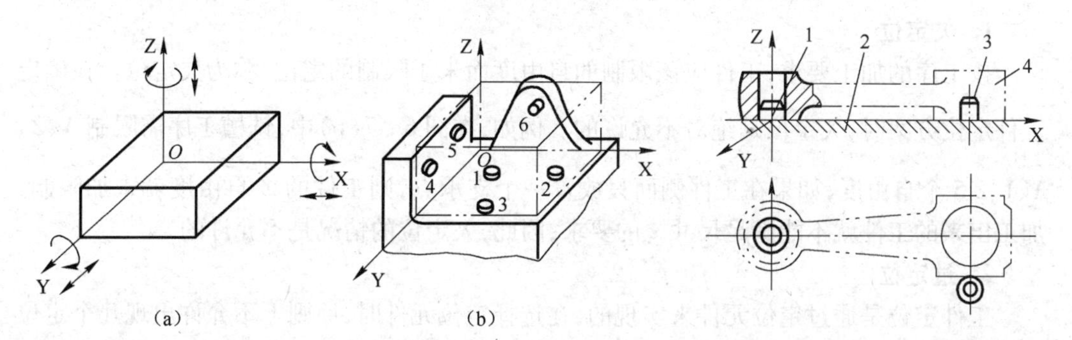

图 6-5　六点定位

图 6-6　连杆的定位
1—定位销; 2—支承板;
3—圆柱销; 4—工件。

2. 不完全定位

工件的定位应使工件在空间相对于机床占有某一正确的位置,这个正确位置是根据工件的加工要求确定的。为了达到某一工序的加工要求,有时不一定要完全限制工件的 6 个自由度。例如,在图 6-7 所示工件上铣键槽,要求保证工序尺寸 x、y、z 及键槽侧面和底面分别与工件侧面和底面平行,那么加工时必须限制 6 个自由度,即采用完全定位(图 6-7(a)所示);若工件上铣台阶面,要求保证工序尺寸 x、z 及其两平面分别与工件底面和侧面平行,那么加工时只要限制除 $\vec{Y}$ 以外的 5 个自由度就可以了(图 6-7(b)),因为 $\vec{Y}$ 对工件的加工精度并没有影响。若在工件上铣顶平面,仅要求保证工序尺寸 z 及与工件底面平行,那么只要限制 $\hat{X}$、$\hat{Y}$、$\vec{Z}$ 3 个自由度就可以了(图 6-7(c))。按加工要求,允许有一个或几个自由度不被限制的定位称为不完全定位。

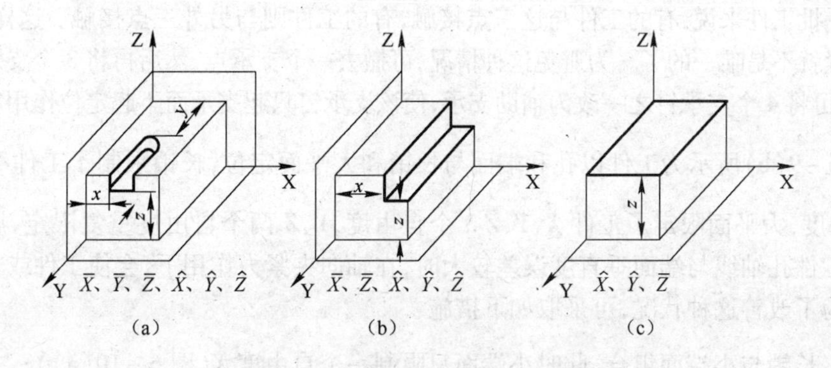

图 6-7　完全定位与不完全定位

工件在机床夹具上定位究竟需要限制哪几个自由度,可根据工序的加工要求确定。分析工件定位所限制的自由度数时,必须把定位与夹紧区别开来,在图 6-7(b)所示加工实例中，工件限制了5个自由度，$\vec{Y}$自由度可以不限制；但工件在夹紧后沿Y轴确实是不能再移动了，这能不能说$\vec{Y}$自由度也被限制了呢，不能这样认为，因为工件相对于机床的定位位置是在夹紧动作之前就已经确定了的，夹紧的任务只是保持原先的定位位置不变。

6.3.3 欠定位与过定位

1. 欠定位

按工序的加工要求，工件应该限制的自由度而未予限制的定位，称为欠定位。在确定工件定位方案时，欠定位是绝对不允许的。例如，在图6-7(b)中，铣槽工序需限制$\vec{X}$、$\vec{Z}$、$\hat{X}$、$\hat{Y}$、$\hat{Z}$ 5个自由度，如果在工件侧面只放置一个支承点，则工件的$\hat{Z}$自由度就未加限制，加工出来的工件就不能满足尺寸x的要求，因此，欠定位的情况是不允许的。

2. 过定位

工件定位是通过定位元件来实现的，在选择定位元件时，原则上不允许出现几个定位元件同时限制工件某一自由度的情况。几个定位元件重复限制工件某一自由度的定位现象称为过定位。如图6-8所示，在滚齿机上加工齿轮时，工件是以孔和它的一个端面作为定位基面装夹在滚齿机心轴1和支承凸台3上的，心轴1限制了工件的$\vec{X}$、$\vec{Y}$、$\hat{X}$、$\hat{Y}$ 4个自由度，支承凸台3限制了工件$\vec{Z}$、$\hat{X}$、$\hat{Y}$ 3个自由度，心轴1和支承凸台3同时重复限制了工件的$\hat{X}$和$\hat{Y}$两个自由度，出现了过定位现象。一般来说，滚齿机心轴轴线与支承凸台平面的垂直度误差是很小的，而被加工工件孔中心线与端面的垂直度误差则较大；工件以内孔定位装在滚齿机心轴I中并用螺帽7将工件4压紧在支承凸台3上后，会使机床心轴产生弯曲变形或使工件产生翘曲变形。出现过定位情况，通常会使加工误差增大。图6-8所示的过定位方式，为减小由于过定位引起的心轴弯曲或工件翘曲误差，通常要求定位孔与定位端面应相互垂直。

图6-9(a)所示为用4个支承钉支承一个平面的定位，4个支承钉只消除了$\vec{Z}$、$\hat{X}$、$\hat{Y}$ 3个自由度，属于过定位。如果定位表面粗糙，甚至没有经过加工，这时就很可能只是3点接触，而且对一批工件来说，有的工件与这三点接触，有的工件则与另外三点接触。这样，工件占有的位置就不是唯一的了。为避免这种情况，可撤去一个支承点，然后再将3个支承点重新布置，也可将4个支承钉之一改为辅助支承，使该支承钉只起支承而不起定位作用。

图6-9(b)所示为工件以孔和端面与长销和大平面定位，长销限制了工件$\vec{Y}$、$\vec{Z}$、$\hat{Y}$、$\hat{Z}$ 4个自由度，大平面限定了工件$\vec{X}$、$\hat{Y}$、$\hat{Z}$ 3个自由度，$\hat{Y}$、$\hat{Z}$两个自由度重复限定，属于过定位。当工件孔轴线与端面垂直度误差较大时，在轴向夹紧力作用下，会使工件或长销产生变形。为了改善这种状况，可采取如下措施：

(1) 长销与小端面组合，此时小端面只限制一个自由度$\vec{X}$(图6-10(a))；

(2) 短销与大端面组合，此时短销只限制两个自由度$\vec{Y}$与$\vec{Z}$(图6-10(b))；

(3) 长销与球面垫圈组合，此时球面垫圈亦只限制一个自由度$\vec{X}$(图6-10(c))。

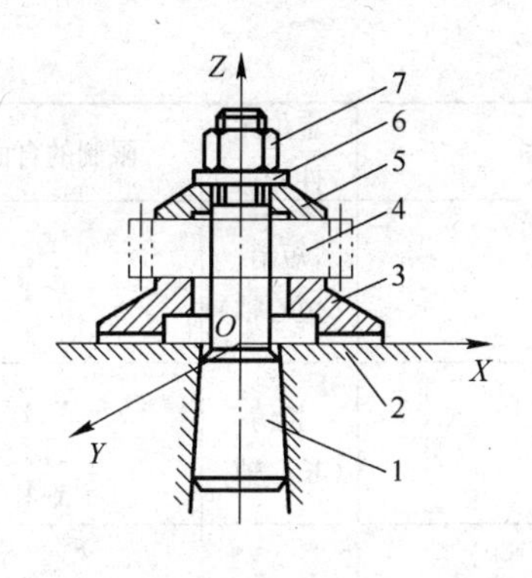

图 6-8　滚齿夹具

1—心轴；2—工作台；3—支承凸台；4—工件；
5—压块；6—垫圈；7—压紧螺帽。

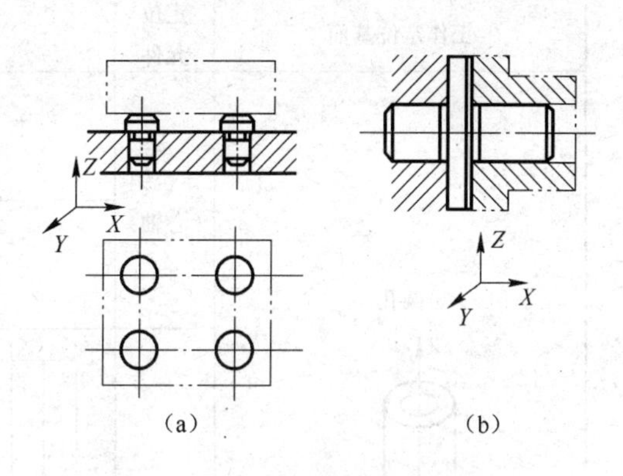

图 6-9　过定位示例

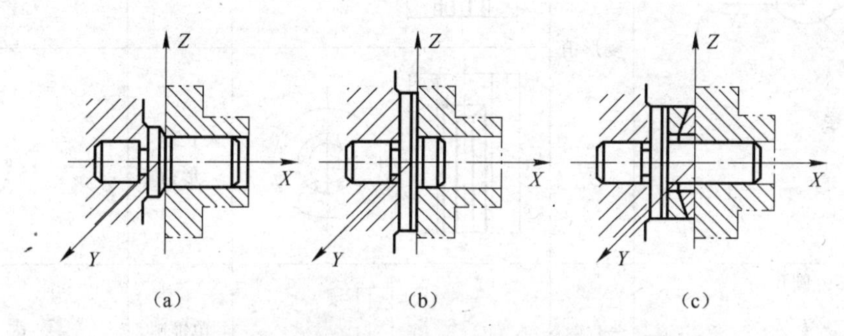

图 6-10　改善过定位的措施

过定位是否允许，要视具体情况而定。如果工件的定位面经过机械加工，且形状、尺寸、位置精度均较高，则过定位是允许的。有时还是必要的，因为合理的过定位不仅不会影响加工精度，还会起到加强工艺系统刚度和增加定位稳定性的作用；反之，如果工件的定位面是毛坯面，或虽经过机械加工，但加工精度不高，这时过定位一般是不允许的，因为它可能造成定位不准确，或定位不稳定，或发生定位干涉等情况。通常，消除过定位及其干涉一般有两种途径：其一是改变定位元件的结构，以消除被重复限定的自由度；其二是提高工件定位基面之间及夹具定位元件工作表面之间的位置精度，以减小或消除过定位引起的误差。

表 6-1 所列为常见的几种定位基面、定位元件所限制的自由度。

表 6-1　常见的定位元件及定位元件所限制的工件自由度

工作定位基面	定位元件	定位简图	定位元件特点	限制的自由度
平面 Z O X Y	支承钉	5 6 1 2 4 3	平面组合	1、2、3—$\hat{X}$、$\hat{Y}$、$\vec{Z}$ 4、5—$\vec{X}$、$\hat{Z}$ 6—$\vec{Y}$
	支承板	3 1 2	平面组合	1、2—$\vec{Z}$、$\hat{X}$、$\hat{Y}$ 3—$\vec{X}$、$\hat{Z}$

（续）

工作定位基面	定位元件	定位简图	定位元件特点	限制的自由度
圆孔 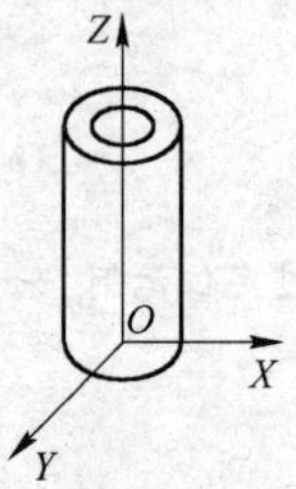	定位销（心轴）	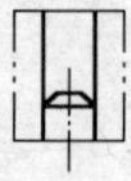	短销（短心轴）	$\vec{X}$、$\vec{Y}$
		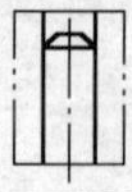	长销（长心轴）	$\vec{X}$、$\vec{Y}$ $\hat{X}$、$\hat{Y}$
	菱形销	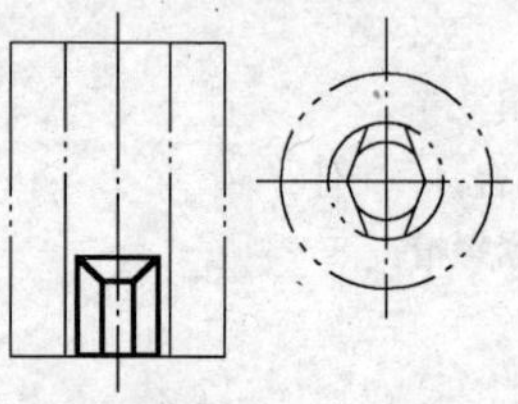	短菱形销	$\vec{Y}$
		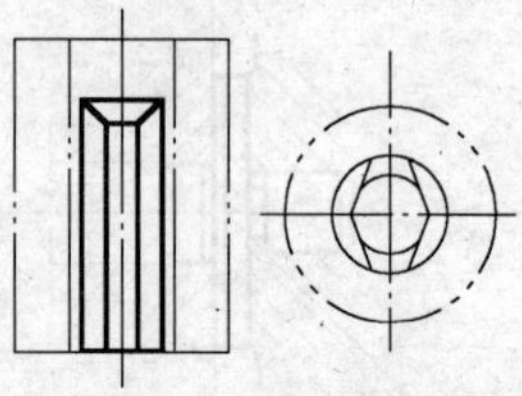	长菱形销	$\vec{Y}$、$\hat{X}$
圆孔 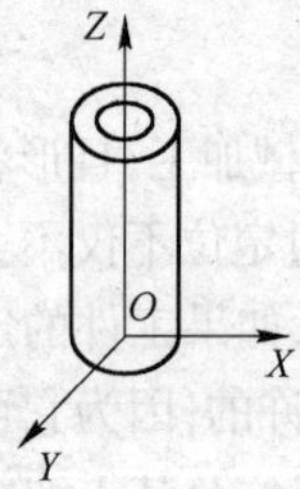	锥销	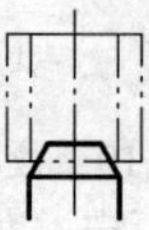	单锥销	$\vec{X}$、$\vec{Y}$、$\vec{Z}$
		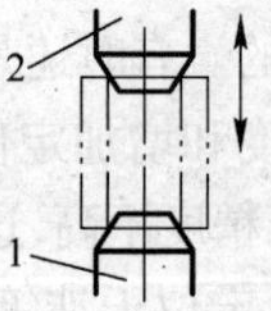 2 1	1—固定锥销 2—活动锥销	$\vec{X}$、$\vec{Y}$、$\vec{Z}$ $\hat{X}$、$\hat{Y}$
外圆柱面 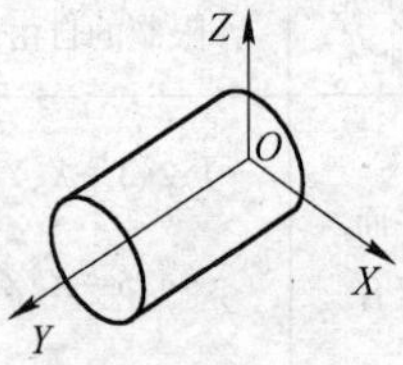	支承板或支承钉	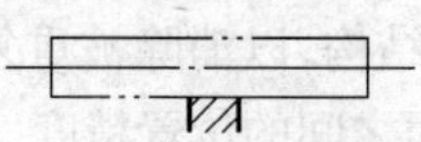	短支承板或支承钉	$\vec{Z}$
		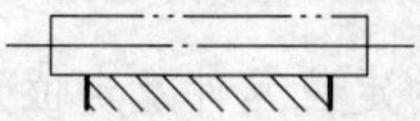	长支承板或两个支承钉	$\vec{Z}$、$\hat{X}$
	V形架	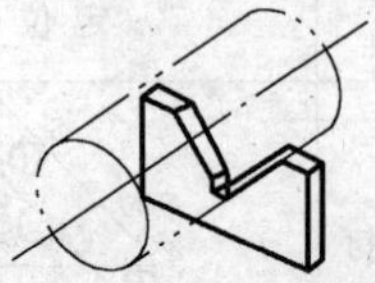	窄V形架	$\vec{X}$、$\vec{Z}$
		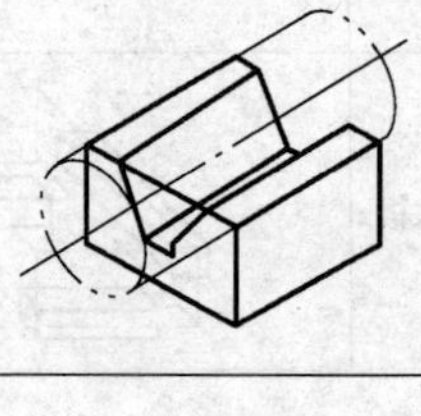	宽V形架	$\vec{X}$、$\vec{Z}$ $\hat{X}$、$\hat{Z}$

（续）

工作定位基面	定位元件	定位简图	定位元件特点	限制的自由度
外圆柱面	定位套		短套	$\vec{X}$、$\vec{Z}$
			长套	$\vec{X}$、$\vec{Z}$ $\hat{X}$、$\hat{Z}$
	半圆套		短半圆套	$\vec{X}$、$\vec{Z}$
			长半圆套	$\vec{X}$、$\vec{Z}$ $\hat{X}$、$\hat{Z}$
	锥套		单锥套	$\vec{X}$、$\vec{Y}$、$\vec{Z}$
			1—同定锥套 2—活动锥套	$\vec{X}$、$\vec{Y}$、$\vec{Z}$ $\hat{X}$、$\hat{Z}$

6.4 定位元件的选择与设计

工件在夹具中的定位，是通过工件的定位基准与夹具定位元件的接触来实现的。常见的定位元件已经标准化（详见国家标准《机床夹具零件及部件》），在夹具设计中可直接选用。但在夹具设计中也有不便采用标准定位元件的情况，此时可参照标准自行设计。

6.4.1 对定位元件的基本要求

定位元件设计时，首先要保证工件的准确位置，同时还要适应工件频繁装卸以及承受各种作用力的需要。因此，定位元件必须满足以下基本要求。

1. 足够的精度

由于工件的定位是通过定位基准与定位元件的接触实现的。定位元件工作表面的精度直接影响工件的定位精度，因此，定位元件工作表面应有足够的精度，以保证加工精度要求。

2. 足够的强度和刚度

定位元件不仅限制工件的自由度，还有支承工件，承受夹紧力、切削力和重力等的作用。为了保证工件的加工精度，定位元件必须有足够的强度和刚度，以免使用中变形和损坏。

3. 有较高的耐磨性

工件的装卸会磨损定位元件工件表面,导致定位元件工作表面精度下降,引起定位精度的下降。当定位精度下降至不能保证加工精度时则应更换定位元件。为延长定位元件更换周期,提高夹具使用寿命,定位元件工作表面应有较高的耐磨性。

4. 良好的工艺性

定位元件的结构应力求简单、合理、便于加工、装配和更换。

5. 定位元件应便于清除切屑

定位元件的结构和工作表面形状应有利于清除切屑,以防切屑嵌入夹具内影响加工和定位精度。

6.4.2 常见的定位方式及其定位元件

在机械加工中,虽然被加工工件形状各异,但作为工件定位基准的表面大多是由平面、圆柱面、圆锥面及各种成型面所组成。对于工件不同的定位基面的形式,定位元件的结构、形状、尺寸和布置方式也不同。下面按不同的定位基准分别介绍所用的定位元件的结构形式。

1. 工件以平面定位

平面定位的主要形式是支承定位,工件的定位基准平面与定位元件表面相接触而实现定位。常见的支承元件有下列几种:

1) 固定支承

固定支承有支承钉和支承板两种型式。在使用过程中,支承的高矮尺寸是固定的,使用时不能调整高度。

(1) 支承钉。图 6-11 所示为用于平面定位的几种常用支承钉,它们利用顶面对工件进行定位。其中图 6-11(a)为平顶支承钉,常用于已经加工过的精基准面的定位,当多个平顶支承钉的限位面处于同一平面时,对其高度尺寸 H 应有等高要求。图 6-11(b)为球头支承钉,多用于粗基准面的定位。图 6-11(c)为网纹顶面支承钉,能产生较大的摩擦力,但网槽中的切屑不易清除,常用在工件以粗基准定位且要求产生较大摩擦力的侧面定位场合。这类支承钉材料一般用碳素工具钢 T8 经热处理至(55~60)HRC,支承钉可直接安装在夹具体上,与夹具体采用 H7/r6 的过盈配合。支承钉磨损后较难更换,为此可采用图 6-11(d)所示带衬套支承钉,支承钉与衬套的配合采用 H7/js6 的过渡配合。这类支承钉便于拆卸和更换,一般用于批量大、磨损快、需要经常修理的场合。

一个支承钉相当于一个支承点,限制一个自由度;在一个平面内,两个支承钉限制两个自由度;不在同一直线上的三个支承钉限制三个自由度。

(2) 支承板。支承板有较大的接触面积,工件定位稳固。一般较大的精基准平面定位多用支承板作为定位元件。图 6-12 所示为两种常用的支承板,图 6-12(a)为平板式支承板,结构简单、紧凑,但不易清除落入沉头螺孔中的切屑,一般用于侧面定位。图 6-12(b)为斜槽式支承板,它在结构上做了改进,即在支承面上开两个斜槽为固定螺钉用,使清屑容易,适用于底面定位。支承板一般采用 20 钢渗碳淬硬至(55~60)HRC,渗碳深度 0.8mm~1.2mm。当支承板尺寸较小时,也可采用碳素工具钢。

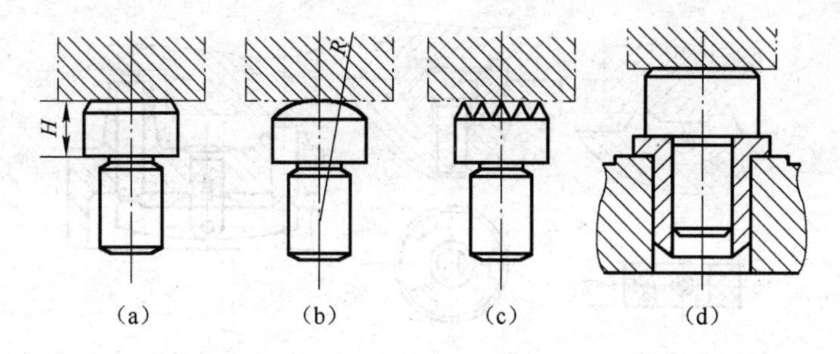

图 6－11　几种常用支承钉

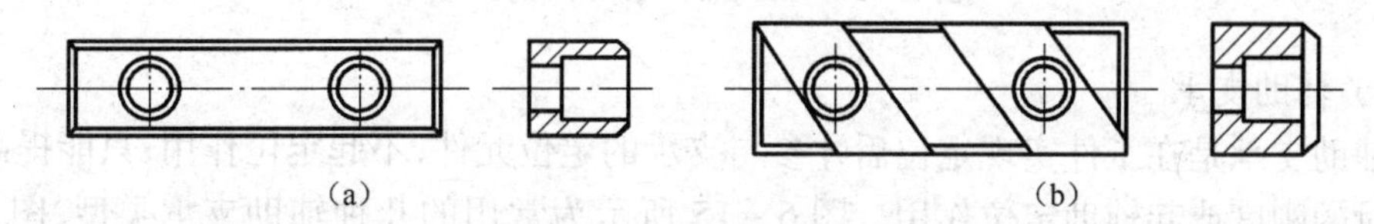

图 6－12　两种常用的支承板

当工件定位平面较大时，常用几块支承板组合成一个平面。一个支承板相当于两个支承点，限制两个自由度；在同一个平面内，两个（或多个）支承板组合，相当于一个平面，可以限制三个自由度。

支承钉、支承板的结构、尺寸均已标准化，设计时可查阅国家标准手册。

2）可调支承

可调支承的顶端位置可以在一定的范围内调整。图 6－13 所示为几种常用的可调支承的典型结构，按要求高度调整好可调支承螺钉 1 后，用螺母 2 锁紧。可调支承主要用于未加工过的平面定位，以调节补偿各批毛坯尺寸误差。一般不是对每个加工工件进行调整，而是一批工件毛坯调整一次。一个可调支承限制一个自由度。

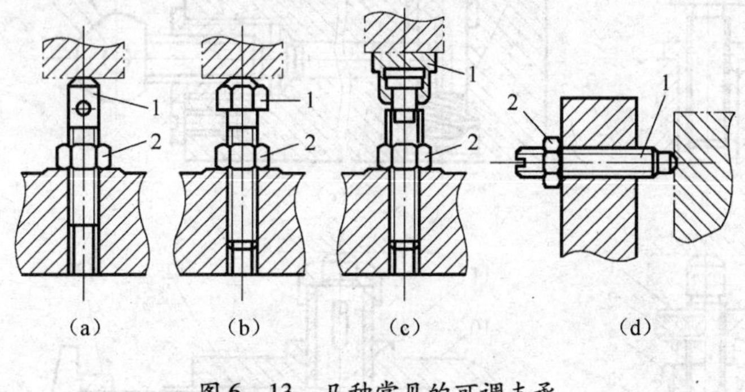

图 6－13　几种常见的可调支承

1—可调支承螺钉；2—螺母。

3）自位支承

又称浮动支承，在定位过程中，支承本身所处的位置随工件定位基准面的变化而自动调整并与之相适应。图 6－14 所示为几种常见的自位支承结构，尽管每一个自位支承与工件间可能是二点或三点接触，但实质上仍然只起一个定位支承点的作用，只限制工件的一个自由度，常用于毛坯表面、断续表面、阶梯表面定位。用自位支承的目的在于增加与工件的接触点，减小工件变形或减少接触应力。

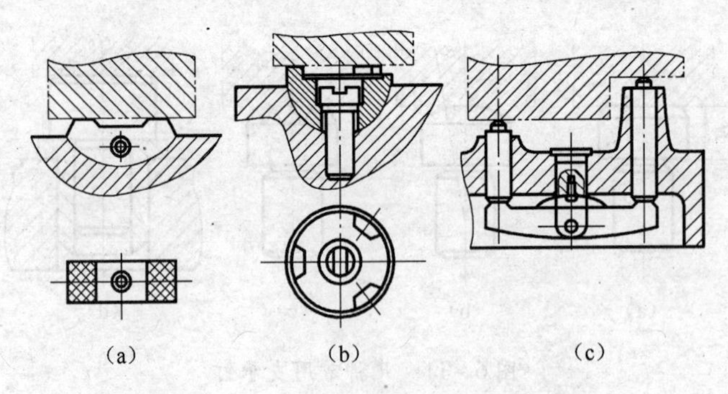

图 6－14　几种常见的自位支承结构

4）辅助支承

辅助支承是在工件实现定位后才参与支承的定位元件，不起定位作用，只能提高工件加工时的刚度或起辅助定位作用。图 6－15 所示为常用的几种辅助支承类型，图 6－15(a)、(b)为螺旋式辅助支承，用于小批量生产。图 6－15(a)结构简单，但在调整时支承钉要转动，会损坏工件表面，也会破坏工件定位；图 6－15(b)所示结构在旋转螺母 1 时，支承螺钉 2 受装在套筒 4 键槽中的止动销 3 的限制，只作直线移动；图 6－15(c)为自动调节支承，支承销 6 受下端弹簧 5 的推力作用与工件接触，当工件定位夹紧后，回转手柄 9，通过锁紧螺钉 8 和斜面顶销 7，将支承销 6 锁紧；图 6－15(d)为推式辅助支承，支承滑柱 11 通过推杆 10 向上移动与工件接触，然后回转手柄 13，通过钢球 14 和半圆键 12，将支承滑柱 11 锁紧，用于大批量生产。

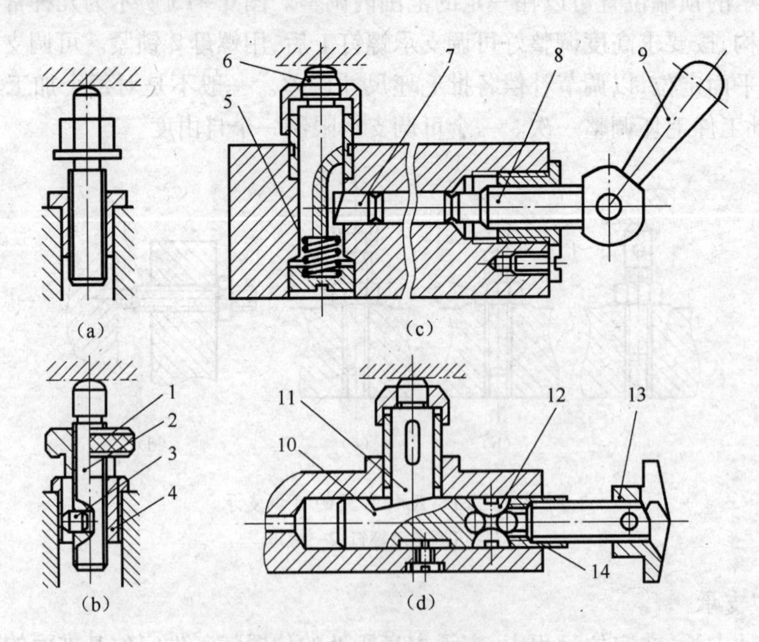

图 6－15　常见的几种辅助支承

1—螺母；2—支承螺钉；3—止动销；4—套筒；5—弹簧；6—支承销；7—斜面顶销；
8—锁紧螺钉；9，13—回转手柄；10—推杆；11—支承滑柱；12—半圆键；14—钢球。

图 6－16 为辅助支承应用实例，图 6－16(a)的辅助支承用于提高工件稳定性和刚

度；图 6 - 16(b)的辅助支承起预定位作用。

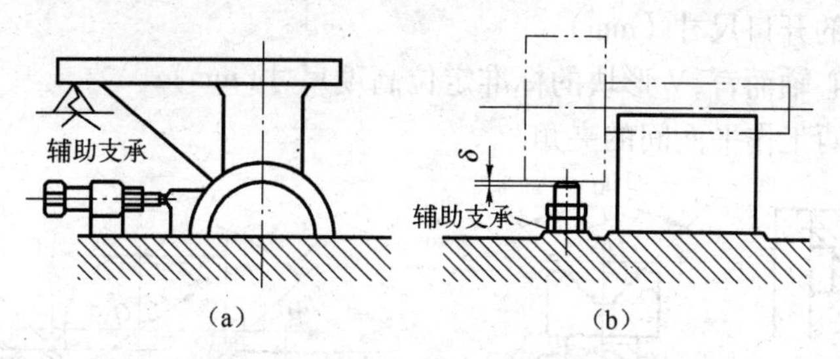

图 6 - 16　辅助支承应用实例

2. 工件以外圆柱面定位

工件以外圆柱面作定位基准时，根据外圆柱面的完整程度、加工要求和安装方式，可以在 V 形块、定位套、半圆套及圆锥套中定位。其中最常用的是在 V 形块上定位。

1）V 形块

V 形块有固定式和活动式之分。图 6 - 17 所示为常用固定式 V 形块，图 6 - 17(a)用于较短的精基准定位；图 6 - 17(b)用于较长的粗基准(或阶梯轴)定位；图 6 - 17(c)用于两段精基准面相距较远的场合；图 6 - 17(d)中的 V 形块是在铸铁底座上镶淬火钢垫而成，用于定位基准直径与长度较大的场合。固定 V 形块用螺钉和销钉直接安装在夹具体上，安装时，一般先将 V 形块在夹具体上的位置调整好，用螺钉拧紧，再配钻、铰销钉孔，然后安装销钉。图 6 - 18 所示为活动式 V 形块。

根据工件与 V 形块的接触母线长度，固定式 V 形块可以分为短 V 形块和长 V 形块，一个短 V 形块限制 2 个自由度；两个短 V 形块组合或一个长 V 形块限制 4 个自由度，活动式 V 形块只限制 1 个自由度。

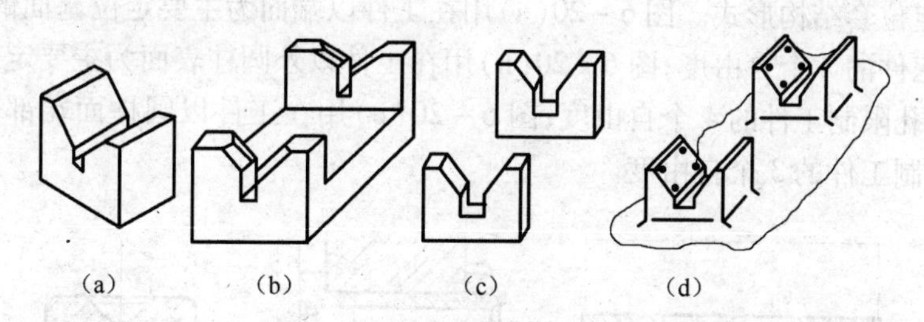

图 6 - 17　常用固定式 V 形块

V 形块定位的优点：①对中性好，即能使工件的定位基准轴线对中在 V 形块两斜面的对称平面上，在左右方向上不会发生偏移，且安装方便；②应用范围较广。不论定位基准是否经过加工，不论是完整的圆柱面还是局部圆弧面，都可采用 V 形块定位。

V 形块上两斜面间的夹角一般选用 60°、90°和 120°，其中以 90°应用最多。90°V 形块的典型结构和尺寸均已标准化，设计时可查国家标准手册。当在夹具设计过程中，需根据工件定位要求自行设计时，可参照图 6 - 19 对有关尺寸进行计算。

图 6 - 19 中各字母含义：

D——标准心轴直径，即工件定位用外圆直径(mm)；

H——V 形块高度(mm)；

N——V 形块的开口尺寸 (mm)；

T——对标准心轴而言,V 形块的标准定位高度尺寸(mm)；

α——V 形块两工作平面间的夹角。

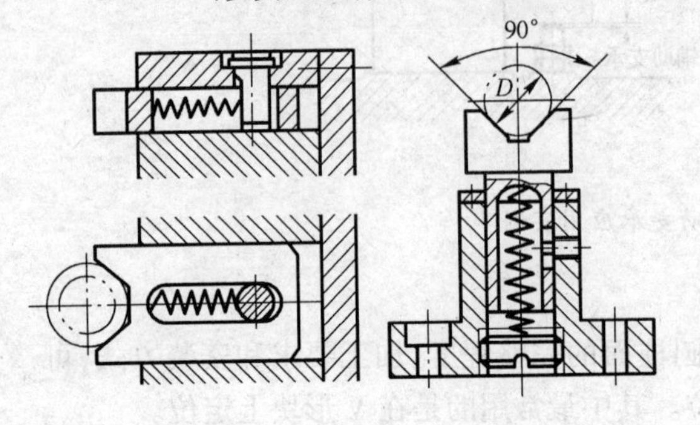

图 6-18　活动 V 形块应用实例

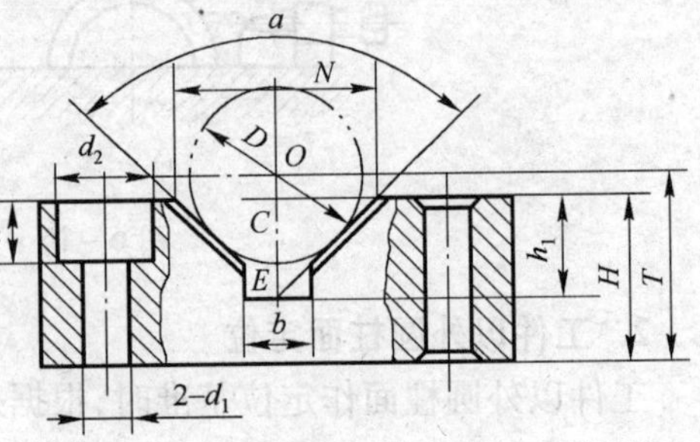

图 6-19　V 型块结构尺寸

设计 V 形块时,D 已确定,H、N 等参数可从参照标准选取,但 T 必须计算,由图 6-19 图中几何关系可知

$$T = H + \frac{D}{2\sin\frac{\alpha}{2}} - \frac{H}{2\tan\frac{\alpha}{2}} \tag{6-1}$$

当 $\alpha = 90°$ 时,$T = H + 0.707D - 0.5N$。

2）定位套

定位套结构简单,容易制造,但定心精度不高,故一般适用于精基准定位,图 6-20 所示为常用的定位套结构形式。图 6-20(a)用在工件以端面为主要定位基面的场合,短定位套孔限制工件的 2 个自由度;图 6-20(b)用在工件以外圆柱表面为主要定位基面的场合,长定位套孔限制工件的 4 个自由度;图 6-20(c)用在工件以圆柱面端部轮廓为定位基面,锥孔限制工件的 3 个自由度。

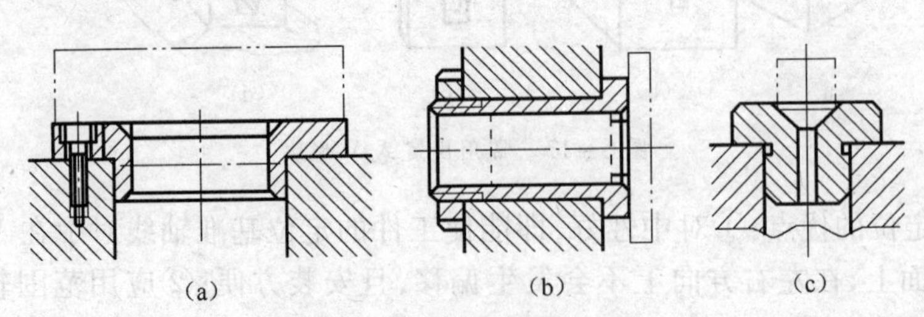

图 6-20　工件在定位套内定位

3）半圆套

图 6-21 所示为半圆套结构简图,当工件尺寸较大,用圆柱孔定位不方便时,可将圆柱孔改成两半,下半圆起定位作用,上半圆起夹紧作用。图 6-21(a)为可卸式,图 6-21(b)为铰链式。后者装卸工件方便些。短半圆套限制工件 2 个自由度,长半圆套限制工件 4 个自由度。

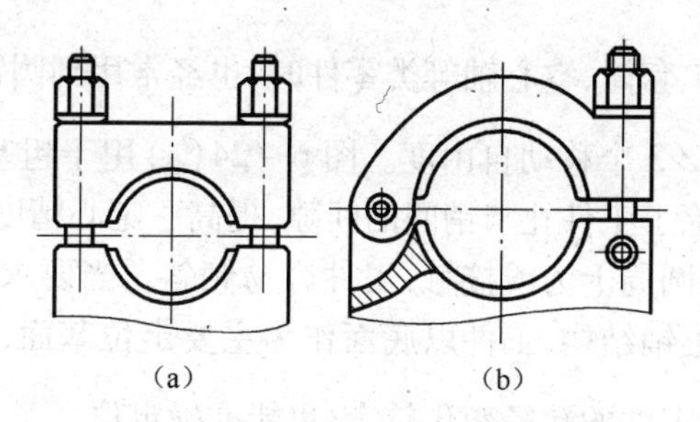

图 6-21　半圆套结构简图

3. 工件以圆孔定位

工件以圆孔定位大都属于定心定位（定位基准为孔的轴线），常用的定位元件是各种定位销和心轴。

1）定位销

按安装方式，定位销有固定式和可换式两种。根据对工件自由度限制的需要，定位销又有圆柱定位销、削边定位销（也称菱形销）和圆锥销之分。

（1）圆柱销。图 6-22 所示为常用圆柱销的结构。圆柱销的结构和尺寸已标准化，不同直径的定位销有其相应的结构形式，可根据工件定位内孔的直径选用。其工作表面的直径尺寸与相应工件定位孔的基本尺寸相同，精度可根据工件的加工精度、定位孔的精度和工件装卸的方便，按 g5、g6、f6、f7 制造。图 6-22(a)、(b)、(c) 为固定式定位销，可直接用过盈配合装配在夹具体上，小直径定位销为增加强度，避免定位销因撞击而折断或热处理时淬裂，通常采用图 6-22(a) 的形式。图 6-22(d) 所示为可换式定位销，便于定位销磨损后进行更换，用于大批量生产中。为便于工件的顺利装入，定位销的头部应有 15°倒角。用定位销定位时，短圆柱销限制 2 个自由度，长圆柱销可以限制 4 个自由度。

（2）削边销（菱形销）。有时为了避免过定位，可将圆柱销在过定位方向上削扁成菱形销，如图 6-23 所示。标准菱形定位销的结构尺寸，在夹具设计时可按表 6-2 选取。

表 6-2　菱形销的尺寸　（单位：mm）

d	>3 ~ 6	>6 ~ 8	>8 ~ 20	>20 ~ 24	>24 ~ 30	>30 ~ 40	>40 ~ 50
B	$d-0.5$	$d-1$	$d-2$	$d-3$	$d-4$	$d-5$	
b_1	1	2	3			4	5
b	2	3	4	5		6	8

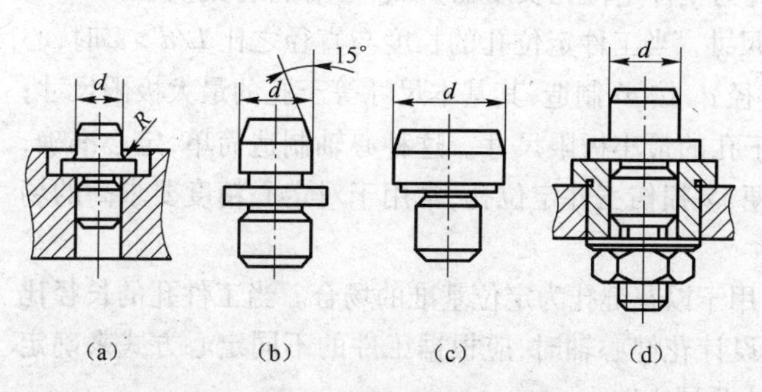

图 6-22　几种常用的圆柱定位销
(a) $d<10$；(b) $d=10\sim18$；(c) $d>18$；(d) $d>10$。

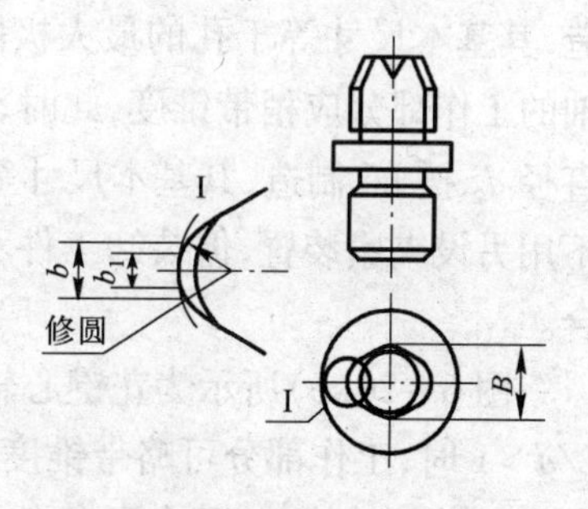

图 6-23　菱形销

(3) 圆锥销。在加工套筒、空心轴等类零件时,也经常用到圆锥销,如图 6 - 24 所示。圆锥销限制了工件 $\vec{X}$、$\vec{Y}$、$\vec{Z}$ 3 个移动自由度。图 6 - 24(a)用于粗基准,图 6 - 24(b)用于精基准。使用圆锥销消除了工件孔与销间的间隙,提高了定心精度,但是沿轴向方向的定位误差大,且孔与锥销在圆周上为线接触,工件容易倾斜。当要求轴向定位精度高时,可采用图 6 - 25 所示活动锥销结构,工件以底面作为主要定位基面,采用活动圆锥销,只限制 $\vec{X}$、$\vec{Y}$ 2 个自由度,即使工件的孔径变化较大,也能准确定位。

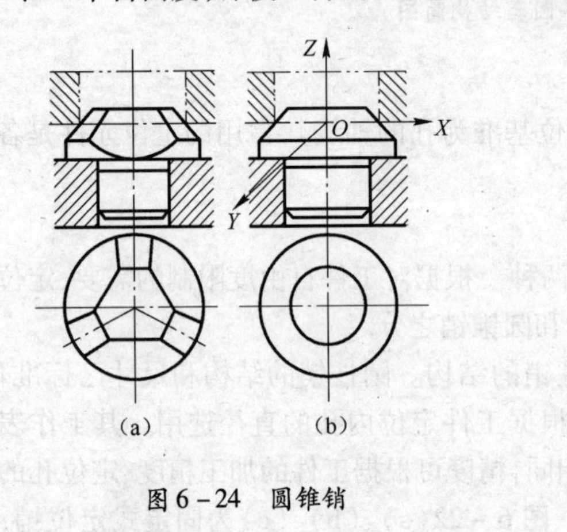

图 6 - 24　圆锥销

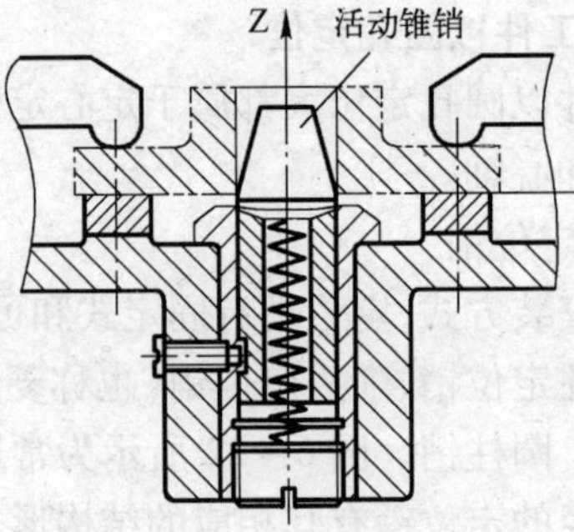

图 6 - 25　活动圆锥销

2) 定位心轴

主要用于套筒类和空心盘类工件的车、铣、磨及齿轮加工。常见的有圆柱心轴和圆锥心轴等。

(1) 圆柱心轴。图 6 - 26(a)所示为间隙配合圆柱心轴,心轴的限位基面一般按 h6、g6 或 f7 制造,其特点是装卸工件方便,但定心精度不高。为了减少因配合间隙而造成的工件倾斜,工件常以孔与端面组合定位,因此要求工件孔与定位端面、定位元件的圆柱面与端面之间都有较高的位置精度。切削力矩传递靠端部螺纹夹紧产生的夹紧力传递。

图 6 - 26(b)所示为过盈配合圆柱心轴,由引导部分 1、工作部分 2、传动部分 3 组成。引导部分的作用是使工件迅速而准确地套入心轴,其直径 d_3 按 e8 制造,d_3 的基本尺寸等于工件孔的最小极限尺寸,其长度约为工件定位孔长度的 1/2。工作部分的直径按 r6 制造,其基本尺寸等于孔的最大极限尺寸。当工件定位孔的长度与直径之比 $L/d>1$ 时,心轴的工作部分应稍带锥度,此时,直径 d_1 按 r6 制造,其基本尺寸等于孔的最大极限尺寸;直径 d_2 按 h6 制造,其基本尺寸等于孔的最小极限尺寸。这种心轴制造简单,定心准确,不用另设夹紧装置,但装卸工件不便,易损伤工件定位孔,常用于对定心精度要求高的场合。

图 6 - 26(c)所示为花键心轴,用于以花键孔为定位基准的场合。当工件孔的长径比 $L/d>1$ 时,工作部分可略带锥度。设计花健心轴时,应根据工件的不同定心方式来确定定位心轴的结构,其配合可参考上述两种心轴。

短圆柱心轴限制工件 2 个自由度,长圆柱心轴限制工件 4 个自由度。

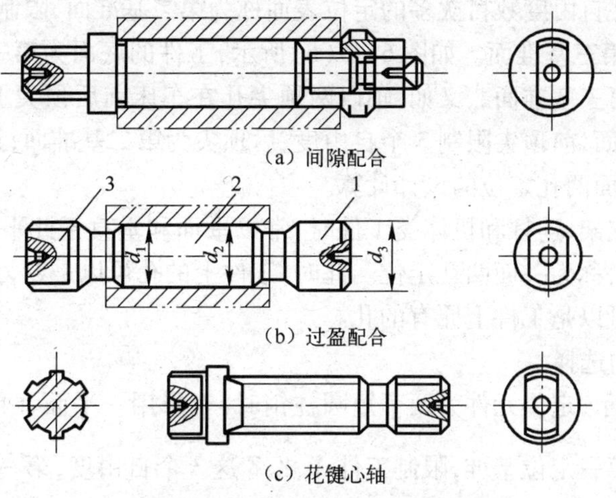

图 6-26 几种常见的圆柱心轴

(a) 间隙配合;(b) 过盈配合;(c) 花键心轴。

1—引导部分;2—工作部分;3—传动部分。

(2) 锥度心轴。当工件既要求定心精度高,又要装卸方便时,常以圆柱孔在小锥度心轴上定位,如图 6-27 所示。这类心轴定位表面的锥度很小,常用锥度为 1/5000 ~ 1/1000,可以防止工件在心轴上定位时产生倾斜。心轴的长度由定位孔的长度、孔径公差和心轴锥度来确定。小锥度心轴在对工件进行定位时,工件楔紧在心轴的锥面上,使其在心轴上产生长度为 L_K 的过盈配合,并在 L_K 长度的圆柱孔表面产生弹性变形,从而保证工件在定位后不产生倾斜,而且其楔紧部分带动工件,不必再夹紧即可进行加工。使用小锥度心轴限制工件的 5 个自由度,即除绕轴线转动的自由度没限制外均已限制。由于采用基准孔与心轴表面弹性变形来夹紧工件,使其可传递的扭矩较小,故多在精加工时使用。

心轴定位还有液性塑料心轴、弹性夹头心轴等多种结构形式。它们在完成定位的同时将工件夹紧,使用方便,结构却较为复杂。

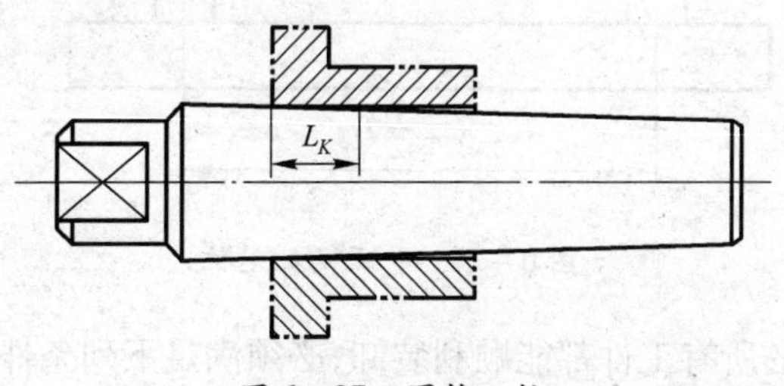

图 6-27 圆锥心轴

4. 工件以组合表面定位

前面介绍了工件以单一定位表面定位时夹具上所用的定位元件,但在实际生产中,仅以单一定位表面进行定位往往不能满足加工要求,工件上常采用几个定位面相组合的方式进行定位(称为组合定位)。常见的组合定位形式有两顶尖孔、一端面一孔、一端面一外圆、一面两孔等,与之相对应的定位元件也是组合式的。例如,长轴类零件采用双顶尖组合定位;箱体类零件采用一面双销组合定位。几个表面同时参与定位时,各定位基准(基面)在定位中所起的作用有主次之分。限制工件自由度数目最多的定位表面称为第一基准面，限制工件自由度数目次多的定位表面称为第二基准面，限制工件自由度数目为1的定位表面称为第三基准面。如图6-5(b)所示，工件的底面为第一基准面，侧面为第二基准面，端面为第三基准面。又如，轴以两顶尖孔在车床前后顶尖上定位的情况，前顶尖孔为第一定位基面，前顶尖限制3个自由度，后顶尖为第二基准面，只限制2个自由度。下面介绍工件以一面两孔定位的设计计算。

在加工箱体、支架、连杆和机体类工件时，常以平面和垂直于此平面的两个孔为定位基准组合起来定位，称为一面两孔定位。此时，工件上的孔可以是专为工艺的定位需要而加工的工艺孔，也可以是工件上原有的孔。

1）定位元件的选择

如图6-28所示，定位元件为两个短圆柱销时，当采用一平面、两短圆柱销为定位元件时，此时平面为第一定位基准，限制工件 $\hat{X}$、$\hat{Y}$、$\vec{Z}$ 这3个自由度，第一个定位销限制 $\vec{X}$、$\vec{Y}$ 2个移动自由度，第二个定位销限制 $\vec{X}$ 和 $\hat{Z}$、，很显然 $\vec{X}$ 自由度被重复限定，属于过定位。假设两孔直径分别为 $D_1^{+T_{D1}}$、$D_2^{+T_{D2}}$，两孔中心距为 $L \pm \frac{1}{2}T_{LD}$，两销直径分别为 $d_{1-T_{d1}}^{0}$、$d_{2-T_{d2}}^{0}$，两销中心距为 $L \pm \frac{1}{2}T_{Ld}$。由于两孔、两销的直径，两孔中心距和两销中心距都存在制造误差，故有可能使工件两孔无法套在两定位销上。

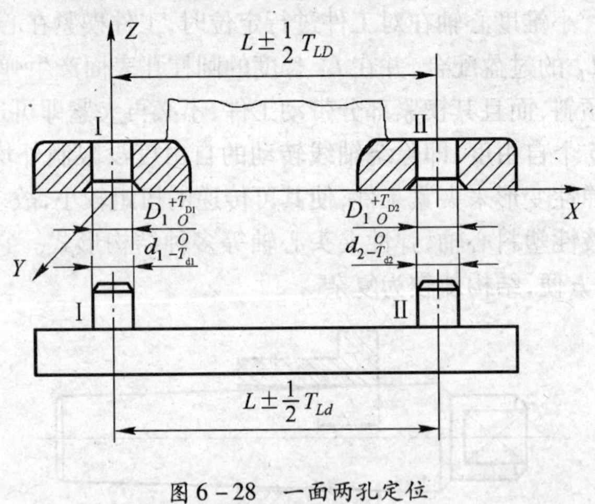

图6-28 一面两孔定位

要使同一工序中的所有工件都能顺利装卸，必须满足下列条件：当工件两孔径为最小($D_{1\min}$、$D_{2\min}$)，夹具两销径为最大($d_{1\max}$、$d_{2\max}$)，孔间距为最大($L+\frac{1}{2}T_{LD}$)，销间距为最小($L-\frac{1}{2}T_{Ld}$)；或者孔间距为最小($L-\frac{1}{2}T_{LD}$)，销间距为最大($L+\frac{1}{2}T_{Ld}$)时，D_1 与 d_1 和 D_2 与 d_2 之间仍有最小装配间隙 $X_{1\min}$、$X_{2\min}$ 存在。

由图6-29(a)可以看出，为了满足上述条件，第二销与第二孔不能采用标准配合，第二销的直径 d'_2 缩小了，连心线方向的间隙增大了，缩小后的第二销的最大直径为

$$\frac{d'_{2\max}}{2}=\frac{D_{2\min}-X''_{2\min}}{2}-O_2O'_2$$（$X''_{2\min}$—第二销与第二孔的最小装配间隙）

$$O_2O'_2 = (L + \frac{T_{Ld}}{2}) - (L - \frac{T_{LD}}{2}) = \frac{T_{Ld} + T_{LD}}{2}$$

由图 6 - 29(b)也可以得到同样的结果,所以

$$\frac{d'_{2\max}}{2} = \frac{D_{2\min} - X''_{2\min} - T_{Ld} - T_{LD}}{2}$$

$$d'_{2\max} = D_{2\min} - X''_{2\min} - T_{Ld} - T_{LD}$$

即要使工件顺利装入,直径缩小后的第二销与第二孔之间的最小间隙应达到

$$X'_{2\min} = D_{2\min} - d'_{2\max} = T_{Ld} + T_{LD} + X''_{2\min} \qquad (6-2)$$

这种缩小一个定位销直径的办法,虽然能实现工件的顺利装入,但增大了工件的转动误差,因此,只能在加工要求不高时使用。

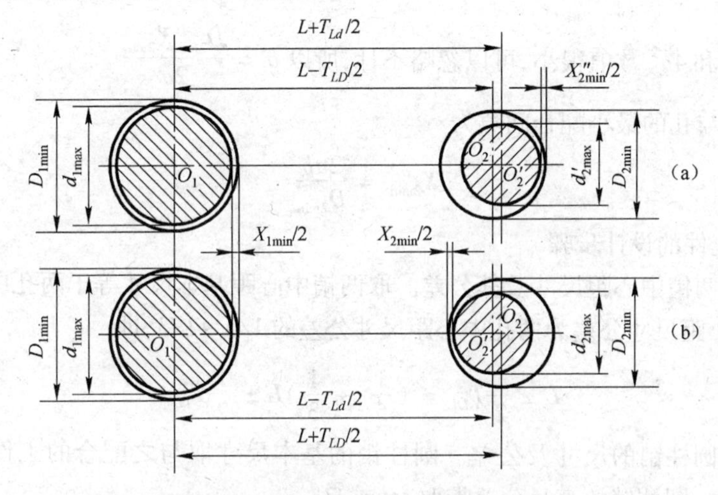

图 6 - 29 两圆柱销限位时工件顺利装卸的条件

当采用定位元件为一圆柱销与一菱形销时,此时平面为第一定位基准,限制工件的 $\hat{X}$、$\hat{Y}$、$\vec{Z}$ 这 3 个自由度;短圆柱销限制工件的 $\vec{X}$、$\vec{Y}$ 这 2 个自由度,菱形销限制工件的 $\hat{Z}$ 1 个自由度,实现了 6 点定位,下面介绍菱形销宽度 b 的计算。

如图 6 - 30 所示,采用定位销削边的方法也能增大连心线方向上的间隙,边削量越大,连心线方向上的间隙也越大,当间隙达到 $\alpha = \frac{X'_{2\min}}{2}$ 时,便满足了工件顺利装卸的条件。由于这种方法只增大连心线方向上的间隙,不增大工件的转动误差,因而定位精度较高。

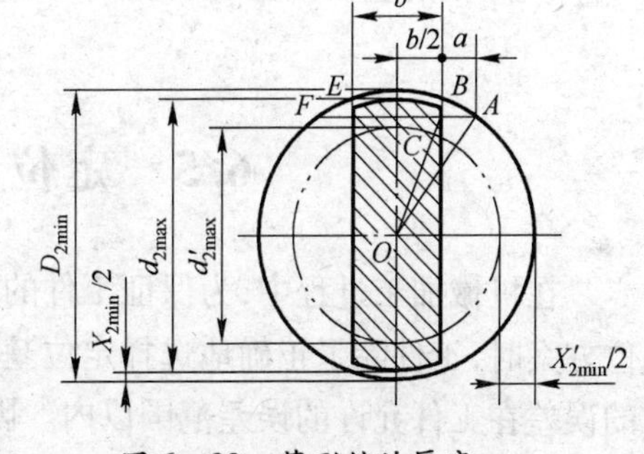

图 6 - 30 菱形销的厚度

根据式(6 - 2),得

$$a = \frac{X'_{2\min}}{2} = \frac{T_{LD} + T_{Ld} + X''_{2\min}}{2}$$

实际定位中,$X''_{2\min}$ 可由 $X_{1\min}$ 来调节,因此可忽略 $X''_{2\min}$,取

$$a\frac{T_{LD}+T_{Ld}}{2} \tag{6-3}$$

在图 6－30 中,因为 $OA^2-AC^2=OB^2-BC^2$,而

$$OA=\frac{D_{2\min}}{2},AC=a+\frac{b}{2},BC=\frac{b}{2}$$

$$OB=\frac{d_{2\max}}{2}=\frac{D_{2\min}-X_{2\min}}{2}$$

代入上式,得

$$b=\frac{2D_{2\min}X_{2\min}-X_{2\min}^2-4a^2}{4a}$$

由于 $X_{2\min}^2$ 和 $4a^2$ 数值很小,可以忽略不计,所以 $b=\frac{D_{2\min}X_{2\min}}{2a}$。

或削边销与孔的最小配合间隙为

$$X_{2\min}=\frac{2ab}{D_{2\min}} \tag{6-4}$$

2）定位元件的设计步骤

（1）确定两销中心距尺寸及其公差。取两销中心距基本尺寸等于两孔中心距基本尺寸,取两销中心距尺寸公差为两孔中心距尺寸公差的 1/5～1/3,即

$$L\pm\frac{1}{2}T_{Ld}=(\frac{1}{5}\sim\frac{1}{3})L\pm\frac{1}{2}T_{LD}$$

（2）确定圆柱销的尺寸及公差。圆柱销的基本尺寸取与之配合的工件孔的最小尺寸,即 $d_1=D_{1\min}$,圆柱销的直径公差带取 g6 或 f7。

（3）确定菱形销的尺寸及公差。菱形销的结构和尺寸在生产中已经标准化(标准数据见表 6－2),由表 6－2 查的菱形销宽度 b 或 b_1(采用修圆菱形销时,应以 b_1 代替 b),然后根据公式 $X_{2\min}=\frac{2ab}{D_{2\min}}$求出 $X_{2\min}$,再按公式 $d_{2\max}=D_{2\min}-X_{2\min}$求出菱形销的最大直径 $d_{2\max}$,菱形销的直径公差一般取 h6 或 h7。

6.5　定位误差的分析与计算

在机械加工过程中,为保证工件的加工精度,工件加工前必须正确的定位。在设计定位方案时,工件除了正确地选择定位基准和定位元件之外,还应使选择的定位方式所产生的误差在工件允许的误差范围以内。因此,需要对定位方式所产生的定位误差进行定量地分析与计算,以确定所选择的定位方式是否合理。

一批工件逐个在夹具上定位时,各个工件在夹具上所占据的位置不可能完全一致,以致使加工后各工件的加工尺寸存在误差,这种因工件定位而产生的工序基准在工序尺寸上的最大变动量,称为定位误差,用 Δ_D 表示。

6.5.1 定位误差的产生原因

定位误差 Δ_D 产生的原因主要有两个方面：一是由于定位基准与工序基准不重合而产生的误差，称为基准不重合误差 Δ_B；二是由于定位副制造误差，而引起定位基准的位移，称为基准位移误差 Δ_Y。当定位误差 $\Delta_D \leqslant (1/5 \sim 1/3) T_K$（$T_K$ 为本工序要求保证的工序尺寸的公差）时，一般认为选定的定位方式可行。

1. 基准不重合误差 Δ_B

由于定位基准与工序基准不重合而造成的工序基准对于定位基准在工序尺寸方向上的最大变动量称为基准不重合误差，以 Δ_B 表示。图 6-31(a)所示为在工件上铣一通槽的工序简图，要求保证的工序尺寸为 A、B、C。为保证 B 尺寸，工件用 F 面或 D 面来定位，都可以限制工件在 B 尺寸方向上的移动自由度，但这两种定位方式的定位精度是不一样的。

当以 D 面为定位基准时，此时定位基准和工序基准重合，基准不重合误差 $\Delta_B = 0$；当以 F 面为定位基准时，如图 6-31(b)所示，在工序尺寸 B 方向上的定位基准是 F 面，工序基准是 D 面，工序基准与定位基准不重合。当一批工件逐个在夹具上定位时，受尺寸 $L \pm \Delta L$ 的影响，工序基准 D 的位置是变动的，D 的变动直接影响工序尺寸 B 的大小，给 B 造成误差，这个误差就是基准不重合误差。

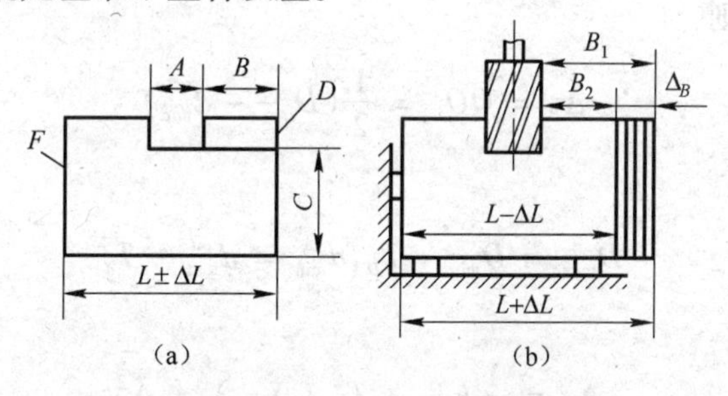

图 6-31 基准不重合误差

由图 6-31(b)可知基准不重合误差

$$\Delta_B = L_{max} - L_{max} = 2\Delta L = T_L$$

式中 ΔL——尺寸 L 的偏差；

T_L——尺寸 L 的公差。

由此可知，当工序基准的变动方向与工序尺寸方向相同时，基准不重合误差的大小应等于定位尺寸的公差，即

$$\Delta_B = T_L \tag{6-5}$$

当工序基准的变动方向与工序尺寸方向有一夹角时，基准不重合误差等于定位尺寸的公差在工序尺寸方向上的投影，即

$$\Delta_B = T_L \cos\beta \tag{6-6}$$

式中 β——基准不重合误差变化方向与工序尺寸方向上夹角。

2. 基准位移误差 Δ_Y

由于定位副的制造误差而造成定位基准对其规定位置的最大变动位移，称为基准位

移误差，也称为定位副制造不准确误差，用 Δ_Y 来表示。如图 6－32(a)所示，工件以内孔中心 O 为定位基准套在心轴上铣键槽，工序尺寸为 H，从定位角度看，该工序的定位基准和工序基准重合，无基准不重合误差，$\Delta_B=0$。

实际上，定位心轴和工件内孔都有制造误差，而且为了便于工件套在心轴上，还应留有间隙，故安装后孔和轴的中心必然不重合，定位基准发生偏移(图 6－32(b))。定位基准的位置变动影响到尺寸 H 的大小，造成 H 的误差，这个误差就是基准位移误差。

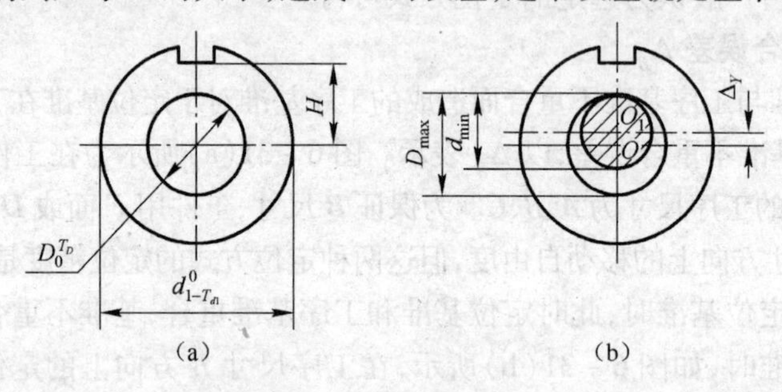

图 6－32 基准位移误差

由图 6－32(b)可知，当工件孔的直径为最大(D_{max})，定位销直径为最小(d_{min})，定位基准的位移量最大，则

$$\Delta_Y = OO_1 = \frac{1}{2}(D_{max} - d_{min})$$

由于

$$D_{max} = D_{min} + T_D, d_{min} = d_{max} - T_d$$

代入上式，得

$$\Delta_Y = \frac{1}{2}(T_D + T_d + X_{min}) = \Delta_i$$

式中 X_{min}——定位孔与定位销间最小配合间隙，$X_{min} = D_{min} - d_{max}$；

Δ_i——定位基准在工序尺寸方向的最大变动量。

由此可知，当定位基准的变动方向与加工尺寸的方向相同时，基准位移误差等于定位基准的最大变动量，即

$$\Delta_Y = \Delta_i \tag{6-7}$$

当定位基准的变动方向与加工尺寸的方向不一致，两者之间成夹角 γ 时，基准位移误差等于定位基准的最大变动量在工序尺寸方向上的投影，即

$$\Delta_Y = \Delta_i \cos\gamma \tag{6-8}$$

式中 γ——基准位移误差变化方向与工序尺寸方向上夹角。

上述两项误差可能同时存在，也可能只有一项存在，但不管如何，定位误差应是两项误差共同作用的结果，因此，定位误差应是基准不重合误差和基准位移误差的合成。

6.5.2 定位误差计算示例

图 6－33 所示为工件以直径为 $d^0_{-T_d}$ 的外圆在 V 形块上定位铣键槽的情况。由于标

注键槽深度的工序尺寸所选工序基准不同，它们所产生的定位误差也不相同。下面分3种情况讨论。

1. 以工件外圆轴线为工序基准标注键槽深度尺寸 h_1 的定位误差（图6-33(a)）

工序尺寸 h_1 的工序基准与工件的定位基准（外圆轴线）重合，无基准不重合误差，即 $\Delta_B(h_1)=0$，但是定位表面外圆与定位元件V形块有制造误差，故存在基准位移误差，即

$$\Delta_Y(h_1) = O_1O_2 = O_1C - O_2C = \frac{O_1C_1}{\sin(\alpha/2)} - \frac{O_2C_2}{\sin(\alpha/2)}$$

$$= \frac{d}{2\sin(\alpha/2)} - \frac{d-T_d}{2\sin(\alpha/2)} = \frac{T_d}{2\sin(\alpha/2)}$$

所以，该铣键槽工序的定位误差为

$$\Delta_D(h_1) = \Delta_B(h_1) + \Delta_Y(h_1) = \frac{T_d}{2\sin(\alpha/2)} \qquad (6-9)$$

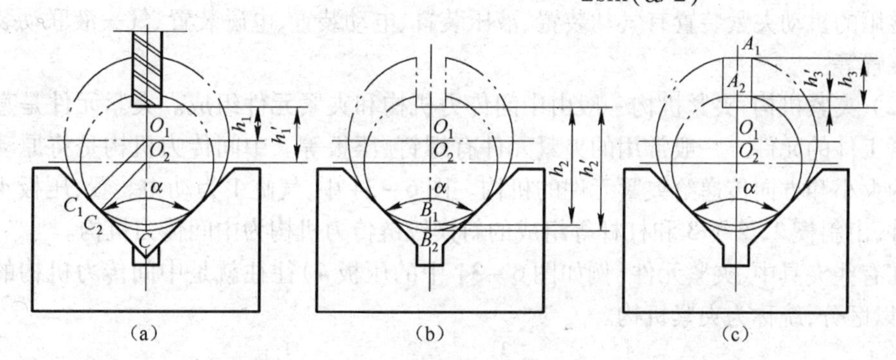

图6-33　工件在V形块上定位

2. 以工件外圆下母线为工序基准标注键槽深度尺寸 h_2 的定位误差（图6-33(b)）

工序尺寸 h_2 的工序基准与定位基准（外圆轴线）不重合，存在基准不重合误差 $\Delta_B(h_2)$，其值为工序基准相对于定位基准在工序尺寸 h_2 方向上的最大变动量。即 $\Delta_B(h_2)=T_d/2$，此外该工序还存在基准位移误差 $\Delta_Y(h_2)$。$\Delta_Y(h_2)=O_1O_2=\frac{T_d}{2\sin(\alpha/2)}$，由于 $\Delta_B(h_2)$ 和 $\Delta_Y(h_2)$ 在工序尺寸 h_2 方向上投影方向相反，故其定位误差为

$$\Delta_D(h_2) = \Delta_Y(h_2) - \Delta_B(h_2) = \frac{T_d}{2}\left[\frac{1}{\sin(\alpha/2)} - 1\right] \qquad (6-10)$$

3. 以工件外圆上母线为工序基准标注键槽深度尺寸 h_3 的定位误差（图6-33(c)）

工序尺寸 h_3 的工序基准与定位基准（外圆轴线）不重合，存在基准不重合误差 $\Delta_B(h_3)$，其值为工序基准相对于定位基准在工序尺寸 h_3 方向上的最大变动量。即 $\Delta_B(h_3)=T_d/2$，此外该工序还存在基准位移误差 $\Delta_Y(h_3)$。$\Delta_Y(h_3)=O_1O_2=\frac{T_d}{2\sin(\alpha/2)}$，由于 $\Delta_B(h_3)$ 和 $\Delta_Y(h_3)$ 在工序尺寸 h_3 方向上投影方向相同，故其定位误差为

$$\Delta_D(h_3) = \Delta_B(h_3) + \Delta_Y(h_3) = \frac{T_d}{2}\left[\frac{1}{\sin(\alpha/2)} + 1\right] \qquad (6-11)$$

6.6 工件在夹具中的夹紧

在机械加工过程中,工件受到切削力、离心力、惯性力等的作用,为了保证在这些外力作用下,工件仍能在夹具中保持已确定的加工位置,而不致发生振动或位移,夹具结构中应设置夹紧装置将工件可靠夹牢。

6.6.1 夹紧装置的组成和要求

1. 夹紧装置的组成

工件在夹具中正确定位后,由夹紧装置将工件夹紧。夹紧装置的组成有以下几个:

(1) 动力装置,产生夹紧动力的装置。夹紧力来源于人力或者某种动力装置。用人力对工件进行夹紧称为手动夹紧。用各种动力装置产生夹紧作用力进行夹紧称为机动夹紧。常用的机动夹紧装置有气动装置、液压装置、电动装置、电磁装置、气—液联动装置和真空装置等。

(2) 夹紧机构,夹紧机构一般由中间传力机构和夹紧元件组成。夹紧元件是直接用于夹紧工件的元件。一般常用的夹紧元件有螺钉、压板等。中间传力机构是将原动力以一定的大小和方向传递给夹紧元件的机构。图 6-34 中,气缸 1 为动力装置,压板 4 为夹紧元件,由斜楔 2、滚子 3 和杠杆等组成的斜锲铰链传力机构为中间传力机构。

在有些夹具中,夹紧元件(例如图 6-34 中的压板 4)往往就是中间传力机构的一部分,难以区分,统称为夹紧机构。

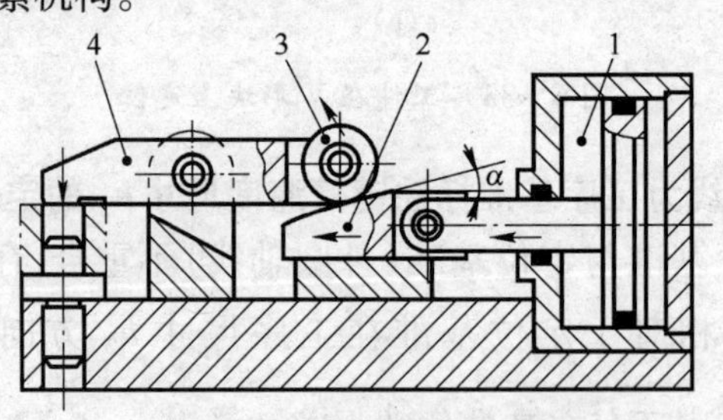

图 6-34 夹紧装置组成

1—气缸;2—斜楔;3—滚子;4—压板。

2. 对夹紧装置的要求

夹紧装置的设计和选用是否正确合理,对于保证加工质量、提高生产率、减轻工人劳动强度有很大影响。对夹紧装置的基本要求如下:

(1) 夹紧过程不得破坏工件在夹具中占有的正确位置。

(2) 夹紧力要适当,既要保证工件在加工过程中定位的稳定性,又要防止因夹紧力过大损伤工件表面或使工件产生过大的夹紧变形。

(3) 夹紧机构的操作应安全、方便、迅速、省力。

(4) 结构应尽量简单,便于制造,便于维修。

6.6.2 夹紧力的确定

夹紧力包括大小、方向、作用点 3 个要素。设计夹紧装置时,首先是确定夹紧力三要素。

1. 夹紧力作用点的选择

(1) 夹紧力的作用点应正对定位元件或位于定位元件所形成的支承面内。图 6－35 所示夹具的夹紧力作用点就违背了这项原则，由于夹紧力作用点位于定位元件 1 之外，夹紧时所产生的转动力矩将会使工件 2 发生翻转，破坏了工件的定位位置。图 6－35 中实线箭头给出了夹紧力作用点的正确位置。

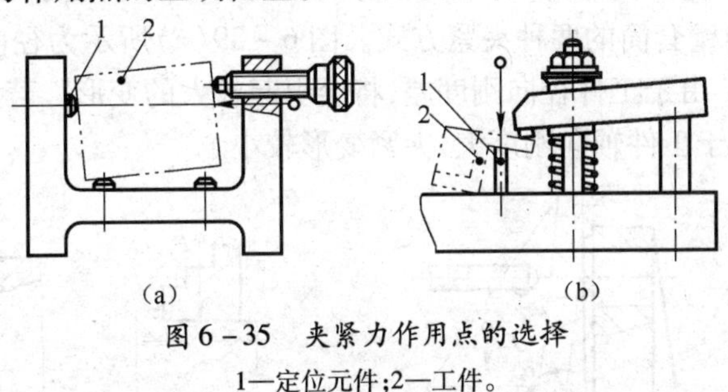

图 6－35　夹紧力作用点的选择

1—定位元件；2—工件。

(2) 夹紧力的作用点应位于工件刚性较好的部位。

对于薄壁件，如果必须在工件刚性较差的部位夹紧时，应使夹紧力分布均匀，以减小工件的变形。如图 6－36 所示，当夹紧力为图中虚线位置时，将引起较大的工件变形，如作用在图中实线位置，由于该部位工件刚性较好，变形就小多了。

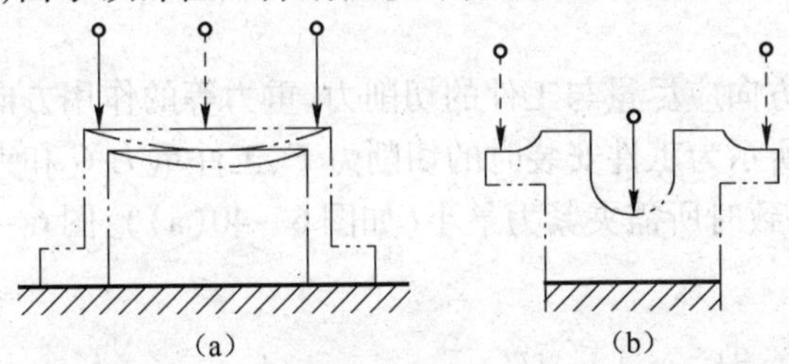

6－36　夹紧力作用点应位于工件刚性较好的部位

(3) 夹紧力作用点应尽量靠近加工表面，使夹紧稳固可靠。图 6－37(a) 所示为滚齿加工的两种装夹方案。图 6－37(a) 左图中，夹紧力的作用点离工件加工面远，不正确；图 6－37(a) 右图中，夹紧力作用点靠近加工表面，选择正确。图 6－37(b) 所示为一个形状较为特殊的工件，在工件的主干区采用三面组合定位形式实现完全定位，但加工部位处于翘起的头部，加工时会产生较大的变形和振动，甚至根本无法加工，因此，应在靠近加工部位处增加辅助支承，并正对着辅助支承施加次要夹紧力。

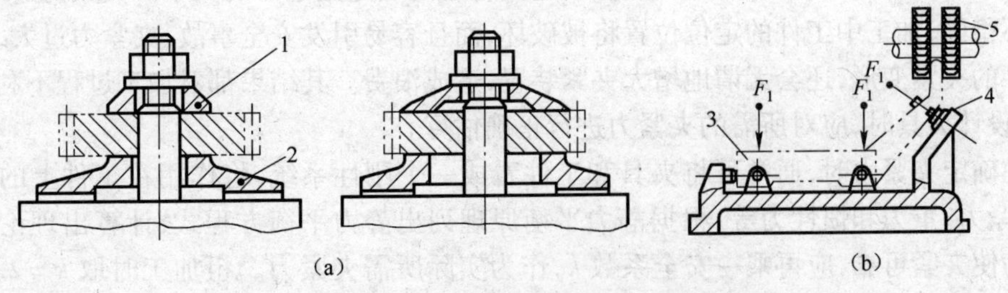

图 6－37　夹紧力的作用点应靠近工件加工表面

1—压板；2—基座；3—工件；4—辅助支承；5—铣刀。

2. 夹紧力作用方向的选择

(1) 夹紧力的作用方向应垂直于工件的主要定位基面。如图 6－38 所示,工件以 A、B 面定位镗孔,要求保证孔轴线与 A 面垂直,根据这一加工要求,则应选定 A 面为主要定位基面,此时夹紧力方向应垂直于 A 面,如图 6－38(a)所示。如果使夹紧力指向 B 面(图 6－38(b)),则由于 A、B 两面间存在垂直度误差,加工要求将不能满足。

(2) 夹紧力的作用方向应与工件刚度最大的方向一致,以减小工件的夹紧变形。图 6－39 所示为加工薄壁套筒的两种夹紧方式。图 6－39(a)所示为径向夹紧方式,用三爪卡盘径向夹紧套筒。由于工件径向刚度差,将会引起较大的变形。若用图 6－39(b)所示的轴向夹紧方式,由于工件轴向刚度大,夹紧变形较小。

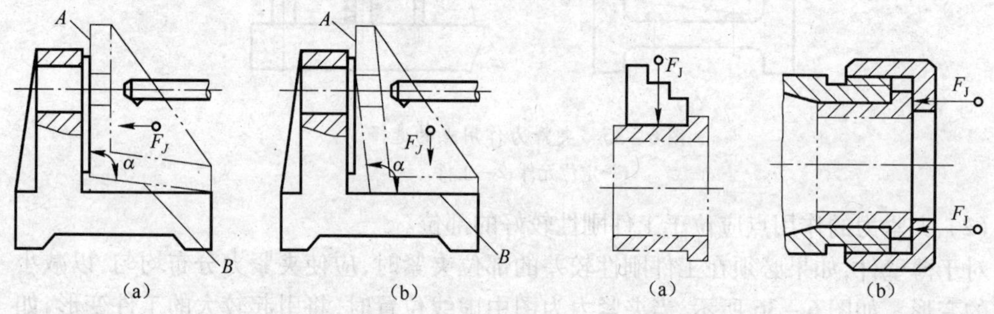

图 6－38 夹紧力应垂直于主要定位基面　　图 6－39 夹紧力方向与工件刚度的关系

(3) 夹紧力作用方向应尽量与工件的切削力、重力等的作用方向一致,这样可以减小夹紧力。如图 6－40 所示为工件安装时的切削力 F、工件重力 G 和夹紧力 F_J 三者之间的关系,其中三力方向一致时所需夹紧力最小(如图 6－40(a)),图 6－40(d)所需夹紧力最大。

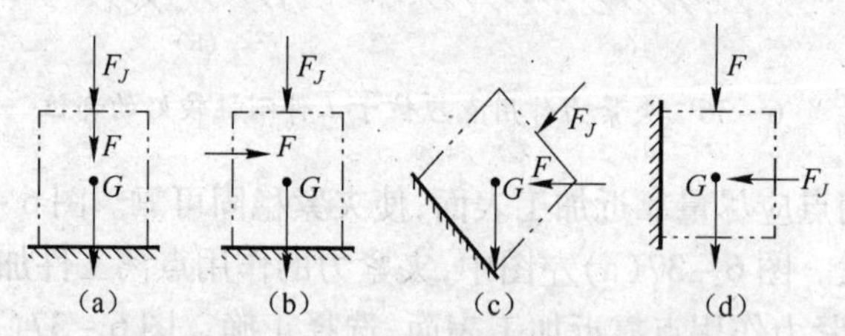

图 6－40 夹紧力、重力与切削力之间的关系

3. 夹紧力大小的估算

在夹紧力方向和作用点位置确定后,还需合理的确定夹紧力的大小。夹紧力过小,则夹紧不稳固,加工中工件的定位位置将被破坏,而且容易引发安全事故;夹紧力过大,会增大工件的夹紧变形,还会无谓地增大夹紧装置,造成浪费。其结果都对加工过程不利。因此,在设计夹具时,应对所需的夹紧力进行正确估算。

在确定夹紧力时,通常可将夹具和工件看成一个刚性系统,将作用在工件上的切削力、夹紧力、重力和惯性力等,根据静力平衡原理列出静力平衡方程式,计算出理论夹紧力。为使夹紧可靠,应再乘一安全系数 k,作为实际所需夹紧力。粗加工时取 $k=2.5\sim3$,精加工时取 $k=1.5\sim2$。

由于在加工过程中切削力的作用点、方向和大小可能都在变化,估算夹紧力时应按最不利的情况考虑。下面以车床上用三爪卡盘定位夹紧加工外圆柱面为例，说明夹紧力的计算过程。

图6-41所示为在车床上用三爪卡盘定位夹紧加工外圆柱面的情况。以工件为受力单元体并且在垂直工件轴线的平面内求力矩平衡（设每个卡爪的径向夹紧力为 F_J，则卡爪与工件之间的摩擦力为 μF_J），于是有平衡方程 $\frac{3}{2}\mu F_J d_1 = \frac{1}{2}F_C d_0$。

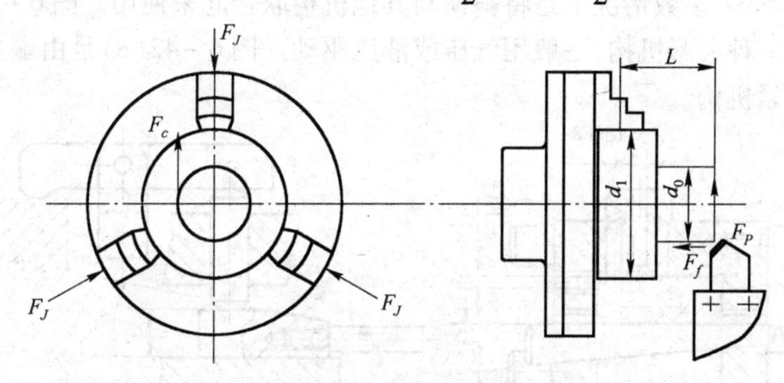

图6-41 三爪卡盘夹紧车削外圆时夹紧力的计算

解方程，得

$$F_J = \frac{F_C d_0}{3\mu d_1}$$

则实际夹紧力为

$$F_0 = k \cdot \frac{F_C d_0}{3\mu d_1}$$

式中 F_0——实际所需夹紧力(N)；

k——安全系数，精加工 $k=1.5\sim2$，粗加工 $k=2.5\sim3$；

F_C——主切削力(N)；

d_1——卡盘夹持端工件直径(mm)；

d_0——工件切削后直径(mm)；

μ——卡爪与工件之间的摩擦因数，一般取0.1~0.3。工件定位表面与夹具定位元件工作表面间的摩擦因数取0.1~0.2，工件的夹紧表面与夹紧元件间的摩擦因数取0.2~0.3。

上述夹紧力的估算对初学者非常有用，但对有经验的工程技术人员来说，常常可以根据经验估算出夹紧力的大小。

6.6.3 基本夹紧机构

基本夹紧机构主要有斜楔夹紧机构、螺旋夹紧机构和圆偏心夹紧机构3种。

1. 斜楔夹紧机构

1) 夹紧原理

斜楔夹紧机构是夹紧机构中最基本的一种形式，它主要是利用斜面移动时所产生的压力来直接或间接夹紧工件的，常用于气动和液压夹具中。在手动夹紧中，斜楔夹紧机构往往和其他机构联合使用。从作用原理分析，后面将要介绍的螺旋夹紧机构和圆偏心夹紧机构都可看作是斜楔夹紧机构的变型。

图6-42所示为斜楔夹紧机构的3个示例。图6-42(a)为采用斜楔夹紧的钻床夹具，它用移动斜楔2产生的力夹紧工件3。工件装入后，锤击斜楔大头夹紧工件，加工结束后，锤击斜楔小头松开工件。由于用斜楔直接夹紧工件的夹紧力很小，且操作费时，所以生产中应用不多，多数情况下是将斜楔与其他机构联合起来使用。图6-42(b)是将斜楔与滑柱合成一种夹紧机构，一般用气压或液压驱动。图6-42(c)是由端面斜楔与压板组合而成的夹紧机构。

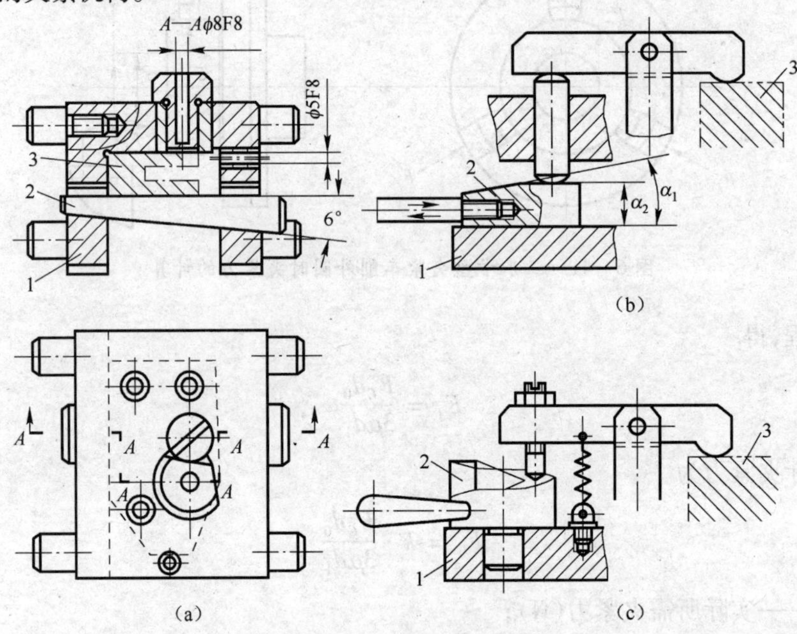

图6-42 斜楔夹紧机构

1—夹具体；2—斜楔；3—工件。

2) 斜楔机构夹紧力的计算

图6-43(a)所示为斜楔在夹紧过程中的受力情况。在 F_Q 作用下，斜楔与工件接触的一面受到工件对它的反作用力 F_J（与斜楔对工件的作用力数值相同，方同相反）和摩擦力 F_1 的作用；斜楔与夹具体接触的一面受到夹具体对它的反作用力 F_{N2} 和摩擦力 F_2 的作用。将 F_{N2} 和 F_2 合成为 F_{R2}。然后再将 F_{R2} 分解为水平分力 F_{Rx} 和垂直分力 F_{Fy}。根据静力平衡条件，水平方向和竖直方向的所有作用力之和为零，可以求得各个作用力：

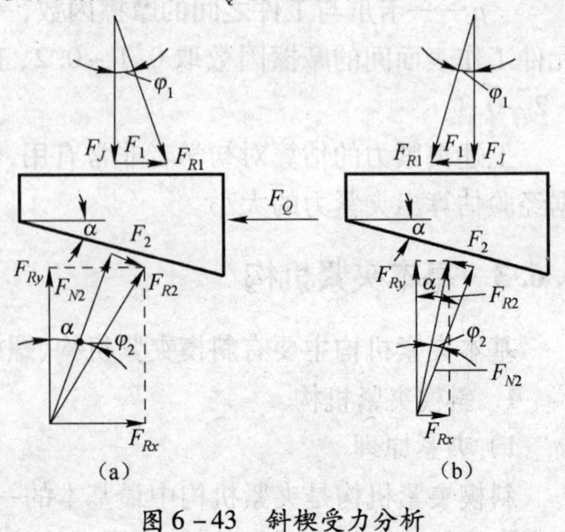

图6-43 斜楔受力分析

$$\begin{cases} F_1 + F_{Rx} = F_Q \\ F_{Ry} = F_J \end{cases}$$

式中

$$F_1 = F_J \tan\varphi_1$$

$$F_{Rx} = F_{Ry} \tan(\alpha + \varphi_2)$$

代入上式，得

$$F_J = \frac{F_Q}{\tan\varphi_1 + \tan(\alpha + \varphi_2)} \tag{6-12}$$

式中 α——斜楔升角(°)；

φ_1——斜楔与工件间的摩擦角(°)；

φ_2——斜楔与夹具体之间的摩擦角(°)。

3）斜楔机构特点

(1) 斜楔机构自锁条件。夹紧机构一般都要求自锁。即在去除作用力 F_Q 后，夹紧机构仍能保持对工件的夹紧，不会松动。当工件夹紧之后，不再给斜楔上施加原始作用力，这时斜楔就会有滑出的倾向。要使斜楔不滑出，工件依然被夹紧，是摩擦力在起作用，图 6－43(b) 所示为去除作用力 F_Q 后斜楔的受力情况，下面对其进行受力分析，可以得到斜楔实现自锁的条件为 $F_1 > F_{Rx}$

因为 $F_1 = F_J \tan\varphi_1$，$F_J = F_{Ry}$；

将 $F_{Rx} = F_{Ry}\tan(\alpha - \varphi_2) = F_J\tan(\alpha - \varphi_2)$ 代入自锁条件，得

$$F_J \tan\varphi_1 > F_J \tan(\alpha - \varphi_2)$$

$$\tan\varphi_1 > \tan(\alpha - \varphi_2)$$

因为 α 和 φ_1、φ_2 都很小，将上式化简可得，斜楔机构实现自锁的条件为

$$\alpha < \varphi_1 + \varphi_2 \tag{6-13}$$

所以，斜楔的自锁条件是斜楔的升角小于斜楔与工件、斜楔与夹具体间的摩擦角之和。钢铁表面之间的摩擦因数一般为 0.1～0.15，因此摩擦角 $\varphi = \arctan(0.10 \sim 0.15) = 5°43' \sim 8°30'$，相应的升角 $\alpha = 11° \sim 17°$。为了保证自锁可靠，手动夹紧机构一般取 $\alpha < 6° \sim 8°$。用液压或气压驱动的斜楔不需要自锁，可取 $\alpha = 15° \sim 30°$。

(2) 斜楔机构能改变夹紧作用力的方向。由图 6－43(a) 可以看出，当外加一作用力 F_Q 后，斜楔可以产生一个与 F_Q 方向相垂直的力 F_J。

(3) 斜楔具有增力作用。夹紧力 F_J 与外力 F_Q 之比称为扩力比(或增力倍数)i_p，即

$$i_p = \frac{F_J}{F_Q} = \frac{1}{\tan\varphi_1 + \tan(\alpha + \varphi_2)} \tag{6-14}$$

由上式可知，当外力 F_Q 一定时，α 越小，扩力比越大，因此，要增大夹紧力，需减小斜楔的升角，但升角还与夹紧行程有关系。

(4) 斜楔的夹紧行程小。斜楔机构的夹紧行程一般都很小，斜楔升角 α 与斜楔自锁性能和夹紧行程密切相关。当 α 越小时，夹紧行程越小，自锁性能越好；反之，当 α 越大时，夹紧行程越大，自锁性能越差。在选择斜楔升角 α 时，必须同时考虑到自锁性能、增力作用、夹紧行程三方面的问题。如果要求斜楔机构有较大的夹紧行程，且机构又要求自锁，可以采用具有双升角的斜楔。如图 6－42(b) 所示的夹紧机构，其前端大升角 α_1 仅用

于加大夹紧行程，后端小升角 α_2 用于增力和保证自锁。

2. 螺旋夹紧机构

1）夹紧原理

采用螺旋装置直接夹紧或与其他元件组合实现夹紧的机构，统称螺旋夹紧机构。螺旋夹紧机构结构简单，容易制造。由于螺旋升角小，螺旋夹紧机构的自锁性能好，夹紧力和夹紧行程都较大，在手动夹具上应用较多。螺旋夹紧机构可以看作是绕在圆柱表面上的斜面，将它展开就相当于一个斜楔。因此，其夹紧原理与斜楔夹紧机构一样，通过转动螺旋，使绕在圆柱上的斜面位置发生变化，而将工件夹紧。

图6－44(a)所示为一个最简单的螺旋夹紧机构，螺钉头部直接压紧工件表面。这种结构在使用时容易压坏工件表面，而且拧动螺钉时容易使工件产生转动，破坏工件的定位，一般应用较少。图6－44(b)中螺杆1的头部通过活动压块5与工件表面接触，拧螺杆时，压块不随螺杆转动，故不会带动工件转动。用压块5压工件，由于承压面积大，故不会压坏工件表面。采用衬套2可以提高夹紧机构的使用寿命，螺纹磨损后通过更换衬套2可迅速恢复螺旋夹紧功能。

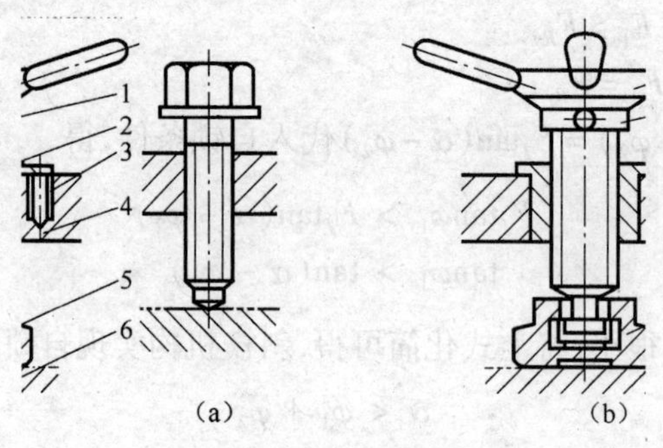

图6－44　螺旋夹紧机构

1—螺杆；2—螺纹衬套；3—防转螺钉；4—夹具体；5—活动压块；6—工件。

压块的典型结构如图6－45所示。图6－45中，A型的端面是光滑的，用于夹紧已加工表面，B型的端面有齿纹，用于夹紧未加工过的毛坯粗糙表面。

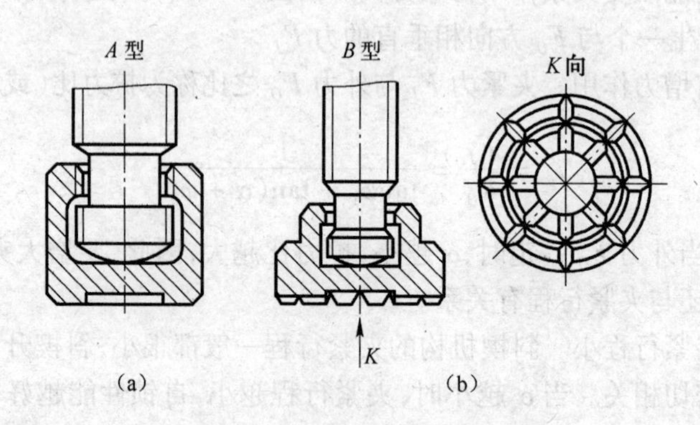

图6－45　标准活动压块

2）单螺旋夹紧机构的夹紧力计算

螺旋夹紧机构是斜楔夹紧机构的一种变型，螺旋可以看作是绕在圆柱表面上的斜楔，螺旋升角即为斜楔升角，所以它的夹紧力计算与斜楔夹紧相似。图6-46所示为夹紧状态下螺杆的受力图。施加在手柄上的外力矩 $M=F_QL$，工件对螺杆产生反作用力有 F_J 和摩擦力 F_1，F_1 分布在整个接触面上，计算时可看成是集中于当量摩擦半径 r' 的圆周上。螺母对螺杆的反作用力有垂直于螺旋面的正压力 F_{N2} 和摩擦力 F_2，其合力为 F_{R2}，此力分布于整个螺旋接触面上，计算时认为其作用于螺旋中径处，为了便于计算，将合力 F_{R2} 分解为水平方向分力 F_{Rx} 和垂直方向分力 F_{Ry}。根据力矩平衡条件，得

$$M = M_1 + M_2$$

即 $F_QL=F_1r'+F_{Rx}\dfrac{d_0}{2}$，因为

$$F_1 = F_J\tan\varphi_1, F_{Rx} = F_{Ry}\tan(\alpha+\varphi_2) = F_J\tan(\alpha+\varphi_2)$$

带入上式，得

$$F_J = \frac{F_QL}{\dfrac{d_0}{2}\tan(\alpha+\varphi_2)+r'\tan\varphi_1} \tag{6-15}$$

式中 F_J——螺旋夹紧机构所产生的夹紧力(N)；

F_Q——作用在手柄上的原始作用力(N)；

L——原始作用力的力臂(mm)；

d_0——螺纹中径(mm)；

α——螺纹升角(°)；

φ_1——螺纹端部与工件或压块的摩擦角(°)；

φ_2——螺纹处摩擦角(°)；

r'——螺杆端部与工件(或压块)间的当量摩擦半径(mm)。

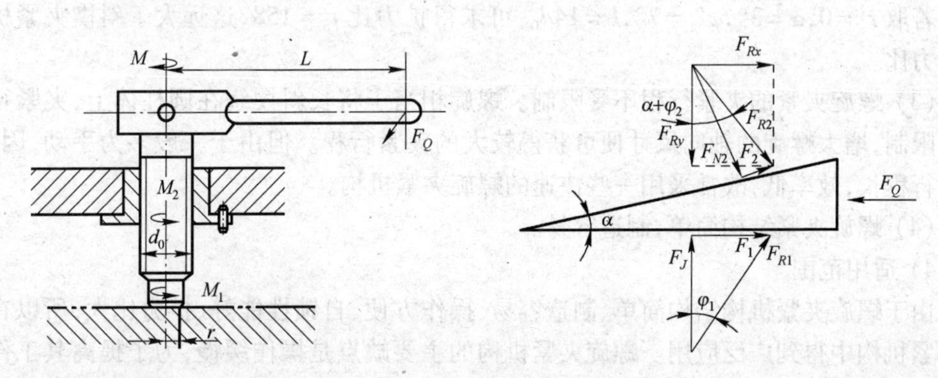

图6-46 螺旋夹紧受力分析

以上分析是方牙螺纹($\varphi_2=\varphi'_2$)，对其他螺纹，则为

$$F_J = \frac{F_QL}{\dfrac{d_0}{2}\tan(\alpha+\varphi'_2)+r'\tan\varphi_1} \tag{6-16}$$

式中　φ'_2——螺纹处当量摩擦角(°)；

对于三角螺纹 $\varphi'_2 = \arctan(1.15\tan\varphi_2)$；

对于梯形螺纹 $\varphi'_2 = \arctan(1.03\tan\varphi_2)$；

当量摩擦半径 r' 与端面的接触情况有关系，如表 6－3 所列。

表 6－3　螺杆端部的当量摩擦半径

形式	1 点接触	2 平面接触	3 圆周线接触	4 圆环面接触
简图		d_0	R β_1	D_0 D
r'	0	$\frac{1}{3}d_0$	$R\cot\frac{\beta_1}{2}$	$\frac{1}{3}\frac{D^3-D_0^3}{D^2-D_0^2}$

3）螺旋夹紧机构的特点

(1) 螺旋夹紧机构自锁性好，夹紧可靠。螺旋夹紧机构中，一般螺纹升角 $\alpha \leqslant 4°$，远小于摩擦角 φ_1 和 φ_2。所以，螺旋夹紧机构很容易保证自锁，具有良好的自锁性能和抗振性能。

(2) 螺旋夹紧的增力比较大。

螺旋夹紧机构的扩力比为

$$i_p = \frac{F_J}{F_Q} = \frac{L}{r'\tan\varphi_1 + \dfrac{d_0}{2}\tan(\alpha + \varphi'_2)} \tag{6-17}$$

若取 $r'=0, \alpha=3°, \varphi'_2=7°, L=14d_0$，可求得扩力比 $i_p=158$，这远大于斜楔夹紧机构的扩力比。

(3) 螺旋夹紧的夹紧行程不受限制。螺旋相当于将长斜楔绕在圆柱体上，夹紧行程不受限制，增大螺旋的轴向尺寸便可获得较大的夹紧行程。但由于一般多为手动，因此，夹紧行程长，效率低，故常采用一些快速的螺旋夹紧机构。

(4) 螺旋夹紧结构简单，制造容易。

4）适用范围

由于螺旋夹紧机构结构简单、制造容易、操作方便、自锁性能好、扩力比大，所以在手动夹紧机构中得到广泛应用。螺旋夹紧机构的主要缺点是操作缓慢，为了提高其工作速度，生产实际中常采用各种快速的螺旋夹紧机构，如图 6－47 所示。图 6－47(a)所示为在夹紧螺母下放置开口垫圈，螺母的外径小于工件的孔径，只要稍许旋松螺母，抽出开口垫圈，工件即可穿过螺母取出。未加工工件套过螺母定位后，插入开口垫圈，旋紧螺母即可实现夹紧。图 6－47(b)所示为快卸螺母，它适用于孔径较小的工件。螺母上加工出一个与螺孔中心线成很小角度的光孔，其孔径略大于螺杆大径，螺母可由此光孔套入螺杆，摆正后螺母和螺杆的螺纹即咬合，再略加旋动，便可将工件夹紧。图 6－47(c)所示螺杆 1

上开有直槽，转动手柄 2 便可松开工件后，再将直槽转至螺钉 3 处，即可迅速拉出螺杆，以便装卸工件。

为了在工件最合适的位置和方向上进行夹紧，生产中经常采用螺旋与压板组成组合夹紧机构，如图 6-48 所示的几种典型的螺旋压板夹紧机构。在同样的原始力 F 作用下，对工件产生的夹紧力 F_J 不同。

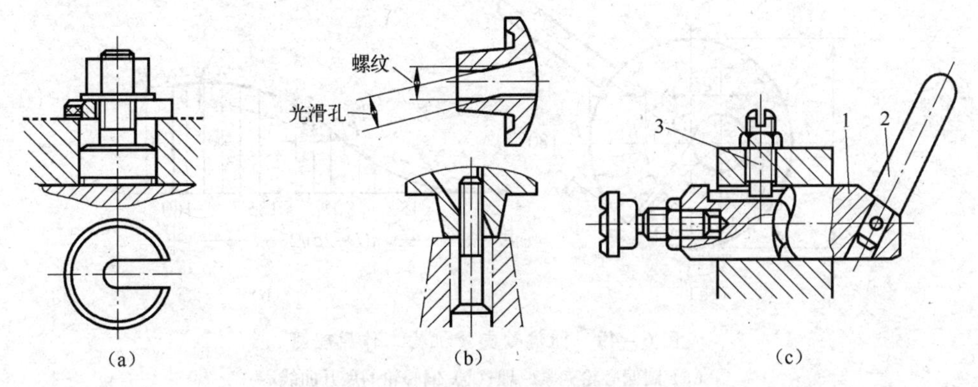

图 6-47　快速螺旋夹紧机构

(a) 开口垫圈；(b) 快卸螺母；(c) 快速移动螺杆。
1—螺杆；2—转动手柄；3—螺钉。

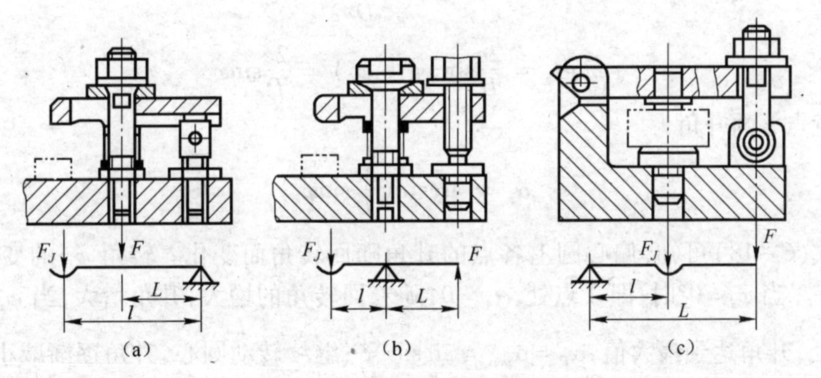

图 6-48　螺旋压板夹紧机构

3. 偏心夹紧机构

偏心夹紧机构是斜楔夹紧机构的一种变型，它是通过偏心轮直接夹紧工件或与其他元件组合夹紧工件的。常用的偏心件有圆偏心和曲线偏心，曲线偏心采用阿基米德螺旋线或对数螺旋线作为轮廓曲线，这两种曲线的优点是升角变化均匀，可使工件夹紧稳定可靠，但制造困难，故使用较少；圆偏心由于结构简单、制造容易，因而使用较广。下面主要介绍圆偏心夹紧装置。

1) 夹紧原理

图 6-49 所示为圆偏心夹紧机构工作原理图。圆偏心轮直径为 D，几何中心为 O_1，回转中心为 O，偏心距为 e，虚线圆为基圆，其直径为 $D-2e$，图中阴影部分相当于一个绕在基圆盘上的弧形楔。当顺时针扳动手柄时，弧形楔逐渐地楔进基圆盘和工件中间，使工件得以夹紧，反之，逆时针扳动手柄即可实现松夹。

2）结构特点

（1）圆偏心轮的升角是变值。设轮周上任意点 x 的回转角为 φ_x，回转半径为 r_x，升角为 α_x，当圆偏心轮绕回转中心 O 转动时，若将偏心轮的工作部分弧展开，就可得到一个具有曲线斜边的楔块，如图 6－49（b）所示。从图中看出，斜面上各点的斜率（即升角）不是常数，而是与夹紧点的位置有关的变量。

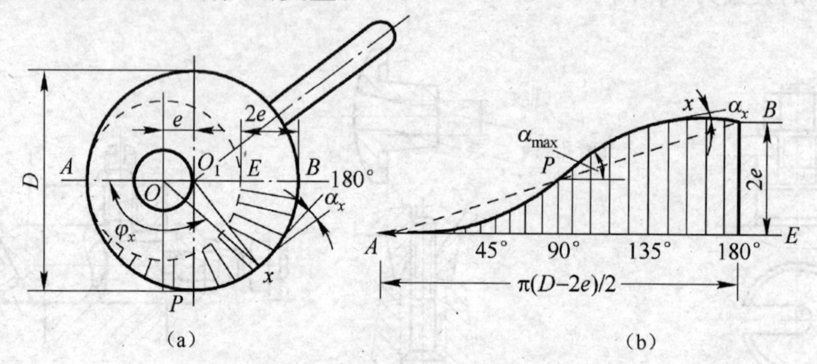

图 6－49　圆偏心夹紧机构工作原理图

（a）圆偏心轮夹紧原理；（b）偏心轮的展开曲线。

在三角形 OO_1x 中，由正弦定律，得

$$\frac{\sin\alpha_x}{e}=\frac{\sin(\pi-\varphi_x)}{D/2}$$

$$\sin\alpha_x=\frac{2e}{D}\sin(\pi-\varphi_x)=\frac{2e}{D}\sin\varphi_x$$

任意点 x 的升角为

$$\alpha_x=\arcsin\left(\frac{2e}{D}\sin\varphi_x\right) \tag{6-18}$$

从式（6－18）可知，偏心圆上各点的升角随回转角而变化。转角 φ_x 的变化范围为 0°～180°。当 $\varphi_x=0°$时，即 A 点处，$\alpha_A=0$；随着回转角的增大，升角增大，当 $\varphi_x=90°$时，即 P 点处，升角达到最大值，$\alpha_P=\alpha_{max}=\arcsin\frac{2e}{D}$；继续转动圆心，升角逐渐减小，当 $\varphi_x=180°$时，即 B 点处，$\alpha_B=0$。

圆偏心各夹紧点升角变化的这一特性很重要，因为其夹紧工作区段的选择、自锁条件及夹紧力计算等，均与升角变化这一特性和最大升角 α_{max} 有关。

（2）圆偏心轮的夹紧行程及工作区域。圆偏心轮的工作部分，从理论上讲，可以使用从 A 到 B 的整个轮廓曲面，此时偏心轮的回转角变化范围为 0°～180°，夹紧行程为 0～2e，在实际生产中，因为 P 点处升角变化小，夹紧力比较稳定，所以通常取 P 点左右夹角为 30°～45°的一段圆弧为工作部分。

（3）圆偏心轮的自锁条件。由于圆偏心轮的弧形楔夹紧与斜楔夹紧相似，因此圆偏心夹紧机构实现自锁的条件为

$$\alpha_{man}\leqslant\varphi_1+\varphi_2$$

式中　α_{max}——圆偏心轮的最大升角（°）；

φ_1——圆偏心轮与工件间的摩擦角（°）；

φ_2——圆偏心轮与回转轴销间的摩擦角(°)；

为安全起见，不考虑转轴处的摩擦，则 $\alpha_{max} \leqslant \varphi_1$，即

$$\tan\alpha_{max} \leqslant \tan\varphi_1$$

因为 α_{max}很小，故可取 $\tan\alpha_{max} = \sin\alpha_{max} = \frac{2e}{D}$。

又因为

$$\tan\varphi_1 = \mu_1$$

式中 μ_1——圆偏心轮与工件间的摩擦因数。

所以，圆偏心轮自锁条件为

$$\frac{2e}{D} \leqslant \mu_1 \tag{6-19}$$

一般 $\mu_1 = 0.1 \sim 0.15$，则 $\frac{D}{e} \geqslant 14 \sim 20$，$\frac{D}{e}$的值称为圆偏心的特性系数。根据偏心圆的特性系数，便可决定偏心圆的基本尺寸。一般是选定 μ_1 和 e 求 D。

3）夹紧力计算

由于圆偏心夹紧机构实际上是斜楔夹紧机构的一种变形。因此，在计算夹紧力时，可以把它的工作情况看成是一个楔在转轴和工件之间的的假想斜面。当偏心轮以 APB 弧的中点 P 作为施力点时，该点的升角最大，所产生的夹紧力最小，因此只须计算 P 点为施力点时的夹紧力即可。图 6-50 所示为偏心轮以 P 点作为施力点夹紧时的工作状况。

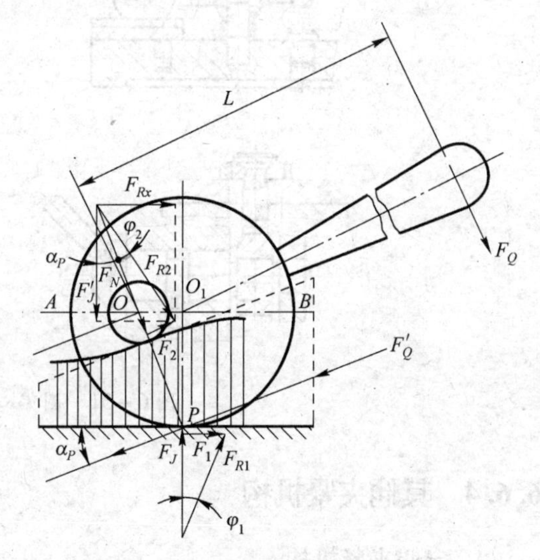

图 6-50 圆偏心机构夹紧力分析

设作用于手柄的原动力为 F_Q，其作用点至回转中心 O 的距离为 L，则产生力矩 $M = F_Q L$。

在此力矩 M 作用下，相当于在斜楔上施加了一个过点 P 的力 F'_Q，由力矩关系，得

$$F'_Q \rho = F_Q L，即\ F'_Q = \frac{F_Q L}{\rho}$$

式中 ρ——P 点的回转半径。

假想斜楔上除外 F'_Q 外，还受来自工件的反力 F_J 和摩擦力 F_1，销轴的支反力 F_N 及摩擦力 F_2。由于 α_p 很小，忽略 F'_Q 的垂直分力 $F'_Q \sin\alpha_p$，以简化计算，这样，销轴的支反力 F_N 及摩擦力 F_2 的合力 F_{R2}在垂直方向的分力 F'_J 与工件的支反力 F_J 相平衡，即 $F'_J = F_J$。

在水平方向上有 $F_1 + F_{Rx} = F'_Q \cos\alpha_p$

由于 α_p 很小，$F'_Q \cos\alpha_p \approx F'_Q$

$$F_1 = F_J \tan\varphi_1 \quad F_{Rx} = F'_J \tan(\alpha_p + \varphi_2) = F_J \tan(\alpha_p + \varphi_2)$$

即 $F_J\tan\varphi_1 + F_J\tan(\alpha_p + \varphi_2) = F'_Q$

所以，夹紧力 F_J 为

$$F_J = \frac{F'_Q}{\tan\varphi_1 + \tan(\alpha_p + \varphi_2)} = \frac{F_Q L}{\rho[\tan\varphi_1 + \tan(\alpha_p + \varphi_2)]} \qquad (6-20)$$

4）适用范围

圆偏心夹紧机构具有结构简单，夹紧迅速等优点，但它的夹紧行程小，增力倍数小，自锁性能差，故一般只用在被夹紧表面尺寸变动不大和切削过程振动较小的场合。圆偏心夹紧机构很少直接用于夹紧工件，经常与其他机构联合使用。图 6－51(a)、(b)为圆偏心轮—压板夹紧机构，压板上开有长槽，松开后可以快速撤离工件；图 6－51(c)为偏心轴与拉杆组成的夹紧机构，通过球面开口垫圈压紧工件；图 6－51(d)为直接用偏心圆弧将铰链压板锁紧在夹具体上，通过摆动压杆将工件夹紧。

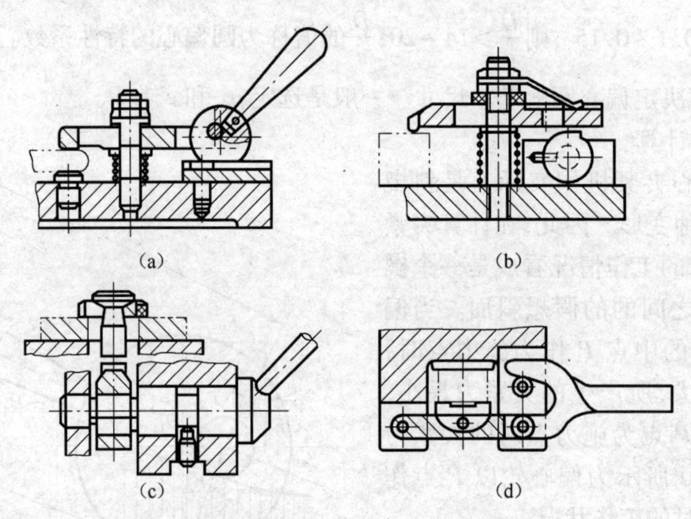

图 6－51　圆偏心组合夹紧机构

6.6.4　其他夹紧机构

1. 定心夹紧机构

定心夹紧机构是一种特殊的夹紧机构，它在实现定心作用的同时，又起着将工件夹紧的作用。通用夹具中的三爪定心卡盘、弹簧卡头等就是典型的定心夹紧机构。当工件的定位基准为轴线、对称中心线、对称平面时，常常使用具有定心作用的夹具。“定心定位”是指当工件在夹具中正确定位时，夹具定位元件体现的对称中心线、对称平面理论上与工件的定位基准是重合的。定心夹紧机构中与定位基面接触的元件既是定位元件又是夹紧元件，其定位精度高，夹紧方便、迅速，在夹具中广泛应用。根据不同的使用情况，定心夹紧机构的结构形式很多，下面仅介绍几种常见的定心夹紧机构。

1）三爪卡盘

三爪卡盘是车床上的标准附件，是工件以外圆柱面定位时使用最广泛的通用夹具。它是一种典型的定心夹紧机构。三爪卡盘的 3 只卡爪能同时移动，因此能在夹紧工件的同时实现定心定位。三爪卡盘常用于工件的粗加工和半精加工。

2）弹性筒夹

弹性筒夹是一种用圆锥面产生移动的定心夹紧机构。图 6－52(a)所示为夹紧外圆的弹簧夹头,图 6－52(b)所示为夹紧内孔的弹簧心轴,它们都是利用薄壁套筒的均匀弹性变形来实现对工件的定心夹紧的。这类机构的主要元件是一种开有三条、四条或更多条槽的有锥面的套筒,称为弹性筒夹(或弹性套筒)。弹性筒夹的结构分为三部分(图 6－52(c)),右端带有外锥面的 A 部称为夹爪,起夹紧作用;中间带有纵向沟槽的 B 部是弹性部分,产生均匀弹性变形以产生弹性夹紧力;左端圆柱 C 部是弹性套筒的导向部分,起导向作用。当筒夹与夹具上的圆锥表面作相对移动时,筒夹被收缩或胀开,夹紧工件。图 6－52(a)中,旋紧螺母 4,其内螺孔端面推动弹性筒夹 2 向左移动,锥套 3 内锥面迫使弹性筒夹 2 上的簧瓣向里收缩,将工件定心夹紧。图 6－52(b)中,旋转带肩螺母 8 时,其端面向左推动锥套 7 迫使弹性筒夹 6 上的簧瓣向外胀开,将工件定心夹紧。

筒夹夹紧时产生变形,造成与配对圆锥和工件接触不良,影响定心精度。其定心误差为 ϕ0.04mm ~ ϕ0.10mm。由于筒夹变形不宜过大,工件定位基准的公差应为 0.1mm ~ 0.5mm以内。筒夹夹具结构紧凑,操作方便,但夹紧力不大,适于半精加工和一般精度的精加工。

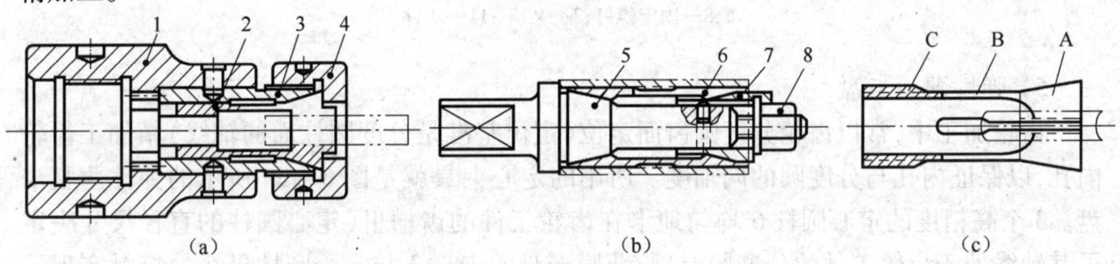

图 6－52　弹性定心夹紧机构

1—夹具体；2,6—弹性筒夹；3,7—锥套；4,8—螺母；5—锥度心轴。

3）斜楔式定心夹紧机构

斜楔式定心夹紧机构常用于工件以圆柱孔定位的情况。依靠斜楔的移动,推动滑块径向移动,实现对工件的定心定位和夹紧。图 6－53 所示为基于斜楔夹紧原理的定心夹紧机构。以内孔为定位基面的工件,套在 3 个均布的径向滑块 1 上,通过拉杆 3 带动具有斜槽的滑套 2 左移,在斜面作用下使 3 个滑块同时向外移动,将工件内孔定心夹紧。

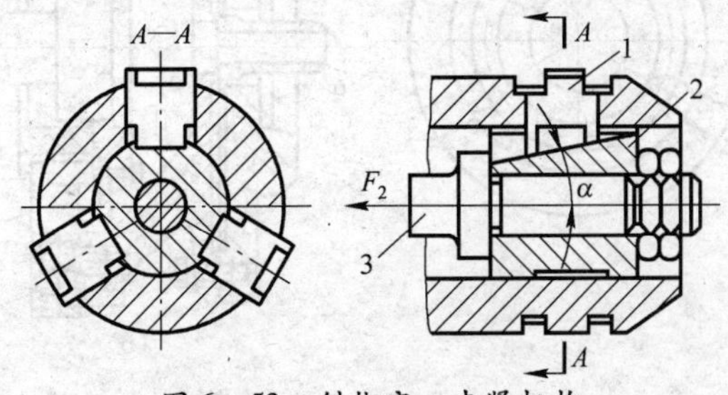

图 6－53　斜楔定心夹紧机构

1—滑块;2—滑套;3—拉杆。

4）螺旋定心夹紧机构

螺旋定心夹紧机构利用等螺距的左右旋螺纹驱动两个活动 V 形块来对工件实施定

心夹紧。工件以对称中心平面为定位基准时，应选用这种夹紧机构。如图 6-54 所示，转动两端螺纹旋向不同的螺杆 3，带动两个活动 V 形块 1 和 2 相向移动对工件实施对中定心夹紧。两个活动 V 形块在其移动方向的对称平面由图中叉座 7 决定。叉座 7 的位置可由调节螺钉 5、9 来调节，调好位置后用紧定螺钉 4、10 将调节螺钉 5、9 锁紧，然后用两个固定螺钉 6、8 将叉座 7 固定在夹具体上。反向旋转螺杆 3，实现对工件 11 的松夹。

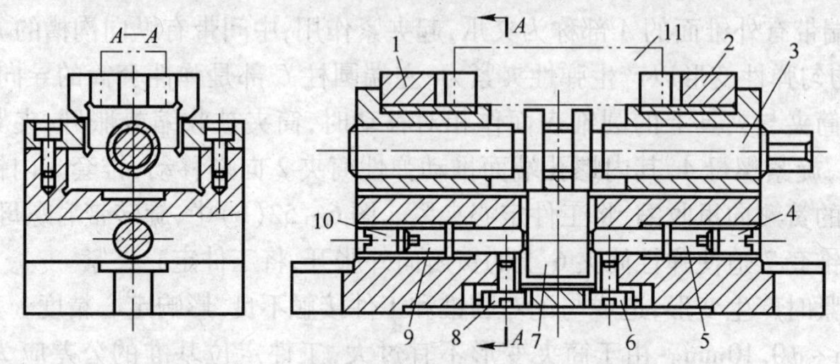

图 6-54　螺旋、V 形块定心夹紧机构

1,2—V 形块；3—螺杆；4,10—紧定螺钉；5,9—调节螺钉；

6,8—固定螺钉；7—叉座；11—工件。

5）弹性薄膜卡盘

齿轮加工中，常以齿轮分度圆齿面定位（定位基准是分度圆柱面的轴线）精加工齿轮内孔，以保证内孔与分度圆的同轴度。所用的定心夹具就是图 6-55 所示的弹性薄膜卡盘。3 个高精度的定心圆柱 6 均匀地卡在齿轮工件的齿槽里（定心圆柱的直径尺寸决定了其轴线处于齿轮工件的分度圆上）。薄膜卡盘的卡爪 3 与定心圆柱母线的接触实现了对齿轮工件的夹紧。当推杆 9 右移，施力于弹性薄膜盘 2 的中部时，弹性薄膜盘 2 产生变形而使卡爪 3 张开，放入工件后，向左退回推杆 9，靠弹性薄膜盘 2 的弹性恢复力使工件定心夹紧。卡爪 3 可以更换，以适应不同的工件尺寸。更换后应重磨工作面。

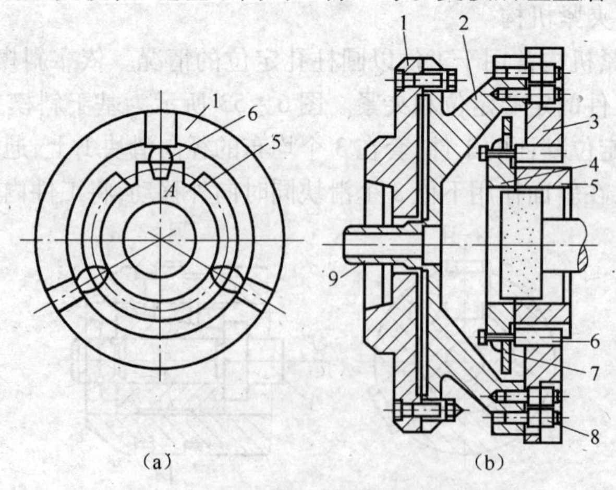

图 6-55　弹性薄膜卡盘

(a) 夹紧原理示意图；(b) 薄膜卡盘结构示意图。

1—夹具体；2—弹性薄膜盘；3—卡爪；4—保持架；5—工件；6—定心圆柱；7—弹簧；8—螺钉；9—推杆。

薄膜材料一般为65Mn,也可用T7A,淬火硬度(45 ~ 50)HRC。薄膜卡盘的精度可达ϕ0.006mm ~ ϕ0.01mm。

6) 液性塑料定心夹紧机构

液性塑料在常温下是一种介于固体和液体之间的胶状物质,具有一定的弹性和流动性,液性塑料定心夹紧机构,是利用液性塑料作为传力介质,使薄壁套筒发生均匀的弹性变形而起定心夹紧作用。可以制成夹紧外圆的液性塑料夹头,也可制成夹紧内孔的液性塑料心轴。

图6-56所示为液性塑料心轴,弹性元件薄壁筒4的两端与夹具体成过渡配合,两者间的环形槽与通道内灌满油液,拧紧螺钉2,柱塞1对密封腔内的液体施加一定的压力,在液体压力作用下,薄壁筒4产生径向变形将工件定心夹紧;将螺钉反向拧动后,密封腔内液体压力降低,薄壁筒恢复原始状态将工件松开。此种方式定心精度高,但由于薄壁筒的弹性变形量小,故只适用于定位孔精度较高的精加工工序。

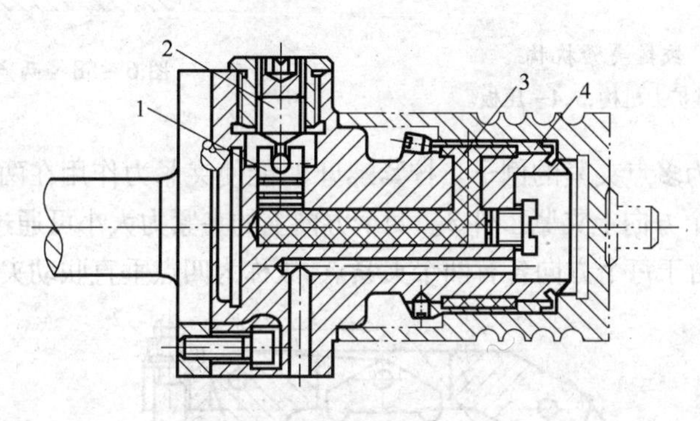

图6-56 液体介质弹性夹具

1—柱塞;2—螺钉;3—液体介质;4—薄壁筒。

2. 铰链夹紧机构

铰链夹紧机构具有动作迅速,增力倍数大、摩擦损失小且容易改变作用力方向等优点,缺点是自锁性能差,一般常用于气动、液动夹具中。图6-57所示为铰链夹紧机构的应用实例。压缩空气进去气缸1后,气缸1经铰链扩力机构2,推动压板3、4同时将工件夹紧。

3. 联动夹紧机构

工件装夹所用的夹具,有时需要同时有几个点对工件进行夹紧,有时需要同时夹紧几个工件。这时,需要采用各种联动夹紧机构。联动夹紧机构是一种高效夹紧机构,它可通过一个操作手柄或一个动力装置,对一个工件的多个夹紧点实施夹紧,或同时夹紧多个工件。联动夹紧机构不仅减少了工件装夹时间,提高了生产率,而且可以使各点夹紧力均匀一致,减少夹紧变形误差。联动夹紧机构根据需要可设计成各种形式,但总得要求是各点的夹紧元件间必须用浮动件相联系,以保证各点能够同时夹紧。下面介绍一些常见的联动夹紧装置。

1) 多点联动

多点夹紧是用一个原始作用力,通过一定的机构将力分散到数个点上对工件进行夹紧。最简单的多点夹紧是采用浮动压头的夹紧。浮动压头,就是在压头中有一个浮动零件1,在夹紧工件过程中,该零件能够摆动或移动,使两个或多个夹紧点都接触,直到最后均衡夹紧。图6-58所示为采用浮动压头进行两点联动夹紧的例子,靠带斜面的滑块1的横向窜动,使两个压杆同时夹紧工件,而且两点的夹紧力相等。

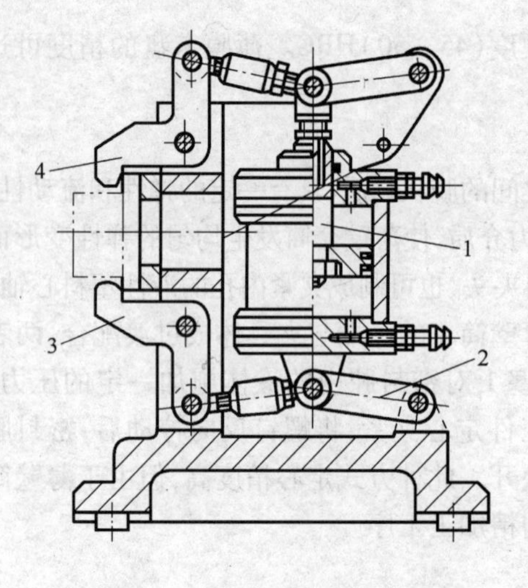

图 6-57　铰链夹紧机构

1—气缸;2—铰链扩力机构;3,4—压板。

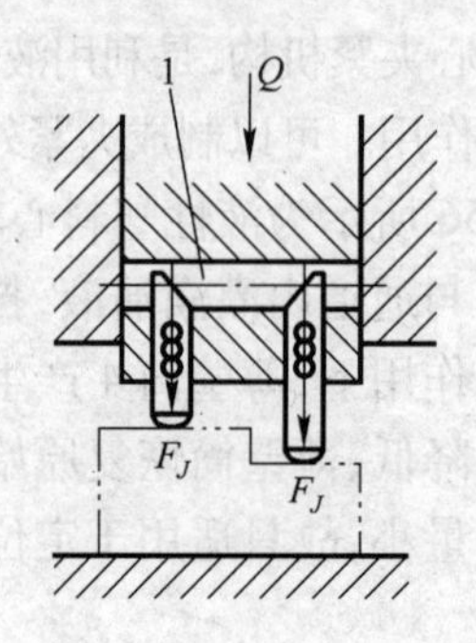

图 6-58　两点夹紧

图 6-59 所示为多点夹紧的例子。拧紧螺母 2,能使夹紧力作用在两个垂直的方向上,从而使压板 1 从两个方向上夹紧工件 3。两个方向上的夹紧力大小可通过改变杠杆臂 L_1 和 L_2 的长度来调整。由于每个方向各有两个夹紧点,故称为四点垂直联动夹紧机构。

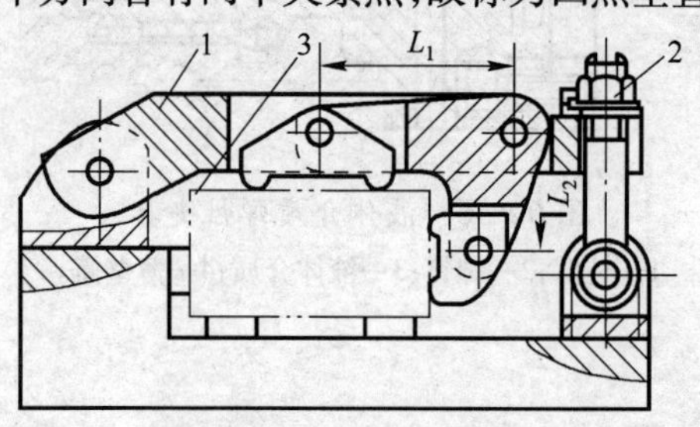

图 6-59　多点联动夹紧

1—压板;2—螺母;3—工件。

2）多件联动

用一个原始作用力,通过一定的机构,对多个相同或不同的工件进行夹紧,称为多件联动夹紧。多件联动夹紧多用于夹紧小型工件,在铣床夹具中应用最广。

图 6-60 所示为多件联动夹紧。图 6-60(a)为多件平行夹紧机构。用了 3 个摆件

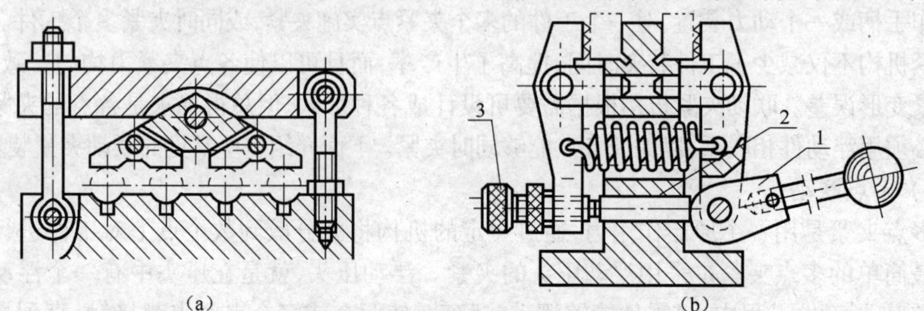

图 6-60　多件联动夹紧

(a) 多件平行夹紧机构;(b) 对向式夹紧机构。

1—偏心轮; 2—传力顶杆;3—调整螺钉。

以同时夹紧4个工件，保证在工件存在尺寸差异及各夹紧元件有制造误差的情况下能同时夹紧；图6－60(b)所示为对向式多件夹紧机构。通过转动偏心轮1，利用传力顶杆2和左、右两个压板使浮动夹紧机构产生两个方向相反、大小相等的夹紧力，并同时将各工件夹紧。

6.7 夹紧的动力装置

在大批大量生产中，为提高生产率、降低工人劳动强度，大多数夹具都采用机动夹紧装置。驱动方式有气动、液动、气液联合驱动，电(磁)驱动，真空吸附等多种形式。其中以气动和液压驱动最为普遍。这类夹紧机构还能进行远距离控制，其夹紧力可保持稳定，机构也不必考虑自锁，夹紧质量也比较高。

6.7.1 气动夹紧装置

气动夹紧装置以压缩空气作为动力源推动夹紧机构夹紧工件。一般压缩空气由压缩空气站供应。经过管路损失之后，进到气缸的压缩空气的压力为4个～6个大气压。在设计计算时，出于安全性考虑，通常取4个大气压来计算。常用的气缸结构有活塞式和薄膜式两种，前者应用比较广泛。

1. 活塞式气缸

活塞式气缸按照气缸装夹方式分类有固定式、摆动式和回转式3种，按工作方式分类有单向作用和双向作用两种，其中应用最广泛的是双作用固定式气缸，双向作用固定式是指气缸体是固定不动，可以两面进气推动活塞向左或向右两个方向动作。如图6－61所示为双作用固定式气缸，气缸的前盖1和后盖5用螺钉与气缸体2相连接，活塞3在压缩空气推动下做往复运动，活塞杆与中间传力装置相联或直接与夹紧元件相联，为防止气缸漏气在活塞与缸壁间设有密封圈4。

2. 薄膜式气缸

图6－62所示为单向作用的薄膜式气缸结构。薄膜2代替活塞将气室分为左右两部分，当压缩空气由导气接头1输入左腔后，推动薄膜2和推杆5右移夹紧工件。当左腔由导气接头经分配阀放气时，弹簧6使推杆左移复位，松开工件。

与活塞式气缸相比，薄膜式气缸具有密封性好、结构简单、寿命较长的优点；缺点是工作行程较短，夹紧力随行程变化而变化。

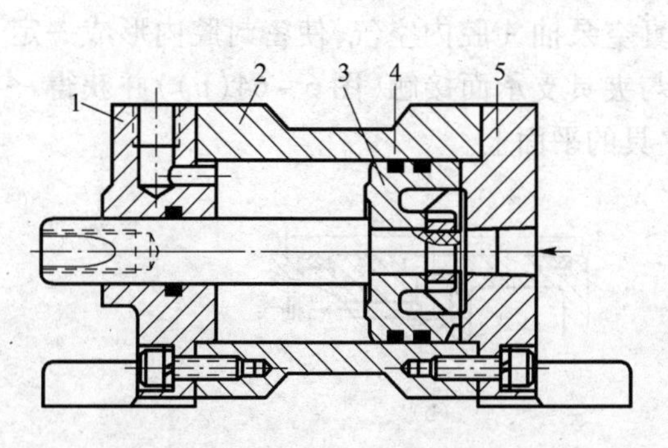

图6－61 双作用固定式活塞式气缸

1—前盖；2—气缸体；3—活塞；4—密封圈；5—后盖。

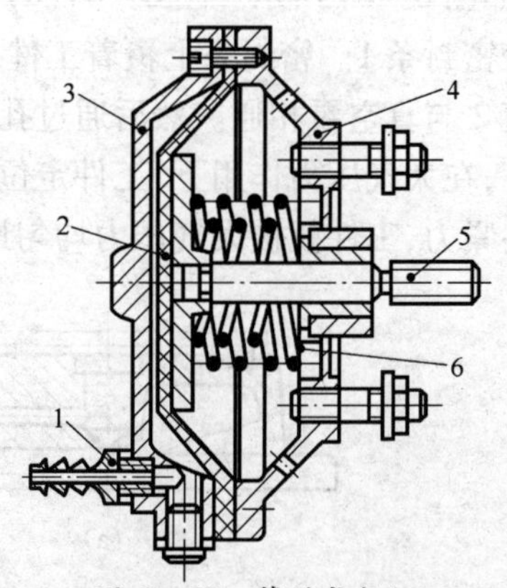

图6－62 薄膜式气缸

1—导气接头；2—薄膜；3—左气缸壁；4—右气缸壁；5—推杆；6—弹簧。

.7.2

液

压夹紧装置的结构和工作原理基本与气动夹紧装置相同，所不同的是它所用的工作介质是压力油。与气压夹紧装置相比，液压夹紧机构具有压力大、体积小、结构紧凑、夹紧力稳定、吸振能力强、不受外力变化的影响等优点。但结构比较复杂、制造成本较高，须设置专门的液压系统，应用范围受限制。因此仅适用于大量生产。液压夹紧的传动系统与普通液压系统类似，但系统中常设有蓄能器，用以储蓄压力油，以提高液压泵电动机的使用效率。在工件夹紧后，液压泵电动机可停止工作，靠蓄能器补偿漏油，保持夹紧状态。

6.7.3 气—液联合夹紧装置

气—液联合夹紧系统的动力源为压缩空气，但要使用特殊的增压器，比气动夹紧装置复杂。它的工作原理如图 6－63 所示，压缩空气进入气缸的 A 腔，推动活塞 1 左移，活塞杆 2 随之左移，将增大的压力传给油液，油液以此压力推动活塞 3 向左，将增大的作用力 Q 传给夹紧装置将工件夹紧。

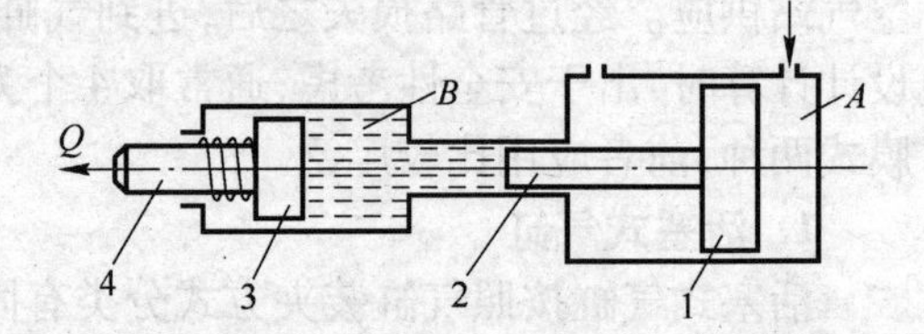

图 6－63 气—液联合夹紧工作原理图

1,3—活塞；2—活塞杆；4—推杆。

6.7.4 电磁夹紧装置

平面磨床上的磁力工作台，内外圆磨床上所用的电磁吸盘等，都是电磁夹紧装置。电磁夹紧装置利用磁场力将工件磁化而夹紧，所产生的夹紧力不大，一般在 $(2\sim13)\times10^5$ Pa 范围内，结构简单，夹紧迅速，适用于夹紧较薄的小型导磁工件和高精度的磨削。

6.7.5 真空夹紧装置

真空夹紧装置是利用封闭腔内的真空度吸紧工件的，实质上是利用大气压力来夹紧工件，如图 6－64 所示。图 6－64(a) 为未夹紧情况，夹具体的上平面开有沟槽、沟槽中装有橡胶密封条 1。密封条上覆着工件，工件与夹具间形成了与大气隔绝的气室 A，气室通过孔道 2 与真空泵相通。然后通过孔道 2 用真空泵抽 A 腔内空气，使密封腔内形成一定真空度，在大气压力作用下，工件定位基准面与夹具支承面接触（图 6－64(b)）并获得一定的夹紧力，工件就被大气压力均匀地压在夹具的平面上。

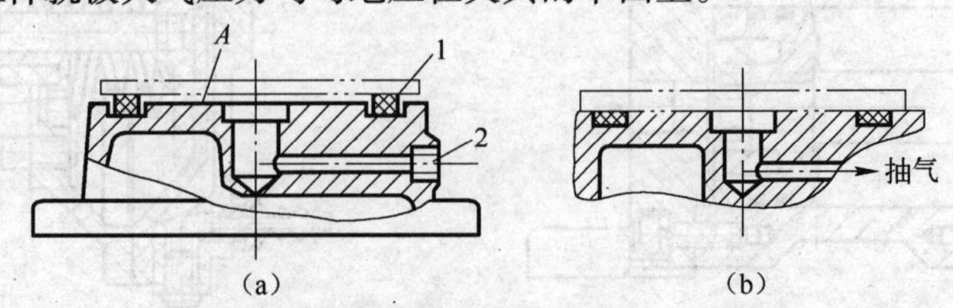

图 6－64 真空夹紧装置

1—橡胶密封条；2—孔道。

6.8　工件装夹设计实例

在夹具设计时，工件装夹方案可能有多种，要对这些方案进行比较，从中确定能满足工序加工要求的最佳方案。下面以拨叉铣槽工件的装夹设计方案为例进行分析。

如图 6－65 所示，在拨叉上铣槽，根据工艺规程，这是最后一道机加工工序，加工要求：槽宽 16H11，槽深 8mm，槽侧面与 ϕ25H7 孔轴线的垂直度为 0.08mm，槽侧面与 E 面的距离为(11 ±0.2)mm。槽底面与 B 面平行，试设计其定位装置和手动夹紧装置。

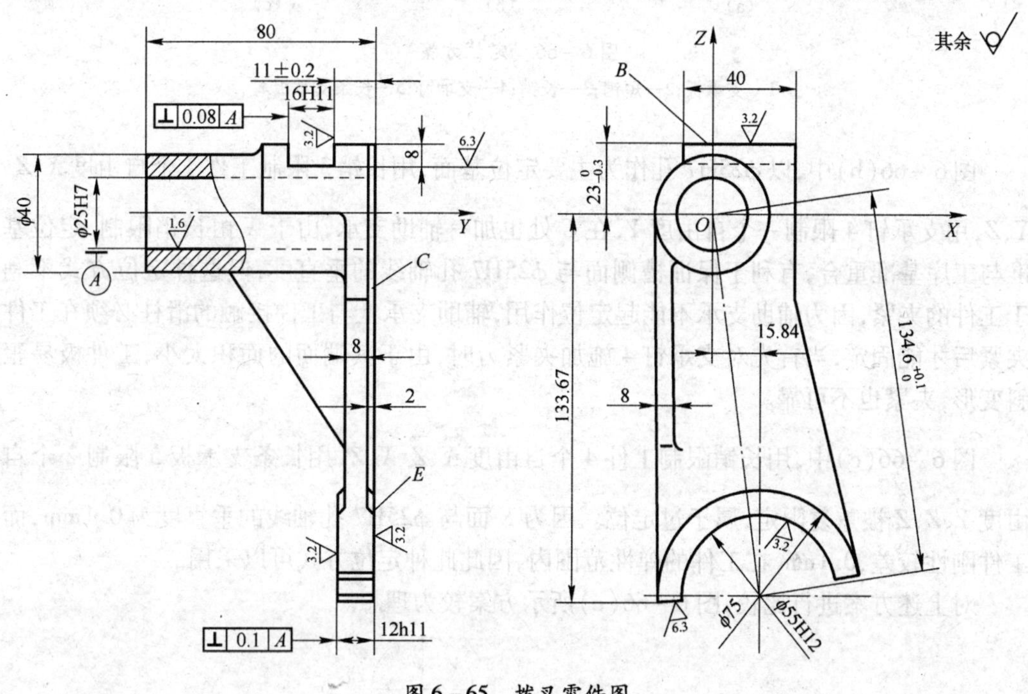

图 6－65　拨叉零件图

6.8.1　定位方案设计

1. 确定需要限制的自由度以及选择定位基面和定位元件

从加工要求考虑，在工件上铣通槽，沿 X 轴的位置自由度 $\vec{X}$ 可以不限制，但为了承受切削力，简化定位装置结构，$\vec{X}$ 还是要限制。工序基准为 ϕ25H7、E 面和 B 面。现拟定 3 个定位方案如图 6－66 所示。

图 6－66(a)中，工件以 E 面作为主要定位基面，用支承板 1 限定 3 个自由度 $\vec{Y}$、$\hat{X}$、$\hat{Z}$，用短销 2 与 ϕ25H7 孔配合限制两个自由度 $\vec{X}$、$\vec{Z}$。为了提高工件的装夹刚度，在 C 处加一辅助支承。由于垂直度 0.08mm 的工序基准是 ϕ25H7 孔轴线，而工件绕 X 轴的角度自由度 $\hat{X}$ 由 E 面来限制，定位基准与工序基准不重合，不利于保证槽侧面与 ϕ25H7 孔轴线的垂直度。

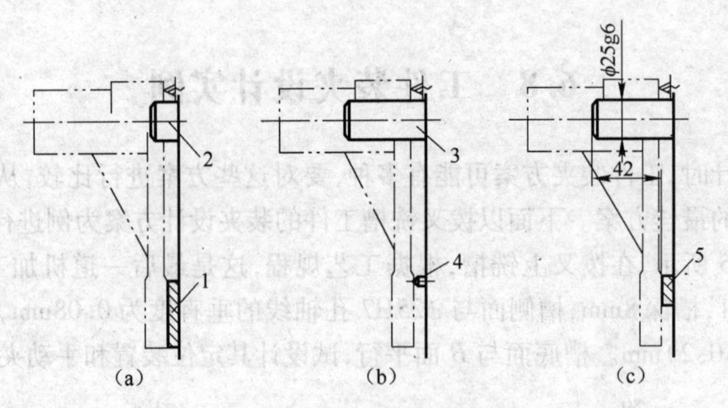

图 6-66　定位方案

1—支承板；2—短销；3—长销；4—支承钉；5—长条支承板。

图 6-66(b)中，以 ϕ25H7 孔作为主要定位基面，用长销 3 限制工件 4 个自由度 $\vec{X}$、$\vec{Z}$、$\hat{X}$、$\hat{Z}$，用支承钉 4 限制一个自由度 $\vec{Y}$，在 C 处也加一辅助支承，由于 $\hat{X}$ 由长销限制，定位基准与工序基准重合，有利于保证槽侧面与 ϕ25H7 孔轴线的垂直度，但这种定位方式不利于工件的夹紧，因为辅助支承不能起定位作用，辅助支承上与工件接触的滑柱必须在工件夹紧后才能固定，当首先对支承钉 4 施加夹紧力时，由于其端面的面积太小，工件极易歪斜变形，夹紧也不可靠。

图 6-66(c)中，用长销限制工件 4 个自由度 $\vec{X}$、$\vec{Z}$、$\hat{X}$、$\hat{Z}$，用长条支承板 5 限制 2 个自由度 $\vec{Y}$、$\hat{Z}$，$\hat{Z}$ 被重复限定，属于过定位。因为 E 面与 ϕ25H7 孔轴线的垂直度为 0.1mm，而工件刚性较差，0.1mm 在工件的弹性范围内，因此此种定位方式可以采用。

对上述方案进行比较，图 6-66(c)所示方案较为理想。

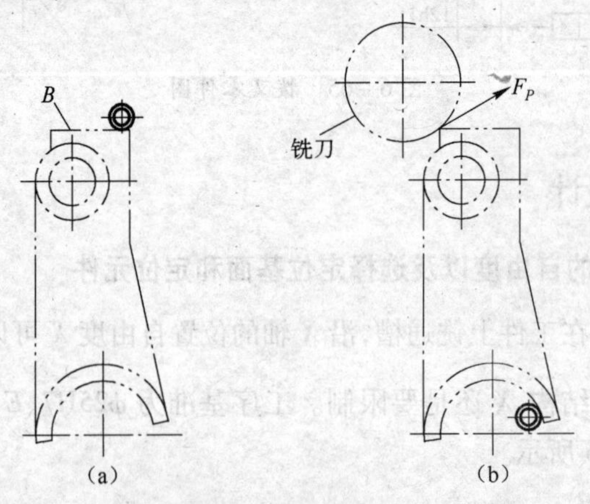

图 6-67　挡销的位置

按照加工要求，工件绕 Y 轴的自由度 $\hat{Y}$ 必须限制，限制的办法如图 6-67 所示。挡销放在图 6-67(a)所示位置时，由于 B 面与与 ϕ25H7 孔轴线的距离($23^{0}_{-0.3}$mm)较近，尺寸公差又大，因此防转效果差，定位精度低；挡销放在图 6-67(b)所示位置时，由于距离 ϕ25H7 孔轴线较远，因而防转效果较好，定位精度较高，且能承受切削力所引起的转矩。

2. 计算定位误差

除槽宽16H11由铣刀保证外,本工序的主要加工要求是槽侧面与E面的距离(11 ± 0.2)mm及槽侧面与ϕ25H7孔轴线的垂直度0.08mm,其他要求未注公差,因此,只要计算上述两项加工要求的定位误差即可。

1) 加工尺寸(11 ±0.2)mm的定位误差

采用图6-66(c)所示方案时,工序基准为E面,定位基准E面及ϕ25H7孔均可影响该项误差。当考虑E面为定位基准时,基准重合,基准不重合误差$\Delta_B=0$,基准位移误差$\Delta_y=0$,因此定位误差$\Delta_{D1}=0$。

当考虑ϕ25H7为定位基准时,基准不重合,基准不重合误差为E面相对于ϕ25H7孔的垂直度误差,即$\Delta_B=0.1$mm,由于长销与定位孔之间存在最大配合间隙X_{max},会引起工件绕Z轴的角度偏差$\pm\Delta\alpha$,取长销配合长度为40mm,直径为ϕ25g6($\phi 25^{-0.009}_{-0.025}$mm),定位孔为$\phi$25H7($\phi 25_0^{+0.025}$mm),则定位孔单边转角误差(图6-68(a))为

$$\tan\Delta\alpha = \frac{X_{max}}{2\times 40} \frac{0.025+0.025}{2\times 40} = 0.000625$$

此偏差将引起槽侧面对E面的倾斜,而产生尺寸(11 ±0.2)mm的基准位移误差,由于槽长为40mm,所以

$$\Delta_Y = 2\times 40\tan\Delta\alpha = 2\times 40\times 0.000625 = 0.05\text{mm}$$

因工序基准与定位基面无相关的公共变量,所以

$$\Delta_{D2} = \Delta_B + \Delta_Y = (0.1+0.05)\text{mm} = 0.15\text{mm}$$

在分析加工尺寸精度时,应计算影响大的定位误差Δ_{D2},此项误差略大于工件公差T_K(0.4mm)的1/3,需经精度分析后确定是否合理。

2) 槽侧面与ϕ25H7孔轴线的垂直度的定位误差

由于定位基准与工序基准重合,所以$\Delta_B=0$,由于孔轴配合存在最大配合间隙X_{max},所以存在基准位移误差。定位基准可绕X轴产生两个方向的转动,其单方向的转角如图6-68(b)所示。

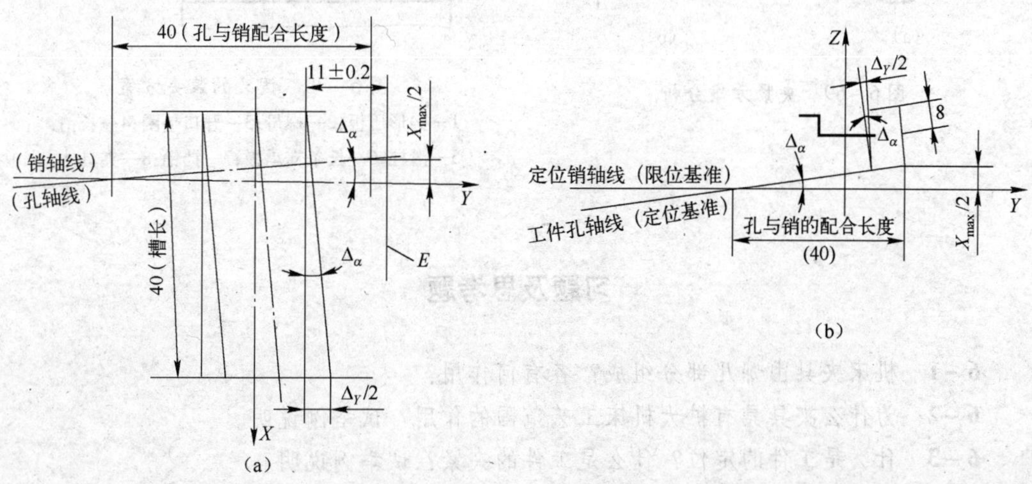

图6-68 铣拨叉槽时的定位误差

$$\tan\Delta\alpha = \frac{X_{\max}}{2 \times 40} = \frac{0.025 + 0.025}{2 \times 40} = 0.000625$$

此处槽深为8mm,所以基准位移误差为

$$\Delta_Y = 2 \times 8\tan\Delta\alpha = 2 \times 8 \times 0.000625 = 0.01\text{mm}$$

$$\Delta_D = \Delta_Y = 0.01\text{mm}$$

由于定位误差只有垂直度要求的1/8,因此装夹方案的定位精度足够。

6.8.2 装夹方案分析

前面已经提到,必须首先对长条支承板施加夹紧力,然后固定辅助支承的滑柱。由于支承板离加工表面较远,铣槽时的切削力又大,故需在靠近加工表面的地方再施加一个夹紧力。此夹紧力作用在图6-69(a)所示位置时,由于工件该部位的刚性差,夹紧变形大,因此,应如图6-69(b)所示,用螺母与开口垫圈夹压在工件圆柱的左端面。拨叉此处的刚性较好,夹紧力更靠近加工表面,工件变形小,夹紧也可靠。对支承板的夹紧机构采用钩形压板,可使结构紧凑,操作也较为方便。

综合以上分析,拨叉铣槽的装夹方案应如图6-70所示。装夹时,先拧紧钩形压板1,再固定滑柱5,然后插上开口垫圈3,拧紧螺母2。

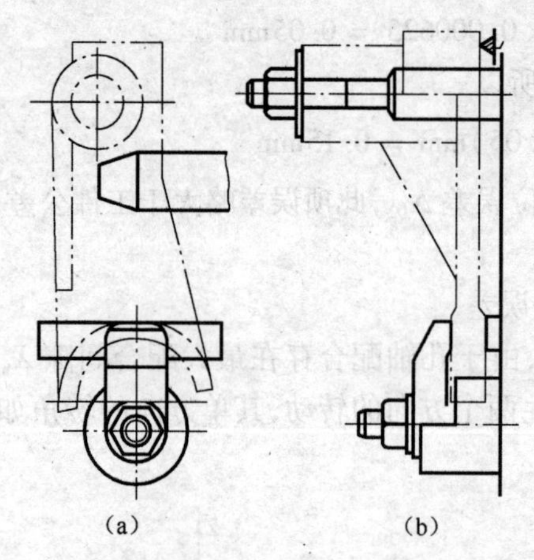

图6-69 夹紧方案分析

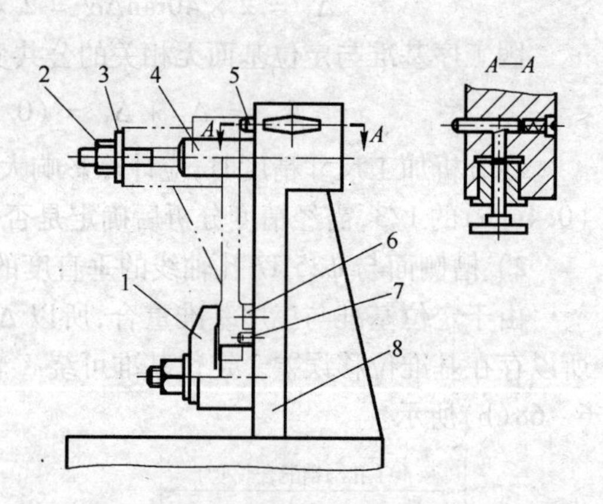

图6-70 拨叉的装夹方案

1—钩形压板;2—螺母;3—开口垫圈;4—长销;5—滑柱;6—长条支承板;7—挡销;8—夹具体。

习题及思考题

6-1 机床夹具由哪几部分组成?各有何作用?

6-2 为什么夹具具有扩大机床工艺范围的作用?试举例说明。

6-3 什么是工件的定位?什么是工件的夹紧?试举例说明。

6-4 什么叫定位基准?什么叫六点定位规则?举例加以说明。

6-5 试举例说明什么叫工件在夹具中的“完全定位”、“不完全定位”、“欠定位”和

"过定位"?

6-6 图6-71所示连杆在夹具中定位,定位元件分别为支承平面1、短圆柱销2和短V形块3,试分析图6-71所示定位方案的合理性并给出改进意见。

6-7 试分析图6-72中各定位元件所限制的自由度数。

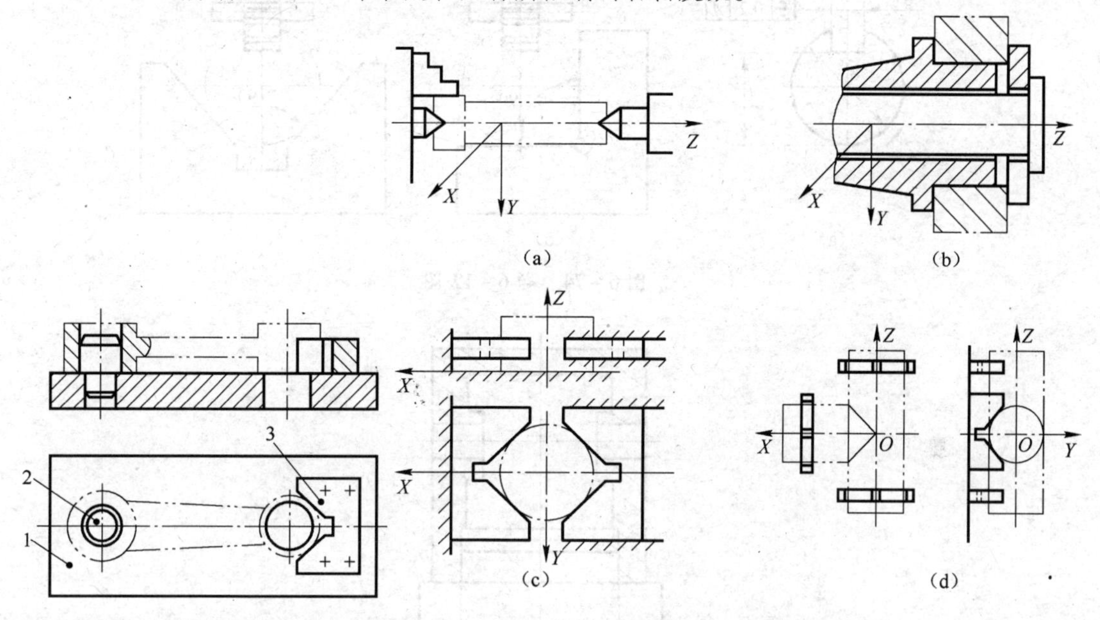

图6-71 题6-6图

1—平面支承;2—短圆柱销;
3—短V形块。

图6-72 题6-7图

6-8 试分析比较可调支承、自位支承和辅助支承的作用和应用范围。

6-9 什么叫定位误差?定位误差是由哪些因素引起的?定位误差的数值一般应控制在零件加工公差的什么范围之内?

6-10 试分析各典型夹紧机构的特点和应用场合。

6-11 已知切削力 F,若不计小轴1、2的摩擦损耗,试计算图6-73所示夹紧装置作用在斜楔左端的作用力 F_Q。

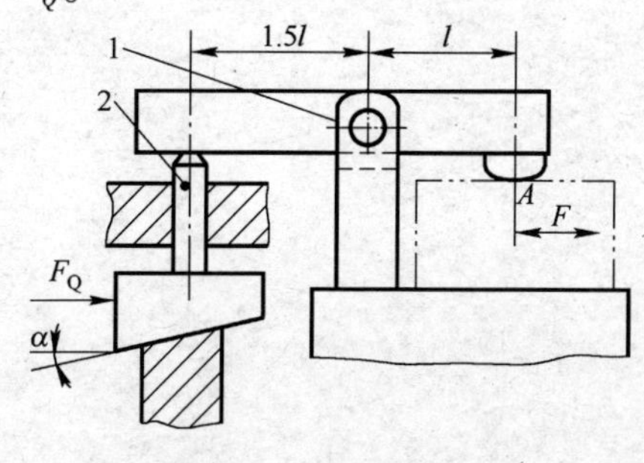

图6-73 题6-11图

6-12 图6-74(a)所示为铣键槽工序的加工要求,已知轴颈尺寸 $\phi=80^{0}_{-0.1}$ mm,试分别计算图6-74(b)、(c)两种定位方案的定位误差。

6－13 图 6－75 所示活塞以底面和止口定位(活塞的周向位置靠拨活塞销孔定位),镗活塞销孔,要求保证活塞销孔轴线相对于活塞轴线的对称度为 0.01mm,已知止口与短销配合尺寸为 $\phi95\mathrm{H7/f6}$ mm,试计算此工序针对对称度要求的定位误差。

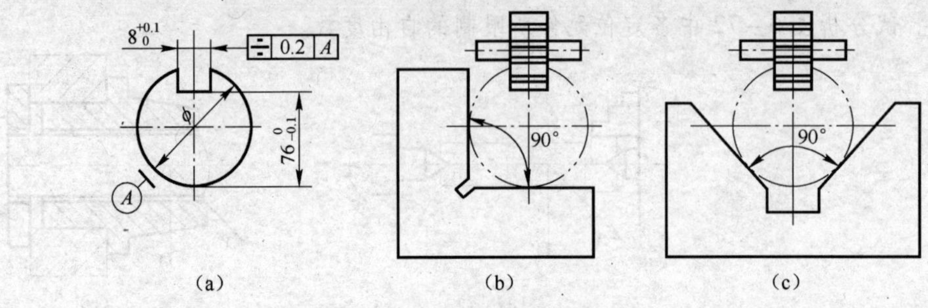

图 6－74　题 6－12 图

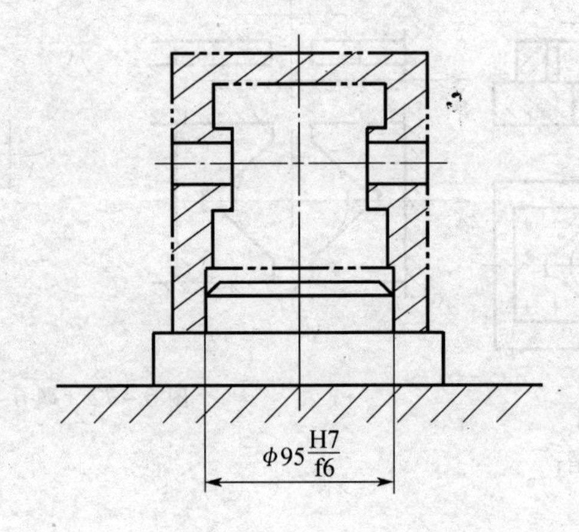

图 6－75　题 6－13 图

第7章　常用机床夹具的结构特点

机床夹具通常都由定位元件、夹紧机构、夹具体和其他元件、装置等组成。由于各类机床的加工工艺特点、夹具与机床的连接方式等不尽相同，因此，对其夹具的设计提出了不同的要求。本章在各种夹具元件和装置设计的基础上，将对常用机床夹具的结构特点进行分析介绍，以便进一步掌握各类机床夹具的设计方法和设计要求。

7.1　钻床夹具

在各种钻床上用来进行孔的钻、扩、铰加工所用的夹具，称为钻床夹具，这类夹具的特点是装有钻套和安装钻套用的钻模板，故习惯上简称为钻模。钻模有利于保证被加工孔对其定位基准和各孔之间的尺寸精度和位置精度，并可显著提高劳动生产率。

7.1.1　钻床夹具的主要类型及其结构特点

钻床夹具的种类繁多，根据被加工孔的分布情况和钻模板的特点，一般分为固定式、回转式、移动式、翻转式、盖板式和滑柱式等几种类型。

1. 固定式钻模

在加工过程中，钻模板相对于工件和机床的位置保持不变的钻模称为固定式钻模。如图7-1所示的在某轴套工件上钻孔的钻床夹具就是一种固定式钻模。图7-1(a)为某轴套工件，其要求加工 ϕ6H7 孔并保证轴向尺寸(37.5±0.02)mm。图7-1(b)为其钻

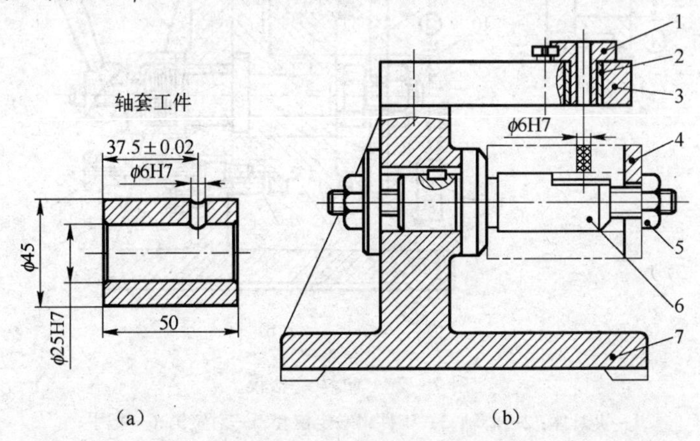

图7-1　固定式钻模

1—快换钻套；2—衬套；3—钻模板；4—开口垫圈；5—螺母；6—定位销；7—夹具体。

床夹具，工件以内孔及端面为定位基准，通过夹具上的定位销6及其端面即可确定工件在

夹具中的正确位置。拧紧螺母5，通过开口垫圈4可将工件夹紧，然后由装在钻模板3上的快换钻套1导引钻头进行钻孔。钻模板和夹具体可以采用焊接结构或直接铸造成一体。也可用若干个螺钉和定位销固定在夹具体上。

固定式钻模结构简单，制造方便，定位精度高，但有时装卸工件不便，它可用于立式钻床、摇臂钻床和多轴钻床上。用于立式钻床加工时，一般只能加工单轴线孔，在摇臂钻床上则可加工平行孔系。为了提高加工精度，在立式钻床上安装固定式钻模时，要先将装在主轴的钻头伸入钻套中，以确定钻模在机床中的位置，然后用压板压住，使钻模紧固在钻床工作台上。

2. 回转式钻模

在钻削加工中，回转式钻模使用较多，它主要用于加工工件上同一圆周上平行孔系或加工分布在同一圆周上的径向孔系。回转式钻模的基本形式有立轴、卧轴和倾斜轴3种。工件一次装夹中，靠钻模依次回转加工各孔，因此这类钻模必须有分度装置。图7-2所示为一卧轴式回转钻模，用于加工套筒零件上3个等分径向均布孔ϕ6H9。工件以孔ϕ40H7与端面*C*在心轴2上定位，通过开口垫圈9、螺母10实现夹紧。钻模板11紧固在夹具体1上，其上有钻套12。加工完一个孔后，通过把手6拔出对定销5，转动手柄7，使工件转动120°后，对定销5插入另一个定位孔中，然后通过转动手柄7将分度盘锁紧，即可加工第二个孔。3个孔的加工是在工件一次安装中，由夹具本身的回转分度机构经两次分度完成的。

回转式钻模使用方便、结构紧凑，在成批生产中广泛使用。一般为缩短夹具设计和制造周期，提高工艺装备的利用率，夹具的回转分度部分多采用标准回转工作台。

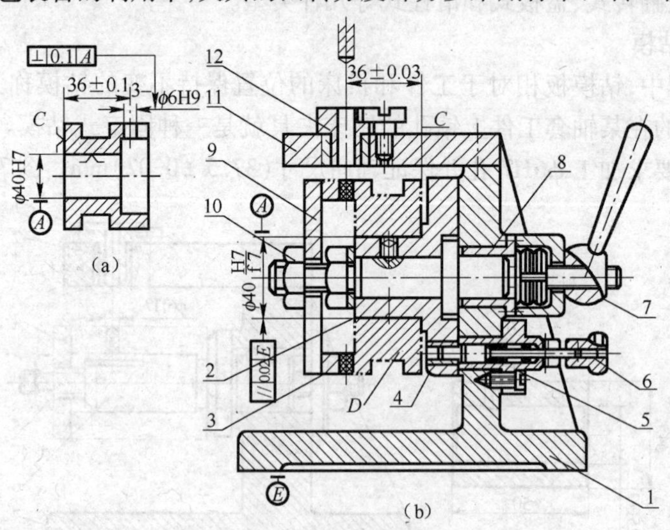

图7-2　回转式钻模

1—夹具体；2—心轴；3—工件；4—定位套；5—对定销；6—把手；

7—手柄；8—压紧套；9—开口垫圈；10—螺母；11—钻模板；12—钻套。

3. 翻转式钻模

翻转式钻模是一种没有固定回转轴的回转钻模。这类钻模可以和工件一起在机床工作台上翻转。在使用过程中，需要用手进行翻转，为减轻工人劳动强度，夹具连同工件的总质量一般限制在10kg以内。主要适用于加工小型工件上分布几个方向的孔,这样可减少工件的装夹次数,提高工件上各孔之间的位置精度。此种钻模操作方便,适于在中小批生产中使用。

图7-3所示为加工套筒上4个径向孔的翻转式钻模。工件以内孔及端面在台肩销1上定位,用开口垫圈2和螺母3夹紧。钻完一组孔后,将钻模翻转60°钻另一组孔。

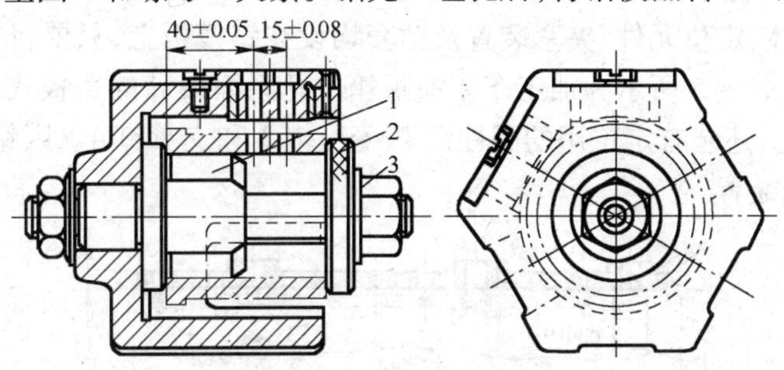

图7-3　翻转式钻模

1—定位销;2—垫圈;3—螺母。

4. 滑柱式钻模

滑柱式钻模是一种带有升降钻模板的通用可调夹具,在生产中应用较为广泛,一般由夹具体、滑柱、升降模板、传动和锁紧机构组成。其结构已经标准化和规格化,设计时可按标准选用。其特点是夹具可调、装卸工件迅速、操作方便;钻孔的垂直度和孔距精度不太高,适用于中等精度的孔和孔系加工。

根据钻模板升降采用的动力不同,滑柱式钻模分为手动滑柱式钻模和机动滑柱式钻模两类。图7-4所示为手动滑柱式钻模的通用结构,升降钻模板1通过两根导柱7与夹具体5的导孔相联。当转动手柄6时,经齿轮轴8、斜齿轮4带动斜齿条轴杆3移动,使钻模板实现升降,将工件夹紧或松开。

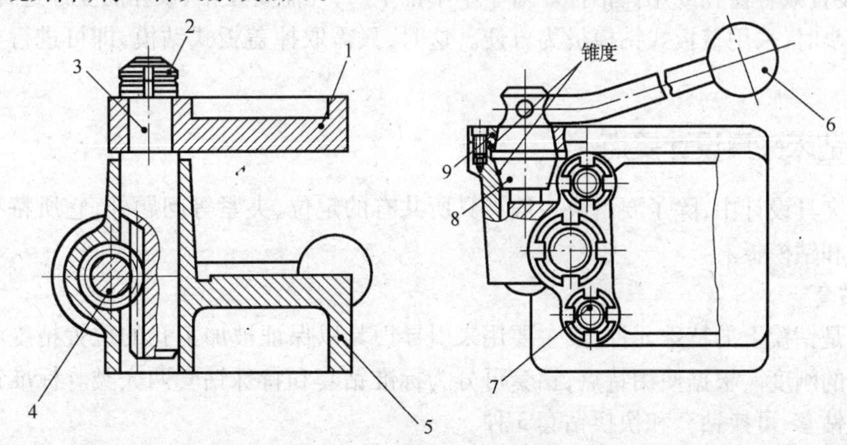

图7-4　滑柱式钻模

1—升降钻模板;2—锁紧螺母;3—斜齿条轴杆;4—斜齿轮;
5—夹具体;6—操纵手柄;7—导柱;8—齿轮轴;9—套环。

滑柱式钻模结构简单,操作迅速,具有通用可调的优点,适应于成批大量生产,由于采用了标准通用底座,大大缩短了夹具设计周期,降低了夹具制造成本。滑柱式钻模板可以升降，不可避免地存在间隙，其工作精度不如固定式钻模好，由于钻模板起夹紧作用，更因夹紧力的作用影响精度，因此在升降钻模板上镗削装配钻套的座孔时，应采用在预紧状态下加工的方法，以消除夹紧力变形的影响。

5. 盖板式钻模

盖板式钻模是最简单、最原始的一种钻模，它是由钻孔前钳工快速画线样板演变而来的。它没有夹具体，定位元件、夹紧装置及钻套均设在钻模板上，只要将它覆盖在工件上即可进行加工。图 7－5 所示为加工车床溜板箱上孔系而设计的盖板式钻模。在钻模板 2 上不仅装有钻套，还装有定位用的圆柱销 1、菱形销 3 和支承钉 4。因钻小孔，钻削力矩小，故未设置夹紧装置。

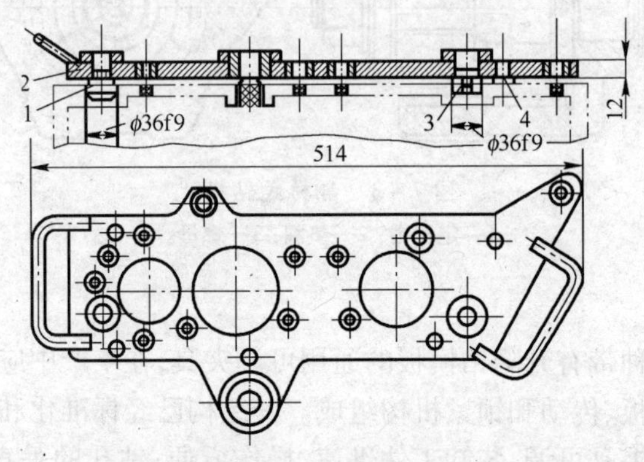

图 7－5　盖板式钻模

1—圆柱销；2—钻模版；3—菱形销；4—支承钉。

盖板式钻模结构简单，清除切屑方便，一般多用于加工大型工件上的小孔。因夹具在使用时经常搬动，故需要设置把手和吊耳。为了减轻重量可在盖板上设置加强筋而减小其厚度，设置减轻窗孔或用铸铝件。对于中小批生产，凡需要在钻、铰孔后立即进行倒角、攻丝等工步时，采用盖板式钻模极为方便。这时，只需取掉盖板式钻模，即可进行上述工步的加工。

7.1.2　钻床夹具设计要点

钻床夹具设计中，除了要解决一般夹具所共有的定位、夹紧等问题外，它所特有的元件是钻套和钻模板。

1. 钻套

钻套是钻模上的特殊元件，其主要用来引导刀具以保证被加工孔的位置精度和提高工艺系统的刚度。根据使用特点，钻套可分为标准钻套和特殊钻套两大类。标准钻套又分为固定钻套、可换钻套和快换钻套 3 种。

1）固定钻套

固定钻套直接装在钻模板或夹具体的相应孔中，其外圆与夹具体上孔的配合为 H7/n6或 H7/r6 。这种钻套结构简单，钻孔精度高，但钻套磨损后，不易更换，适于小批生产或小孔距及孔距精度高的孔加工。图 7－6 所示为固定钻套的两种结构，图 7－6(a)为无肩型，图 7－6(b)为有肩型。钻模板较薄时，为使钻套具有足够的引导长度，应采用有肩钻套。

2）可换钻套

当工件为单一钻孔工序，大批量生产时，为便于更换磨损的钻套，可选用可换钻套，钻套与衬套之间为小间隙配合，通常取 H6/g5 或 H7/g6，而衬套与夹具体上的孔则采用较紧的过渡配合或小过盈量的过盈配合，一般取 H7/n6 或 H7/r6。其结构如图 7－7(a)所示。钻套 2 装在衬套 3 中，衬套 3 压装在钻模板 4 中；由螺钉 1 将钻套压紧，以防止钻套转动或退刀时脱出。钻套磨损后，将螺钉松开可迅速更换。

3）快换钻套

当被加工孔要连续进行钻、扩、铰、锪面或攻丝时，由于刀具尺寸的变化，需要用不同引导孔直径尺寸的钻套分别引导刀具，或去掉钻套直接加工，这时应使用快换钻套。其结构如图 7－7(b)所示，更换钻套时，只需逆时针转动钻套使削边平面转至螺钉位置，即可向上快速取出钻套。削边方向应考虑刀具的旋向，以免钻套自动脱出。

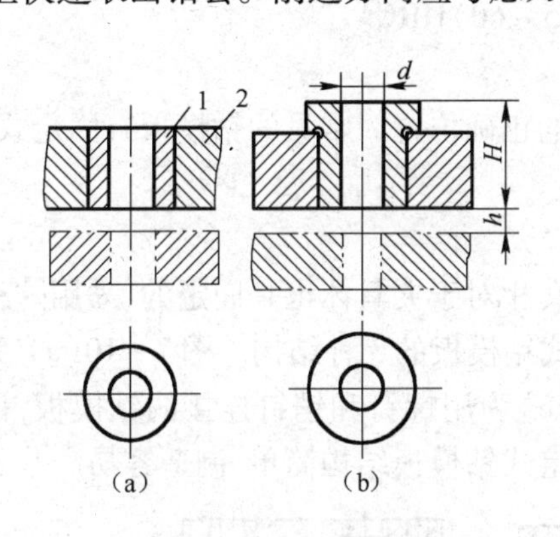

图 7－6　固定钻套的结构
1—钻套；2—钻模板。

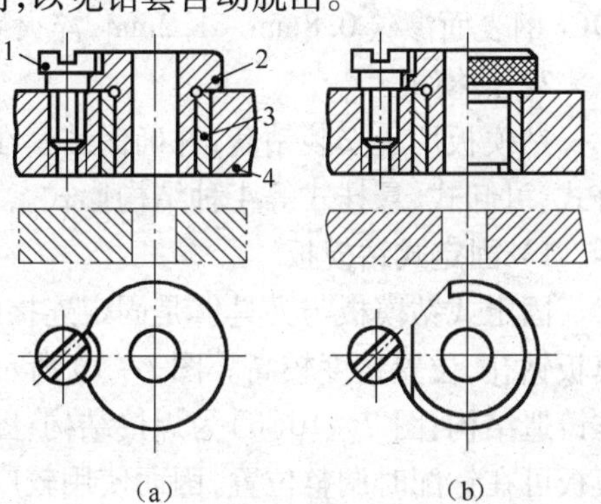

图 7－7　可换钻套与快速钻套的结构
1—螺钉；2—钻套；3—衬套；4—钻模板。

上述 3 种钻套的结构和尺寸均已标准化，设计时可查阅夹具手册。

4）特殊钻套

标准钻套并不能解决生产实际中所有的钻孔问题。由于工件形状或被加工孔位置的特殊性，有时需要设计特殊结构的钻套。图 7－8 所示为几种特殊钻套的结构。图 7－8(a)为加长钻套，在加工凹面上的孔时使用。为减少刀具与钻套的摩擦，可将钻套引导高度 H 以上的孔径放大；图 7－8(b)为斜面钻套，用于在斜面或圆弧面上钻孔，排屑空间的高度 $h<0.5$mm，可增加钻头刚度，避免钻头引偏或折断；图 7－8(c)用于两孔孔距过小而无法分别采用钻套的场合。

钻套中用于引导刀具的基本尺寸取对应刀具的最大极限尺寸，尺寸公差一般根据具体加工方法确定。钻孔或扩孔时公差带取 F7，粗铰取 G7，精铰取 G6。若钻套引导的不是刀具的切削部分，而是刀具的导向部分，常取配合为 H7/f6、H7/g6、H6/g5。钻套的高度 H 直接影响钻套的导向性能，也影响刀具与钻套之间的摩擦情况，钻套的高度 H(图 7－9)一般取其引导直径 d 的 1 倍～2.5 倍，对于精度要求高的孔、直径小的孔、刀具刚度较差时取大值。钻套与工件之间应留排屑间隙，间隙不宜过大，以免影响导向作用，一般取 $h=(0.3\sim1.2)d$。加工铸铁和黄铜等脆性材料时，取较小值；加工韧性材料时，应取较大

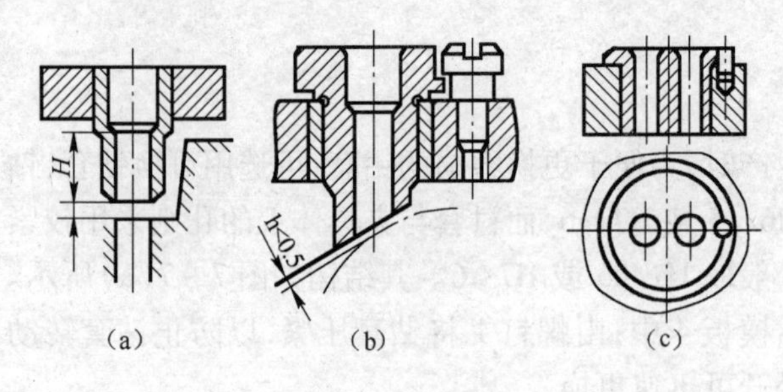

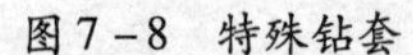

图 7-8　特殊钻套

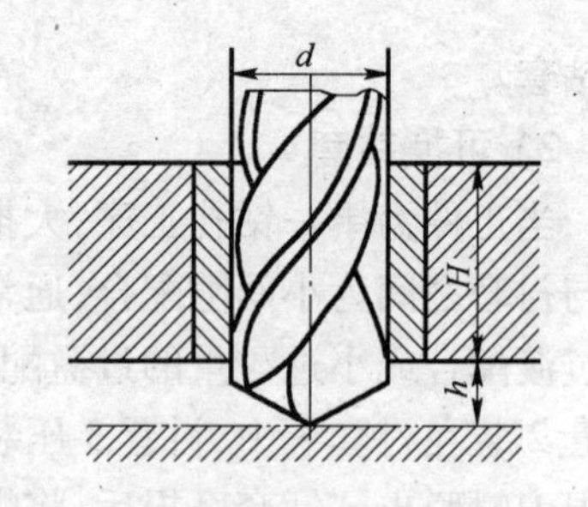

图 7-9　钻套高度与排屑间隙

值。当孔的位置精度要求很高时，可以取 $h=0$。

钻套在使用过程中很容易磨损，所以应选用硬度高、耐磨性好的材料。钻套的直径小于 25mm 时，常用 T10A 钢淬火，淬后硬度为（58～62）HRC；当 $d>25$mm 时，用 20 钢或 20Cr 钢表面渗碳 0.8mm～1.2mm，淬火硬度为（55～60）HRC。

2. 钻模板

钻模板用于安装钻套，并确保钻套在钻模上的正确位置。常见的钻模板有固定式、铰链式、可卸式、悬挂式等 4 种结构形式。

1）固定式钻模板

固定式钻模板与夹具体是固定连接的，故钻套相对于夹具体也是固定的，采用这种钻模板钻孔，位置精度较高。图 7-10 所示为固定式钻模板的 3 种结构。图 7-10（a）为整体铸造结构；图 7-10（b）为焊接结构；图 7-10（c）为用螺钉和销钉连接的钻模板，该钻模板可在钻配时调整位置，因而使用较广泛。固定式钻模板结构简单、制造容易。

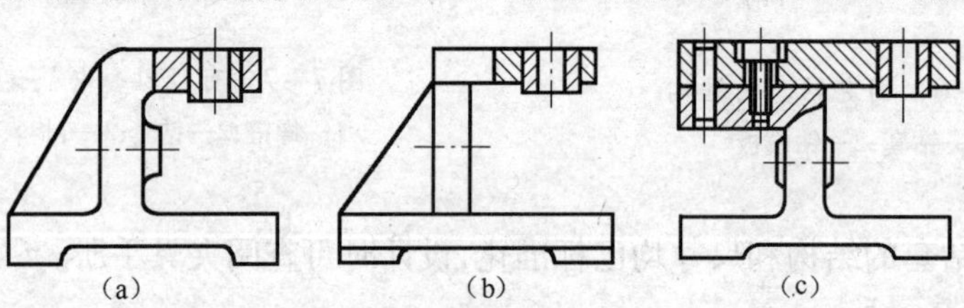

图 7-10　固定式钻模板

2）铰链式钻模板

铰链式钻模板与夹具体通过铰链连接，如图 7-11 所示。钻模板 5 可绕铰链轴 1 翻转。装卸工件时，将钻模板往上翻，加工时，将钻模板往下翻，并用菱形夹紧螺母 6 锁紧。使用铰链式钻模板，装卸工件方便，但由于铰链销孔之间存在配合间隙，因此加工孔的位置精度比固定式钻模板低。它主要用在生产规模不大、钻孔精度要求不高的场合。

3）悬挂式钻模板

悬挂式钻模板是与机床主轴箱相连接，随机床主轴上下移动靠近或离开工件。图 7-12所示为悬挂式钻模板，钻模板 1 的位置由导向滑柱 4 和定位套 5 来确定，并悬挂在滑柱上，通过弹簧 2 和横梁 3 与机床主轴箱连接。当主轴下移时，钻模板沿着导向滑柱一起下移，刀具顺着导向套加工。加工完毕后，主轴上移，钻模板随之上移。在组合机床或立式钻床上用多轴传动头加工平行孔系时，常采用悬挂式钻模板。

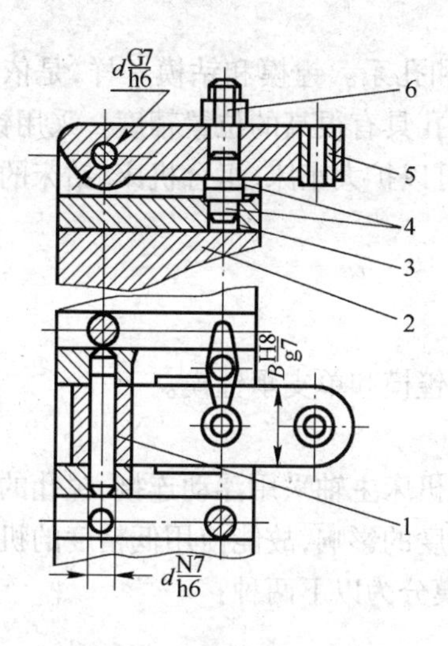

图 7-11 铰链式钻模板

1—铰链轴;2—夹具体;3—铰链座;
4—支承钉;5—钻模板;6—菱形螺母。

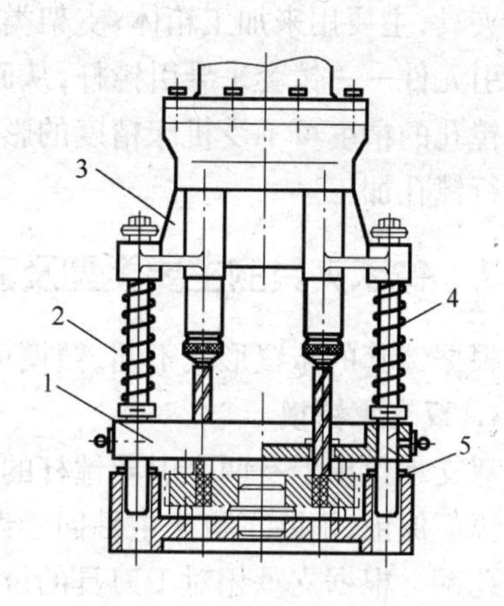

图 7-12 悬挂式钻模板

1—钻模板; 2—弹簧; 3— 横梁;
4— 导向滑柱;5—定位套。

4）可卸式钻模板

可卸式钻模板也称分离式钻模板。钻模板与夹具体是分离的,钻模板在工件上定位,并与工件一起装卸。如图 7-13所示。这类钻模板钻孔精度比铰链式钻模板高,但每装卸一次工件就需装卸一次模板,装卸时间较长,效率较低。一般多用于不便装卸工件的情况。

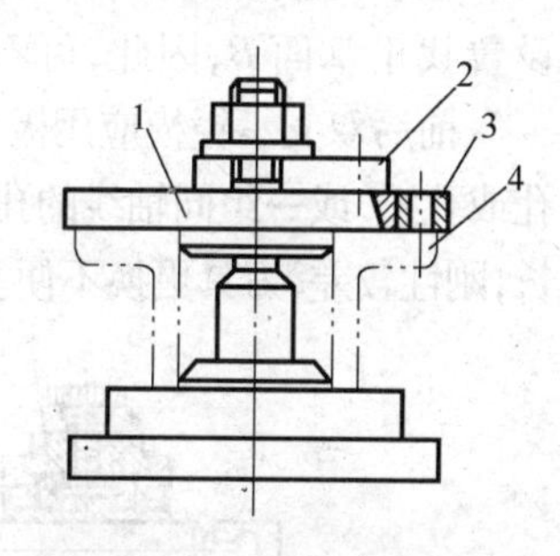

图 7-13 可卸式钻模板

1—钻模板; 2—压板;
3—钻套;4—工件。

在设计钻模板的结构时,主要根据工件的外形大小、加工部位、结构特点和生产规模以及机床类型等条件而定。要求所设计的钻模板结构简单、使用方便、制造容易,设计钻模板时应注意以下问题:

(1) 在保证钻模板有足够刚度的前提下,要尽量减轻钻模板的重量。在生产中,钻模板的厚度往往按钻套的高度来确定,一般为 10mm ~ 30mm。如果钻套较长,可将钻模板局部加厚,加强钻模板的周边以及合理布置加强筋,以提高其刚性。此外,钻模板一般不宜承受夹紧力。

(2) 钻模板上安装钻套的底孔与定位元件间的位置精度直接影响工件孔的位置精度,因此要求其有足够的精度。在上述各钻模板结构中,固定式钻模板钻套孔的位置精度较高。对于悬挂式钻模板,由于钻模板定位靠两导柱与夹具体的间隙配合连接,其位置精度较低。

(3) 焊接结构的钻模板往往因焊接内应力不能彻底消除,而不易保证精度。当工件孔距公差大于 ±0.1mm 时方可采用。

7.2 镗床夹具

在加工精密孔系时,不仅要求孔的尺寸和形状精度高,而且要求各孔之间、孔与其他基准面之间具有较高的位置精度,此时多采用镗床夹具。镗床夹具通常称为镗模,是一种精密夹具,主要用来加工箱体、支架类零件上的孔和孔系。镗模和钻模一样,是依靠专门的导引元件——镗套来导引镗杆,从而保证所镗的孔具有很高的位置精度。采用镗模后,不仅镗孔的精度可不受机床精度的影响。另外还可以扩大车床、组合机床、钻床的工艺范围进行镗孔加工。

7.2.1 镗床夹具的主要类型及适用范围

根据镗套的布置形式不同,镗模可分为双支承镗模和单支承镗模。

1. 双支承镗模

双支承镗模上有两个引导镗杆的支承,镗杆与机床主轴采用浮动连接,镗孔的位置精度由镗模保证,消除了机床主轴回转误差对镗孔精度的影响,故能使用低精度的机床加工精密孔系。根据支承相对于刀具的位置双支承镗模分为以下两种:

1）前后双支承镗模

图 7-14 所示为镗削车床尾座孔的前后双支承镗模。两个镗套布置在工件的前后,镗刀杆 10 和主轴通过浮动接头 11 连接,镗模支架 1 上装有滚动回转镗套 2,用以支承和引导镗杆。工件以底面、槽及侧面在定位板 3、4 及可调支承钉 7 上定位。拧紧夹紧螺钉 6,压板 5、8 同时将工件夹紧。镗模以底面 *A* 作为安装基面安装在机床工作台上,其侧面设置找正基面 *B*,因此,可不设定位键。

前后双支承镗模应用极为广泛,一般主要用于镗削孔径较大,孔的长径比 $L/D>1.5$ 的通孔或孔系,或一组同轴线的孔,而且孔本身和孔间距离精度要求很高的场合。其缺点是镗杆过长,刚性较差,刀具更换不便。当镗套间距 $L>10d$ 时,应增加中间引导支承,提高镗杆刚度。

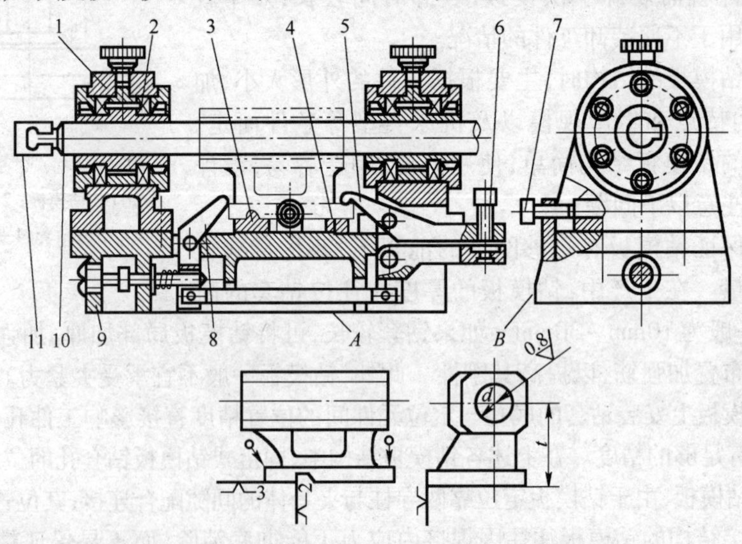

图 7-14 前后双支承镗模

1—支架; 2—镗套; 3,4—定位板; 5,8—压板; 6—夹紧螺钉;
7—可调支承钉;9—镗模底座; 10—镗刀杆 ;11—浮动镗头。

2）后双支承镗模

受加工条件限制,有时不便采用前后双支承镗模结构时,可采用后双支承镗模。图

7－15所示为后双支承导向镗孔示意图，两支承设置在刀具后方，镗杆与主轴浮动连接。为避免镗杆悬伸量过长，保证镗杆刚性，一般镗杆悬伸量 $L_1 < 5d$；为保证镗孔精度，两支承导向长度 $L > (1.25 \sim 1.5)L_1$。后双支承镗模可在箱体的一个壁上镗孔，便于装卸工件和刀具，也便于操作者观察加工情况和测量尺寸，在大批大量生产中应用较多。

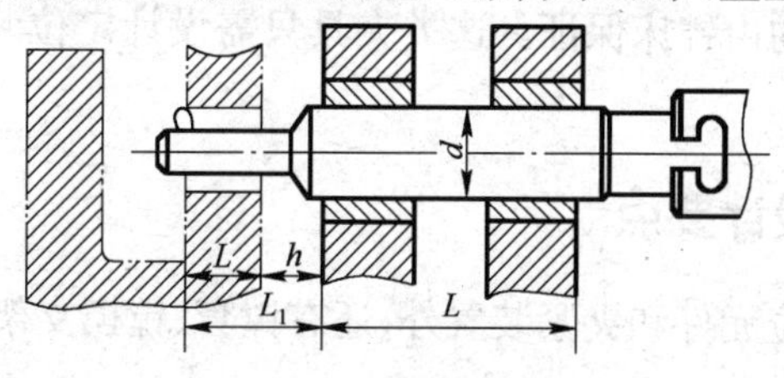

图 7－15　后双支承镗模

2. 单支承镗模

这类镗模只有一个位于刀具前方或后方的导向支承，镗杆与机床采用刚性连接。安装镗模时，应使镗套轴线与机床主轴轴线重合，机床主轴的回转精度将影响镗孔精度。根据支承相对刀具的位置，单支承镗模可分为前单支承镗模（镗杆支承设置在刀具的前方）和后单支承镗模（镗杆支承设置在刀具的后方）两种。

1）前单支承镗模

图 7－16 所示为采用前单支承导向镗孔，镗模支承设置在刀具的前方，主要用于加工孔径 $D > 60$mm、$L/D < 1$ 的通孔。一般镗杆的导向部分直径 $d < D$。由于导向部分直径不受加工孔径大小的影响，可以在同一镗套中使用多种刀具进行多工位或多工步加工。另外由于镗套处于刀具前方，便于在加工中观察和测量。但在立镗时，切屑容易落入镗套，使镗套与镗杆过早磨损或发热咬死，应设置防护罩。

2）后单支承镗模

图 7－17 所示为后单支承导向镗孔，镗模支承设置在刀具的后方。主要用于加工孔径 $D < 60$mm 的通孔和盲孔。用于立镗时，切屑不会落入镗套。图 7－17(a)所示为采用镗杆导向部分尺寸 $d > D$ 的结构形式，主要用于镗削 $L < D$ 的通孔或盲孔。这种形式的镗杆刚度好，加工精度高，装卸工件和更换刀具比较方便，可以利用同一尺寸的镗套进行多工位、多工步加工。当加工孔长度 $L = (1 \sim 1.25)D$ 时，如图 7－17(b)所示，此时镗杆做成等直径，镗杆导向部分直径 $d < D$，以使镗杆导向部分可进入加工孔，从而缩短镗套与工件之间的距离 h 及镗杆的悬伸长度 L_1。

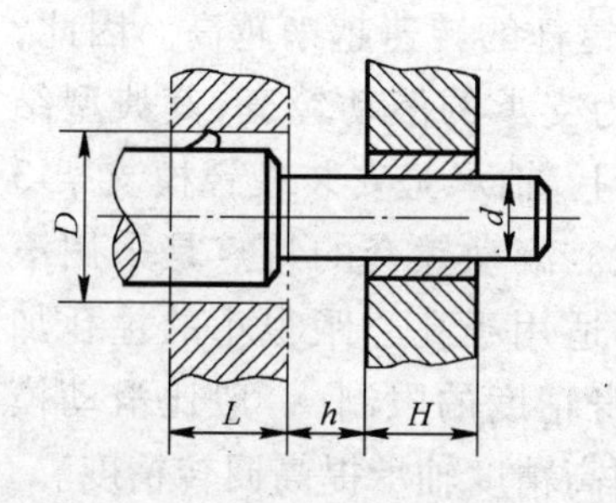

图 7－16　前单支承镗孔

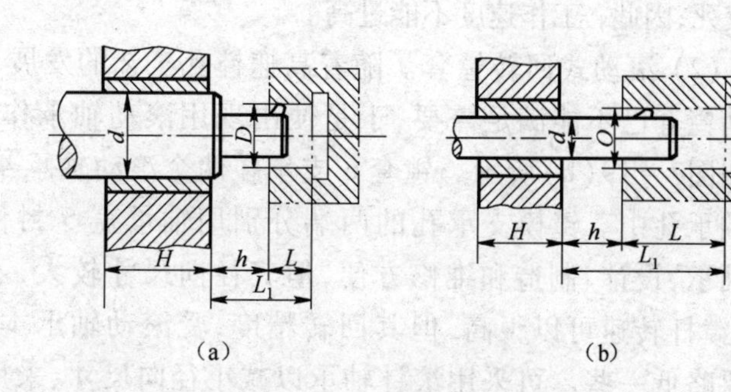

图 7－17　后单支承导向镗孔

为便于测量和装卸刀具及工件,单支承镗模的镗套与工件之间的距离一般取 $h = (0.5 \sim 1)D$。其值为 20mm ~ 80mm。

工件在刚性好、精度高的金刚镗床或坐标镗床上镗孔时,夹具上不设置镗模支承,加工孔的尺寸和位置精度均由镗床保证。这类夹具只需设计定位装置、夹紧装置和夹具体即可。

7.2.2 镗床夹具的设计要点

镗床夹具除具有定位元件和夹紧装置外,还有镗套、镗模支架、镗模底座、镗杆等。

1. 镗套

镗套主要用于引导镗杆,其结构形式和精度直接影响被加工孔的精度。常用的镗套有两类,即固定式镗套和回转式镗套。

1）固定式镗套

固定式镗套与快换钻套结构相似,其外形尺寸小,结构简单,精度高。加工时镗套不随镗杆转动,镗杆与镗套之间有相对运动,镗套容易磨损,故只适用于低速扩孔,镗孔加工,一般摩擦面线速度 $v < 0.3$m/s。图 7－18 所示为标准的固定镗套(GB/T 2266－91),A 型不带油杯和油槽,靠镗杆上开的油槽润滑;B 型则带油杯和油槽,使镗杆和镗套之间能充分地润滑,从而减少镗套的磨损。

2）回转式镗套

回转式镗套在镗孔过程中随镗杆一起转动,镗杆与镗套之间无相对转动,只有相对移动。因而可以避免镗杆与镗套发热咬死,减少镗套和镗杆的磨损,一般适用于高速镗孔。

根据回转式镗套所用支承轴承的形式不同,回转式镗套可分为滑动式和滚动式两种。

(1) 滑动式回转镗套。回转式镗套由滑动轴承来支承,称为滑动镗套。其结构如图 7－19(a)所示。镗套 1 支承在滑动轴承套 2 上,镗模支架 3 上设置油杯,经油孔将润滑油送到回转副,使其充分润滑。镗套中开有键槽,以便由镗杆上的键带动镗套回转。这种镗套特点是径向尺寸较小,适用于孔心距较小的孔系加工,且回转精度高,减振性较好,承载能力比滚动镗套大;若润滑不够充分,或镗杆的径向切削载荷不均衡,则易使镗套和轴承咬死;因此,工作速度不能过高。

(2) 滚动式回转镗套。随着高速镗孔工艺的发展,镗杆的转速越来越高。因此,滑动镗套已不能满足需要,于是便出现用滚动轴承作为支承的滚动镗套,其典型结构如图7－19(b)所示。镗套 6 支承在两个滚动轴承 4 上,轴承是安装在镗模支架 3 的轴承孔中。镗模支承孔的两端分别用轴承盖 5 封住。滚动镗套的特点是采用滚动轴承,设计、制造和维修方便,但其径向尺寸较大,不适用于孔心距很小的镗孔加工;镗杆转速可以很高,但其回转精度,受滚动轴承本身精度的限制,一般比滑动模套要略低一些。可采用滚针轴承以减小径向尺寸、采用高精度轴承提高回转精度。

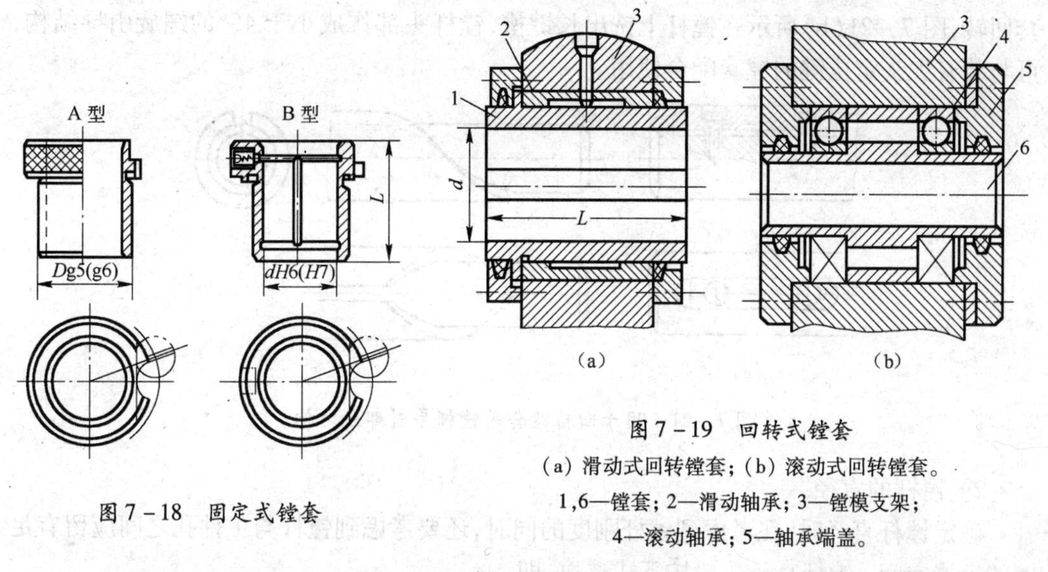

图 7-18　固定式镗套

图 7-19　回转式镗套

(a) 滑动式回转镗套；(b) 滚动式回转镗套。
1,6—镗套；2—滑动轴承；3—镗模支架；
4—滚动轴承；5—轴承端盖。

镗套的长度影响其导向性能，根据镗套的类型和布置方式，一般取：固定镗套 $H=(1.5\sim2)d$；滑动式回转镗套 $H=(1.5\sim3)d$；滚动式回转镗套 $H=0.75d$。对于单支承的镗套，或者加工精度要求较高时，H 应取较大值。

2. 镗杆

1）镗杆的结构

镗杆是镗模中的一个重要部件。镗杆的结构有整体式和镶条式两种。图 7-20 所示为用于固定式镗套的镗杆导向部分结构。当镗杆导向部分直径小于 50 mm 时，镗杆常采用整体式结构（图 7-20(a)、(b)、(c)）。图 7-20(a)为开油槽的镗杆，镗杆与镗套的接触面积大，磨损大，若切屑从油槽内进入镗套，则易出现“卡死”现象，但镗杆的刚度和强度较好；图 7-20(b)、(c) 为有深直槽和螺旋槽的镗杆，这种结构可减少镗杆与镗套的接触面积，沟槽内有一定的存屑能力，可减少“卡死”现象，但镗杆刚度较低。当镗杆导向部分直径大于 50 mm 时，镗杆常采用镶条式结构，如图 7-20(d)所示，镶条一般为 4 条 ~6 条，镶条采用摩擦因数小和耐磨的材料，如铜或钢。镶条磨损后，可在底部加垫片，重新修磨以保持原有直径。这种结构摩擦面积小，容屑量大，不易“卡死”。

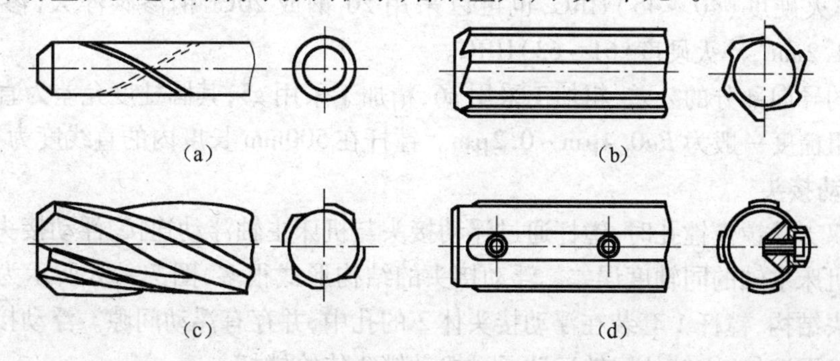

图 7-20　用于固定镗套的镗杆导向部分结构

图 7-21 所示为用于回转镗套的镗杆导向部分结构，图 7-21(a)在镗杆的导向部分设置平键，平键下装有压缩弹簧，镗杆引进时，平键压缩自动进入镗套内的键槽，带动镗

套回转；图 7－21(b)所示在镗杆上铣出长键槽，镗杆头部作成小于 45°的螺旋引导结构，可与装有尖头定位键的镗套配合使用。

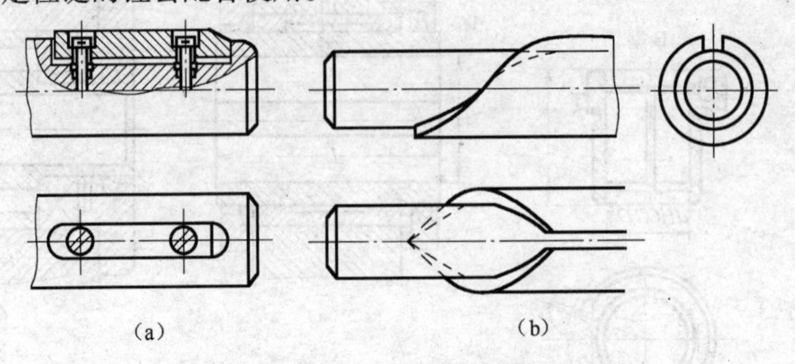

图 7－21　用于回转镗套的镗杆导引部分结构

2）镗杆的直径

确定镗杆直径时，在考虑到镗杆刚度的同时，还要考虑到镗杆与工件孔之间应留有足够的容屑空间。镗杆直径一般按下式选取，即

$$d = (0.7 \sim 0.8)D \qquad (7-1)$$

式中　d——镗杆直径(mm)；

D——被镗孔直径(mm)。

也可参照表 7－1 选取。

表 7－1　镗孔直径 D、镗杆直径 d 与镗刀截面 $B \times B$ 的尺寸关系　(单位：mm)

D	30～40	40～50	50～70	70～90	90～100
d	20～30	30～40	40～50	50～65	65～90
$B \times B$	8×8	10×10	12×12	16×16	16×16 20×20

3）镗杆材料及技术要求

由于镗杆要求表面硬度高而内部有较好的韧性。因此镗杆材料一般多采用 45 钢或 40Cr 钢，淬火硬度(40～45)HRC，也可以采用 20 钢或 20Cr 钢渗碳淬火，渗碳层厚度 0.8mm～1.2mm，淬火硬度(61～63)HRC。

镗杆的导向部分的公差，粗加工采用 g6，精加工采用 g5，其圆柱度允差为直径公差的 1/2，表面粗糙度一般为 $Ra0.4\mu m \sim 0.2\mu m$。镗杆在 500mm 长度内的直线度为 0.01mm。

3. 浮动接头

当用双支承镗模镗孔时，镗杆通过浮动接头与机床主轴浮动连接，浮动接头能补偿镗杆轴线和机床主轴的同轴度误差。浮动接头的结构形式很多，图 7－22 所示为常用的一种浮动接头结构，镗杆 1 套装在浮动接头体 2 的孔中，并存有浮动间隙。浮动接头通过锥柄与主轴锥孔连接，主轴的回转运动通过拨动销 3 传给镗杆。

4. 镗模支架和底座

镗模支架和底座是组成镗模的重要零件，它们要求有足够的强度和刚度，以保证加工过程的稳定性。材料多为铸铁，常分开制造，这样便于加工、装配和时效处理。

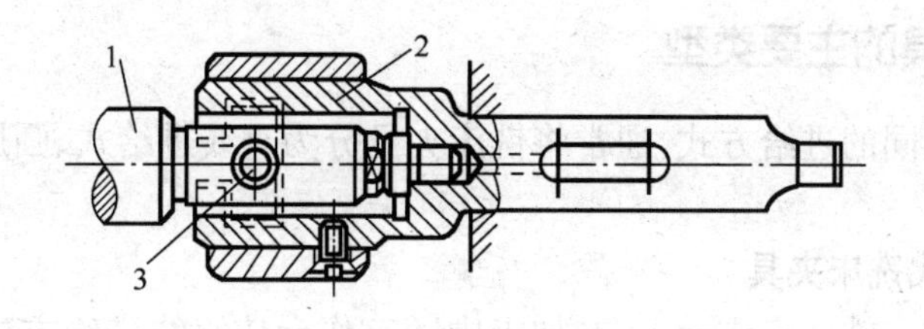

图 7-22　浮动接头
1—镗杆；2—接头体；3—拨动销。

镗模支架主要用来安装镗套和承受切削力，在结构上一般要有较大的安装基面和设置必要的加强筋，而且支架上不允许安装夹紧机构和承受夹紧反力，以免支架变形而破坏精度。图 7-23(a)所示的夹紧反力作用在镗模支架上，这种设计是错误的，图 7-23(b)所示结构，夹紧反力作用在镗模底座上，有利于保证镗孔精度。

镗模底座是安装镗模其他所有零件的基础件，并承受加工中的切削力和夹紧的反作用力，因此底座要有足够的强度和刚度。镗模底座与其他夹具体相比厚度较大，且内腔设有十字形加强筋。镗模底座上还设有定位键或找正基面，以保证镗模在机床上安装时的正确位置。找正基面与镗套中心线的平行度应在 300:0.01 之内。此外，底座上应设置适当数目的耳座，以保证镗模在机床工作台上安装牢固可靠，还应有起吊环，以便于搬运。

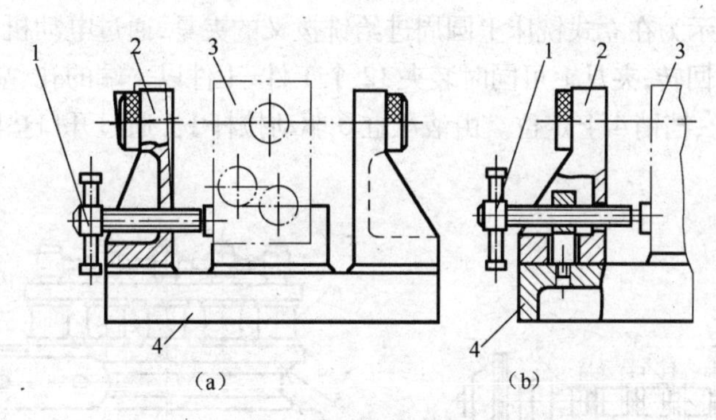

图 7-23　不允许镗模支架承受夹紧反力
1—夹紧螺钉；2—镗模支架；3—工件；4—镗模底座。

7.3　铣床夹具

铣床夹具主要用于加工平面、沟槽、缺口、花键、齿轮以及成形表面等。与钻、镗夹具相比，铣床夹具没有引导刀具的导套，且铣削加工属断续切削，易产生振动，这些都会影响到工件定位时所确定的位置。因此铣床夹具的受力部件要有足够的强度和刚度，夹紧机构所提供的夹紧力应足够大，且要求有较好的自锁性能。铣削加工的切削时间较短，因而单件加工的辅助时间相对地就显得长了。因此，降低辅助时间，是设计铣床夹具时要考虑的主要问题之一。

7.3.1 铣床夹具的主要类型

按照铣削时不同的进给方式，通常将铣床夹具分为直线进给式、圆周进给式和靠模式3种。

1. 直线进给式铣床夹具

这类夹具安装在铣床工作台上，在加工中随工作台按直线进给方式运动。按照在夹具中同时安装工件的数目和工位多少分为单件加工、多件加工和多工位加工夹具。为了降低辅助时间，提高铣削工序的生产率，在生产中多采用多件加工和多工位加工夹具，这样可以节省每次进给时刀具的切入和切出的空程时间，使装卸工件等的辅助时间与切削基本时间重合，提高夹具的工作效率。

图7－24所示为多件加工的直线进给式铣床夹具，该夹具用于在小轴端面上铣一通槽。6个工件以外圆面在活动V形块2上定位，以一端面在支承钉6定位。活动V形块装在两根导向柱7上，V形块之间用弹簧3分离。工件定位后，由薄膜式气缸5推动V形块2依次将工件夹紧。由对刀块9和定位键8来保证夹具与刀具和机床的相对位置。这类夹具生产率高，多用于生产批量较大的情况。

2. 圆周进给式铣床夹具

圆周进给式铣床夹具多用在回转工作台或回转鼓轮的铣床上，依靠回转台或鼓轮的旋转将工件顺序送入铣床的加工区域，实现连续切削。在切削的同时，可在装卸区域装卸工件，使辅助时间与切削的基本时间重合，因此它是一种高效率的铣床夹具，适用于大批大量生产。图7－25所示为在立式铣床上圆周进给铣拨叉的夹具，通过电动机、蜗轮副传动机构带动回转工作台5回转，夹具上可同时装夹12个工件，工件以一端的孔、端面及侧面在夹具的定位板、定位销2、挡销4上定位。由液压缸6驱动拉杆1。通过开口垫圈3夹紧工件。

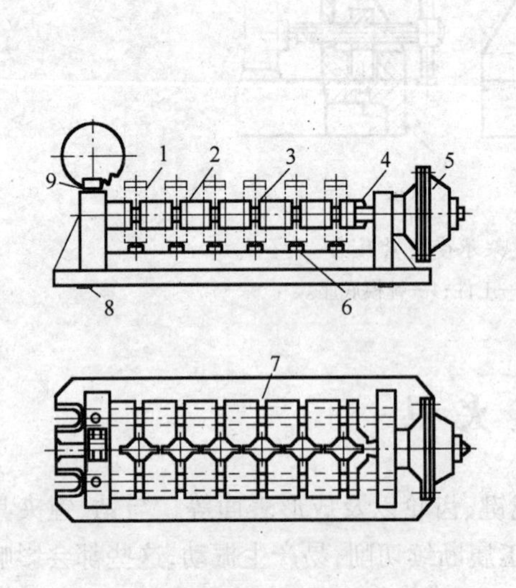

图7－24　多件加工的直线进给式铣床夹具

1—工件；2—活动V形块；3—弹簧；4—夹紧元件；5—薄膜式气缸；6—支承钉；7—导向柱；8—定位键；9—对刀块。

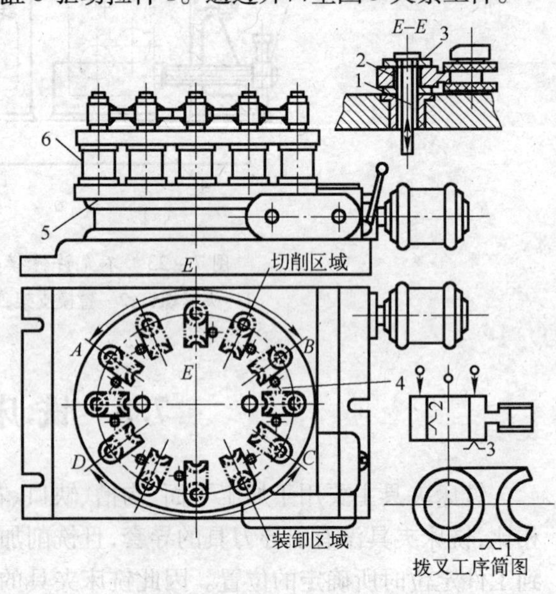

图7－25　圆周进给式铣床夹具

1—拉杆；2—定位销；3—开口垫圈；4—挡销；5—转台；6—液压缸。

3. 靠模进给式铣床夹具

靠模进给式铣床夹具是一种带有靠模的铣床夹具，适用于专用或通用铣床上加工各种非圆曲面。其作用是使主进给运动和由靠模获得的辅助运动合成加工所需的仿形运动，从而加工出各种成型表面。

图 7－26 所示为圆周进给式靠模铣床夹具示意图。回转工作台 3 装在滑座 4 上，夹具装在回转工作台 3 上。滑座 4 受重锤或弹簧拉力 F 的作用使靠模 2 与滚子 5 保持紧密接触。滚子 5 与铣刀 6 不同轴，两轴相距为 k。当转台带动工件回转时，滑座也带动工件沿导轨相对于刀具作径向辅助运动，从而加工出与靠模外形相仿的成形面。

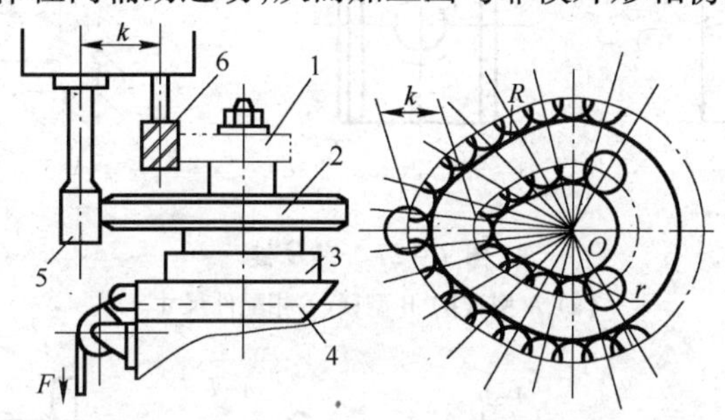

图 7－26　圆周进给式靠模铣床夹具

1—工件；2—靠模；3—回转工作台；4—滑座；5—滚子；6—铣刀。

7.3.2　铣床夹具的设计要点

铣床夹具除了有定位元件、夹紧机构和夹具体等主要部件外，还有它的特殊元件定位键和对刀装置。

1. 定位键

铣床夹具上一般都配置两个定位键，安装在夹具体底面的纵向槽中，通过定位键与铣床工作台 T 形槽配合，确定夹具与机床工作台的正确位置。同时，定位键还可以承受部分切削力矩，以减轻夹具体与工作台连接用螺栓的负荷，增强夹具在加工过程中的稳定性。

定位键的断面有矩形和圆形两种形式。矩形定位键（GB/T 2206—91）已标准化，如图 7－27 所示。常用的矩形定位键有 A 型（图 7－27（a））和 B 型（图 7－27（b））两种结构型式，A 型定位键的宽度，按统一尺寸 B（h6 或 h8）制作，适用于夹具定向精度要求不高的场合。夹具体上用于安装定位键的槽宽 B_2 与 B 尺寸相同，极限偏差可选 H7 和 js6。为了提高精度，可选用 B 型定位键，其与 T 形槽配合的尺寸 B_1 应留有 0.5mm 的修磨量，可按机床 T 形槽实际尺寸配作，极限偏差取 h6 或 h8。

对于大型夹具或定向精度要求很高时，不宜采用定位键，而是在夹具体上加工出一窄长平面作为找正基面来校正夹具的安装位置。

2. 对刀装置

对刀装置用于确定刀具与夹具的相对位置。一般由对刀块和塞尺组成。图 7－28 所示为几种常见的对刀块。对刀块的结构取决于加工表面的形状。图 7－28（a）为圆形对刀块，用于加工平面；图 7－28（b）为方形对刀块，用于调整组合铣刀的位置；图 7－28（c）为直角对刀块，用于加工两相互垂直面或铣槽时的对刀；图 7－28(d) 为侧装对刀块，亦用于加工两相互垂直面或铣槽时的对刀。这些标准对刀块的结构参数均可从有关手册中查取。

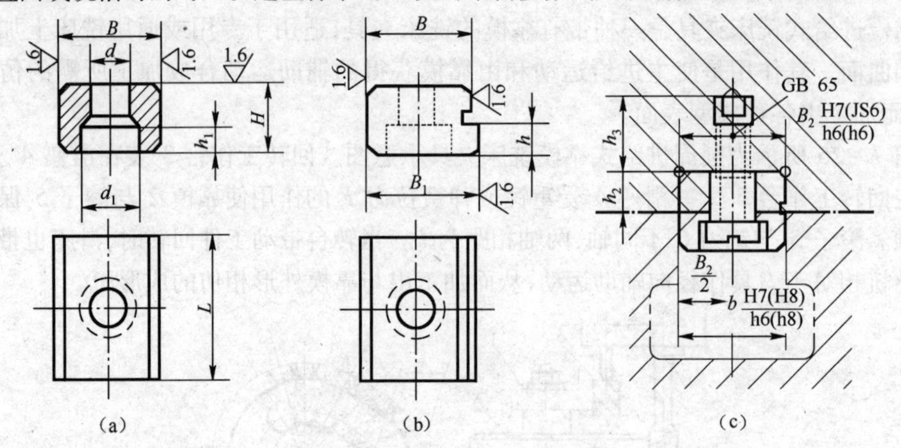

图 7－27　定位键

(a) A 型；(b) B 型；(c) 相配件尺寸。

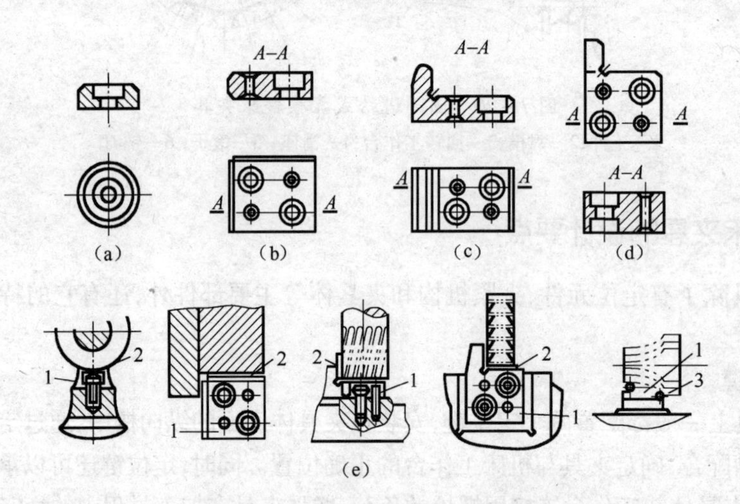

图 7－28　标准对刀块及对刀装置

(a)圆形对刀块(GB/T 2240－91)；(b) 方形对刀块(GB/T 2241－91)

(c)直角对刀块(GB/T 2242－91)；(d) 侧装对刀块(GB/T 2243－91)；(e) 对刀块。

1—对刀块；2—对刀平塞尺；3—对刀圆柱塞尺。

对刀时，铣刀不能与对刀块工作表面直接接触，以免损坏切削刃或造成对刀块过早磨损，应通过塞尺来校准它们之间的相对位置，即将塞尺放在刀具与对刀块的工作表面之间，凭抽动塞尺的松紧感觉来判断铣刀的位置。图 7－29 所示为常用的两种标准塞尺结构，图 7－29(a)是对刀平塞尺(GB/T 2244－91)，s = 1mm ~ 5mm ，公差为 h8；图 7－29 (b)是对刀圆柱塞尺(GB/T 2245－91)，d = 3mm ~ 5mm ，公差为 h8。设计夹具时，夹具总图上应标注塞尺的尺寸和公差。

标准对刀块的材料为 20 钢，渗碳深度为 0.8mm ~ 1.2mm，淬火硬度为(58 ~ 64) HRC，标准塞尺的材料为 T8，淬火硬度为(55 ~ 60) HRC。

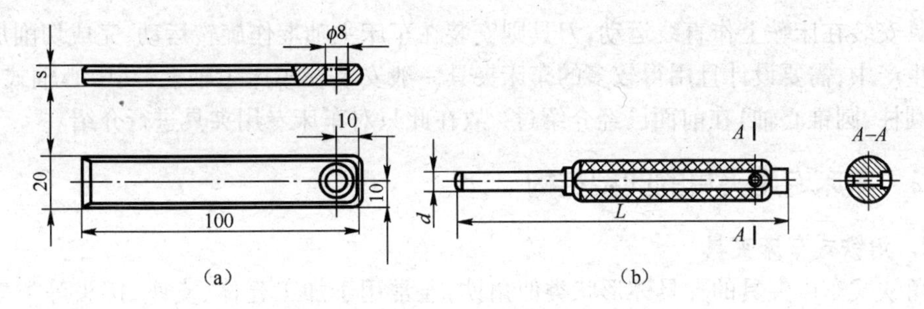

图 7-29　标准对刀塞尺

(a) 对刀平塞尺(GB/T 2244-91);(b) 对刀圆柱塞尺(GB/T 2245-91)。

3. 夹具体

为使铣床夹具结构紧凑,保证夹具在机床上安装的稳定性,应使工件的加工表面尽可能靠近工作台面,以降低夹具的重心,一般夹具的高宽比限制在 $H/B \leqslant 1 \sim 1.25$(图 7-30(a))。夹具体应有足够的强度和刚度,必要时设置加强筋。此外,铣床夹具与工作台的连接部分应设计耳座,常见的耳座结构如图 7-30(b)、(c)所示,其结构已标准化,设计时可查阅有关资料。

铣削的切屑较多,夹具上应有足够的排屑空间,并注意切屑的流向,使清理切屑方便。为避免切屑堆积在定位支承面上,定位支承面应高出周围的平面。

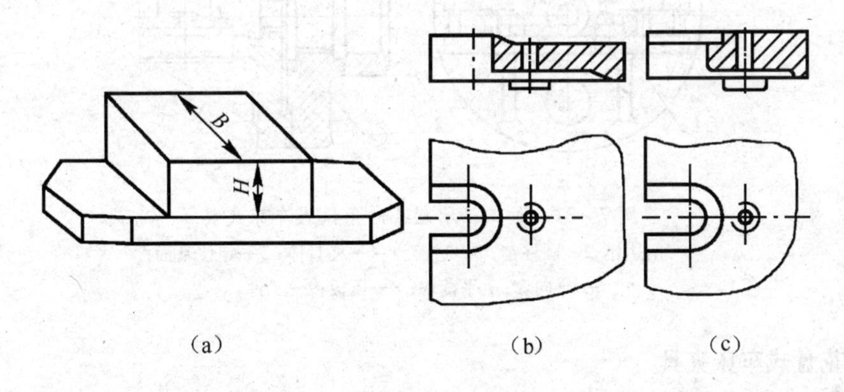

图 7-30　夹具体

7.4　车床夹具

7.4.1　车床夹具的分类

车床主要用于加工各种回转表面、螺纹及端平面等。按照夹具在机床上安装的位置,可将车床夹具分为以下两种。

(1) 装夹在车床主轴上的夹具。这类夹具中,除了各种卡盘、花盘、顶尖等通用夹具或其他机床附件外,往往根据加工的需要设计各种心轴或其他专用夹具,加工时夹具随机床主轴一起旋转,切削刀具作进给运动。

(2) 装夹在床鞍或床身上的夹具。当某些工件形状不规则和尺寸较大的,可使工件随夹具安装在床鞍上作直线运动，刀具则安装在车床主轴上作旋转运动，完成切削加工。

生产中，需要设计且用得较多的车床夹具一般安装在车床主轴上，其中心轴式（包括各种圆柱、圆锥心轴）在前面已经介绍过，故在此只对车床专用夹具进行介绍。

7.4.2 车床专用夹具的典型结构

1. 角铁式车床夹具

角铁式车床夹具的夹具体形状类似角铁，通常用于加工壳体、支座、接头等类零件上的圆柱面及端面。

图7－31所示为加工轴承座孔的角铁式车床夹具。工件9以一面两孔在夹具的支承板、圆柱销2和削边销1上定位，用两副螺钉压板8将工件夹紧，导向套6在精镗轴承孔时作单支承镗杆的前导套，调整平衡块7用来消除夹具回转时的不平衡现象，角铁状的夹具体左端以止口、端面与过渡盘3相连，过渡盘3再将整个夹具连接在车床主轴轴端，过渡盘尾部加工出2个螺孔，以便安装安全挡块。

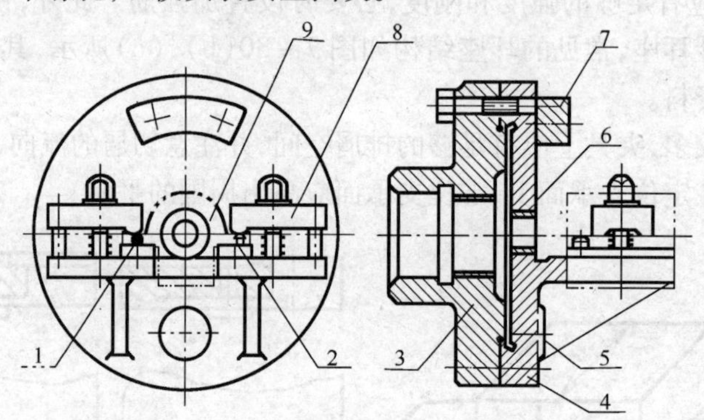

图7－31　加工轴承座孔的角铁式车床夹具

1—削边销；2—圆柱销；3—过渡盘；4—夹具体；5—定位基面；
6—导向套；7平衡块；8—压板；9—工件。

2. 花盘式车床夹具

如图7－32所示为齿轮泵壳体的工序图。工件外圆 D 及端面 A 已经加工，加工对象为两个 $\phi35_0^{+0.027}$ mm孔、端面 T 和孔的底面 B。主要工序要求是保证两个 $\phi35_0^{+0.027}$ mm孔的尺寸精度、两孔的中心距 $30_{-0.02}^{+0.01}$ mm及孔、面的位置精度要求。

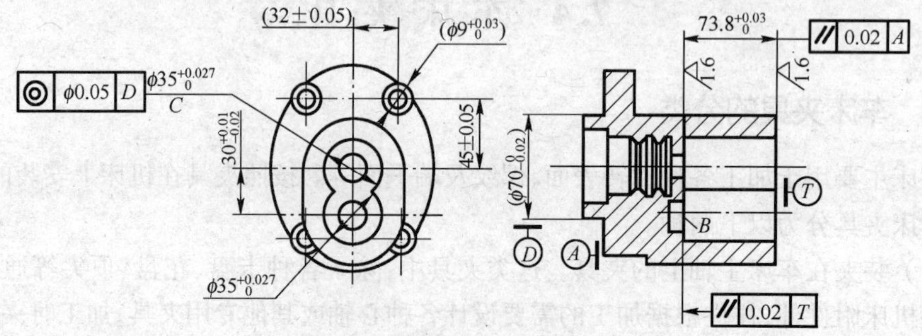

图7－32　齿轮泵壳体工序图

图 7-33 所示为加工齿轮泵壳体所使用专用夹具。工件以端面 A、外圆 $\phi70^{0}_{-0.02}$mm 及小孔 $\phi9^{+0.03}_{0}$mm 为定位基准，在转盘 2 的 N 面、圆孔 $\phi70^{+0.012}_{+0.003}$mm 和削边销 4 上定位，用两副螺旋压板 5 夹紧。转盘 2 则由两副螺旋压板 6 压紧在夹具体 1 上，当加工好其中的一个 $\phi35^{+0.027}_{0}$mm 孔后，拔出对定销 3 并松开两副螺旋压板 6，将转盘连同工件一起回转 180°，对定销即在弹簧力作用下插入夹具体上另一分度孔中，再夹紧转盘后即可加工第二个孔。

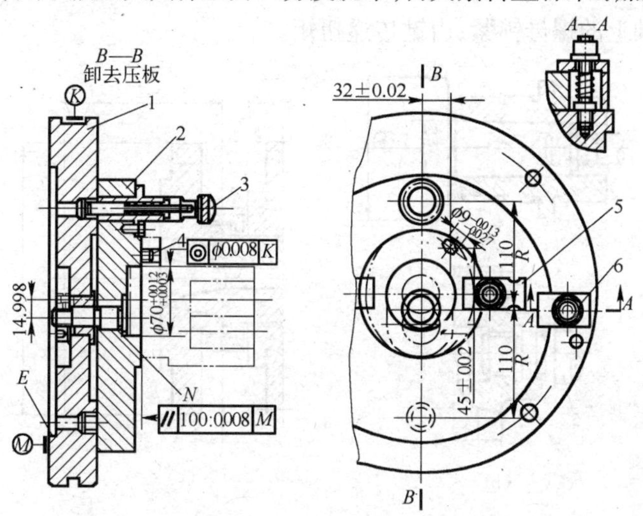

图 7-33　车齿轮泵壳体两孔的夹具

1—夹具体；2—转盘；3—对定销；4—削边销；5，6—压板。

7.4.3　车床夹具设计要点

1. 定位元件的设计要点

车床主要用于加工各种回转表面，在设置定位元件时，要求工件被加工面的轴线与车床主轴的旋转轴线重合。对于盘套类或其他回转体工件，要求工件的定位基面、加工表面和车床主轴三者轴线重合，常采用心轴或定心夹紧式夹具；对于壳体、支架、托架等形状复杂的工件，由于被加工表面与工序基准之间有位置尺寸和平行度、垂直度等相互位置要求，因此，定位装置主要是保证定位基准与车床主轴回转轴线具有正确的尺寸和位置关系，加工这类工件多采用花盘式、角铁式车床夹具。

2. 夹紧装置的设计要点

在车削过程中，由于车床夹具高速旋转，在加工过程中除受切削力作用外，还承受离心力和工件重力的作用。因此，要求车床夹具的夹紧机构必须安全可靠，夹紧机构所产生的夹紧力必须足够，自锁性能要好，以防止工件在加工过程中脱离定位元件的工作表面。

3. 夹具与机床主轴的连接

由于加工中车床夹具随车床主轴一起回转，夹具与主轴的连接精度直接影响夹具的回转精度，故要求车床夹具与主轴二者轴线有较高的同轴度，且要连接可靠。通常连接方式有以下几种：

（1）夹具通过主轴锥孔与机床主轴连接。对于径向尺寸 $D<140$mm，或 $D<(2\sim3)d$ 的小型夹具，一般用锥柄安装在车床主轴的锥孔中，并用螺杆拉紧，如图 7-34（a）所示。这种连接方式定心精度较高。

(2) 夹具通过过渡盘与机床主轴连接。对于径向尺寸较大的夹具,一般用过渡盘与车床主轴轴颈连接。过渡盘与主轴配合处的形状取决于主轴前端的结构。图7-34(b)所示的过渡盘,其上有一个定位圆孔按H7/h6或H7/js6与主轴轴颈相配合,并用螺纹和主轴连接。为防止停车和倒车时因惯性作用使两者松开,可用压板将过渡盘压在主轴上。图7-34(c)是利用主轴前端的外锥面与过渡盘的内锥孔配合定位,在其锥面上配合定心,用活套在主轴上的螺母锁紧,由键传递扭矩。

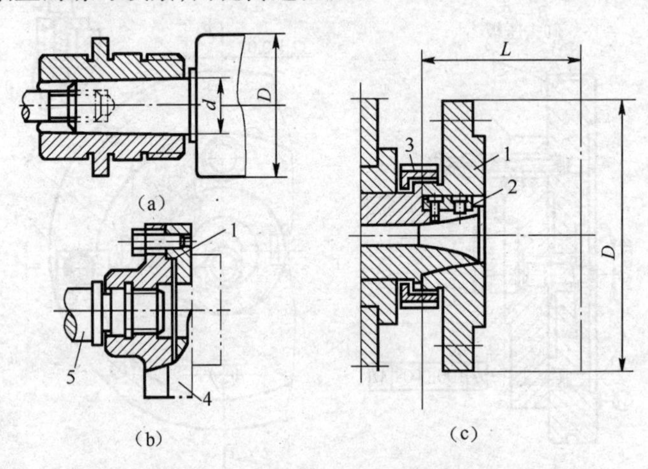

图7-34 车床夹具与机床主轴的连接

1—过渡盘;2—平键;3—螺母;4—夹具;5—主轴。

过渡盘常作为车床附件备用,设计夹具时应按过渡盘凸缘确定专用夹具体的止口尺寸。过渡盘的材料通常为铸铁。各种车床主轴前端的结构尺寸,可查阅有关手册。

4. 车床夹具总体结构的设计要点

1)夹具的悬伸长度 L

车床夹具一般是在悬伸状态下工作,为保证加工的稳定性,夹具的结构应紧凑、轻便,轮廓尺寸小,悬伸长度要短,重量要轻,尽可能使重心靠近主轴。

夹具的悬伸长度 L 与轮廓直径 D 之比应参照以下数值选取:

$D \leqslant 150$mm 时,$L/D \leqslant 1.25$;

$D = 150$mm ~ 300mm 时,$L/D \leqslant 0.9$;

$D \geqslant 300$mm 时,$L/D \leqslant 0.6$。

2)夹具的静平衡

由于车床夹具高速回转,如果夹具不平衡就会产生离心力,不仅引起主轴和轴承的磨损,还会产生振动,影响加工质量,降低刀具寿命。因此,设计车床夹具时,除了控制悬伸长度外,还应有平衡措施。特别是角铁式、花盘式等结构不对称的车床夹具,必须采取平衡措施。生产中常用的平衡方法有两种,即设置平衡块或加工减重孔。平衡块上(或夹具体上)应开有径向槽或环形槽,以便调整。

3)夹具的外形轮廓

车床夹具的夹具体应设计成圆形,为保证安全,夹具上的各种元件一般不允许伸出夹具体轮廓之外。当有切屑缠绕和切削液飞溅等问题时,应设置防护罩。

7.5 成组夹具、组合夹具、随行夹具

7.5.1 成组夹具

1. 成组夹具特点

成组夹具是针对成组工艺中的一组零件的某一工序而专门设计的夹具，当改换加工同组内另一种零件时，只需调整或更换夹具上的个别元件，即可进行加工，由此可以减少夹具设计或制造的工作量，简化夹具设计。成组夹具在结构上一般包括两部分：

（1）基础部分。基础部分是成组夹具的通用部分，一般包括夹具体、夹紧机构和操作机构等，它可长期固定在机床上，不随加工对象的改变而更换。

（2）可调整部分。可调整部分包括某些定位、导向和夹紧元件等，它随组内加工对象的变化可以调整或更换。

成组夹具在设计时，其加工对象十分明确，要求其加工对象的几何形状、工艺过程、定位及夹紧相似，因此与专用夹具很接近。图 7－35 所示为几种轴类零件的钻孔加工，考虑其形状与工艺基本相似，所选定的基准也相同，就归为同一组。

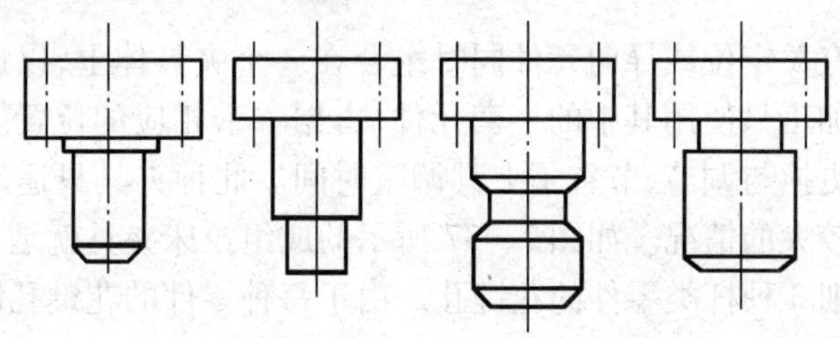

图 7－35　成组加工零件简图

图 7－36 所示为加工上述成组零件端面上平行孔系的成组可调钻模，当加工同组内的不同零件时，只需更换可换盘 2 和钻模板组件 3 即可。压板 4 为可调整件，可根据加工对象具体施加夹紧力的位置进行调整。

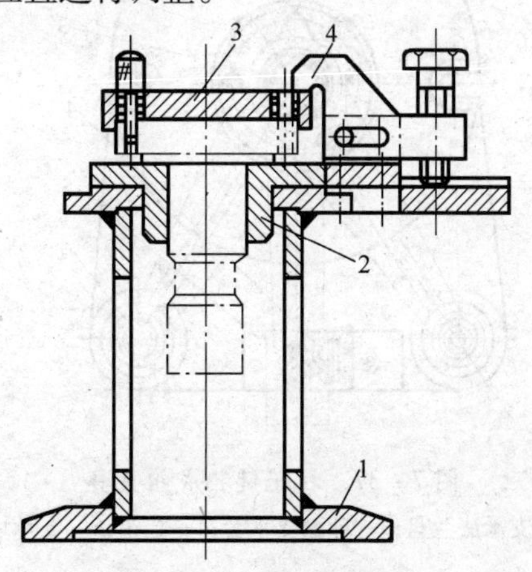

图 7－36　成组可调钻模

1—夹具体；2—可换盘；3—钻模板组件；4—压板。

2. 成组夹具的调整方式

成组夹具的调整方式可归纳为更换式、调节式、综合式和组合式等4种。

1）更换式

采用更换夹具可调整部分元件的方法，来实现组内不同零件的定位、夹紧、对刀或导向。优点是适用范围广、使用方便可靠，易于获得较高的精度；缺点是夹具所需更换元件数量较多，会使夹具制造费用增加，保管不便。此法多用于夹具精度要求较高的定位和导向元件。

2）调节式

通过改变夹具上可调元件位置的方法来实现组内不同零件的装夹和导向，采用这种方法优点是所需元件数量少，制造成本低。缺点是调整需花费一定时间，夹具精度受调整精度的影响，活动的调整元件有时会降低夹具的刚度。多用于加工精度要求不高和切削力较小的场合。

3）综合式

更换式和调节式的结合。在同一套成组夹具中，既采用更换元件的方法，又采用调节的方法。

4）组合式

将一组零件的有关定位或导向元件同时组合在一个夹具体上，以适应不同零件加工的需要。一个零件加工只使用其中的一套元件，占据一个相应的位置。组合式成组夹具由于避免了元件的更换与调节，节省了夹具调整时间。此种夹具只适用于元件组内零件种类较少而数量又较大的情况。如图7-37所示的成组拉床夹具就是一个组合式成组夹具。该夹具用于拉削3种杆类零件的花键孔。由于每种零件的花键孔键槽均有角向位置要求，故在夹具体上分别设置了3个不同的角向定位元件：两个菱形销6和一个挡销4。拉削不同工件时，分别采用相应的角度定位元件安装即可。

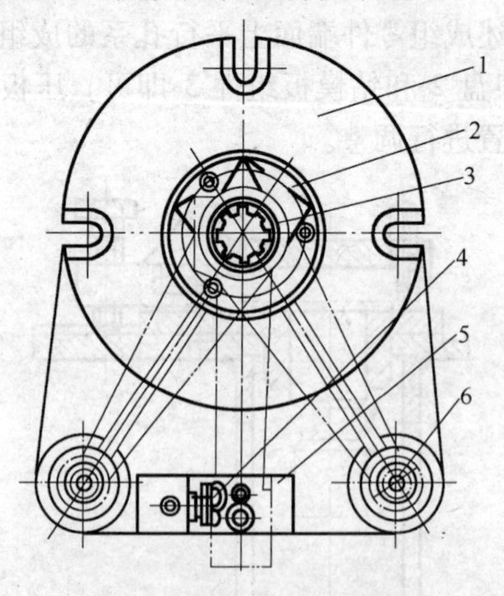

图7-37　拉花键孔成组夹具

1—夹具体；2—支承法兰盘；3—球面支承套；4—挡销；5—支承块；6—菱形销。

成组夹具与专用夹具在设计方法上基本相同，但专用夹具是针对一个零件的某一工序而设计的，因此比较简单。而成组夹具是为完成某一组零件加工的特定工艺要求而设计的,因此也就比较复杂。在设计成组夹具时,需对一组零件的图纸、工艺要求和加工条件进行全面分析,以确定最优的工件装夹方案和夹具调整形式。成组夹具的可调整部分是夹具设计的关键,在设计时,应合理选择调整方法,正确设计调整元件。力求调整方便、更换迅速、结构简单。

7.5.2 组合夹具

1. 组合夹具的特点

组合夹具是一种标准化、系列化、柔性化程度很高的夹具。它由一套预先制好的各种不同形状、不同尺寸规格、具有完全互换性和高耐磨性、高精度的标准元件及合件组成,包括基础件、支承件、定位件、导向件、压紧件、紧固件、其他件、合件等。使用时按照工件的加工要求,采用组合的方式组装成所需的夹具。使用完毕后,可方便地拆散,洗净后将其存放,并分类保管,以备再次组合使用。在正常情况下,组合夹具元件能使用 15 年 ~ 20 年左右。

与专用夹具相比,组合夹具具有结构灵活多变、万能性强、适用范围广、制造周期短、元件能反复使用等诸多优点,不足之处是组合夹具一般体积较大、结构笨重、刚性较差。此外,为了适应组装各种不同性质和结构类型的夹具,必须有大量元件的储备,因此特别适用于单件小批生产、新产品的试制和完成临时突击性任务。

2. 组合夹具的类型

根据组合夹具组装连接基面的形状,可将其分为槽系和孔系两大类。槽系组合夹具的连接基面为T形槽,夹具元件由键和螺栓等定位紧固连接。孔系组合夹具的连接基面为圆柱孔,通过孔与销来实现元件间的定位。

1) 槽系组合夹具

图 7 - 38 所示为一套组装好的槽系组合钻模及其元件分解图。组合夹具元件按其用途不同,分为 8 类,即基础件、支承件、定位件、导向件、压紧件、紧固件、其他件和合件。

基础件是组合夹具中最大的元件,经常用作组合夹具的夹具体,通过它将其他各种零件或组合件装成一套完整的夹具。常见的基础件有方形、矩形、圆形基础板和基础角铁等。

支承件是组合夹具中的骨架元件,它在夹具中起着承上启下的连接作用,即把上面的定位、导向元件及合件等,通过支承件与下面的基础件连成一体。常用的支承件有 V 形支承、长方支承、加筋角铁和角度支承等。

定位件主要用于工件的定位及确定组合元件之间的相对位置,以保证夹具中各元件的使用精度及其强度和刚度。常用的定位件有平键、T 形键、圆柱销、菱形销、圆形定位盘、定位接头、方形支承、六棱支座等。

导向件主要用来确定刀具与工件的相对位置,加工时起到正确引导刀具的作用。常用的导向元件有固定钻套、快换钻套、钻模板、左右偏心钻模板、立式钻模板等。

夹紧件主要用来将工件夹紧在夹具上,保证工件定位后的正确位置,也可作垫板和挡块用。

紧固件主要用来连接组合夹具中各种元件及压紧工件。主要包括各种螺栓、螺钉、螺母、垫圈等。

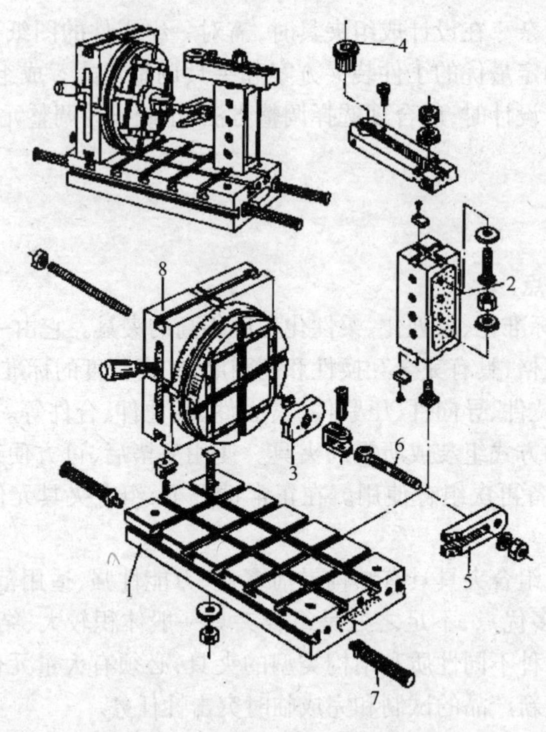

图 7－38　槽系组合钻模及其元件分解图

1—基础件；2—支承件；3—定位件；4—导向件；

5—压紧件；6—紧固件；7—其他件；8—合件。

组合夹具中，除了上述6类元件以外的各种辅助元件称为其他件，这些元件有三爪支承、支承环、手柄、连接板、平衡块等。

合件指由若干零件组合而成，在组装过程中不再拆散而独立适用的部件。合件是组合夹具中的重要组成元件，使用合件可以扩大组合机床的适用范围，节省夹具组装时间，简化夹具结构。

2）孔系组合夹具

孔系组合夹具元件的连接用两个圆柱销定位，一个螺钉紧固。其元件类别也分为8类，与槽系组合夹具不同的是增加了辅助件，没有导向件。图7－39所示为孔系组合夹具及其元件分解图。图中组合夹具定位孔的精度为H6，定位销的精度为k5，孔距误差为0.01mm。与槽系组合夹具相比，孔系组合夹具具有精度高、刚性好、易于组装等特点，特别是它可以方便地提供数控编程的基准——编程原点，因此在加工中心、数控机床上得到广泛应用。

3. 组合夹具的组装

组合夹具的组装过程就是将元件和合件组装成加工所需夹具的过程。应遵循一定步骤和程序来进行，通常正确的组装过程如下：

（1）准备阶段。熟悉基本资料，做好调查研究工作。首先应熟悉被加工的零件图及其加工工艺，了解工序加工内容和加工要求，所使用的加工方法及设备、刀具等情况。这是组装夹具的根据。

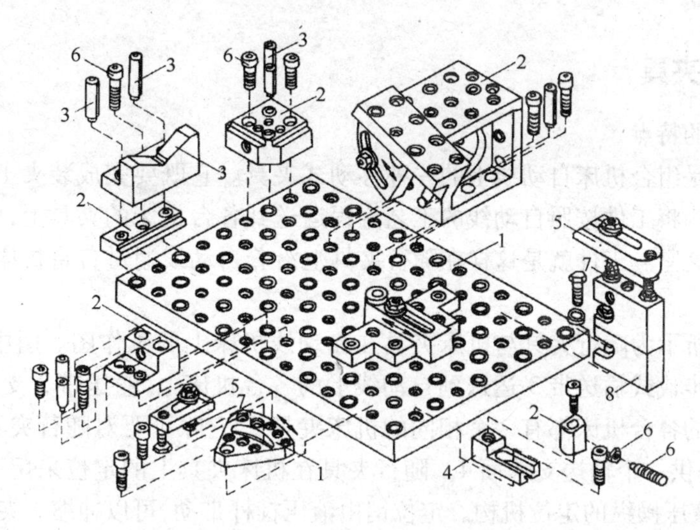

图 7-39 孔系组合夹具元件分解图

1—基础件;2—支承件;3—定位件; 4—辅助件;
5—压紧件;6—紧固件; 7—其他件;8—合件。

(2) 拟定组装方案。在保证工序加工要求的前提下,确定出工件的定位基准面和夹紧部位,从而选择出适合的定位元件、夹紧元件以及相应的支承元件和基础板等。初步确定夹具结构形式。

(3) 试装。在各元件不完全紧固的条件下,将前面构思好的夹具结构方案先进行试装。对一些主要元件的尺寸精度、平行度、垂直度等,需预先进行挑选和测量。因为试装的目的是验证所拟定的结构方案是否合理,以便进行修改和补充。试装后,应达到下列要求:

① 定位合理准确、夹紧可靠方便,在加工过程中具有足够的刚性,确保工件的加工。

② 夹具结构紧凑,各元件结构尺寸选择合理。

③ 装卸工件方便、操作简单,清除切屑容易。

④ 夹具在机床上安装可靠、找正方便。

(4) 组装。经过试装验证夹具结构方案之后,即可进行组装。首先应擦洗元件,接着按一定顺序(一般由下而上,由内到外)将有关元件分别用定位键、螺栓、螺母等连接起来。在连接过程中要注意各合件、元件间的定位和固定,保证有足够的刚度和精度。

(5) 检验。夹具组装之后,要对夹具进行一次全面的检验。首先检查夹具的结构,定位、夹紧是否合理,工件安装、排屑和操作等是否方便,夹具的刚性、稳定性是否满足要求;其次,对夹具的尺寸及精度进行仔细的检验,若不合格应进行调整,达到要求才行;最后检查元件是否配齐。

4. 组合夹具的精度

组合夹具的精度在很大程度上取决于各组成元件的精度,因此对其各组成元件的精度要求很高,经验表明,使用组合夹具在各类机床上进行加工所能保证的位置精度:钻、铰孔中心距的尺寸精度达 ±0.05mm,位置精度达 0.05/100mm;镗孔中心距的尺寸精度达 ±0.02mm,位置精度达 0.01/100mm;车床夹具上加工面与定位面的尺寸精度达 ±0.03mm,位置精度达 0.03/100mm;铣刨床夹具上加工面与定位面的位置精度达 0.04/100mm,倾斜度精度达 ±0.02mm。

7.5.3 随行夹具

随行夹具的特点

随行夹具是组合机床自动线上的一种移动式夹具。它既要完成装夹工件的作用,又要作为运输机构将工件按照自动线的工艺流程运送到各台机床的夹具上,由机床夹具对它进行定位和夹紧。工件就是这样在随行夹具上沿着自动线通过各台机床,完成全部工序的加工。

图7-40所示为随行夹具与机床夹具在自动线机床上的工作图。图中,随行夹具1由带棘齿爪的步伐式输送带3运送到自动线上的各台机床上,输送带3支承在支承滚5上。自动线上的各台机床都有一个相同的机床夹具2,它除了要对随行夹具进行定位和夹紧外,还要提供一个输送支承面4。随行夹具在机床夹具上的定位采用一面两销的定位方法。6是液压操纵的定位机构。定位销由液压杠杆带动,可以伸缩。夹紧是由油缸8通过杠杆9带动4个钩形压板7压住随行夹具的下部底板来实现的。

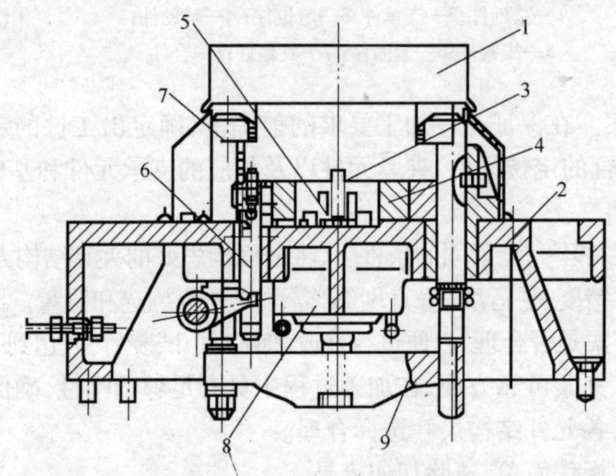

图7-40　随行夹具与机床夹具在自动线机床上的工作图

1—随行夹具;2—机床夹具;3—带棘齿爪的步伐式输送带;4— 输送支承;
5—支承滚;6— 定位机构;7— 钩形压板;8—油缸;9—杠杆。

随行夹具主要用于那些适合在自动线上加工,形状复杂而不规则、又无良好输送基面的工件,以便将工件装夹于输送基面规整的随行夹具上,然后再通过自动线各台机床进行加工。也可用于一些虽有良好输送基面,但材质较软,容易划伤已加工的定位基面的有色金属工件。此外,有时为了在自动线上尽可能加工完所有被加工表面,不得不选用毛坯面作为安装基准,而毛坯面不能作多次安装,这就需要使用随行夹具,以便一次安装完成全部加工任务。设计随行夹具时,不仅要考虑工件在随行夹具中的定位和夹紧问题,而且要考虑随行夹具在机床夹具上的定位和夹紧及自动线上的输送等问题。

习题及思考题

7-1　钻床夹具分哪些类型?各类钻模有何特点?

7-2 钻模板的类型有哪些,各应用于什么场合?

7-3 镗床夹具可分为几类?各有何特点,其应用场合是什么?

7-4 镗套有几类?怎么选用?

7-5 怎样避免镗杆与镗套之间出现“卡死”现象?

7-6 在设计镗模支架时应注意什么问题?

7-7 定向键起什么作用?它有几种结构形式?

7-8 在铣床夹具中,对刀块和塞尺起什么作用?

7-9 车床夹具分哪些类型?各有何特点?

7-10 车床夹具与车床主轴的连接方式有哪几种?

7-11 何谓成组夹具,具有什么特点?

7-12 组合夹具有何特点?由那些元件组成?

7-13 随行夹具具有什么特点?

第8章　专用夹具的设计方法

前面讨论了几类典型夹具的结构和设计要点,为进行夹具总体设计打下了基础。本章将重点介绍机床专用夹具的设计步骤和方法,研究制订专用夹具技术要求的原则,讨论与专用夹具设计有关的几个重要问题,以便进一步掌握机床专用夹具的设计方法。

8.1　专用夹具设计的基本要求和设计步骤

8.1.1　对专用夹具的基本要求

1. 保证工件的加工精度

保证工件的加工精度是设计专用夹具的最基本要求,必须首先保证。保证加工精度的关键在于正确地选定定位基准、定位方法和定位元件,必要时还需进行定位误差的分析和计算,同时,还要注意夹具中其他零部件的结构对加工精度的影响,以确保夹具结构合理、刚性好,能满足工件的加工精度要求。

2. 提高生产效率

专用夹具设计时应与工件的生产要求相适应,尽量采用各种快速高效的装夹机构,如采用多件夹紧、联动夹紧装置,以缩短辅助时间,提高生产效率。

3. 工艺性能好

专用夹具的结构应力求简单、合理,便于制造、装配、调整、检验、维修等。专用夹具的制造属于单件生产,当最终精度由调整或修配保证时,夹具上应设置调整和修配结构。

4. 使用性能好

专用夹具的操作应简便、省力、安全可靠。在客观条件允许且又经济适用的前提下,应尽可能采用气动、液压等机械化夹紧装置,以减轻操作者的劳动强度。专用夹具还应排屑方便,必要时可设置排屑结构,防止切屑破坏工件的定位和损坏刀具,防止切屑的积聚带来大量的热量而引起工艺系统变形。

5. 经济性好

专用夹具应尽可能采用标准元件和标准结构,力求结构简单、制造容易,以缩短设计和制造周期,降低夹具的制造成本。因此,设计时应根据生产纲领对夹具方案进行必要的技术经济分析,以提高夹具在生产中的经济效益。

8.1.2　专用夹具的设计步骤

1. 明确设计要求,收集和研究有关资料

在接到夹具设计任务书后,首先要仔细阅读加工件的零件图和与之有关的部件装配图,了解零件的作用、结构特点和技术要求;其次,认真研究加工件的工艺规程,充分了解本工序的加工内容和加工要求，了解本工序使用的机床和刀具，研究分析夹具设计任务书上所选用的定位基准和工序尺寸。

2. 确定夹具的结构方案，绘制夹具草图

在广泛收集和研究有关资料的基础上，开始拟定夹具的结构方案，主要内容如下：

（1）确定定位方案，选择、设计定位元件，计算定位误差。

（2）确定对刀或导向方式，选择、设计对刀或导向装置。

（3）确定夹紧方案，选择、设计夹紧机构，并对夹紧力进行验算。

（4）确定夹具其他组成部分的结构形式，例如，分度装置、夹具和机床的连接方式等。

（5）确定夹具体的形式和夹具的总体结构。

（6）绘制夹具草图，并标注尺寸、公差及技术要求。

在确定夹具结构方案的过程中会出现几种不同的方案，应从保证精度和降低成本的角度出发，对几种方案进行比较分析，选出其中最为合理的结构方案。

3. 绘制夹具的装配图

绘制夹具装配图通常按以下步骤进行：

（1）遵循国家制图标准，绘图比例应尽可能选取1:1，根据工件的大小，也可用较大或较小的比例；通常选取操作位置为主视图，以便使所绘制的夹具总图具有良好的直观性；视图剖面应尽可能少，但必须能够清楚地表达夹具各部分的结构。

（2）用双点画线绘出工件轮廓外形、定位基准和加工表面。将工件轮廓线视为“透明体”，并用网纹线表示出加工余量。

（3）根据工件定位基准的类型和主次，选择合适的定位元件，合理布置定位点，以满足定位设计的相容性。

（4）根据定位对夹紧的要求，按照夹紧原则选择最佳夹紧状态及技术经济合理的夹紧系统，画出夹紧工件的状态。对空行和较大的夹紧机构，还应用双点划线画出放松位置，以表示出和其他部分的关系。

（5）围绕工件的几个视图依次绘出对刀、导向元件以及定位键等。

（6）最后绘制出夹具体及连接元件，把夹具的各组成元件和装置连成一体。

（7）确定并标注有关尺寸。

（8）规定总图上应控制的精度项目，标注相关的技术条件，夹具的安装基面、定位键侧面以及与其相垂直的平面（称为三基面体系）是夹具的安装基准，也是夹具的测量基准，因而应该以此作为夹具的精度控制基准来标注技术条件。

（9）编制零件明细表。夹具总图上还应画出零件明细表和标题栏，写明夹具名称及零件明细表上所规定的内容。

4. 夹具精度校核

在夹具设计中，当结构方案拟定之后，应该对夹具的方案进行精度分析和估算；在夹具总图设计完成后，还应该根据夹具有关元件的配合性质及技术要求，再进行一次复核。这是确保产品加工质量而必须进行的误差分析。

5. 绘制夹具零件工作图

夹具总图绘制完毕后，对夹具上的非标准件要绘制零件工作图，并规定相应的技术要求。零件工作图应严格遵照所规定的比例绘制。视图、投影应完整，尺寸要标注齐全，所标注的公差及技术条件应符合总图要求，加工精度及表面粗糙度应选择合理。

在夹具设计图纸全部完毕后，还有待于精心制造和实践来验证设计的科学性。经试用后，有时还可能要对原设计作必要的修改。因此，要获得一项完善的优秀的夹具设计，设计人员通常应参与夹具的制造、装配，鉴定和使用的全过程。

6. 编写夹具设计说明书

正确编写夹具设计说明书并归档保存。

8.2 夹具体的设计

8.2.1 夹具体设计的基本要求

夹具体是机床夹具的基础件，在夹具体上，不仅安装着机床夹具的各种元件和装置，而且还要考虑如何方便地在夹具体上装卸工件以及在机床上固定，因此，夹具体的形状、结构和尺寸，不仅取决于工件的形状、尺寸和夹具的元件、机构的布置情况，而且还应考虑机床与刀具的机构特点。专用夹具的夹具体一般都是非标准件，是需要专门设计制造的，夹具体设计时应满足一定的要求。

1. 有一定的精度和尺寸稳定性

夹具体上的重要表面有安装定位元件的表面、安装对刀或导向元件的表面以及夹具体的安装基面等。这些表面有一定的精度和表面粗糙度要求，特别是位置精度要求。为使夹具体尺寸稳定，对于铸造夹具体要进行时效处理，对于焊接和锻造夹具体，要进行退火处理。

2. 有足够的强度和刚度

在切削加工过程中，为了避免夹具体在较大的切削力和夹紧力作用下而产生变形和振动，夹具体一般要求有足够的刚度和强度。所以在设计时，夹具体要有足够的壁厚，并根据受力情况适当布置加强筋或采用框式结构。一般加强筋厚度取壁厚的0.7倍~0.9倍，筋的高度不大于壁厚的5倍。

3. 结构工艺性好

夹具体结构应尽量紧凑，工艺性好，便于制造、装配和检验。夹具体上重要表面应便于加工。设计夹具时应考虑以夹具体在机床上定位部分的表面作为加工其他表面的定位基准。

各加工表面最好位于同一平面或同一旋转表面上。夹具体上安装各元件的表面一般应铸出3mm~5mm的凸台，以减少加工面积。夹具体上不加工的毛面与工件表面之间应留有一定的间隙，一般为4mm~15mm，以免工件与夹具体之间发生干涉。夹具体结构形式应便于工件的装卸，如图8-1所示，分为开式结构（图8-1(a)）、半开式结构（图8-1(b)）和框架式结构（图8-1(c)）。

4. 安装稳定、可靠

夹具在机床上的安装都是通过夹具体上的安装基面与夹具上相应表面的接触或配合实现的。夹具体在机床上的安放应稳定，对于固定在机床上的夹具应使其重心尽量低，对于不固定在机床上的夹具，则其重心和切削力作用点，应落在夹具体在机床上的支承面范围内。夹具越高，支承面积应越大。为了使接触面接触良好，夹具体底面中部一般应挖空。

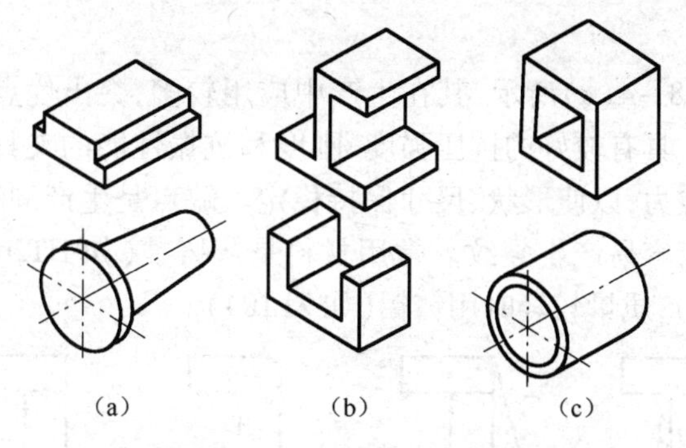

图 8－1 夹具体结构形式

(a) 开式结构；(b) 半开式结构；(c) 框架式结构。

对于旋转类夹具体，要求无凸出部分或装有安全罩。对于常移动或翻转的夹具应注意有手搬部位或设置手柄。对于大型笨重夹具，夹具体上应设置吊环或吊孔。夹具体安装基面的结构如图 8－2 所示。图 8－2(a)为周边接触，图 8－2(b)为两端接触，图 8－2(c)为 4 个支脚接触，接触边与支脚的宽度应大于机床工作台梯形槽的宽度，应一次加工出来，并保证一定的平面精度。

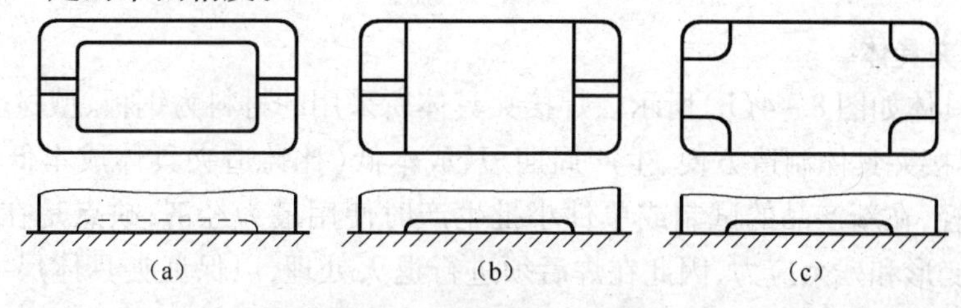

图 8－2 夹具安装基面的形式

5. 排屑方便

夹具体上不允许切屑积聚过多，否则会影响工件的定位和夹紧，因此，一般在夹具体上设计排屑用的斜面或缺口，使切屑自动由斜面滑下而排出夹具外。图 8－3(a)所示为在钻床夹具上开出排屑用的斜弧面，使钻屑沿斜弧面排出；图 8－3(b)所示为在铣床夹具体上设置的排屑斜面，切屑沿角度为 α 的斜面排出。

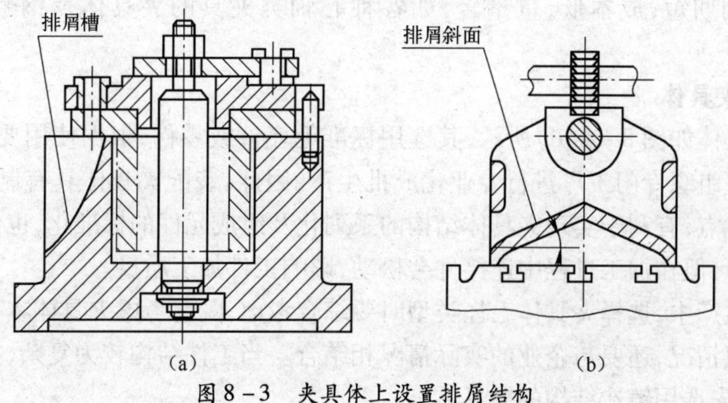

图 8－3 夹具体上设置排屑结构

8.2.2 夹具体毛坯的类型

1. 铸造夹具体

铸造夹具体如图 8-4(a)所示,其在生产中应用较多,突出优点是制造工艺性好,可以铸出各种形状复杂,具有较好的抗压强度、刚度和抗振性能的夹具体毛坯,且采用时效处理后,可以消除内应力,以使形状、尺寸保持稳定。缺点是生产周期长,制造成本高,抗拉强度差,受冲击载荷容易产生裂纹。常用材料是灰铸铁(如 HT200),强度要求高时用铸钢(如 ZG270-500),质量较轻时用铸铝(如 ZL104)。

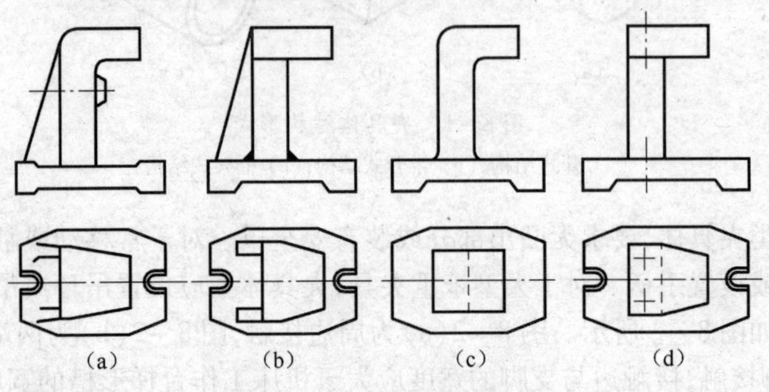

图 8-4 夹具体毛坯的类型

2. 焊接夹具体

焊接夹具体如图 8-4(b)所示。焊接夹具体所采用的材料为钢板、型材等,与铸造夹具体相比,焊接夹具体制造方便、生产周期短、成本低(比铸造夹具体成本低 30%~35% 左右),重量轻,在新产品的试制或单件小批生产时使用最为经济;缺点是在其制造过程中要产生热变形和残余应力,因此在焊后须进行退火处理,以保证夹具体尺寸的稳定性。另外,焊接夹具体很难得到铸造夹具体那样复杂的外形。

3. 锻造夹具体

锻造夹具体如图 8-4(c)所示。它适用于形状简单、尺寸不大,要求强度和刚度大的场合。一般很少采用。

4. 型材夹具体

型材夹具体一般为小型夹具体,通过板料、棒料、管料等型材加工装配而成。这类夹具体生产周期短,成本低,重量轻,如各种心轴类夹具的夹具体及钢套钻模夹具体等。

5. 装配夹具体

装配夹具体如图 8-4(d)所示,其选用标准毛坯件或零件,根据使用要求组装而成。由于标准件可组织专门工厂进行专业化成批生产,因此,装配夹具体具有制造成本低,制造周期短等优点,有利于实现夹具体结构的系列化及组成元件的标准化,也便于夹具的计算机辅助设计,但在加工过程中连接件会松动,影响工件加工质量。

在实际生产中,选择夹具体毛坯类型时要综合考虑,既要考虑夹具体本身的设计要求和工件的加工情况,还要与企业的实际情况相结合。当工件结构较为复杂,加工过程中振动较大时,优先选用铸造结构的夹具体。

8.3 夹具总图上尺寸、公差和技术要求的标注

8.3.1 夹具总图上应标注的尺寸和公差

1. 夹具外形的最大轮廓尺寸 S_L

夹具外形的最大轮廓尺寸包括长、宽、高这 3 个方向。如果夹具有活动部分，应用双点画线画出最大活动范围，标出活动部分与处于极限位置时的尺寸，这样可避免机床、夹具、刀具发生干涉。如图 8－5 所示的最大轮廓尺寸为 84mm、ϕ70mm 和 60mm。

2. 影响定位精度的尺寸和公差 S_D

主要指定位元件之间、工件与定位元件之间的尺寸和公差。如图 8－5 中标注的定位基面与限位基面的配合尺寸 $\phi 20\,\frac{H7}{f6}$。

3. 影响对刀精度的尺寸和公差 S_T

它们主要指刀具与对刀元件或导向元件之间的尺寸及公差，对于铣、刨床夹具，是指对刀元件与定位元件的位置尺寸；对于钻、镗床夹具，则是指钻（镗）套与定位元件间位置尺寸，钻（镗）套之间的位置尺寸，以及钻（镗）套与刀具导向部分的配合尺寸等。如图 8－5中钻套导向孔的尺寸 ϕ5F7。

4. 影响夹具在机床上安装精度的尺寸和公差 S_A

它们主要是指夹具安装基面与机床相应配合表面之间的尺寸及公差。对于车、磨床夹具，主要是指夹具与主轴端的配合尺寸；对于铣、刨床夹具，则是指夹具上的定位键与机床工作台上的 T 形槽的配合尺寸。图 8－5 中钻模的安装基面是平面，可不必标注。

5. 影响夹具精度的尺寸和公差 S_J

它们主要指定位元件、对刀或导向元件、分度装置及安装基面之间的位置尺寸和公差。如图 8－5 中标注的钻套轴线与限位基面间的尺寸（20 ± 0.03）mm，钻套轴线相对与定位心轴的对称度 0.03mm，钻套轴线相对与安装基面 B 的垂直度 60∶0.03，定位心轴相对于安装基面 B 的平行度 0.05mm 等位置要求。

6. 其他装配尺寸和公差

它们主要指夹具内部各连接副的配合、各组成元件之间的位置关系等。如定位销（心轴）与夹具体的配合，钻套与夹具的配合等，设计时可查阅有关手册。如图 8－5 中标注的配合尺寸 $\phi 14\,\frac{H7}{n6}$、$\phi 40\,\frac{H7}{n6}$、$\phi 10\,\frac{H7}{n6}$。

8.3.2 夹具总图上应标注的技术要求

夹具总图上无法用符号标注而又必须说明的问题，可作为技术要求用文字写在总图上。主要内容有夹具的装配、调整方法，如几个支承钉应装配后修磨达到等高，装配时调整某元件或修磨某元件的定位表面等，以保证夹具精度；某些零件的重要表面应一起加工；工艺孔的设置和检测；夹具使用时的操作顺序；夹具表面的装饰要求等。如图 8－5 中标注：装配时修磨调整垫圈 11，保证尺寸（20 ± 0.03）mm。

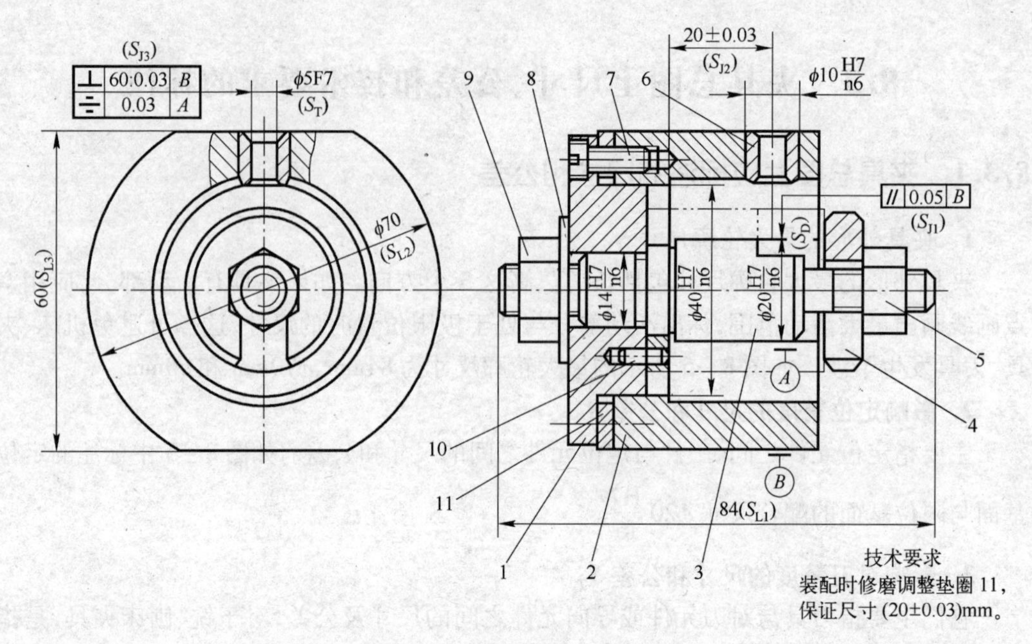

图 8－5　型材夹具体钻模

1—盘;2—套;3—定位心轴;4—开口垫圈;5—夹紧螺母;6—固定钻套;
7—螺钉;8—垫圈;9—锁紧螺母;10—防转销;11—调整垫圈。

8.3.3　夹具总图上公差值的确定

夹具总图上标注公差的原则:在满足工件加工要求的前提下,尽量降低夹具的制造精度。一般夹具公差可分为直接影响工件加工精度的和间接影响工件加工精度的夹具公差两类。

1. 直接影响工件加工精度的夹具公差 T_J

夹具总图上应标注的第 2 ~ 5 类尺寸公差和位置公差均属此范围,它们将直接影响工件的加工精度。取夹具总图上的尺寸公差和位置公差为

$$T_J = (1/2 \sim 1/5)\,T_K$$

式中　T_K——为与 T_J 相应的工件尺寸公差或位置公差。

当工厂本身在夹具制造方面的技术水平较高时,夹具公差可以取小些。

当工件加工精度要求高时,若夹具公差取得小,将造成夹具难以制造,甚至无法制造,此时可将夹具公差略取大些;反之,当工件加工精度要求低时,夹具公差可适当取小些。

当工件的加工批量大时,为了保证夹具的一定使用寿命,夹具的制造公差宜取小些,以增大夹具的磨损公差;当加工的批量小时,夹具的使用寿命问题并不突出,此时为了便于制造可将夹具公差取大些。

如图 8－5 中的尺寸公差、位置公差均取相应工件公差的 1/3 左右。对于直接影响加工精度的配合尺寸,在确定了配合性质后,应尽量选用优先配合,如图 8－5 中的 $\phi 20\ \frac{H7}{f6}$。

工件的加工尺寸未注公差时,工件公差 T_K 视为 IT12 ~ IT14,夹具上相应的尺寸公差按 IT9 ~ IT11 标注;工件上的位置要求未注公差时,工件位置公差 T_K 视为 IT9 ~ IT11 级,

夹具上相应的位置公差按 IT7 ~ IT9 级标注；工件上的加工角度未注角度公差时，工件公差 T_K 视为 ±10′ ~ ±30′，夹具上相应的角度公差标为 ±3′ ~ ±10′（相应边长为 10mm ~ 400mm，边长短时取大值）。

2. 其他装配尺寸的配合性质及公差等级

这类尺寸的公差与配合的标注对工件的加工精度有间接影响。夹具内部各连接副的配合性质及公差等级可参考有关夹具设计手册确定。如图 8-5 中的 $\phi 40\,\frac{H7}{n6}$、$\phi 14\,\frac{H7}{n6}$、$\phi 10\,\frac{H7}{n6}$。

8.4　工件在夹具上加工的精度分析

8.4.1　影响加工精度的因素

在机械加工过程中，影响工件加工精度的因素主要有：定位误差、对刀误差、夹具在机床上的安装误差、夹具误差以及加工方法误差等，上述各项误差均导致刀具相对工件的位置不准确，从而形成总的加工误差 $\sum\Delta$。工件定位误差在前面已经详细讲述，下面只讨论其余各项误差的特点及其确定方法。

1. 夹具的对刀或导向误差 Δ_T

因刀具相对于对刀元件或导向元件的位置不精确而造成的加工误差，称为对刀或导向误差。

对于铣床夹具，刀具的位置是由对刀块来确定的。对刀块工作面到夹具定位面的尺寸误差、对刀塞尺本身的制造误差，都会引起刀具的实际位置对理想位置的偏离，从而引起加工误差，都属于铣床的对刀误差。

对于钻床夹具，由于钻床上使用的夹具是用钻套来引导刀具的，钻套的孔与外圆的同轴度、钻套外圆与钻模板孔的配合间隙、刀具导向部分与钻套孔间的配合间隙，以及夹具调整时钻套孔相对于夹具定位元件的位置误差等，都会造成钻头的实际旋转轴线偏离理想位置，从而使钻头轴线平移或偏移，导致了被加工孔的位置误差，这就是钻孔加工中的导向误差。

2. 夹具的安装误差 Δ_A

因夹具在机床上的安装不准确而造成的加工误差，称为夹具的安装误差。夹具的安装误差包括：定位元件对本体安装基面的相互位置误差，夹具安装基面本身的制造误差以及与机床装卡面的连接误差。

对于车床心轴，夹具的安装误差直接就是心轴工作表面对顶尖孔或者对心轴锥柄表面的同轴度；对于钻床夹具，由于工件孔的位置尺寸决定于钻套对定位元件的位置尺寸，此时夹具安装误差只考虑定位元件与夹具安装基面的相互位置误差对加工尺寸的影响。图 8-5 中夹具的安装基面为平面，不考虑安装误差。

3. 夹具误差 Δ_J

因夹具上定位元件、对刀或导向元件、分度装置及安装基准之间的位置不精确而造成的加工误差，称为夹具误差。具体来说，夹具误差主要包括：定位元件相对安装基准的尺寸和位置误差；定位元件相对于对刀或导向元件（包含导向元件之间）的尺寸和位置误差；若有分度装置，还存在分度误差。

4. 加工方法误差 Δ_G

因机床精度、刀具精度、刀具与机床的位置精度、工艺系统的受力变形和受热变形等因素造成的加工误差，统称为加工方法误差。因该项误差影响因素多，又不便于计算，所以常根据经验，加工方法误差计算时常取工件公差的 T_K 的 1/3。

8.4.2 保证加工精度的条件

为了保证规定的加工精度，必须采取措施限制和减小这些加工误差，将总加工误差限制在允许的偏差范围内。总加工误差 $\sum\Delta$ 为上述各项误差之和，由于上述误差均为独立的随机变量，应用概率法叠加。因此，保证加工精度的条件为

$$\sum\Delta = \sqrt{\Delta_D^2 + \Delta_T^2 + \Delta_A^2 + \Delta_J^2 + \Delta_G^2} \leqslant T_K \tag{8-1}$$

若总加工误差 $\sum\Delta$ 满足上述条件，但接近 T_K，夹具因磨损而使总加工误差 $\sum\Delta$ 增加，很快便会不满足上述条件，夹具过早报废。为了保证夹具有一定的使用寿命，在分析计算工件加工精度时，需留出一定的精度储备量 J_C，因此将式(8-1)改写为

$$\sum\Delta \leqslant T_K - J_C$$

或

$$J_C = T_K - \sum\Delta \geqslant 0 \tag{8-2}$$

当 $J_C \geqslant 0$ 时，夹具能满足工件的加工要求，J_C 值的大小还表示了夹具使用寿命的长短和夹具总图上各项公差值 T_J 确定的是否合理。

8.4.3 加工精度计算实例

图 8-5 所示钻床夹具上钻钢套的 ϕ5mm 孔时，加工精度计算如下。

1. 定位误差 Δ_D

加工尺寸(20 ±0.1)mm 的定位误差 $\Delta_D = 0$。

对称度 0.1mm 的定位误差为工件定位孔与定位心轴配合的最大间隙。工件定位孔的尺寸为 ϕ20H7($\phi 20_0^{+0.021}$mm)，定位心轴的尺寸为 ϕ20f6($\phi 20_{-0.033}^{-0.020}$mm)，则

$$\Delta_D = X_{\max} = 0.021 + 0.033 = 0.054\text{mm}$$

2. 对刀误差 Δ_T

由于钢套壁厚较薄，可只计算钻头位移引起的误差。钻套导向孔尺寸为 ϕ5F7 ($\phi 5_{+0.010}^{+0.022}$mm)，钻头尺寸为 ϕ5h9($\phi 5_{-0.03}^{0}$mm)。尺寸(20 ±0.1)mm 及对称度 0.1mm 的对刀误差均为钻头与导向孔的最大间隙为

$$\Delta_T = X_{\max} = 0.022 + 0.03 = 0.052\text{mm}$$

3. 夹具的安装误差 Δ_A

因为安装基面为平面，所以 $\Delta_A = 0$。

4. 夹具误差 Δ_J

影响尺寸(20 ± 0.1) mm 的夹具误差是:定位面到导向孔轴线的尺寸公差 $\Delta_{J2}=0.06$mm,以及导向孔对安装基面 B 的垂直度 $\Delta_{J3}=0.03$mm。

影响对称度 0.1mm 的夹具误差:导向孔对定位心轴的对称度为 0.03mm。

5. 加工方法误差 Δ_G

尺寸(20 ±0.1) mm 的加工方法误差 $\Delta_G = T_K/3 = 0.2/3 = 0.067$mm,

对称度 0.1mm 的加工方法误差 $\Delta_G = T_K/3 = 0.1/3 = 0.033$mm。

尺寸(20 ±0.1) mm 总误差为

$$\sum \Delta = \sqrt{0.052^2 + 0.06^2 + 0.03^2 + 0.067^2} = 0.108\text{mm}$$

$$J_C = T_K - \sum \Delta = 0.2 - 0.108 = 0.092\text{mm} > 0$$

对称度 0.1mm 的总误差为

$$\sum \Delta = \sqrt{0.054^2 + 0.052^2 + 0.03^2 + 0.033^2} = 0.087\text{mm}$$

$$J_C = T_K - \sum \Delta = 0.1 - 0.087 = 0.013\text{mm} > 0$$

所以,该钻床夹具能满足工件的各项精度要求,可以应用。

8.5 专用夹具设计实例

8.5.1 连杆的铣槽专用夹具设计实例

图 8-6 所示为小连杆的铣槽工序简图。该零件是中批生产,现要求设计加工该零件上尺寸为深 $3.2_0^{+0.4}$ mm,宽 $10_0^{+0.2}$ mm 的槽口所用的铣床夹具。

1. 明确设计要求,收集和研究有关资料

首先明确本工序的加工要求:要求工件两面共铣出 8 个深 $3.2_0^{+0.4}$ mm,宽 $10_0^{+0.2}$ mm 的槽,槽的中心线与连杆两孔中心连线的夹角是 45° ± 30′,表面粗糙度 $Ra6.3\mu$m,生产条件为成批生产。前面工序已加工好的大、小头孔径分别为 $\phi42.6_0^{+0.1}$ mm 和 $\phi15.3_0^{+0.1}$ mm,两孔中心距为 (57 ± 0.06) mm,大小头的厚度均为 $14.3^0_{-0.1}$ mm。

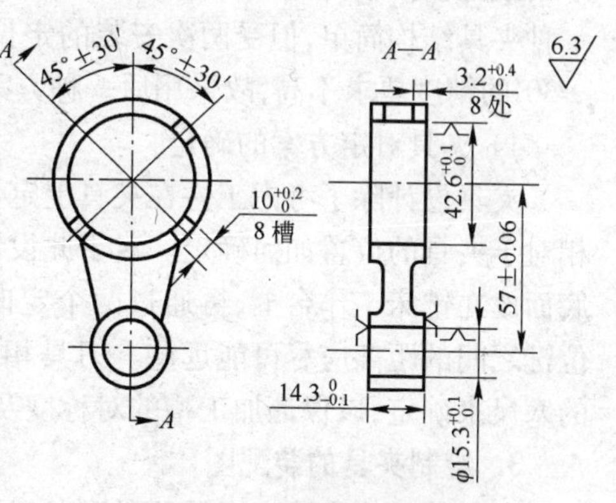

图 8-6 连杆铣槽工序图

此工序加工的各尺寸精度、角度精度及表面粗糙度要求均不高,前面工序已加工过的尺寸精度相对较高。加工时可选用三面刃盘铣刀在卧式铣床上直接铣出 8 个槽,槽宽 $10_0^{+0.2}$ mm 由铣刀尺寸直接保证,槽深和角度位置由夹具和调整对刀来保证。

2. 确定夹具的结构方案,绘制夹具草图

1) 确定定位方案,选择、设计定位元件

工件槽深方向的工序基准是与槽相连的工作端面。从基准重合的要求来考虑,应选此端面作为定位基准。但由于要在此端面上开槽,那么夹具的定位表面就势必设计成朝下方,这样使得工件的定位、夹紧等操作和加工都不方便,其结构也将复杂。如果选择与所加工槽相对的另一端面为定位基准,则会引起基准不重和误差,其误差值等于两端面间的尺寸公差0.1mm,由于要求的槽深公差较大(0.4mm),预计这样选择定位基准能够保证加工要求。

对于夹角45°±30′,工序基准是两孔中心和连线。槽在大头端面上,槽的中心线应通过大孔中心,所以大孔还是槽对称中心的工序基准。因此,可以选用两销定位,选择大孔作为主要定位基准,定位元件选用圆柱销,小孔做次要定位基准,定位元件选用菱形销。因为夹具外形尺寸估计不大,为简化结构,平面定位可直接用夹具体,这样,定位方案初步确定。

2）确定夹紧方案,选择、设计夹紧机构

定位基准及加工方法确定后,接着应设计夹紧机构,夹紧机构设计时应考虑到快速、可靠、不碰刀,夹紧点尽量接近被加工零件表面等诸多方面。由于此零件生产批量不大,因此选用螺钉压板夹紧比较合适。可供选择的夹紧部位有两处:一种是压在大孔端面上,为避开加工位置,需要应用两个压板;另一种也可以压在杆身上,只需用一个压板。前者的缺点是夹紧两次,后者的缺点是夹紧点离加工表面较远,而且压在杆身中部可能引起工件变形。考虑到铣削加工切削力较大,采用第一种方案,即用两个螺旋压板夹紧大孔端面,这样夹紧可靠。

3）分度装置的设计

工件的每一个端平面上加工4个槽可以有两种方案:一种方案是采用分度机构,当加工完一对槽后,将工件和分度盘一起转过90°,再加工另一对槽;另一种方案是在夹具上装两个相差为90°的菱形销,加工完一对槽后,卸下工件,将工件转90°安装在另一个菱形销上重新夹紧,再加工另一对槽。显然具有分度装置的夹具精度较高,但结构复杂,后一种夹具结构简单,但受两次安装的定位误差的影响,精度较低,由于此零件中夹角45°±30′的精度要求不高,故采用后一种方案。

4）夹具对定方案的确定

夹具设计除了考虑工件在夹具上定位以外,还要考虑夹具在机床上的定位,以及刀具相对于夹具的位置如何确定。对于此设计中的铣床夹具,在机床上的定位是以夹具体的底面放在铣床工作台上,再通过两个定向键与机床工作台的T形槽连接来实现的,两定位键之间的距离应尽可能远些。刀具相对于夹具的位置采用直角对刀块及厚度为3mm的塞尺来确定,以保证加工槽的对称度及深度要求。

3. 绘制夹具的装配图

夹具结构方案确定后,即可绘制夹具总图。先以双点画线画出工件轮廓,然后围绕工件依次画出定位元件(图8-7(a))、夹紧元件(图8-7(b))和对刀块,最后用夹具体把各种元件连成一体,并且画出夹具底面的定位键。夹具总装图如图8-8所示。设计各元件时,应尽量采用标准件和通用件,以缩短夹具的设计周期,节约成本。

在总装图上标注出主要尺寸及公差:夹具外形尺寸;两定位销直径及公差;两定位销的中心距尺寸及公差;定位平面 N 到对刀块底面之间的尺寸及公差;圆柱定位销定位表面的尺寸与公差按g6选取为 $\phi 42.6_{-0.025}^{-0.009}$ mm;菱形销定位圆柱部分直径尺寸与公差为

$\phi15.3_{-0.034}^{-0.016}$mm；两销间的距离与尺寸公差，就按连杆相应尺寸公差（±0.06）mm 的 1/3 取值为 ±0.02mm，在夹具总装图上标注该尺寸为（57 ±0.02）mm；定位平面 N 到对刀块底面之间的尺寸及公差为（7.85 ±0.02）mm。标注主要技术条件时主要考虑对槽深及槽的位置精度有影响的技术条件，因此，在总装图上标注的技术条件：菱形销与圆柱销中心的连线与定位键侧面的角度公差为 45° ±5′；N 面相对于 M 面的平行度允差在 100mm 上不大于 0.02mm；两定位销定位表面对夹具底面的垂直度允差在全长上不大于 0.03mm。

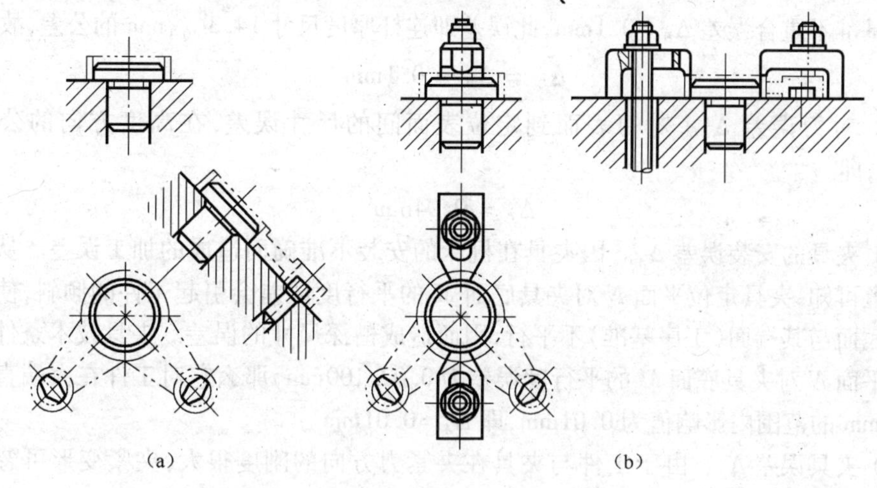

图 8-7　连杆夹具定位夹紧方案

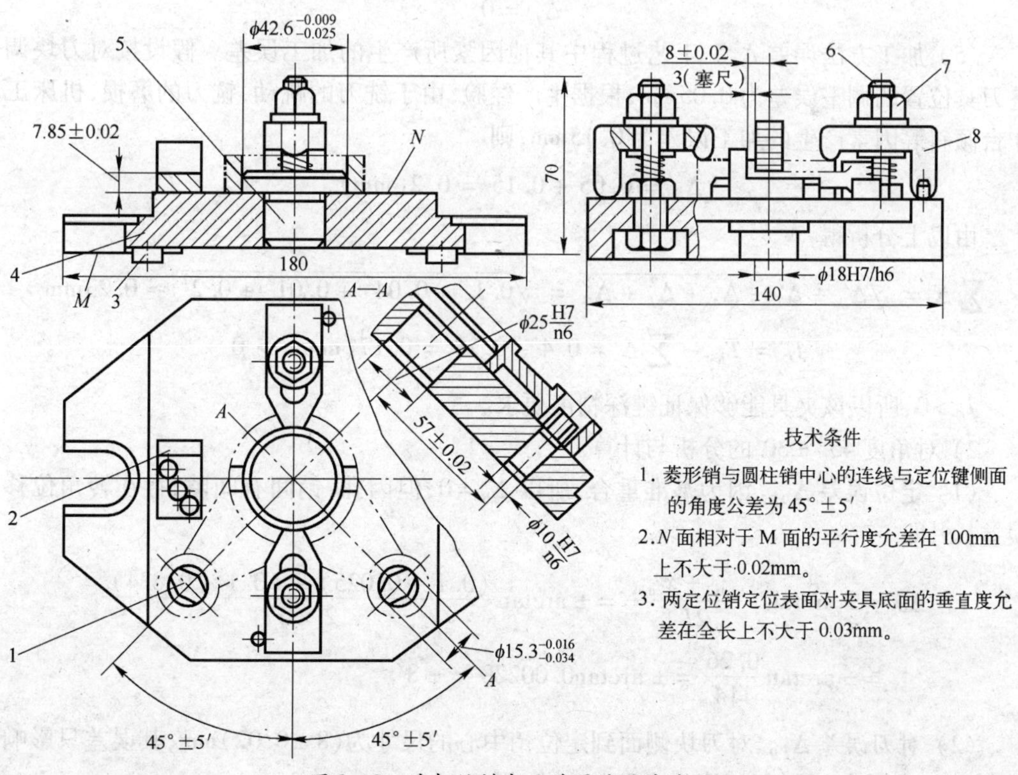

图 8-8　连杆铣槽夹具总图的设计过程

1—菱形销；2—对刀块；3—定位键；4—夹具体；5—圆柱销；6—螺钉；7—带肩六角螺母；8—压板。

4. 夹具精度校核

当夹具总装图完成之后,有必要根据有关元件在总装图上的配合性质及技术要求等,用计算法分析所制定的夹具精度能否保证工件加工要求。

1）对槽深精度的分析与计算

影响槽深精度($3.2_{0}^{+0.4}$mm)的主要因素如下:

(1) 定位误差 Δ_D。由于平面接触,定位基准安装时的位置不准确误差可忽略不计,$\Delta_Y=0$;基准不重合误差 $\Delta_B=0.1$mm,此误差即连杆厚度尺寸 $14.3_{-0.1}^{0}$mm 的公差,故

$$\Delta_D = \Delta_B = 0.1\text{mm}$$

(2) 对刀误差 Δ_T。对刀表面到定位表面间的尺寸误差,在高度方向的公差为 0.04mm,即

$$\Delta_T = 0.04\text{mm}$$

(3) 夹具的安装误差 Δ_A。因夹具在机床的安装不准确而造成的加工误差。从夹具总装图上可知,夹具定位平面 N 对夹具底面 M 的平行度误差会引起工件的倾斜,使被加工槽的底面与其端面(工序基准)不平行,因而造成槽深尺寸的误差。夹具技术条件中规定定位平面 N 对夹具底面 M 的平行度误差为 0.02/100mm,那么它对工件在大端直径部位约 50mm 的范围内影响值为 0.01mm,即 $\Delta_A=0.01$mm。

(4) 夹具误差 Δ_J。由于工件与夹具在夹紧力方向的刚度很大,夹紧变形可忽略不计,故

$$\Delta_J = 0$$

(5) 加工方法误差 Δ_G。工艺过程中其他因素所产生的加工误差。假设按对刀块调整刀具位置的调整误差为 0.05mm,根据生产经验,由于铣刀的跳动,铣刀的磨损,机床工作台倾斜等因素产生的加工误差为 0.15mm,则

$$\Delta_G = 0.05 + 0.15 = 0.2(\text{mm})$$

由以上分析得

$$\sum\Delta = \sqrt{\Delta_D^2 + \Delta_T^2 + \Delta_A^2 + \Delta_J^2 + \Delta_G^2} = \sqrt{0.1^2 + 0.04^2 + 0.01^2 + 0.2^2} \approx 0.23\text{mm}$$

$$J_C = T_K - \sum\Delta = 0.4 - 0.23 = 0.17(\text{mm}) > 0$$

$J_C>0$,所以该夹具能够保证键深精度要求。

2）对角度 45°±30′的分析与计算

(1) 定位误差 Δ_D。因为基准重合,所以 $\Delta_B=0$,但因孔、销间有间隙,存在转角位移误差 $\Delta\theta$,即

$$\Delta\theta = \pm\arctan\frac{x_{1\max} + x_{2\max}}{2L} = \pm\arctan\frac{(0.1 + 0.025) + (0.1 + 0.034)}{2\times 57}$$

$$= \pm\arctan\frac{0.26}{114} = \pm\arctan 0.00228 = \pm 8'$$

(2) 对刀误差 Δ_T。对刀块侧面到定位销中心的尺寸为(8±0.02)mm,其误差只影响对大孔中心的对称性,但不影响夹角的变化,即 $\Delta_T=0$。

(3) 夹具的安装误差 Δ_A。两定位元件(圆柱销和菱形销)中心连线与定位键 3 侧面

的夹角误差为 ±5′,定位键与机床 T 形槽配合在夹具轴线方向的角度误差实测为 ±5′,即

$$\Delta_A = (\pm 5') + (\pm 5'') = \pm 10'$$

(4) 夹具误差 Δ_J。由于工件与夹具在夹紧力方向的刚度很大,夹紧变形可忽略不计,故

$$\Delta_J = 0$$

(5) 加工方法误差 Δ_G。刀具对于对刀块的调整误差只影响槽对大孔的对称性,铣刀跳动只影响槽宽,它们都不影响夹角的误差,故 $\Delta_G = 0$。

由以上分析可得

$$\sum \Delta = \sqrt{\Delta_D^2 + \Delta_T^2 + \Delta_A^2 + \Delta_J^2 + \Delta_G^2} = \sqrt{(\pm 8')^2 + (\pm 10')^2} \approx \pm 12.8' \leqslant T_K = \pm 30'$$

因此,该夹具能够保证工件的夹角精度要求。

从以上分析和计算可以看出,该夹具能够满足连杆铣槽的工序要求,可以应用。

5. 绘制夹具零件工作图和编写夹具设计说明书

仔细绘制夹具零件工作图,编写夹具设计说明书,归档保存。

8.5.2 钢套钻孔夹具设计实例

图 8-9 所示为钢套钻孔工序图,工件材料为 Q235A 钢,生产批量为 500 件,需要设计钻孔的夹具。

1. 明确设计要求,收集和研究有关资料

从图 8-9 可知,需要加工的孔为 ϕ5mm 未标注尺寸公差的孔,孔与基准面 B 的距离尺寸为(20 ±0.1)mm,孔的中心线对基准 A 的对称度为 0.1mm,且外圆 ϕ30mm 的表面、ϕ20H7mm 的孔,总长尺寸均已加工过。本工序所使用的加工设备为 Z525 型立式钻床。

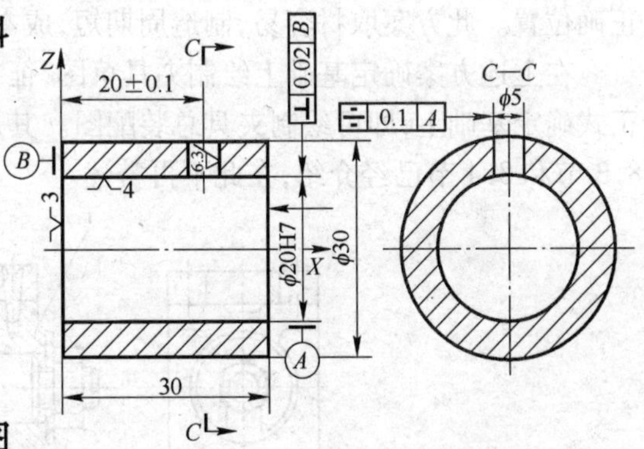

图 8-9 缸套钻孔工序图

2. 确定夹具的结构方案,绘制夹具草图

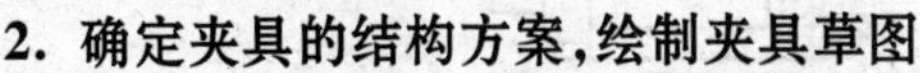

1) 确定定位方案,选择、设计定位元件

从所加工的孔的位置尺寸(20 ±0.1)mm 及对称度来看,该工序的工序基准为端面 B 及孔 ϕ20H7。定位方案如图 8-10(a)所示,采用一台阶面加一个轴定位,心轴限制工件的 4 个自由度 $\vec{Y}$、$\vec{Z}$、$\hat{Y}$、$\hat{Z}$,台阶面限制 3 个自由度 $\vec{X}$、$\hat{Y}$、$\hat{Z}$,故上述两个定位元件重复限制两个自由度 $\hat{Y}$、$\hat{Z}$,属于过定位。但由于工件定位端面与定位孔 ϕ20H7mm 均已经精加工过,其垂直度要求比较高,另外定位心轴及台阶端面垂直度要求也能得到保证,所以这种过定位是可以采用的。定位心轴在上部铣平,用来让刀,避免钻孔后的毛刺妨碍工件装卸。

2) 导向和夹紧方案以及其他元件的设计

为了确定刀具相对于工件的位置,夹具上应设置钻套作为导向元件。采用固定式钻套。钻套安装在钻模板上,钻模板采用固定式钻模板,钻模板与工件间留有排屑空间,以

便于排屑,如图 8-10(b)所示。由于工件的批量不大,宜用简单的手动夹紧装置,如图 8-10(c)所示采用带开口垫圈的螺旋夹紧机构,使工件装卸迅速、方便。

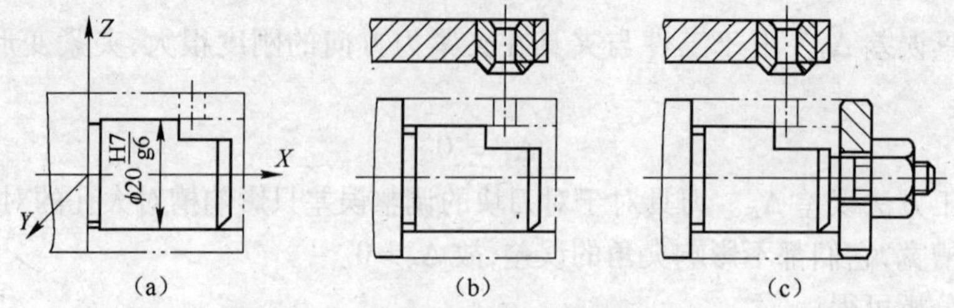

图 8-10　钢套的定位、导向、夹紧方案

3) 夹具体的设计

夹具的定位、导引、夹紧装置装在夹具体上,使其成为一体,并能正确地安装在机床上。图 8-11 所示为采用铸造夹具体的钢套钻孔钻模。夹具体 1 的 *B* 面作为安装基面,定位心轴 2 在夹具体 1 上采用过渡配合,用锁紧螺母 8 把其夹紧在夹具体上,用防转销钉 7 保证定位心轴缺口朝上,钻模板 3 与夹具体 1 用两个螺钉、两个销钉连接。此方案结构紧凑,安装稳定,具有较好的抗压强度和抗震性,但生产周期长,成本略高。

图 8-5 为采用型材夹具体的钻模。夹具体由盘 1 和套 2 组成,它是由棒料、管料等型材加工装配而成。定位心轴安装在盘 1 上,套 2 下部为安装基面 *B*,上部兼作钻模板。套 2 与盘 1 采用过渡配合,并用 3 个螺钉 7 紧固,用修磨调整垫圈 11 的方法保证钻套的正确位置。此方案取材容易,制造周期短,成本较低,且钻模刚度好,重量轻。

在上述方案确定基础上绘制夹具草图,征求各方意见,对设计方案进行改进,在方案正式确定基础上,即可绘制夹具总装配图。其尺寸标注,技术要求以及加工精度计算等在 8.3 节和 8.4 节已经介绍,在此不再赘述。

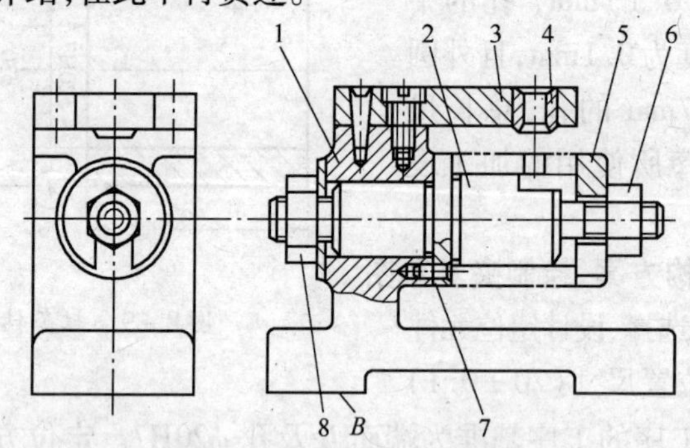

图 8-11　铸造夹具体钻模

1—夹具体;2—定位心轴;3—钻模版;4—固定钻套;5—开口垫圈;
6—夹紧螺母;7—防转销钉;8—锁紧螺母。

习题及思考题

8-1　对专用夹具的基本要求是什么?

8-2　夹具体上那些表面之间应有尺寸和位置精度要求?

8-3　夹具体的结构形式有哪些?

8-4　夹具体毛坯有哪些类型,如何选择?

8-5　影响加工精度的因素有哪些?保证加工精度的条件是什么?

8-6　图8-12所示为用于加工连杆零件小头孔的工序简图。零件材料为45钢,毛坯为模锻件,产量为500件,所用机床为立式钻床Z525。试按照工序简图中给出的定位方案设计本工序的夹具。

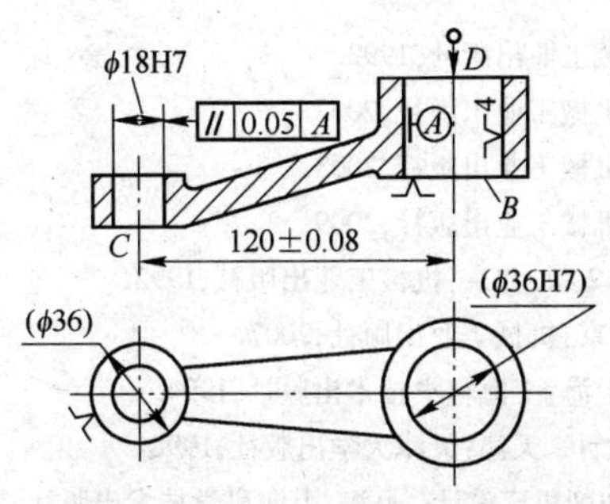

图8-12　连杆零件工序简图

参 考 文 献

[1] 戴曙. 金属切削机床. 北京:机械工业出版社,1992.
[2] 宴初宏. 金属切削机床. 北京:机械工业出版社,2007.
[3] 沈志雄. 金属切削机床. 北京:机械工业出版社,2008.
[4] 恽达明. 金属切削机床. 北京:机械工业出版社,2009.
[5] 吴圣庄. 金属切削机床概论. 第2版,北京:机械工业出版社,1992.
[6] 吴拓. 金属切削加工及装备. 北京:机械工业出版社,2007.
[7] 顾照堂. 金属切削机床:上册. 上海:上海科学技术出版社,1994.
[8] 杜君文. 机械制造技术装备及设计. 天津:天津大学出版社,1998.
[9]《金属切削机床》编写组. 金属切削机床设计. 上海:上海科学技术出版社,1988.
[10] 廖效果,朱启逑. 数字控制机床. 武汉:华中理工大学出版社,1994.
[11] 北京航空学院机械加工教研室编. 数控机床的结构与传动. 北京:国防工业出版社,1977.
[12] 庞怀玉. 机械制造工程学. 北京:机械工业出版社,1998.
[13] 白成轩. 机床夹具设计新原理. 北京:机械工业出版社,1997.
[14] 机械工程手册编委会. 机械工程手册. 北京:机械工业出版社,1997.
[15] 吴天林,段正澄. 机械加工系统自动化. 北京:机械工业出版社,1992.
[16] 张佩勤,王连荣. 自动装配与柔性装配技术. 北京:机械工业出版社,1998.
[17] 廉元国,张永洪. 加工中心设计与应用. 北京:机械工业出版社,1980.
[18] 王先逵. 机械制造工艺学. 北京:机械工业出版社,1995.
[19] 牛荣华. 机械加工方法与设备. 北京:人民邮电出版社,2009.
[20] 哈尔滨工业大学,上海工业大学. 机床夹具设计. 上海:上海科学技术出版社,1980.
[21] 王先逵,张平宽. 机械制造工程学基础. 北京:国防工业出版社,2008.
[22] 刘登平. 机械制造工艺及机床夹具设计. 北京:北京理工大学出版社,2008.
[23] 于骏一. 机械制造技术基础. 北京:机械工业出版社,2004.
[24] 郭艳玲,李彦蓉. 机械制造工艺学. 北京:北京大学出版社,2008.
[25] 范孝良. 机械制造技术基础. 北京:电子工业出版社,2008.
[26] 肖继德,陈宁平. 机床夹具设计. 北京:机械工业出版社,1999.
[27] 吴拓. 现代机床夹具设计 . 北京:化学工业出版社,2009.